DRAWDOWN

100 INICIATIVAS PODEROSAS PARA RESOLVER A CRISE CLIMÁTICA

DRAWDOWN

100 INICIATIVAS PODEROSAS PARA RESOLVER A CRISE CLIMÁTICA

EDITOR PAUL HAWKEN

Manole

Título original em inglês: *Drawdown – the most comprehensive plan ever proposed to reverse global warning*

Os créditos das fotografias estão na página 240.

Esta publicação contempla as regras do Novo Acordo Ortográfico da Língua Portuguesa.

Editora-gestora: Sônia Midori Fujiyoshi
Produção editorial: Cláudia Lahr Tetzlaff
Tradução: Fernando Gomes do Nascimento
Consultoria científica: Tatiana Tucunduva Philippi Cortese
Especialista em Direito Ambiental pela Faculdade de Direito e Faculdade de Saúde Pública da USP
Graduada em Direito pela UniFMU
Docente do Programa de Mestrado Acadêmico em Cidades Inteligentes e Sustentáveis (PPGCIS) e do Programa de Mestrado Profissional em Administração, Gestão Ambiental e Sustentabilidade (PPGeAS) da Uninove
Professora da GVLaw. Docente convidada do Centro Universitário Senac
Revisão de tradução e revisão de prova: Depto. editorial da Editora Manole
Adaptação de projeto gráfico e diagramação: Anna Yue
Adaptação da capa para a edição brasileira: Depto. de arte da Editora Manole
Imagem da capa: Zaza Studio / Shutterstock

Dados Internacionais de Catalogação na Publicação (CIP)
(Câmara Brasileira do Livro, SP, Brasil)

Drawdown : 100 iniciativas poderosas para resolver a crise climática / [editor Paul Hawken ; tradução Fernando Gomes do Nascimento] -- 1. ed. -- Barueri, SP : Manole, 2018.

Título original: Drawdown : the most comprehensive plan ever proposed to reverse global warning.
Vários colaboradores.
ISBN 978-85-204-5699-6

1. Aquecimento global - Política governamental 2. Aquecimento global - Prevenção 3. Efeito estufa 4. Mitigação da mudança climática I. Hawken, Paul.

18-13469 CDD-363.738

Índices para catálogo sistemático:
1. Aquecimento global : Mitigação : Problemas sociais 363.738

Edição brasileira – 2018

Direitos em língua portuguesa adquiridos pela:
Editora Manole Ltda.
Av. Ceci, 672 – Tamboré – 06460-120 – Barueri – SP – Brasil
Fone: (11) 4196-6000 | www.manole.com.br | info@manole.com.br

Impresso no Brasil | *Printed in Brazil*

EQUIPE

DIRETOR DO PROJETO, EDITOR E REDATOR: Paul Hawken
PROJETO GRÁFICO: Janet Mumford
REDATORA SÊNIOR: Katharine Wilkinson
SITE: Chad Upham
REVISOR: Christian Leahy
ASSISTENTE DE REDAÇÃO: Olivia Ashmoore
DIRETOR DE PESQUISA: Chad Frischmann
PESQUISADOR SÊNIOR: Ryan Allard
PESQUISADOR SÊNIOR: Kevin Bayuk
PESQUISADOR SÊNIOR: João Pedro Gouveia
PESQUISADORA SÊNIOR: Mamta Mehra
PESQUISADOR SÊNIOR: Eric Toensmeier
COORDENADORA DE PESQUISA: Crystal Chissell

MEMBROS PESQUISADORES

Zak Accuardi
Raihan Uddin Ahmed
Carolyn Alkire
Ryan Allard
Kevin Bayuk
Renilde Becqué
Erika Boeing
Jvani Cabiness
Johnnie Chamberlin
Delton Chen
Leonardo Covis
Priyanka deSouza
Anna Goldstein
João Pedro Gouveia
Alisha Graves
Karan Gupta
Zhen Han
Zeke Hansfather
Yuill Herbert
Amanda Hong
Ariel Horowitz
Ryan Hottle
Troy Hottle
David Jaber
Dattakiran Jagu
Daniel Kane
Becky Xilu Li
Sumedha Malaviya
Urmila Malvadkar
Alison Mason
Mihir Mathur
Victor Maxwell
David Mead
Mamta Mehra
Ruth Metzel
Alex Michalko
Ida Midzic
S. Karthik Mukkavilli
Kapil Narula
Demetrios Papaioannou
Michelle Pedraza
Chelsea Petrenko
Noorie Rajvanshi
George Randolph
Abby Rubinson
Adrien Salazar
Aven Satre-Meloy
Christine Shearer
David Siap
Kelly Siman
Leena Tähkämö
Eric Toensmeier
Melanie Valencia
Ernesto Valero Thomas
Andrew Wade
Marilyn Waite
Charlotte Wheeler
Christopher Wally Wright
Liang Emlyn Yang
Daphne Yin
Kenneth Zame

ENSAÍSTAS

Janine Benyus
Anne Biklé
Pope Francis
Mark Hertsgaard
David Montgomery
Michael Pollan
Bren Smith
Peter Wohlleben
Andrea Wulf

CONSELHO DE ADMINISTRAÇÃO

AGRADECIMENTOS AOS NOSSOS FUNDADORES, FINANCIADORES E APOIADORES

Ray C. Anderson Foundation
TomKat Charitable Trust
Pedro Paulo Diniz
Lear Family Foundation
Leonardo DiCaprio Foundation
Dr. Bronner's
Overbrook Foundation
The Caldera Foundation
Interface Environmental Foundation
Natural Co+op Grocers
Jamie Wolf
Newman's Own Foundation
Leonard C. and Mildred
F. Ferguson Foundation
Heinz Endowments
Paul Hawken
Justin Rosenstein
Russ and Suki Munsell
Better Tomorrow Fund
Jessica and Decker Rolph
Gautier Family
Stephen and Byron Katie Mitchell
Michael and Jena King Family Fund
Colin le Duc
Autodesk
TSE Foundation
Janine Benyus
Organic Valley
Nutiva Foundation
Leslie and Geoffrey Oelsner
Guayaki

Drawdown é uma mensagem fundamentada na ciência; é também um testemunho do número cada vez maior de pessoas que estão compreendendo a enormidade do desafio que enfrentamos e que estão dispostas a dedicar suas vidas para que o nosso futuro seja pleno de generosidade, segurança e regeneração. A foto da página ii mostra uma menina do povo Borana Oromo, que vive na Reserva de Proteção Comunitária de Nakuprat-Gotu, no norte do Quênia. Sua foto tem sido nosso amuleto, diariamente nos chamando a prosseguir com nosso trabalho.

SUMÁRIO

Acumulamos mais de 5 mil referências, citações e fontes durante o processo de pesquisa e redação do Drawdown. *Embora sejam muito numerosas para sua publicação no livro, elas podem ser encontradas em www.drawdown.org/references.*

O litoral de Big Sur, no norte da Califórnia, na "hora de ouro," pouco antes do pôr do sol. Aqui, testemunhamos o sistema climático em ação, com a constante interação da atmosfera, do oceano, da terra e da biota.

PREFÁCIO

Como climatologista, é desanimador testemunhar o desenrolar dos eventos globais da forma como vêm acontecendo nas últimas décadas. Os claros e precisos alertas que nós, cientistas, enviamos com respeito às mudanças climáticas em nosso planeta estão se materializando conforme previsto. Os gases de efeito estufa estão retendo o calor na atmosfera terrestre, ocasionando estações mais quentes e a intensificação do ciclo hidrológico.

O ar mais quente retém mais umidade, o que possibilita taxas maiores de evaporação e precipitação. As ondas de calor recordes, juntamente com as secas causticantes, promovem as condições perfeitas para a ocorrência de enormes incêndios florestais. Os oceanos aquecidos desencadeiam tempestades superdimensionadas, com chuvas mais intensas e tempestades mais avassaladoras. Nas próximas décadas, podemos esperar um aumento constante nos eventos climáticos extremos, possivelmente com a perda de inúmeras vidas e prejuízos financeiros significativos.

Quer nos agrade ou não – quer optemos por "acreditar" na ciência ou não –, a realidade das mudanças climáticas veio para ficar. Ela tem afetado tudo: não apenas os padrões climáticos, os ecossistemas, a camada de gelo, as ilhas, os litorais e cidades em todo o planeta, mas também a saúde, a segurança e o bem-estar de cada ser humano – e das futuras gerações. Em todo o planeta, estamos testemunhando sintomas inter-relacionados, como a acidificação de nossos oceanos, que poderá causar a devastação dos recifes de corais e da vida marinha, e a mudança da bioquímica das plantas, incluindo as culturas agrícolas essenciais.

Sabemos exatamente por que isso está acontecendo. Já sabemos há mais de 100 anos.

Quando queimamos combustíveis fósseis (carvão, petróleo e gás natural), fabricamos cimento, aramos solos ricos e destruímos florestas, liberamos dióxido de carbono, que reterá o calor na atmosfera. Nossa pecuária, campos de arroz, aterros sanitários e operações de gás natural liberam metano, que aquece ainda mais o planeta. Outros gases de efeito estufa, como o óxido nitroso e os gases fluorados, estão literalmente vazando de nossas terras agrícolas, áreas industriais, sistemas de refrigeração e áreas urbanas, agravando o efeito estufa. Devemos ter em mente que as mudanças climáticas têm origem em muitas fontes, por exemplo, a produção de energia, a agricultura, a silvicultura e a fabricação de cimento e de produtos químicos. Assim, as soluções devem surgir dessas mesmas fontes.

Além dos danos causados ao nosso planeta, a mudança climática ameaça solapar nosso tecido social e as bases da democracia. Em particular, testemunhamos seus impactos nos EUA, onde setores importantes do governo federal têm se posicionado contra a ciência, assumindo uma posição de íntimo alinhamento com as indústrias de combustíveis fósseis. Enquanto a maioria das pessoas continua a viver suas vidas como se nada tivesse errado, outras, mais conscientes desse problema, estão temerosas e mesmo desesperadas. A narrativa sobre as alterações climáticas se transformou em uma história de miséria e desolação, fazendo as pessoas experimentarem uma sensação de negação, raiva ou resignação.

Em alguns momentos, eu já fui uma dessas pessoas.

Graças a este livro, hoje tenho uma perspectiva diferente. Paul Hawken e seus colegas pesquisaram e modelaram os 100 modos mais substanciais para reverter o aquecimento global. Essas soluções residem na energia, agricultura, florestas, indústrias, edifícios, transportes, e muito mais. Eles também destacam soluções sociais e culturais fundamentais, como o empoderamento das meninas, a redução do crescimento populacional e a mudança de nossas dietas e padrões de consumo. Juntas, essas soluções não apenas retardarão as mudanças climáticas: poderão revertê-las.

Drawdown – 100 iniciativas poderosas para resolver a crise climática vai além dos painéis solares e das lâmpadas energeticamente eficientes, mostrando que as soluções necessárias são muito mais diversas do que apenas aquelas associadas à energia limpa, e que há muitos meios efetivos para o enfrentamento do aquecimento global. O livro nos ensina como podemos fazer progressos radicais por meio da redução das emissões dos gases de efeito estufa mais exóticos, como os agentes refrigerantes e a fuligem, além das emissões do óxido nitroso da agricultura, cortando as emissões de metano geradas pela pecuária e de dióxido de carbono decorrentes do desmatamento. Além disso, *Drawdown* demonstra as possibilidades de remoção de dióxido de carbono da atmosfera por meio de práticas inovadoras do uso do solo, da agricultura regenerativa e da agrossilvicultura.

Porém, o que considero mais importante ainda é que o *Drawdown* traz à luz maneiras de superar o medo, a confusão e a apatia circunjacentes às mudanças climáticas e de agir enquanto indivíduos, bairros, pequenas e grandes cidades, estados e províncias, empresas, companhias de investimento e organizações sem fins lucrativos. Este livro deve ser adotado como o plano para a construção de um mundo climaticamente seguro. Mediante a modelagem de soluções práticas, de fácil entendimento e que já estão ganhando escala, *Drawdown* aponta para um futuro no qual poderemos reverter o aquecimento global e deixar um mundo melhor como herança para as futuras gerações.

Imaginamos um futuro climático cruel porque as notícias e os relatórios têm se concentrado no que acontecerá se não agirmos. Este livro nos mostra o que podemos fazer. É por isso que acredito firmemente que esta é a obra mais importante já escrita sobre mudanças climáticas.

Drawdown ajudou a restaurar minha fé no futuro e na capacidade dos seres humanos em resolver desafios incríveis. Temos todas as ferramentas de que precisamos para enfrentar as mudanças climáticas e, graças a Paul e a seus colegas, agora temos um plano que nos ensina a usá-las.

Agora, arregacemos as mangas e vamos trabalhar.

Dr. Jonathan Foley
Executive Director, California Academy of Sciences
São Francisco

Floresta Amazônica, Brasil.

PREFÁCIO PARA A EDIÇÃO BRASILEIRA

Há mais de uma década que acompanho de perto o tema das mudanças climáticas e da crise ambiental que estamos vivenciando. Lembro-me bem quando assisti pela primeira vez ao documentário "Uma Verdade Inconveniente", do ex-vice-presidente dos Estados Unidos Al Gore. Para mim, assim como para muita gente, o efeito foi de um choque de realidade. As cenas do degelo do Ártico, os dados sobre as secas e a elevação da temperatura, as catástrofes naturais provocadas pela ação humana, tudo isso me tocou profundamente.

O lançamento desse filme coincidiu com uma transformação pessoal que eu vinha passando e que me fez abrir os olhos e dedicar a minha vida a uma causa que pudesse reverter as consequências devastadoras que o nosso modelo de civilização vem provocando, com a agressão à natureza e a exploração incessante dos recursos naturais. Os resultados trágicos dessa forma de produzir e gerar riqueza aparecem de forma muito contundente no documentário.

Ao tomar consciência de todas essas questões, lancei-me em uma jornada de regeneração que, sem sombra de dúvida, tem sido a melhor experiência da minha vida. Isso porque tenho plena convicção de que podemos mudar essa rota de destruição na qual estamos seguindo e caminhar em um sentido oposto, em que é possível adotar um modelo de produção e consumo em harmonia com o planeta e a natureza, perpetuando o paradigma da abundância.

Nessa jornada, tive o enorme privilégio de me encontrar com Paul Hawken, uma das mentes mais brilhantes e inspiradoras que conheci. Ao acompanhar seu trabalho, só reforço a certeza de que não estamos lidando com problemas sem solução. E é precisamente esse ponto de vista que mais me encanta neste livro: sim, há saídas possíveis para essa crise que estamos vivendo!

Considero este trabalho um divisor de águas porque nos traz uma perspectiva diferente da que geralmente temos ao pensar em mudanças climáticas e aquecimento global. De modo geral, quando ouvimos falar nessas questões, somos tomados por uma visão catastrofista e um sentimento negativo. Refletimos sobre como estamos atuando de forma destrutiva em relação ao planeta – e muitas vezes esse problema parece grande demais para podermos resolver uma marcha que não somos capazes de deter.

Mas essa é a grande sacada de Paul: em vez de tratar o assunto como algo desmotivador e que está fora do nosso alcance, ele revela a nossa potência e mostra que há soluções práticas – e muitas delas bem simples – que podem reverter esse cenário de degradação e trazer mais esperança. Em vez de lamentar o dano que causamos, ele aponta para iniciativas concretas. E o impacto dessa atitude é uma inspiração para fazermos a diferença!

Por isso, quando conheci mais profundamente o Projeto *Drawdown*, me apaixonei e, então, fiz questão de participar mais de perto, inclusive atuando como membro do Conselho.

O Projeto *Drawdown* originou este livro, no qual desenhamos o plano mais abrangente já proposto para nos guiar na trilha da regeneração. Essa é uma questão de sobrevivência porque não é o planeta que precisa ser salvo – afinal de contas, a natureza criou um sistema perfeito de manutenção da vida que funciona há 4,6 bilhões de anos. Mas, nós, como espécie, talvez não estejamos assim tão garantidos. Por isso, se nada for feito, ameaçamos a nós mesmos.

Mudar esse paradigma é a grande oportunidade para todos – pessoas de diversas partes do mundo, diferentes culturas e situações econômicas – atuarmos positivamente, lembrando que o planeta Terra é o nosso lar. E este livro aponta para ações e atitudes que podemos tomar como parte de uma postura ativa na nossa evolução que garanta a perpetuação da nossa espécie no planeta.

Nós somos os agentes dessa transformação, e o *Drawdown – 100 iniciativas poderosas para resolver a crise climática* é o primeiro passo para começarmos a regenerar as nossas relações com o planeta, com os outros e com nós mesmos.

Pedro Paulo Diniz
Proprietário e administrador da Fazenda da Toca
Membro do Conselho do Projeto *Drawdown*

PREFÁCIO PARA A EDIÇÃO BRASILEIRA

Um sábio amigo me deu uma explicação simples e profunda para o que está acontecendo no nosso planeta. Ele me disse que qualquer ser vivo que perder um terço de sua pele ficará com febre alta e correrá o risco de morrer. E em seguida, completou: "Nossa Terra perdeu um terço de sua pele – as árvores, o solo e a biodiversidade que a rodeia. No entanto, em vez de nutri-la e ajudá-la a repor o que foi destruído, nós, seres humanos, continuamos saqueando e destruindo a Terra".

A Mãe Terra está muito febril – e os desastres naturais que testemunhamos cada vez mais frequentemente atestam os insultos que continuamos impondo a ela. A natureza sempre foi tão abundante e generosa que acabamos esquecendo o que vínhamos fazendo com ela. Simplesmente esquecemos que seus recursos naturais são finitos. Esquecemos que a forma como vivemos já não é mais sustentável. E, não menos importante, esquecemos que, enquanto seres humanos, nosso poder não é nada, se comparado às forças da natureza. Não podemos esperar até que as árvores parem de florescer, os rios sequem e os níveis de água dos oceanos aumentem, para só então começarmos a enfrentar esta questão crucial da nossa era.

Nós, brasileiros, fomos abençoados com a maior floresta tropical do mundo, que ajuda a manter o clima em equilíbrio. Mas ainda são muitos os que não percebem como a floresta é vital e que acreditam, ilusoriamente, em um modelo ultrapassado e destrutivo de exploração. Manter a floresta em pé é importantíssimo, inclusive para a agricultura, que é essencial para a economia brasileira, pois a floresta retém a umidade, garante uma boa frequência de chuvas e evita condições climáticas adversas que afetam diretamente nossa economia, sem mencionar nossa qualidade de vida.

Precisamos honrar a natureza e aprender com ela e, ao mesmo tempo, devemos usufruir de seus recursos com mais sabedoria. Essa é uma das muitas razões pelas quais o livro de Paul Hawken é tão relevante. No *Drawdown*, Paul oferece ao leitor soluções importantes e impactantes que, em conjunto, podem dar início às mudanças que devem ser implementadas para combater a crise climática atual e futura. O livro informa, por exemplo, sobre opções do que podemos extrair do nosso lixo, sobre o aumento da reciclagem, da preservação dos alimentos, da energia e da água; sobre investimento em infraestrutura nas cidades para proporcionar que caminhemos mais, cita também a importância da diminuição do consumo, fala sobre a educação de mulheres e meninas (e a de todos) e sobre o avanço da tecnologia para aumentar a eficiência. *Drawdown* oferece mais de 100 soluções criativas e viáveis para indivíduos, empresas, governos para nos ajudar – e a toda a humanidade – a viver em maior harmonia com o nosso planeta.

Entre as muitas coisas que podemos aprender com a natureza, a mais importante é que *nós* fazemos parte da natureza. *Nós* somos os responsáveis por dar o primeiro passo. Precisamos mudar nossos hábitos, as formas de consumir e a maneira como usamos os recursos naturais. À medida que nossa consciência for se consolidando e que começarmos a assumir a responsabilidade pelos efeitos que nós, como seres humanos, estamos causando na Terra, as coisas começarão a mudar.

Essa mudança precisa acontecer. Nossa saúde, nossa existência e nosso futuro dependem da saúde do nosso planeta. A vida é um presente maravilhoso que nos foi dado. É essencial honrar a natureza, pois somente assim começaremos a honrar a nós mesmos, reconectando-nos com quem *somos*. Nossa Terra – e nossos corpos – são as únicas moradas que temos.

Gisele Bündchen
Supermodelo, apaixonada pela natureza
Embaixadora da Boa Vontade do Programa das Nações Unidas para o Meio Ambiente
Ativista de causas socioambientais

PREFÁCIO PARA A EDIÇÃO BRASILEIRA

Que futuro queremos para a humanidade? Que futuro queremos para o planeta? Na trajetória do *Homo sapiens*, por algumas centenas de milhares de anos, somente a partir do século XX deixou de parecer pretensioso que uma espécie pudesse se fazer tais perguntas, que um entre milhões de organismos vivos tivesse conseguido, por meio do exercício de uma característica praticamente única nos longos 3,6 bilhões de anos de evolução biológica – a inteligência do cérebro humano –, tornar-se uma força de transformação global da Terra, atingindo magnitude tal que está gerando uma nova época geológica, denominada Antropoceno. Essa nova época é caracterizada pela chamada "Grande Aceleração", principalmente a partir dos anos 50 do século passado, isto é, a explosão populacional recente, o uso intensivo de recursos naturais e as transformações ambientais globais sem precedentes em milhões de anos, como o aumento na concentração atmosférica dos gases de efeito estufa, a diminuição da camada de ozônio estratosférica sobre a Antártica e o desaparecimento de florestas e espécies.

Os riscos são reais, e a ciência cada vez mais os escrutiniza e procura avaliar sua probabilidade de ocorrência e a escala de tempo envolvida, além de seus impactos. Firma-se cada vez mais o conceito de "limites planetários", isto é, limites que não deveriam ser ultrapassados se quisermos manter a estabilidade do Sistema Terrestre. Alguns desses limites são: mudanças climáticas, depleção da camada de ozônio, acidificação dos oceanos, integridade da biosfera, usos da terra, quantidade de aerossóis atmosféricos, água-doce, fluxos biogeoquímicos (N e P) e novos elementos introduzidos na biosfera.

O funcionamento da Natureza desconhece limites absolutos, uma vez que nosso planeta já experimentou gigantescas transformações na escala de tempo geológica e a Natureza nunca produziu esses milhares de produtos que fazem parte da era moderna, como plásticos. Desse modo, limites planetários envolvem um julgamento de valor, ou seja, de nosso desejo humano de não permitir que o planeta caminhe para terra incógnita. De maneira subjetiva, estima-se que já ultrapassamos dois desses limites planetários: a taxa de extinção de espécies vivas é 100 vezes maior em relação ao fluxo natural de desaparecimento e surgimento de espécies biológicas; e os fluxos de nitrogênio e fósforo em decorrência das ações humanas (principalmente agricultura intensiva) já são superiores aos fluxos biogeoquímicos naturais desses elementos.

E quanto ao aquecimento global, já ultrapassamos algum limite crítico, irreversível, considerando que o planeta já aqueceu cerca de 1°C à superfície em relação à era pré-industrial? O histórico Acordo de Paris, assinado em dezembro de 2015 por 195 países, estabelece que não devemos ultrapassar de maneira alguma o limite de 2°C e, de fato, os maiores riscos do aquecimento global serão evitados se o aumento de temperatura ficar restrito a 1,5°C. Esse compromisso nos remete a um desafio sem precedentes para a humanidade: praticamente zerar as emissões líquidas de gases de efeito estufa até meados deste século e efetivamente remover gás carbônico da atmosfera na segunda metade do século e no próximo, para baixar a concentração do gás carbônico para 360 partes por milhão (ppm), já tendo ultrapassado 410 ppm em 2017.

O senso de urgência não permite mais vacilação, indefinição, procrastinação, inação. É hora de uma ação global concatenada, justa, solidária, eficaz e urgente. Ação que nos recoloque em trajetórias de sustentabilidade de longo prazo para a humanidade e para o planeta, e que ao mesmo tempo sejam trajetórias socialmente justas e economicamente inclusivas, reduzindo gritantes desigualdades.

Este livro, longe de ser um manual técnico de engenharia, propõe soluções solidamente embasadas na melhor ciência e tecnologia para, ao traçar trajetórias técnica e economicamente viáveis de reversão do aquecimento global até 2050, nos levar ao almejado desenvolvimento sustentável pleno, com segurança alimentar, hídrica e energética para todos, proteção da vida na terra e nos oceanos, cidades inteligentes e resilientes e uma sociedade mais justa, educada e igual, inclusive reduzindo a desigualdade de gênero.

Este abrangente e criativo "manual para a sustentabilidade planetária", voltado para a busca de trajetórias de desenvolvimento sustentável, serve para todos os países; e cada país pode encontrar seu papel dentro do esforço global.

O Brasil deve ter papel de destaque. Por um lado, é o sétimo maior emissor de gases de efeito estufa, ainda que em termos de emissões per capita – maneira mais justa e equitativa de computar a responsabilidade de cada país ao aquecimento global – esteja entre 25º e 30º lugar. Entretanto, quase 70% das emissões brasileiras originam-se no setor agrícola por meio de emissões diretas da agricultura e por desmatamento para expansão da fronteira de grãos e pastagens para pecuária.

O país já demonstrou que pode reduzir de maneira rápida e significante os desmatamentos da floresta tropical, ao diminuir em 80% a taxa anual de desmatamento da Amazônia entre 2005 e 2012, sem afetar a produção agrícola. Devemos utilizar a melhor ciência para buscar um modelo de desenvolvimento tropical que inexiste hoje, um modelo que produza, sim, alimentos de forma crescentemente produtiva, utilizando menor área e liberando grandes extensões – sem paralelo em qualquer outro país – para a restauração florestal (eficiente mecanismo para remoção de gás carbônico e provisão de importantes serviços para os ecossistemas, como qualidade de água, polinizadores, redução de erosão, proteção da biodiversidade).

Devemos igualmente buscar novos usos para a biodiversidade tropical e um novo paradigma econômico de floresta em pé; assim seremos um modelo para todos os países tropicais, forneceremos insumos para a necessária diversificação de dietas, novos materiais e produtos farmacêuticos e industriais, desenvolvendo bioindústrias e real desenvolvimento local. No quesito energia, há enorme potencial de energias limpas, solar e eólica, principalmente as interligadas ao potencial hidrelétrico já instalado. Essas superariam quase que completamente as dificuldades intrínsecas à intermitência das primeiras.

O livro *Drawdown – 100 iniciativas poderosas para resolver a crise climática* é a mais completa lista de remédios para a saúde planetária e para o bem-estar da humanidade no presente e no futuro. Deverá ser um grande catalisador – ao unir o desejo majoritário da humanidade de legar um futuro decente e sustentável para as futuras gerações.

Carlos A. Nobre, pesquisador aposentado do INPE, membro da Academia Brasileira de Ciências, membro estrangeiro da Academia de Ciências dos Estados Unidos e Sênior Fellow do WRI Brasil

ORIGENS

A gênese do Projeto *Drawdown* foi a curiosidade, não o medo. Em 2001, comecei a fazer uma pergunta a especialistas nos campos do clima e do meio ambiente: sabemos o que precisa ser feito para interromper e reverter o aquecimento global? Achava que esses peritos poderiam me fornecer uma lista de compras. Eu queria saber as soluções mais eficazes que já estavam em vigor, e o impacto que poderiam ter se fossem ampliadas. Também queria saber quanto isso custaria. Meus contatos responderam que tal "lista" não existia, mas todos concordaram que seria ótimo tê-la, embora sua formulação estivesse fora de suas experiências individuais. Transcorridos alguns anos, parei de perguntar, porque isso tudo também estava fora da minha experiência.

Então veio 2013. Nesse ano, foram publicados vários artigos tão alarmantes que começamos a ouvir sussurros sobre o impensável: o fim tinha chegado. Mas isso era realmente verdade, ou haveria como consertar a situação? Em que ponto, efetivamente, nos encontrávamos? Foi então que decidi criar o Projeto *Drawdown*. Em termos atmosféricos, *drawdown* é aquele ponto no qual os gases de efeito estufa atingem seu nível máximo e começam a diminuir, ano após ano. Decidi que o objetivo do projeto seria identificar, medir e modelar uma centena de soluções relevantes a fim de determinar o que poderia ser feito em três décadas para que esse objetivo fosse alcançado.

O subtítulo deste livro – 100 iniciativas poderosas para resolver a crise climática – pode parecer um pouco arrogante. Escolhemos essa descrição porque até agora nenhum plano detalhado para reverter o aquecimento foi proposto. Houve acordos e propostas sobre como retardar, limitar e deter as emissões, e foram estabelecidos compromissos internacionais com a meta de evitar que o aumento global da temperatura exceda em mais de 2°C os níveis pré-industriais. Cento e noventa e cinco nações fizeram progressos extraordinários ao se reunirem para, em conjunto, reconhecer que uma importante crise civilizatória está batendo às nossas portas e criar planos de ação nacionais. O Painel Intergovernamental das Nações Unidas sobre Mudanças Climáticas (IPCC) completou o mais importante estudo científico na história da humanidade e continua a aprimorar os aspectos científicos, expandir a pesquisa e ampliar nosso entendimento sobre um dos sistemas mais complexos imagináveis. Contudo, ainda não há um mapa que vai além da mera diminuição ou interrupção das emissões.

Na verdade, nossa organização não criou ou elaborou um plano. Não temos essa capacidade, nem um mandato autoconcedido. Ao realizar nossa pesquisa, descobrimos um plano, um projeto que já existe no mundo na forma da sabedoria coletiva da humanidade, manifestada em procedimentos e tecnologias práticas e aplicadas, facilmente disponíveis, economicamente viáveis e cientificamente válidas. Agricultores, comunidades, cidades, empresas e governos já demonstraram sua preocupação com esse planeta, seu povo e suas localidades. Em todo o mundo, cidadãos comprometidos estão fazendo coisas extraordinárias. Essa é a história deles.

Para que o Projeto *Drawdown* tivesse credibilidade, era essencial que em sua base houvesse uma coalizão de pesquisadores e cientistas. Nosso orçamento era mínimo, e nossas ambições, imensas, então enviamos apelos convidando estudantes e estudiosos de todo o mundo para que assumissem o papel de pesquisadores. Fomos inundados com respostas de algumas das melhores mulheres e homens da ciência e das políticas públicas. Atualmente, os membros do Projeto *Drawdown* compreendem setenta indivíduos de 22 países. As mulheres somam 40% do total, quase metade tem doutorado e outros têm pelo menos um diploma avançado. Eles têm ampla experiência acadêmica e profissional em algumas das instituições mais respeitadas do mundo.

Juntos, reunimos listas abrangentes de soluções climáticas e depois as selecionamos, destacando aquelas com o maior potencial para promover a redução das emissões ou sequestrar o carbono da atmosfera. Em seguida, compilamos revisões de literatura e elaboramos modelos climáticos e financeiros detalhados para cada uma das soluções. As análises que embasam este livro foram então submetidas a um processo em três etapas, incluindo a revisão por especialistas externos que avaliaram os insumos, as fontes e os cálculos. Reunimos um Conselho Consultivo composto por 120 pessoas – uma comunidade ilustre e diversificada de geólogos, engenheiros, agrônomos, políticos, escritores, climatologistas, biólogos, botânicos, economistas, analistas financeiros, arquitetos e ativistas que revisaram e validaram o texto.

Quase todas as soluções compiladas e analisadas aqui conduzem a resultados econômicos regenerativos que criam segurança, produzem empregos, melhoram a saúde, economizam dinheiro, facilitam a mobilidade, eliminam a fome, evitam a poluição, restauram o solo, limpam os rios e muito mais. Embora sejam todas soluções importantes, isso não significa que todas sejam as melhores possíveis. Algumas soluções deste livro têm efeitos indiretos e questionáveis para a saúde humana e planetária, e tentamos deixar isso bem claro em nossas descrições. Mas a maioria esmagadora consiste em soluções "sem arrependimento", iniciativas que gostaríamos de concretizar independentemente do seu impacto final sobre as emissões e sobre o clima, pois são práticas que beneficiam de várias maneiras a sociedade e o meio ambiente.

A seção final do livro chama-se "Futuras atrações" e apresenta vinte soluções que ainda estão em fase incipiente, ou apenas apontaram no horizonte. Algumas poderão obter sucesso, enquanto outras talvez venham a fracassar. Não obstante, servem como demonstração da engenhosidade e iniciativa de pessoas comprometidas com o enfrentamento das mudanças climáticas. Além disso, você encontrará ensaios escritos por jornalistas, es-

Filhotes de coruja-pintada de três semanas em um ramo de pinheiro-tsuga coberto de musgo. Norte do Oregon.

critores e cientistas importantes – narrativas, histórias e vinhetas – que oferecem um contexto rico e variado para aspectos específicos do livro.

Continuamos a ser uma organização em processo de aprendizagem. Nosso papel é coletar informações, organizá-las de forma útil, distribuí-las universalmente e fornecer os meios para que qualquer pessoa possa acrescentar, alterar, corrigir e ampliar as informações aqui impressas e também no site drawdown.org. Os relatórios técnicos e os resultados ampliados dos diferentes modelos estão disponíveis no site. Qualquer modelo que faça projeções para trinta anos será altamente especulativo. Contudo, acreditamos que os números estão aproximadamente corretos, e desde já agradecemos seus comentários e contribuições.

Não temos dúvida de que sinais de perigo estão piscando por toda a natureza e também na sociedade – desde as secas, a elevação do nível do mar e o implacável aumento das temperaturas até o recrudescimento da crise dos refugiados, conflitos e deslocamentos. E isso não é tudo. No *Drawdown*, nós nos empenhamos em mostrar que muitas pessoas estão enfrentando firme e inabalavelmente essa situação. Embora as emissões de carbono provenientes da combustão de combustíveis fósseis e do uso da terra tenham uma dianteira de dois séculos com relação às nossas soluções, aceitamos essas probabilidades. O acúmulo de gases de efeito estufa que atualmente experimentamos ocorreu em uma época em que a humanidade desconhecia seus efeitos; nossos antepassados eram inocentes em relação aos danos que estavam causando. Isso pode nos levar a acreditar que o aquecimento global é algo que está acontecendo *conosco* – que somos vítimas de um destino determinado por ações que nos precederam. Mas se reformularmos essa frase e passarmos a considerar que o aquecimento global está acontecendo *para* nós – uma transformação atmosférica que nos inspira a mudar e repensar tudo o que construímos e fazemos –, começamos a viver em um mundo diferente. Assumimos a responsabilidade total e deixamos de jogar a culpa nos outros. Consideramos o aquecimento global não como um fato inevitável, mas como um convite para construir, inovar e efetuar mudanças, um caminho que desperta a nossa criatividade, compaixão e inventividade. Essa não é uma agenda liberal, nem uma agenda conservadora: essa é a agenda humana. – **Paul Hawken**

O decreto gravado na Pedra de Roseta, no Egito, em 196 a.C., é conhecido menos por seu conteúdo – uma reiteração dos regulamentos do rei Ptolomeu V – do que pela sua singular combinação de escritas. O mesmo texto está gravado em grego, em hieróglifos egípcios e na língua demótica egípcia, respectivamente os idiomas real, sagrado e do povo daquela época. No século XIX, acadêmicos europeus estudaram a Pedra de Roseta e conseguiram desvendar o código dos hieróglifos e, com isso, abriram as portas para os mistérios do antigo Egito. Hoje em dia, a Pedra de Roseta é o que Richard Parkinson, professor de Egiptologia em Oxford, chama de "um ícone de... decifração" e "um símbolo do nosso desejo de alcançar a compreensão mútua". Comunicar-se e compreender por meio da linguagem são coisas que estão no âmago do empenho humano.

LINGUAGEM

Confúcio escreveu que chamar as coisas por seu nome próprio é o começo da sabedoria. No mundo das mudanças climáticas, às vezes os nomes podem ser o início da confusão. A ciência do clima contém seu próprio vocabulário especializado, siglas, gírias e jargão. É uma linguagem derivada por cientistas e formuladores de políticas que é sucinta, específica e útil. No entanto, como meio de comunicação com o público em geral, pode gerar separação e distanciamento.

Lembro-me de que, uma vez, meu professor de economia pediu uma definição da lei de Gresham, e eu matraqueei mecanicamente a resposta. Ele olhou para mim – nada satisfeito, embora a resposta estivesse correta – e disse: "Agora explique isso para a sua avó". Aquilo foi muito mais difícil. A resposta que dei ao professor não faria nenhum sentido para ela. Era puro jargão. E é isso que ocorre com o clima e o aquecimento global. Pouquíssimas pessoas realmente entendem a ciência climática; no entanto, o mecanismo básico do aquecimento global é bastante simples.

Procuramos tornar o *Drawdown* compreensível para pessoas de todos os níveis e pontos de vista. Nos esforçamos para desfazer o fosso de comunicação sobre as questões do clima por meio das palavras que escolhemos, as analogias que evitamos, o jargão do qual nos mantivemos afastados e das metáforas que empregamos. Na medida do possível, nos abstivemos de siglas e termos menos conhecidos oriundos da ciência do clima. Em geral, escrevemos *dióxido de carbono* por extenso, em vez de usar a abreviatura. Escrevemos *metano*, não CH4.

Exemplificando: em novembro de 2016, a Casa Branca lançou sua estratégia para conseguir uma descarbonização profunda por volta de meados do século XXI. Do nosso ponto de vista, descarbonização é uma palavra que descreve o problema, e não o objetivo: descarbonizamos a terra removendo carbono na forma de carvão, gás e petróleo queimados, e também por meio do desmatamento e de práticas agrícolas ineficientes, e liberando-o na atmosfera. Quando a palavra *descarbonização* é usada, como o foi pela Casa Branca, refere-se à substituição de energia de combustíveis fósseis por fontes limpas e renováveis. Contudo, esse termo é frequentemente empregado como o objetivo dominante da ação climática – um objetivo que provavelmente não servirá de inspiração, mas provavelmente levará à confusão.

Outro termo usado pelos cientistas é "emissões negativas". Esse termo não tem significado em nenhum idioma. Imagine uma casa negativa, ou uma árvore negativa. A ausência de alguma coisa é o nada. A frase refere-se a sequestrar ou retirar carbono da atmosfera. Chamamos a isso sequestro. O sequestro é positivo em carbono, não negativo. Esse é outro exemplo de como o jargão climático foge da linguagem e do senso comuns. Nosso objetivo é apresentar a ciência climática e suas soluções em uma linguagem que seja acessível e atraente para o público mais amplo, desde estudantes de ensino médio até encanadores, desde pós-graduandos até fazendeiros.

Também evitamos o uso de linguagem de cunho militar. Boa parte da retórica e dos textos sobre mudanças climáticas é violento: a guerra contra o carbono, a luta contra o aquecimento global e as batalhas da linha de frente contra os combustíveis fósseis. Os artigos referem-se ao corte de emissões como se a golpes de machete. Entendemos o uso desses termos, porque transmitem a gravidade do problema que enfrentamos e a exiguidade de tempo para o enfrentamento do aquecimento global. Mas palavras como "combate", "batalha" e "cruzada" sugerem que a mudança climática é o inimigo e que ele precisa ser liquidado. O clima é uma função da atividade biológica na Terra e da física e química no céu. São as condições climáticas prevalecentes ao longo do tempo. O clima muda porque isso sempre ocorreu e continuará a ocorrer, e as variações climáticas geram de tudo, desde as estações até a evolução. Aqui, o objetivo é se alinhar com o impacto que estamos experimentando em relação ao clima, abordando as causas humanas do aquecimento global e fazendo com que o carbono "volte para casa".

O termo *drawdown* também precisa de explicação. Essa palavra é usada convencionalmente para descrever a redução de forças militares, contas de capital ou água de poço. Usamos esse termo para nos referirmos à redução da quantidade de carbono na atmosfera. Há, porém, uma razão ainda mais importante para o uso dessa palavra: *drawdown* dá nome a um objetivo que até agora estava ausente da maioria das conversas sobre o clima. É preciso abordar, desacelerar ou interromper as emissões, mas isso não basta. Se estivermos viajando pela estrada errada, continuaremos na estrada errada se diminuirmos a velocidade. O único objetivo que faz sentido para a humanidade é reverter o aquecimento global, e se pais, cientistas, jovens, líderes e nós, cidadãos, não nomearmos o objetivo, haverá poucas chances de alcançá-lo.

Por último, há o termo "aquecimento global". A história desse conceito remonta ao século XIX, quando Eunice Foote (1856) e John Tyndall (1859) descreveram de forma independente como os gases capturam o calor na atmosfera e como as mudanças na concentração de gases iriam alterar o clima. O termo *aquecimento global* foi usado pela primeira vez pelo geoquímico Wallace Broecker em um artigo publicado na revista *Science* em 1975, intitulado "Mudança climática: estamos à beira de um pronunciado aquecimento global?". Antes desse artigo, o termo usado era *modificação climática inadvertida*. Aquecimento global se refere à temperatura superficial da Terra. Mudança climática se refere às muitas mudanças que ocorrerão com aumentos na temperatura e nos gases de efeito estufa. É por isso que a agência da ONU para o clima recebeu o nome de Painel Intergovernamental sobre Mudanças Climáticas, e não Painel Intergovernamental sobre Aquecimento Global – nas siglas em inglês, IPCC, e não IPGW. O IPCC estuda os impactos abrangentes das mudanças climáticas em todos os sistemas vivos. O que medimos e modelamos em *Drawdown* é como dar início à redução dos gases de efeito estufa a fim de reverter o aquecimento global. – **Paul Hawken**

NÚMEROS

O que você verá nas páginas

Por trás de cada uma das soluções no *Drawdown* estão centenas de páginas de pesquisa e rigorosos modelos matemáticos desenvolvidos por algumas mentes muito brilhantes. Cada solução inclui uma introdução que se baseia na história, ciência, exemplos críticos e nas mais atualizadas informações disponíveis. Todas as descrições estão embasadas em uma avaliação técnica detalhada, disponível em nosso site para o leitor que quiser se aprofundar no tópico. Cada entrada também apresenta um resumo dos resultados dos modelos, incluindo a classificação da solução quanto ao seu potencial de redução de emissões. Enumeramos quantas gigatoneladas de gases de efeito estufa são evitadas ou removidas da atmosfera, bem como o custo adicional total para a implementação da solução e o custo líquido, ou – na maioria dos casos – a poupança líquida. Para os modelos, nos apoiamos em dados científicos revisados por pares. Em algumas áreas, por exemplo, o uso da terra e a agricultura, há uma infinidade de fatos e números anedóticos. Fizemos referência a alguns deles, sem, entretanto, usá-los em nossos cálculos.

No fim do livro, apresentamos tabelas de resumo com o impacto combinado das soluções, agrupadas por setor.

Classificação das soluções

São várias as maneiras de classificar soluções: seu custo-benefício; a rapidez de sua implementação; ou quais benefícios elas trazem para a sociedade. Todos são métodos interessantes e úteis para a interpretação dos resultados. Para nossos propósitos, classificamos as soluções com base na quantidade total de gases de efeito estufa que elas são capazes de evitar ou remover da atmosfera. As classificações são globais. A importância relativa de uma solução pode variar dependendo da geografia, das condições econômicas ou do setor.

Gigatoneladas de redução de dióxido de carbono

Embora seja mais divulgado, o dióxido de carbono não é o único gás com efeito de estufa. Metano, óxido nitroso e gases fluorados também capturam calor. Em longo prazo, cada um desses gases causa impacto nas temperaturas globais, dependendo de sua quantidade na atmosfera, quanto tempo permanece lá e quanto calor absorve ou irradia de volta à terra ao longo do seu período de vida. Com base nesses fatores, os cientistas são capazes de calcular seu potencial de aquecimento global, o que possibilita o uso de uma "moeda comum" para os gases de efeito estufa, com a tradução de qualquer gás em seu equivalente em dióxido de carbono.

Cada solução no *Drawdown* reduz os gases de efeito estufa ao evitar emissões e/ou sequestrar dióxido de carbono já presente na atmosfera. O grau em que determinada solução influencia os gases de efeito estufa é traduzido em gigatoneladas de dióxido de carbono removidas entre 2020-2050. Iremos observar esse número em cada solução, apresentado como "redução de CO_2". Em conjunto, essas gigatoneladas representam a redução total de gases de efeito estufa que poderia ser alcançada em 2050, em comparação com um caso fixo de referência, isto é, um mundo onde pouquíssimas mudanças ocorrem.

Mas o que é uma gigatonelada? Para apreciar sua magnitude, imagine 400 mil piscinas olímpicas. Isso equivale a cerca de 1 bilhão de toneladas métricas de água, ou 1 gigatonelada. Agora multiplique isso por 36, o que resulta em 14,4 milhões de piscinas. Trinta e seis gigatoneladas foi o volume de dióxido de carbono emitido em 2016.

Custo líquido total e poupança operacional

O custo total de cada solução neste livro é o montante necessário para comprar, instalar e operar a solução ao longo de trinta anos. Ao comparar esse custo com o que normalmente seria gasto em alimentos, combustível para carros, aquecimento e refrigeração para nossas casas etc., determinamos o custo ou poupança líquida decorrente do investimento em determinada solução.

No livro, procuramos pecar por conservadorismo, não por excesso. Isso significa que assumimos os níveis mais elevados de custos associados à solução em questão, mantendo-os relativamente constantes de 2020-2050. Considerando que as tecnologias estão mudando rapidamente e que variam em diferentes partes do mundo, esperamos que o custo real seja menor e que a poupança seja mais substancial. Mesmo com essa abordagem conservadora, porém, as soluções tendem a oferecer poupanças líquidas esmagadoras. Contudo, para algumas soluções, os custos e as poupanças são incalculáveis, por exemplo, os custos para salvar determinada floresta tropical, ou para fomentar a educação de meninas.

Quanto dinheiro estamos dispostos a gastar para obter resultados que irão beneficiar toda a humanidade? Como comparação, no fim do livro resumimos o custo e a poupança líquida para cada solução. A poupança líquida se baseia nos custos operacionais das soluções após sua implementação no período de 2020-2050. Esse cálculo revela a relação custo-benefício das soluções apresentadas. Ao considerar a escala de benefícios, os lucros e poupanças potenciais e os investimentos necessários se as condições permanecerem iguais, os custos passam a ser desprezíveis. Para a maioria das soluções, o período de retorno do investimento é relativamente curto.

Para saber mais

As soluções apresentadas no *Drawdown* são somente um resumo da pesquisa completa realizada para apoiar nossas conclusões. Uma descrição mais detalhada de nossas abordagens e premissas pode ser encontrada na seção "Metodologia". Também oferecemos informações adicionais sobre nossa pesquisa, fontes e pressupostos em drawdown.org.

Ao ler o livro, o que logo ficará evidente é quão sensíveis e empoderadoras são essas soluções. Em lugar de um cansativo manual técnico, impenetrável para todos os leitores exceto os especialistas que passam suas vidas imersos na ciência subjacente a essas tecnologias, *Drawdown* pretende ser acessível a qualquer pessoa que queira tomar conhecimento do que nós, coletivamente, podemos fazer e que papel cada um de nós pode desempenhar. – **Chad Frischmann**

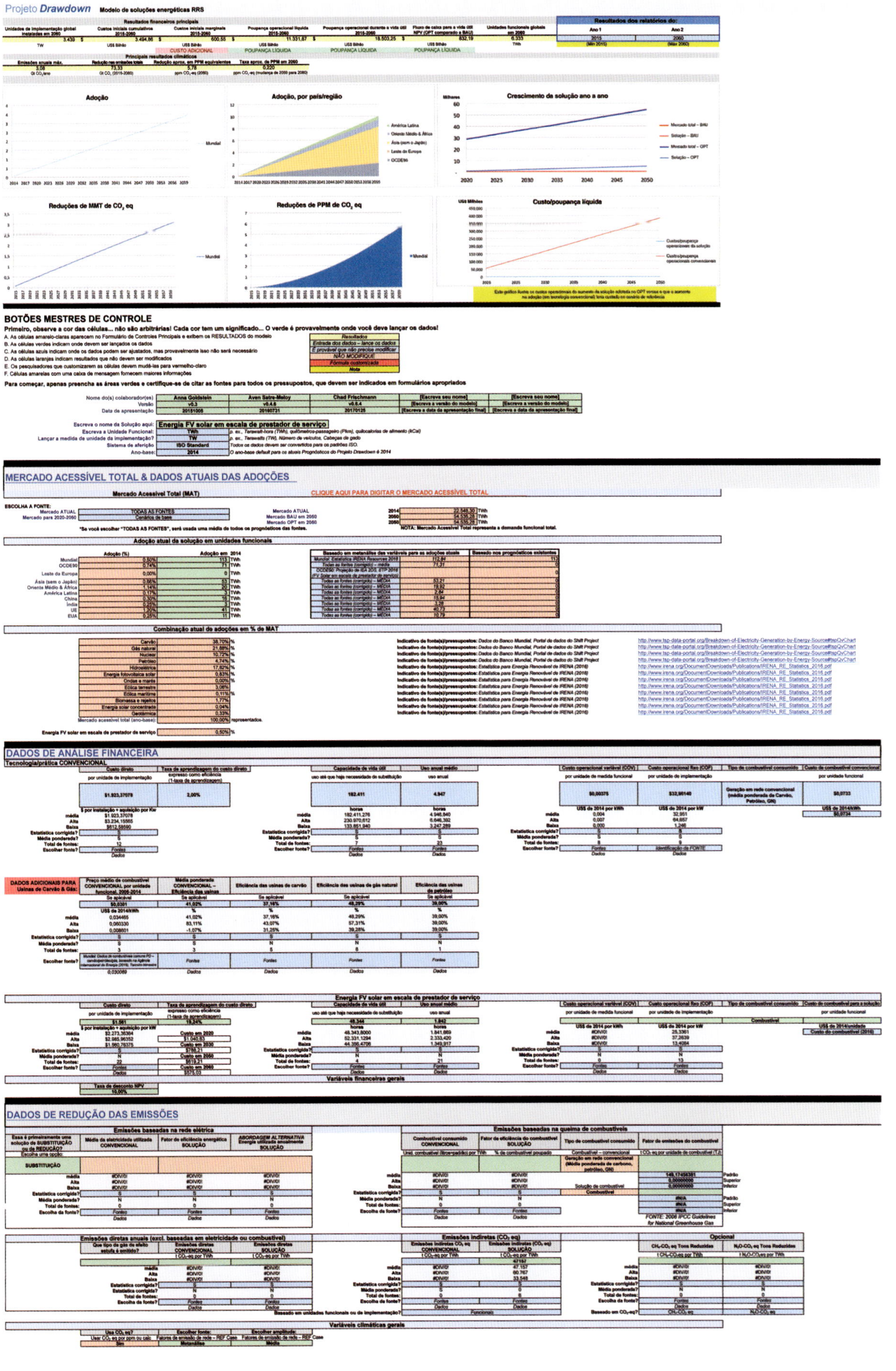

Projeto Drawdown
Modelo de soluções energéticas RRS
Adoção
Adoção, por país/região
Crescimento da solução ano a ano
Reduções de MMT de CO_2 eq
Reduções de PPM de CO_2 eq
Custo/poupança líquida
BOTÕES MESTRES DE CONTROLE
Primeiro, observe a cor das células... não são arbitrárias! Cada cor tem um significado... O verde é provavelmente onde você deve lançar os dados!
Para começar, apenas preencha as áreas verdes e certifique-se de citar as fontes para todos os pressupostos, que devem ser indicados em formulários apropriados
Energia FV solar em escala de prestador de serviço
MERCADO ACESSÍVEL TOTAL & DADOS ATUAIS DAS ADOÇÕES
Mercado Acessível Total (MAT)
CLIQUE AQUI PARA DIGITAR O MERCADO ACESSÍVEL TOTAL
Adoção atual da solução em unidades funcionais
Combinação atual de adoções em % de MAT
DADOS DE ANÁLISE FINANCEIRA
Tecnologia/prática CONVENCIONAL
DADOS ADICIONAIS PARA Usinas de Carvão & Gás:
Energia FV solar em escala de prestador de serviço
Variáveis financeiras gerais
DADOS DE REDUÇÃO DAS EMISSÕES
Emissões baseadas na rede elétrica
Emissões baseadas na queima de combustíveis
Emissões diretas anuais (excl. baseadas em eletricidade ou combustível)
Emissões indiretas (CO_2 eq)
Opcional
Variáveis climáticas gerais

ENERGIA

Esta seção destaca as tecnologias e estratégias que suplantam a produção de energia a partir de combustíveis fósseis. Estratégias que outrora eram consideradas empreendimentos não lucrativos, sobretudo as energias eólica e solar, vêm desafiando sistematicamente as previsões e agora competem com o carvão, o gás e o petróleo. Os custos renováveis continuam a diminuir a cada ano, enquanto ficou significativamente mais difícil extrair petróleo, gás e carvão de novas fontes – o que provocará aumento nos custos dos combustíveis à base de carbono. O Canadá, a Finlândia e quatro outros países proibiram o uso do carvão, e mais países estão se preparando para tal decisão. A liderança política é uma ação maravilhosa, mas sua ausência não retarda a transição para as energias renováveis. Os EUA retiraram-se do Protocolo de Quioto em 2001, e esse ato praticamente não teve impacto no crescimento do setor de energia renovável. Se você passar um ano inteiro mergulhado nos dados econômicos sobre energia, como fizemos, há apenas uma conclusão plausível: estamos, nas palavras do escritor Jeremy Leggett, exatamente no centro da maior transição de energia da história. A era dos combustíveis fósseis acabou, e a única dúvida agora é quando estaremos inteiramente imersos nessa nova era. A economia torna seu advento algo inevitável: a energia limpa é mais barata.

ENERGIA
TURBINAS EÓLICAS

O vento nunca sopra. Em razão do aquecimento desigual da superfície terrestre e da rotação do planeta, o vento é arrastado de áreas de maior pressão para outras de pressão mais baixa, movimentando-se em torno da paisagem como uma onda de ar. A mudança está aproveitando essa onda: a energia eólica está na crista das iniciativas de enfrentamento do aquecimento global nas próximas três décadas, atrás apenas do gerenciamento de agentes de refrigeração em termos de impacto total.

Consideremos as 32 turbinas eólicas *offshore* – cada uma com o dobro da altura da Estátua da Liberdade – instaladas perto da costa de Liverpool, na Inglaterra, na Burbo Bank Extension. Controlada por uma surpreendente novata na indústria da energia – a Lego, fabricante de brinquedos –, Burbo é um empreendimento internacional: as lâminas são fabricadas na ilha de Wight, na Inglaterra, por uma empresa japonesa para seu cliente dinamarquês, a Vestas. Cada turbina gera 8 megawatts de eletricidade. O diâmetro de varredura de suas lâminas de 82 metros equivale a quase o dobro do comprimento de um campo de futebol americano, e cada uma pesa 33 toneladas. Uma única rotação das lâminas gera a eletricidade necessária para o uso diário de uma casa. No total, o projeto fornecerá energia para todos os 466 mil habitantes de Liverpool.

Hoje, 314 mil turbinas eólicas fornecem 3,7% da eletricidade global. E em breve esse número será muito maior. Só na Espanha, 10 milhões de casas têm eletricidade gerada pelo vento. O investimento nas usinas eólicas *offshore* foi de 29,9 bilhões de dólares em 2016, valor 40% superior ao do ano anterior.

Os seres humanos vêm aproveitando o poder do vento há milênios, capturando brisas, rajadas e vendavais para mover marinheiros e suas cargas ao longo de rios e cruzar os mares, ou para bombear água e moer grãos. Os primeiros moinhos de vento registrados foram criados por volta de 500-900 d.C. na Pérsia. A tecnologia se espalhou para a Europa durante a Idade Média, e durante séculos os holandeses foram responsáveis pela maioria das inovações nos moinhos de vento. No final do século XIX, inventores em todo o mundo já eram capazes de converter com êxito a energia cinética do vento em eletricidade. Protótipos de turbinas surgiram em Glasgow (Escócia), em Ohio (EUA) e na Dinamarca, e na Exposição Mundial Columbiana de 1893, em Chicago, os visitantes puderam conhecer uma variedade de fabricantes e seus projetos. Nos anos de 1920 e 1930, fazendas por todo o Meio-Oeste dos EUA estavam pontilhadas por turbinas eólicas como fonte de energia principal. Em 1931, a Rússia iniciou a produção de energia eólica em larga escala, e a primeira

Classificação e resultados até 2050 (*onshore*)		2º lugar
84,6 gigatoneladas de redução de CO_2	US$ 1,23 trilhão de custo líquido	US$ 7,4 trilhões de poupança líquida

Um atleta passa nadando pelo parque eólico *offshore* de Sheringham Shoal, perto da costa de Norfolk, na Inglaterra. O parque eólico consiste em 88 turbinas Siemens de 3,6 megawatts instaladas em uma área de 36 quilômetros quadrados, a cerca de 18 quilômetros da costa.

Classificação e resultados até 2050 (*offshore*)		22º lugar
14,09 gigatoneladas de redução de CO_2	US$ 545,3 bilhões de custo líquido	US$ 762,5 bilhões de poupança líquida

turbina do mundo capaz de produzir 1 megawatt começou a funcionar em Vermont em 1941.

Em meados do século XX, os combustíveis fósseis marginalizaram a energia eólica. A crise do petróleo da década de 1970 reavivou o interesse, os investimentos e a inventividade. Esse ressurgimento moderno abriu caminho para que a indústria do vento chegasse à sua atual posição, com a proliferação de turbinas, a redução dos custos e um melhor desempenho. Em 2015, um recorde de 63 gigawatts de energia eólica foram instalados em todo o mundo, apesar de uma queda dramática nos preços dos combustíveis fósseis. A China sozinha foi responsável por cerca de 31 gigawatts de nova capacidade instalada. Atualmente, a Dinamarca atende a mais de 40% de suas necessidades de eletricidade com energia eólica, e no Uruguai a energia eólica satisfaz mais de 15% da demanda. Em muitos locais, o vento é ou competitivo ou mais barato que a eletricidade gerada pelo carvão.

Nos EUA, o potencial de energia eólica de apenas três estados – Kansas, Dakota do Norte e Texas – seria suficiente para atender à demanda de eletricidade do país inteiro. Os parques eólicos ocupam pouco espaço e, geralmente, não utilizam mais de 1% da terra onde estão instalados, de modo que o pastejo, a agricultura, a recreação ou a conservação podem ocorrer simultaneamente com a geração de energia. As turbinas podem colher eletricidade enquanto os agricultores colhem alfafa e milho. Além disso, em apenas um ano ou menos se pode construir um parque eólico, com rápida produção de energia e retorno sobre o investimento.

A energia eólica tem seus desafios. O clima não é o mesmo em todos os lugares. Em razão da natureza variável do vento, há momentos nos quais as turbinas ficam paradas. Mas nos lugares em que a produção intermitente de energia eólica (e solar) pode abranger uma geografia mais ampla, torna-se mais fácil contornar as flutuações na oferta e procura. As redes interconectadas podem transferir a energia para onde há necessidade. Os críticos argumentam que as turbinas são barulhentas, esteticamente desagradáveis e, em certas ocasiões, mortais para morcegos e aves migratórias. Os projetos mais modernos contornam esses problemas com lâminas de giro mais lento e com locais de implantação que evitam as trajetórias de migração. No entanto, a síndrome do "não no meu quintal" – que ocorre tanto nas zonas rurais da Inglaterra como nas praias de Massachusetts – continua sendo um obstáculo.

Outro entrave à energia eólica é a distribuição desigual dos subsídios do governo. O Fundo Monetário Internacional estima que a indústria de combustíveis fósseis recebeu mais de 5,3 trilhões de dólares em subsídios diretos e indiretos em 2015. Isso significa 10 milhões por minuto, ou cerca de 6,5% do PIB global. Os subsídios indiretos aos combustíveis fósseis incluem as despesas com a saúde decorrentes da poluição do ar, os danos ambientais, os congestionamentos e o aquecimento global – nenhum dos quais está ligado às turbinas eólicas. Em comparação, a indústria de energia eólica dos EUA recebeu 12,3 bilhões de dólares em subsídios diretos desde 2000. Os exagerados subsídios fazem os combustíveis fósseis parecerem mais baratos, mascarando a competitividade de custo da energia eólica e, além disso, dão aos combustíveis fósseis a vantagem de serem os dominantes – o que torna o investimento mais atrativo.

A redução contínua dos custos em breve tornará a energia eólica a fonte mais barata de capacidade de energia elétrica instalada, talvez dentro de uma década. Os custos atuais são de 2,9 centavos de dólar por quilowatt-hora para a energia eólica, 3,8 centavos por quilowatt-hora para as usinas de ciclo combinado a gás natural e 5,7 centavos por quilowatt-hora para a energia solar em grande escala. Uma pesquisa da Goldman Sachs, publicada em junho de 2016, afirmou simplesmente que "o vento fornece a fonte de mais baixo custo para novas instalações". O custo da energia eólica e também da energia solar inclui créditos fiscais de produção; no entanto, a Goldman Sachs acredita que o contínuo declínio nos custos das turbinas eólicas compensará a eliminação progressiva dos créditos tributários em 2023. Os projetos eólicos construídos em 2016 têm alcançado 2,3 centavos por quilowatt-hora. Uma análise do Morgan Stanley mostra que a nova produção de energia eólica no Centro-Oeste dos EUA equivale a um terço do custo das plantas de ciclo combinado a gás natural. E, finalmente, a Bloomberg New Energy Finance calculou que "o custo durante a vida útil das instalações eólicas e solares é menor que o custo de construção de novas usinas de combustíveis fósseis". A Bloomberg prevê que a energia eólica será a energia mais barata em todo o mundo até 2030. (Essa estimativa não inclui o custo dos combustíveis fósseis em relação à qualidade do ar, saúde, poluição, danos ao meio ambiente e aquecimento global.)

Os custos vêm diminuindo porque as turbinas passaram a ser alocadas em maiores altitudes – o que significa lâminas mais longas em locais com mais vento, uma combinação que mais do que dobrou a capacidade de geração de eletricidade de uma dada turbina. As turbinas terrestres podem ser maiores porque sua montagem é muito mais fácil do que na água. Turbinas que geram 20 megawatts de potência, com alturas superiores à do Empire State Building, já estão nos papéis.

Os EUA poderiam se abastecer com a energia eólica? O National Renewable Energy Laboratory calcula que cerca de 2 mil quilômetros quadrados de área terrestre bastam para fatores de capacidade de 40-50% – mais que o dobro do fator de capacidade médio há uma década. (Avalia-se que uma turbina eólica possa produzir uma quantidade definida de energia a uma dada velocidade constante de vento; no entanto, o fator de capacidade leva em consideração a variabilidade da velocidade do vento na localização real.) Os modos e os meios para que os EUA se tornem independentes da energia e do combustível fósseis já estão disponíveis. O que muitas vezes falta é vontade política e liderança.

Críticos no Congresso dos EUA menosprezam a energia eólica por ser subsidiada, insinuando que o governo federal está desperdiçando dinheiro. O carvão é um parasita quando se trata dos custos financiados pela sociedade de seus impactos ambientais. Deixando de lado a diferença nos custos de emissão – nenhum para o vento, alto para os combustíveis fósseis –, os argumentos do subsídio não levam em conta a diferença no uso de água entre o vento e os combustíveis fósseis. A energia eólica usa um volume 98-99% menor de água, em comparação com a eletricidade gerada por combustível fóssil. A energia do carvão, do gás e nuclear depende de grandes quantidades de água para o resfriamento, consumindo mais água do que a agricultura – 83-234 trilhões de litros por ano. Para muitas usinas nucleares e de combustíveis fósseis a água sai "de graça", concedida pelo governo federal ou pelos estados, mas ela não é absolutamente gratuita e, na verdade, representa mais um subsídio não reconhecido. Quem, além das indústrias de energia fóssil e nuclear, pode consumir trilhões de litros de água nos EUA e não pagar por ela?

A ascensão da China como líder mundial em energia eólica demonstra que, com um consistente comprometimento do governo com a escalada da energia eólica, é possível acelerar a queda da curva de custos, especialmente se o apoio do governo permanecer constante, apesar das mudanças nos ventos políticos. É fundamental que exista um cenário previsível para o desenvolvimento da indústria. No que diz respeito às políticas públicas, as normas relativas à matriz energética podem tornar obrigatória uma quota para a geração renovável. Subvenções, empréstimos e incentivos fiscais podem estimular a construção de maior capacidade eólica e um ambiente de inovação contínua, em tecnologias como turbinas de eixos verticais e sistemas *offshore*. Nos países onde os governos apoiam a energia eólica, como na União Europeia, a ação política não tem conseguido acompanhar o crescimento da energia eólica renovável. Na Alemanha, em 2015, gargalos na grade provocaram o desperdício de 4.100 gigawatts-hora de eletricidade eólica – energia suficiente para 1,2 milhão de lares por um ano. As preocupações de que o vento talvez não fosse capaz de fornecer energia suficiente para a Europa estão sendo substituídas por preocupações de que a integração e os sistemas distribuídos de armazenamento de energia em grande escala não acompanharão a demanda.

Como outras fontes de energia, a energia eólica faz parte de um sistema. O investimento em armazenamento de energia, infraestrutura de transmissão e geração distribuída é essencial para o seu crescimento. Hoje, tecnologias e infraestrutura para o armazenamento do excesso de energia estão em rápido desenvolvimento. Linhas de transmissão de eletricidade conectando parques eólicos remotos a áreas de alta demanda têm sido construídas. Para o mundo, a decisão é simples: investir no futuro ou no passado.

Impacto: *Um aumento na energia eólica terrestre de 3-4% do consumo da eletricidade mundial para 21,6% até 2050 poderia reduzir as emissões em 84,6 gigatoneladas de dióxido de carbono. No caso da energia eólica* offshore, *um crescimento de 0,1% para 4% poderia evitar 15,2 gigatoneladas de emissões. A um custo combinado de 1,8 trilhão de dólares, as turbinas eólicas podem resultar em uma poupança líquida de 8,2 trilhões de dólares ao longo de três décadas de operação. Mas essas são estimativas conservadoras. Os custos vêm caindo ano a ano, e novas mudanças tecnológicas já estão sendo instaladas, o que aumenta a capacidade de gerar mais eletricidade a custo igual ou menor.*

Lâminas de uma fazenda eólica antes da montagem, em Stylida, na Grécia.

ENERGIA
MICRORREDES

Classificação e resultados até 2050 **78º lugar**

Uma tecnologia capacitante – o custo e a poupança estão incorporados na energia renovável

A macrorrede consiste em uma vasta rede elétrica de fontes de energia que conecta serviços, geradores de energia, instalações de armazenamento e centros de controle com funcionamento ininterrupto para monitoração da oferta e da demanda. Qualquer coisa que esteja conectada em tomadas está centralizada da rede – eletricidade que é disponibilizada por grandes usinas de combustível fóssil, dia e noite. Essa configuração fazia sentido quando a geração de energia era concentrada. Hoje, ela dificulta a migração de uma energia suja, produzida em poucos locais, para uma energia limpa, produzida em todos os lugares.

Entram em cena as microrredes. Uma microrrede é um grupo de fontes de energia diversificadas, como a energia solar, o vento, os recursos hídricos e a biomassa, juntamente com o armazenamento de energia ou a geração de reserva e instrumentos de gerenciamento de carga. Esse sistema pode operar como entidade autônoma, ou seus usuários podem se plugar na rede maior. As microrredes são microcosmos eficientes e ágeis da grande rede e foram pensadas para funcionar com fontes de energia menores e diversificadas. Por reunir fontes renováveis e armazenamento, as microrredes fornecem energia confiável e podem ampliar o modelo centralizado, ou operar independentemente em situações de emergência. No futuro, as microrredes desempenharão um papel fundamental no avanço de redes elétricas flexíveis e eficientes. Em comparação com a rede centralizada, o uso do abastecimento local para atender à demanda local reduz a quantidade de energia perdida na transmissão e na distribuição, aumentando a eficiência do fornecimento. Ao se queimar carvão para ferver água com o objetivo de fazer girar uma turbina, dois terços da energia gerada se dispersam na forma de calor residual e de perdas ao longo das linhas de distribuição.

A instalação de microrredes em regiões conectadas à rede oferece diversas vantagens importantes. A civilização depende da eletricidade; a perda do acesso em decorrência de cortes e apagões é um risco crítico. Nos países desenvolvidos, os prejuízos econômicos causados por tais eventos podem alcançar muitos bilhões de dólares por ano. Custos sociais ligados aos cortes e apagões incluem o aumento da criminalidade, falhas no transporte e desperdício de alimentos, bem como o custo ambiental derivado do uso da energia de reserva acionada a diesel. Estudos indicam que, à medida que aumenta a demanda global por eletricidade (em parte, pelo uso do ar-condicionado e dos veículos elétricos), os sistemas de geração de energia existentes ficam mais fragilizados, e os apagões, mais frequentes. Por serem sistemas localizados, as microrredes são mais resilientes e podem reagir mais rápido à demanda local. No caso de interrupção ou falha, a microrrede pode se concentrar nas cargas críticas que dependem de um serviço ininterrupto, como os hospitais, bloqueando as cargas não essenciais até que o abastecimento tenha sido restaurado.

Nos países de baixa renda, as vantagens são ainda mais expressivas. No mundo, 1,1 bilhão de pessoas não têm acesso à eletricidade. Mais de 95% dessas pessoas vivem na África subsaariana e na Ásia, a maioria em áreas rurais onde os lampiões de querosene, altamente poluidores, constituem a principal fonte de iluminação e os alimentos são cozidos em fogões rudimentares. Embora seja evidente a conexão entre eletrificação e desenvolvimento humano, o progresso continua lento em razão do elevado custo de extensão da rede até regiões remotas. Em regiões rurais da Ásia e da África, as populações são atendidas mais adequadamente com a eletricidade proveniente de microrredes (e em locais remotos, por dispositivos solares autônomos).

Este é o Povoado Solar em Freiburg, Alemanha. Uma comunidade de 59 casas, é a primeira do mundo a ter um balanço energético positivo, com cada casa produzindo 5.600 dólares por ano em lucros decorrentes da energia solar. O caminho para a energia positiva consiste em projetar casas que sejam extraordinariamente eficientes em energia – o que o *designer* Rolf Disch batizou de PlusEnergy.

Estabelecer microrredes em áreas rurais de baixa renda é mais fácil do que as operar em locais de renda elevada e ricos em energia. Em muitos lugares, os modelos de negócios de grandes usinas não são compatíveis com a energia e o armazenamento distribuídos. Tais unidades têm custos irrecuperáveis em um sistema de geração e fornecimento que está se tornando ultrapassado. Nos locais onde esses empreendimentos são refratários, o maior desafio para as microrredes é o monopólio, e não a tecnologia. Nesse processo de aprendizado, pode ocorrer polinização cruzada: as grandes redes precisam ser menos rígidas e têm que se adaptar a um mundo em mudança; por outro lado, as microrredes precisam adotar padrões técnicos robustos para que tenham sucesso em longo prazo. Na era da ruptura tecnológica, faz sentido praticar uma parceria de tecnologias.

Impacto: *Modelamos o crescimento de microrredes em áreas que hoje não têm acesso à eletricidade, usando alternativas de energia renovável, como energia hidráulica com turbina na corrente (in-stream), microeólica, energia solar no telhado e energia de biomassa, juntamente com armazenamento de energia distribuída. Assume-se que esses sistemas substituem o que, de outro modo, seria o prolongamento de uma rede suja, ou o uso contínuo de geradores a óleo ou diesel não acoplados à rede. Os impactos das emissões são contabilizados nas próprias soluções individuais, o que impede uma dupla contagem. Para os países de maior renda, os benefícios dos sistemas de microrredes são classificados como "Flexibilidade de rede".*

ENERGIA **GEOTÉRMICA**

Vivemos em um planeta ativo. Um fluxo constante de calor se desloca em direção à crosta terrestre, gerando o movimento das placas tectônicas, terremotos, vulcões e a criação de montanhas. Cerca de um quinto do calor interno da Terra é primordial, persistindo desde a formação do planeta há 4,6 bilhões de anos. O equilíbrio é gerado pela contínua desintegração radioativa dos isótopos de potássio, tório e urânio na crosta e no manto. A energia térmica gerada equivale a cerca de 100 bilhões de vezes superior ao atual consumo mundial de energia. A energia geotérmica – literalmente "calor terrestre" – cria reservatórios subterrâneos de água quente fumegante. Os gêisers do Parque Nacional de Yellowstone são evidência icônica de uma "panela" geotérmica que ferve abaixo de nossos pés e que ocasionalmente esguicha em pleno ar. Outra evidência visível são as fontes termais dispersas pela paisagem de fogo e gelo da Islândia.

A água quente e o vapor contidos nos reservatórios hidrotérmicos podem ser canalizados até a superfície para fazer girar turbinas de produção de eletricidade – uma façanha realizada pela primeira vez em Larderello, Itália, em 15 de julho de 1904, quando cinco lâmpadas foram acesas por um dispositivo mecânico alimentado por vapor geotérmico, uma invenção do príncipe Piero Ginori Conti. Mais de um século depois, a usina de Larderello continua em atividade, e a maior parte dos 13 gigawatts da geração de eletricidade geotérmica no mundo está localizada ao longo dos limites entre placas tectônicas, onde, de alguma forma, os corpos líquidos surgem na superfície. Outros 22 gigawatts de energia geotérmica direta fornecem calor para aquecimento urbano, spas, estufas, processos industriais e outros usos.

A energia geotérmica é a energia da Terra e depende do calor, de um reservatório subterrâneo e de água ou vapor para transportar esse calor até a superfície terrestre. Embora condições geotérmicas excepcionais sejam encontradas em menos de 10% do planeta, as novas tecnologias expandem dramaticamente o potencial de produção em áreas onde anteriormente os recursos aproveitáveis eram desconhecidos. Em linhas gerais, o primeiro passo consiste em localizar as piscinas hidrotermais. Porém, a identificação de recursos subterrâneos tem sido um desafio e um fator limitante para a energia geotérmica. É difícil saber onde se localizam os reservatórios e custa caro perfurar poços para tentar descobrir. Mas novas técnicas de exploração estão ampliando territórios.

Uma dessas novas abordagens é a dos sistemas geotérmicos estimulados (SGE), tipicamente direcionados para cavidades subterrâneas profundas, criando piscinas hidrotermais onde elas não existiam. Os SGE empregam a engenharia para utilização de áreas muito quentes, mas com pouca ou nenhuma água, adicio-

A usina de energia geotérmica Svartsengi ("Campina Negra"), localizada na península de Reykjanes, na Islândia, foi a primeira desse tipo projetada para gerar eletricidade e fornecer água quente para aquecimento urbano. Com seis plantas diferentes, a usina gera 75 megawatts de eletricidade, o suficiente para atender a 25 mil lares. Sua água quente "residual" é canalizada para o spa geotérmico Lagoa Azul, que recebe anualmente 400 mil visitantes.

Engenheiro de manutenção com roupas protetoras repara uma conexão de tubulação com vazamento de vapor a 105°C.

Classificação e resultados até 2050 **18º lugar**

16,6 gigatoneladas de redução de CO_2	-US$ 155,5 bilhões de custo líquido	US$ 1,02 trilhão de poupança líquida

nando-a em vez de depender das reservas da natureza. Ao injetar água sob alta pressão na terra, as técnicas do SGE fraturam e quebram as rochas quentes, tornando-as mais permeáveis e acessíveis. Quando as rochas tornam-se porosas, a água pode ser bombeada por meio de uma perfuração, aquecida no subsolo e, em seguida, retornada à superfície através de outro orifício. Depois de usada para a geração de eletricidade, a água é bombeada de volta para o reservatório por poços de injeção. Ou, no caso do spa geotérmico Lagoa Azul, na Islândia, as águas residuais da usina de Svartsengi são utilizadas como água de banho para residentes e turistas. Com a recirculação, o ciclo se repete.

Essas inovações poderiam aumentar drasticamente o alcance geográfico da energia geotérmica e, em determinados locais, ajudariam a enfrentar um desafio crítico para as energias renováveis: o fornecimento de eletricidade de base ou de energia imediatamente transferível. A energia eólica diminui quando os ventos não estão soprando. A energia solar fica "desligada" durante a noite inteira. Como os recursos subterrâneos estão disponíveis ininterruptamente, a produção geotérmica pode ocorrer a qualquer hora e sob quase todas as condições climáticas. A energia geotérmica é confiável, eficiente e, além disso, a própria fonte de calor é gratuita.

O processo de exploração de seu potencial deve enfrentar os aspectos negativos da energia geotérmica. A água e o vapor, tanto de ocorrência natural como bombeados, podem se mesclar a gases dissolvidos, entre os quais o dióxido de carbono, e com substâncias tóxicas, como mercúrio, arsênico e ácido bórico. Embora suas emissões por megawatt-hora sejam equivalentes a apenas 5-10% das emissões de uma usina de carvão, a energia geotérmica também causa impacto sobre o efeito estufa. Além disso, o esgotamento das piscinas hidrotermais pode causar subsidência do solo, enquanto o hidrofraturamento pode causar microterremotos. E há outros problemas, como alterações no uso da terra, que podem provocar poluição sonora, odores desagradáveis e impactos na paisagem.

Em 24 países em todo o mundo, o enfrentamento dessas desvantagens tem valido a pena, já que a energia geotérmica pode fornecer eletricidade confiável, abundante e acessível, com baixos custos operacionais ao longo de sua vida útil. Em El Salvador e nas Filipinas a energia geotérmica é responsável por um quarto da capacidade elétrica nacional. Na vulcânica Islândia responde por um terço. No Quênia, graças à atividade no subsolo do Grande Vale do Rift, metade da geração de eletricidade do país é geotérmica – e a produção está crescendo. Embora represente menos de 0,5% da produção nacional de eletricidade, as usinas geotérmicas dos EUA são líderes mundiais, com 3,7 gigawatts de capacidade instalada.

Existe a oportunidade de aumentar o vapor na energia geotérmica e explorá-la em mais locais. De acordo com a Geothermal Energy Association, 39 países poderiam ter 100% de suas necessidades de eletricidade atendidas com energia geotérmica, mas apenas 6-7% do potencial geotérmico mundial vêm sendo aproveitados. As projeções teóricas baseadas em levantamentos geológicos da Islândia e dos EUA sugerem que recursos geotérmicos ainda ocultos poderiam fornecer 1-2 terawatts de energia, ou 7-13% do consumo humano atual. No entanto, esse número passa a ser significativamente inferior quando se levam em conta as exigências de capital e outros custos e limitações.

As vanguardas mundiais da geotermia apontam o caminho a seguir. Também ressaltam a importância do envolvimento do governo para o crescimento da geração. Mesmo contando com uma localização viável, os custos para a implantação de uma usina geotérmica podem ser altos. Os custos iniciais da perfuração são especialmente elevados, sobretudo em ambientes menos previsíveis e mais complexos. É por isso que o investimento público, as metas nacionais para sua produção e os acordos que asseguram a compra da energia pelas empresas desenvolvedoras desempenham um papel crucial na expansão. No conjunto, essas medidas ajudam a controlar o nível de risco dos investimentos. Embora novas tecnologias "quentes", como os sistemas geotérmicos estimulados, estejam avançando, o desenvolvimento contínuo da geração geotérmica tradicional continua sendo indispensável, especialmente na Indonésia, América Central e África Oriental – regiões onde o planeta é mais ativo e o "calor terrestre" é abundante.

Impacto: *Nossos cálculos assumem que a energia geotérmica crescerá de 0,66% da geração global de eletricidade para 4,9% até 2050. Esse crescimento poderia reduzir as emissões em 16,6 gigatoneladas de dióxido de carbono e economizar 1 trilhão de dólares em custos de energia ao longo de trinta anos e 2,1 trilhões de dólares ao longo do tempo de vida útil da infraestrutura. Ao fornecer eletricidade de base, a energia geotérmica também apoia a expansão de fontes renováveis variadas.*

ENERGIA
FAZENDAS SOLARES

Qualquer cenário de reversão do aquecimento global inclui um aumento maciço da energia solar até meados do século XXI. Faz sentido: o sol brilha todos os dias, oferecendo um combustível praticamente ilimitado, limpo e gratuito a um preço que nunca muda. Conjuntos pequenos e distribuídos de painéis nos telhados constituem a evidência mais perceptível da revolução das energias renováveis alimentadas por painéis solares fotovoltaicos (FV). A outra iteração menos óbvia do fenômeno FV são as fileiras, em grande escala, de centenas, milhares ou, em alguns casos, milhões de painéis que alcançam uma capacidade de geração de eletricidade na ordem das dezenas ou centenas de megawatts. Essas fazendas solares operam como grandes unidades, mais semelhantes às usinas de energia convencionais quanto à quantidade de eletricidade que produzem, mas são completamente diferentes em termos de suas emissões. Ao se levar em consideração seu ciclo de vida total, as fazendas solares reduzem 94% das emissões de carbono resultantes das usinas de carvão e eliminam completamente as emissões de enxofre e óxidos nitrosos, mercúrio e matéria particulada. Além dos danos ao ecossistema causados por esses poluentes, eles estão entre os principais fatores contributivos para a poluição do ar exterior, responsável por 3,7 milhões de mortes prematuras em 2012.

As primeiras fazendas solares FV surgiram no início da década de 1980. Atualmente, essas instalações em grande escala representam 65% dos acréscimos à capacidade de energia solar FV em todo o mundo. Essas fazendas podem ser encontradas em desertos, em bases militares, sobre lixões fechados e até mesmo flutuando em reservatórios, onde oferecem o benefício extra de diminuir a evaporação. Se as autoridades ucranianas forem bem-sucedidas, Chernobyl, o local de um grave acidente nuclear em 1986, abrigará uma fazenda solar de 1 gigawatt, que seria uma das maiores do mundo. Onde quer que estejam instaladas, "fazenda" é um termo apropriado para essas imensas fileiras solares, porque o processo fotovoltaico é, literalmente, um meio de colher energia. Os painéis de silício que compõem uma fazenda solar colhem os fótons oriundos do sol e que fluem para a Terra. No interior do ambiente hermeticamente fechado de um painel, os fótons energizam elétrons e geram corrente elétrica – da luz à voltagem, exatamente como o nome sugere. Além das partículas, não há necessidade de peças móveis.

A tecnologia FV com silício foi descoberta por acidente na década de 1950, juntamente com a invenção do transistor de silício que está presente em quase todos os dispositivos eletrônicos produzidos atualmente. Esse trabalho aconteceu sob os auspícios dos Bell Labs dos EUA e foi incrementado graças à busca por fontes de energia distribuída que pudessem funcionar em locais quentes, úmidos e remotos, onde as baterias poderiam falhar e não houvesse acesso à rede. Os cientistas da Bell descobriram que o silício constituía uma grande melhoria em relação ao selênio, que vinha sendo o padrão para painéis solares experimentais desde o final do século XIX. O silício possibilitou um aumento de dez vezes na eficiência da conversão da luz em eletricidade. Em 1954, na estreia da "bateria solar" da Bell, um diminuto painel de células de silício moveu uma roda-gigante de 21 polegadas e, em seguida, um transmissor de rádio. Por mais modestas que tenham sido, as demonstrações impressionaram a imprensa. O *New York Times* proclamou que as demonstrações poderiam assinalar "o início de uma nova era, capaz de levar à realização de um dos sonhos mais almejados da humanidade – o aproveitamento da energia quase ilimitada do sol para os usos da civilização".

Naquela época, a energia fotovoltaica era tão cara (mais de 1.900 dólares por watt na moeda de hoje) que seu único uso sensato era em satélites. E para o espaço a energia

Fazenda solar californiana, de propriedade do município de Sacramento, o primeiro a cumprir os padrões de energia renovável exigidos pelo estado. A empresa vende, nas fazendas solares, SolarShares (quotas solares) para que seus contribuintes possam obter retorno monetário, graças à revolução da energia renovável na Califórnia.

Classificação e resultados até 2050		8º lugar
36,9 gigatoneladas de redução de CO_2	-US$ 80,6 bilhões de custo líquido	US$ 5,02 trilhões de poupança líquida

FV seguiu, mas para quase nenhum outro lugar. Ironicamente, o primeiro grande comprador de células solares para uso na Terra foi a indústria do petróleo, que precisava de uma fonte de energia distribuída para suas plataformas e operações de extração. Desde então, o investimento público, os incentivos fiscais, a evolução da tecnologia e a força de produção bruta corroeram o custo de geração da energia FV, que caiu para os atuais 65 centavos de dólar por watt. O declínio no preço sempre superou as previsões, e as quedas continuarão. Previsões informadas sobre o custo e o crescimento da energia solar FV indicam que em breve ela se tornará a energia mais barata do mundo. Ela já tem o crescimento mais rápido. A energia solar é uma solução, mas seria razoável dizer que também é uma revolução. Construir uma fazenda solar também está ficando mais barato, e é mais rápido do que criar uma nova usina nuclear, de carvão ou de gás natural. Em muitas partes do mundo, atualmente, a energia solar FV é competitiva em termos de custo ou até mais barata do que a geração de energia convencional. Os desenvolvedores têm oferecido projetos selecionados em centavos por quilowatt-hora, o que teria sido impensável alguns anos atrás. Graças à queda fragorosa dos custos físicos e virtuais, juntamente com o uso zero de combustível e com as modestas necessidades de manutenção ao longo do tempo, o crescimento da energia solar em grande escala superou as expectativas mais otimistas.

Em comparação com os telhados solares, as fazendas solares têm custos menores de instalação por watt, e sua eficácia na transformação da luz solar em eletricidade (conhecida como grau de eficiência) é maior. Quando seus painéis rotacionam para aproveitar ao máximo os raios do sol, a geração pode melhorar em 40% ou mais. Ao mesmo tempo, não importa onde os painéis solares sejam colocados, eles estão sujeitos à natureza diurna e variável da radiação solar e também à dessincronização com o uso da eletricidade: o pico de produção se dá por volta do meio-dia, enquanto a demanda será máxima algumas horas mais tarde. É por isso que, à medida que a geração solar continua a crescer, também deverão crescer as energias renováveis complementares constantes, como a geotérmica, e que tenham ritmos diferentes do sol, como o vento, que tende a aumentar à noite. O armazenamento de energia e redes mais flexíveis e inteligentes que possam administrar a variabilidade da produção de fazendas FV também serão essenciais para o sucesso da energia solar.

A International Renewable Energy Agency já credita 220-330 milhões de toneladas de poupança anual de dióxido de carbono à energia solar fotovoltaica, e atualmente essa modalidade representa menos de 2% da matriz global de eletricidade. Poderia a energia solar satisfazer 20% das necessidades energéticas globais até 2027, como calculam pesquisadores da Universidade de Oxford? Graças a intervenções governamentais complementares e ao progresso do mercado, são muitos os sinais promissores: os custos atingiram a "paridade da rede" com a geração de combustíveis fósseis, e ainda estão em queda, a típica fábrica de painéis solares produz centenas de megawatts de capacidade solar por ano, e os painéis têm uma vida útil que facilmente alcança os 25 anos, e talvez décadas mais. Em 2015, a energia solar FV atendeu a quase 8% da demanda de eletricidade na Itália e mais de 6% na Alemanha e na Grécia, líderes na revolução solar. A energia FV tem uma longa história de superação de expectativas e de avanços inesperados. De mãos dadas com a energia solar distribuída e apoiada pelas tecnologias capacitadoras corretas, a "nova era" citada pelo *New York Times* em 1954 está se tornando realidade.

Impacto: *Atualmente representando 0,4% da geração global de eletricidade, em nossa análise a energia solar de escala crescerá para 10%. Assumimos um custo de implementação de 1.445 dólares por quilowatt e uma curva de aprendizado de 19,2%, resultando em economias de implementação de 81 bilhões de dólares, em comparação com as usinas de combustíveis fósseis. Esse aumento poderia evitar 36,9 gigatoneladas de emissões de dióxido de carbono, simultaneamente economizando 5 trilhões de dólares em custos operacionais até 2050 – o impacto financeiro da produção de energia sem combustível.*

ENERGIA
PAINÉIS SOLARES DE TELHADO

Corria o ano de 1884 quando a primeira matriz solar apareceu em um telhado na cidade de Nova York. O experimentalista Charles Fritts instalou a matriz depois de descobrir que uma fina camada de selênio aplicada sobre uma placa de metal poderia gerar uma corrente de eletricidade quando exposta à luz. Como a luz podia acender luzes, nem ele nem seus contemporâneos pioneiros da energia solar sabiam, pois o mecanismo ficou sem explicação até o início do século XX, quando, entre outros avanços, Albert Einstein publicou seu trabalho revolucionário sobre o que agora chamamos de fótons. Embora a comunidade científica na época de Fritts acreditasse que a geração de energia dependia do calor, o experimentalista estava convencido de que os módulos "fotoelétricos" acabariam por competir com as usinas de energia a carvão. Thomas Edison tinha fundado a primeira dessas usinas apenas dois anos antes, também na cidade de Nova York.

Hoje, a energia solar está substituindo a eletricidade gerada pelo carvão e pelo gás natural. Está substituindo lâmpadas de querosene e geradores de diesel em lugares onde as pessoas não têm acesso à rede elétrica, o que significa mais de 1 bilhão de pessoas ao redor do mundo. Enquanto a sociedade luta com a poluição causada pela eletricidade em alguns lugares e com sua ausência em outros, as misteriosas ondas e partículas da luz do sol atingem continuamente a superfície do planeta com uma energia mais de 10 mil vezes superior ao uso mundial total. Os sistemas fotovoltaicos de pequena escala, tipicamente instalados nos telhados, têm desempenhado um papel importante na exploração dessa luz, o recurso mais abundante na Terra. Quando os fótons colidem com as finas pastilhas dos cristais de silício no interior de um painel solar selado a vácuo, liberam os elétrons e produzem um circuito elétrico. Essas partículas subatômicas são as únicas partes móveis em um painel solar, que dispensa combustível.

Embora a energia solar fotovoltaica (FV) forneça atualmente menos de 2% da eletricidade mundial, essa modalidade experimentou um crescimento exponencial na última década. Em 2015, sistemas distribuídos com menos de 100 quilowatts representavam cerca de 30% da capacidade de energia solar instalada em todo o mundo. Na Alemanha, um dos líderes mundiais em energia solar, a maior parte da capacidade fotovoltaica se situa nos telhados, que alcançam 1,5 milhão de sistemas. Em Bangladesh, com seus 157 milhões de habitantes, já foram instalados mais de 3,6 milhões de sistemas solares domésticos. Tais sistemas beneficiam 16% das casas australianas. Transformar uma pequena parte de telhado em uma estação de energia em miniatura está se tornando algo irresistível.

Os módulos de telhado estão se espalhando por todo o mundo graças à sua acessibilidade. A energia FV solar tem se beneficiado de um ciclo virtuoso de redução de custos, impulsionado por incentivos para a aceleração de seu desenvolvimento e implementação, economias de escala na fabricação, avanços na tecnologia dos painéis e abordagens inovadoras para financiamento do usuário final – por exemplo, os acordos de propriedade de terceiros, que ajudaram a popularizar a energia solar nos EUA. À medida que a procura aumenta e a produção cresce para atender

Mãe da etnia Uros e suas duas filhas. Vivem em uma das 42 ilhas flutuantes feitas com juncos de totora no lago Titicaca. Sua alegria ao receber seu primeiro painel solar é contagiante. Instalado a uma altitude superior a 3.800 metros, o painel substituirá o querosene e fornecerá eletricidade para a família pela primeira vez. Embora seja uma tecnologia avançada, a energia solar é uma combinação cultural perfeita: o povo Uru se autodenomina "Lupihaques", os filhos do Sol.

à demanda, os preços caem; com a queda dos preços, ocorre uma procura ainda maior. Na China, um *boom* de fabricação de dispositivos fotovoltaicos ajudou a liberar um volume enorme de painéis baratos para todo o mundo. Mas os custos do material físico constituem apenas um dos lados da equação de despesas. Os custos virtuais com financiamento, aquisição, autorizações e instalação podem alcançar metade do custo de um sistema de telhado, não tendo sofrido a mesma queda que os painéis. Essa é uma das razões que explicam o maior custo dos equipamentos solares de telhado em relação aos seus "primos" de grande escala. Ainda assim, os sistemas FV em pequena escala já geram eletricidade mais barata do que a obtida na rede em algumas partes dos EUA, em muitos pequenos estados insulares e em países como Austrália, Dinamarca, Alemanha, Itália e Espanha.

As vantagens dos sistemas solares no telhado vão muito além do seu preço. Embora a produção de painéis FV fotovoltaicos, como qualquer processo de fabricação, envolva emissões, eles geram eletricidade sem emitir gases de efeito estufa ou causar poluição atmosférica – com o recurso infinito da luz solar como único aporte. Quando instalados em um telhado conectado à rede, esses painéis geram energia no local de consumo, evitando, assim, as inevitáveis perdas de transmissão pela rede. Os painéis podem ajudar os serviços públicos a atender à demanda mais ampla injetando na rede a energia não utilizada, especialmente no verão, quando a energia solar é mais produtiva e o consumo de eletricidade é alto. Esse esquema de "medição líquida" – a venda do excesso de eletricidade à rede – pode tornar os painéis solares financeiramente viáveis para os proprietários de casas, compensando a eletricidade que compram à noite ou nas horas em que o sol não está brilhando.

Numerosos estudos mostram que os benefícios financeiros dos sistemas FV para telhados operam de duas formas. Ao contar com esses sistemas como parte de uma matriz de geração de energia, os serviços públicos podem evitar os custos de capital de mais usinas de carvão ou de gás (pelas quais seus clientes teriam que pagar) e, por outro lado, a sociedade como um todo é poupada dos impactos ambientais e de saúde pública. O aporte da energia FV em momentos de maior demanda de eletricidade também pode restringir o uso dos dispendiosos e poluentes geradores de pico. Alguns serviços públicos rejeitam essa proposição e postulam reivindicações contraditórias – que os sistemas FV de telhado são "caronas" – com o objetivo de bloquear o avanço da energia solar distribuída e seu impacto em suas receitas e rentabilidade. Outros aceitam sua inevitabilidade e estão tentando adequar seus modelos comerciais de acordo com essa visão. Para todos os envolvidos, persiste a necessidade de um "consenso" de rede, de modo que os serviços públicos, os órgãos reguladores e as partes interessadas de todas as nuances têm desenvolvido abordagens para cobrir esse custo.

Desconectados da rede, os painéis de telhado podem levar eletricidade a regiões rurais de países de baixa renda. Assim como os telefones celulares tornaram obsoleta a instalação de telefones fixos e democratizaram a comunicação, os sistemas solares eliminam a necessidade de redes elétricas centralizadas de grande escala. Os países ricos dominaram os investimentos em energia solar distribuída até 2014, mas atualmente países como o Chile, a China, a Índia e a África do Sul se juntaram ao grupo. Isso significa que os sistemas FV de telhado estão acelerando o acesso a uma eletricidade acessível e limpa e, com isso, se transformaram em uma ferramenta poderosa para a eliminação da pobreza. Também têm criado empregos e energizado economias locais. Somente em Bangladesh, esses 3,6 milhões de sistemas solares domésticos geraram 115 mil empregos diretos e mais 50 mil empregos indiretos.

A primeira matriz solar instalada por Charles Fritts em 1884 na cidade de Nova York. Fritts construiu os primeiros painéis solares em 1881, tendo informado que a corrente era "contínua, constante e de força considerável, não só pela exposição à luz solar, mas também à luz difusa do dia, e até pela exposição a uma lâmpada".

Desde o final do século XIX, seres humanos em muitos lugares confiaram em usinas centralizadas que queimam combustíveis fósseis e enviam eletricidade para um sistema de cabos, torres e postes. À medida que as famílias adotam a energia solar de telhado (cada vez mais acompanhada e habilitada pelo armazenamento de energia distribuída), elas transformam a geração e sua propriedade, afastando-se dos monopólios dos serviços públicos e apropriando-se da geração de energia. Com a disseminação dos veículos elétricos, o "abastecimento" pode ser feito em casa, substituindo as companhias de petróleo. Quando o usuário é também o produtor, a energia é democratizada. Charles Fritts teve essa visão nos anos de 1880, enquanto olhava para os telhados da cidade de Nova York. Atualmente, essa visão está cada vez mais se tornando realidade.

Impacto: *Nossa análise assume que os sistemas solares FV de telhado podem crescer de 0,4% da geração de eletricidade global para 7% até 2050. Esse crescimento pode evitar a emissão de 24,6 gigatoneladas. Assumimos um custo de implementação de 1.883 dólares por quilowatt, caindo para 627 dólares por quilowatt até 2050. Ao longo de três décadas, a tecnologia poderia economizar 3,4 trilhões de dólares em custos domésticos de energia.*

ENERGIA
ONDAS E MARÉS

Os oceanos estão em movimento constante, ondulando, criando redemoinhos, avançando, recuando. À medida que o vento sopra ao longo de sua superfície, ondas são formadas. Como resultado da interação das forças gravitacionais da Terra, da lua e do sol, as marés são criadas. As marés estão entre as dinâmicas mais poderosas e constantes da Terra.

Os sistemas de energia das ondas e das marés aproveitam-se dos fluxos oceânicos naturais para gerar eletricidade. Diversas empresas, serviços públicos, universidades e governos têm trabalhando para cumprir a promessa de uma energia oceânica consistente e previsível, que atualmente representa uma fração da geração global de eletricidade. As primeiras tecnologias remontam a mais de dois séculos, e projetos modernos surgiram na década de 1960, graças especialmente ao trabalho do comandante naval japonês Yoshio Masuda e a uma invenção sua de 1947: a coluna de água oscilante (CAO). À medida que uma onda ou a maré se eleva dentro de uma CAO, ocorre o deslocamento do ar, que é empurrado através de uma turbina, gerando eletricidade. Com o movimento contínuo das águas oceânicas, o ar é continuamente comprimido e descomprimido. É o mesmo princípio empregado nas boias oceanográficas, que se valem do ar comprimido para criar barulho nas proximidades de águas rasas ou de afloramentos traiçoeiros. Atualmente existem várias usinas de energia CAO no mundo.

O que atrai na energia das ondas e das marés é sua constância: não é necessário armazenar energia. E apesar de as comunidades muitas vezes se oporem à presença de turbinas eólicas ao longo de serras ou litorais por violarem a paisagem, a ideia do uso de sistemas de ondas e marés subaquáticos e ocultos se revelou mais aceitável para os cidadãos que vivem no litoral. (Embora tais sistemas possam ser motivo de preocupação para os pescadores locais, cujo meio de subsistência depende das mesmas águas.)

Com relação à geração de energia, nem todas as ondas e marés se formam igualmente. Os ventos alísios que sopram na direção leste-oeste sopram na faixa de latitudes de 30-60 graus, implicando maior atividade de ondas nas costas ocidentais de todos os continentes. Frequentemente as praias dos surfistas são locais perfeitos para a energia das ondas. As principais localizações de energia vigorosa das marés são a costa nordeste dos

9,2 gigatoneladas de redução de CO_2	US$ 411,8 bilhões de custo líquido	-US$ 1 trilhão de poupança líquida

EUA, a costa oeste do Reino Unido e a costa da Coreia do Sul. Muitos especialistas também destacam ilhas menores como candidatas para energia das ondas e das marés, considerando seu isolamento geográfico e recursos energéticos limitados.

Embora o poder perpétuo do oceano torne possível a energia das ondas e das marés, também cria obstáculos. O funcionamento em ambientes marinhos inóspitos e complexos é um desafio – desde a concepção dos sistemas mais eficazes até a construção de instalações para a sua implementação, além de sua manutenção com o passar do tempo. A água salgada corrói o equipamento, e as ondas são mais multidimensionais do que uma rajada de vento – movimentando-se para cima, para baixo e em todas as outras direções quando as condições são de turbulência. Também é fundamental garantir que os ecossistemas marinhos não serão prejudicados por emissões de ruídos ou de substâncias, ou pela captura ou matança da vida marinha. No conjunto, essas dinâmicas fazem com que uma operação em água salgada seja mais difícil e dispendiosa, em comparação com as operações em terra firme.

As tecnologias marinhas ainda estão no início de seu desenvolvimento; estão atrasadas em décadas com relação à energia solar e eólica. A energia das marés já está mais fundamentada do que a energia das ondas, tendo maior número de projetos em operação atualmente. Idealmente, as tecnologias marinhas são adequadas para baías naturais, enseadas ou lagoas – lugares onde a água do oceano entra e sai em ciclos circadianos –, com aproveitamento das marés altas e baixas (que entram e saem) para gerar eletricidade. Algumas lembram represas; em seu interior, as marés elevadas ou em recessão movimentam turbinas. Os sistemas *in-stream* mais experimentais funcionam como turbinas eólicas subaquáticas; nesses casos, as marés movimentam lâminas para produzir eletricidade.

Em todo o mundo, várias tecnologias de energia das ondas estão sendo testadas e aprimoradas, na busca do modelo de *design* ideal para a conversão da energia cinética das ondas em eletricidade. Algumas delas se parecem com boias amarelas balançando para cima e para baixo na superfície do oceano. Outras se parecem com grandes cobras vermelhas cavalgando nas ondas, ou braços longos acenando para a frente e para trás. Ainda outras tecnologias são discos flutuantes totalmente submersos que incorporam a geração de eletricidade ali mesmo no mar. Ainda não está claro qual tecnologia é mais eficaz. Mas, seja qual for sua configuração e forma, esses sistemas exploram os movimentos de subida e descida e de entrada e saída das ondas para a geração de energia. A oscilação é a chave; portanto, quanto maior a onda, maior tenderá a ser seu potencial de energia.

As oportunidades para a obtenção de energia do mar são enormes, mas para que elas se concretizem, haverá a necessidade de investimentos substanciais e de ampliação das pesquisas. Seus proponentes acreditam que a energia das ondas poderia fornecer até 25% da eletricidade dos EUA e 30% ou mais na Austrália. Na Escócia, esse percentual pode ser superior a 70%. Atualmente, a energia das ondas e das marés é a mais cara de todas as energias renováveis, e diante da rápida queda dos preços das energias eólica e solar, é provável que essa lacuna continue a se ampliar. No entanto, à medida que essa tecnologia evolui e são estruturadas políticas em apoio à sua implementação, as energias marinhas renováveis poderão seguir um caminho semelhante, atraindo investimento de capital privado e o interesse de grandes empresas como a General Electric e a Siemens. Em uma trajetória como essa, a energia das ondas e das marés também poderia se tornar competitiva com relação aos combustíveis fósseis.

A Annapolis Royal Generating Station é uma estação de energia de 20 megawatts localizada no rio Annapolis, na Nova Escócia. Construída em 1984, continua a ser a única estação geradora de energia das marés na América do Norte e tira partido da maior variação mundial de marés. A diferença de altura entre as marés alta e baixa pode ser superior a 15 metros. Atualmente, turbinas *in-stream* estão sendo testadas nas proximidades, um modelo mais simples e com impacto ambiental muito menor.

Impacto: *Não existem muitas projeções de energia das ondas e das marés para 2050. Com base nas poucas publicadas, estimamos que a energia das ondas e das marés pode crescer dos atuais 0,0004% da produção global de eletricidade para 0,28% até 2050. O resultado: redução das emissões de dióxido de carbono em 9,2 gigatoneladas em trinta anos. O custo de sua implementação seria de 412 bilhões de dólares, com perdas líquidas de 1 trilhão de dólares ao longo de três décadas, mas o investimento abriria caminho para uma expansão em mais longo prazo e para a redução das emissões.*

ENERGIA

ENERGIA SOLAR CONCENTRADA

Até agora, a energia solar concentrada (ESC) "tem sido um conto de dois países, Espanha *versus* EUA". É dessa forma que a International Energy Agency resume o início da história da ESC, também conhecida como eletricidade solar térmica. As primeiras usinas começaram a funcionar na Califórnia na década de 1980 e ainda estão em atividade. Em vez de capturar energia da luz do sol e convertê-la diretamente em eletricidade como a energia fotovoltaica, as usinas utilizam o elemento principal da tecnologia convencional de geração de energia à base de combustíveis fósseis: as turbinas a vapor. A diferença é que, no lugar do carvão ou gás natural, os sistemas ESC usam a radiação solar como seu combustível primário – gratuito e livre de carbono. Os espelhos, o componente essencial de qualquer usina ESC, são especificamente curvos ou angulados, a fim de concentrar os raios solares para aquecer um líquido, produzir vapor e movimentar as turbinas. Em 2014, essa tecnologia gerava somente 4 gigawatts em todo o mundo. Aproximadamente metade na Espanha, país onde a ESC é significativa o bastante para figurar nas estatísticas nacionais de geração, com cerca de 2%. Graças às vantagens únicas da ESC, essa tecnologia crescerá e essas estatísticas mudarão. No Marrocos, o gigante Complexo Solar de Noor Ouarzazate, na extremidade do Saara, já está mudando o panorama solar térmico e, uma vez concluída, será a maior usina mundial.

As usinas ESC dependem de imensas quantidades de luz solar direta – irradiância normal direta (IND). A IND é mais elevada em regiões quentes e secas, onde os céus são claros, tipicamente entre 15-40 graus de latitude. Os locais ideais variam desde o Oriente Médio até o México; do Chile até o oeste da China; da Índia até a Austrália. De acordo com um estudo de 2014, publicado no periódico *Nature Climate Change*, a bacia do Mediterrâneo e o deserto do Kalahari, na África Austral, têm o maior potencial para a construção de grandes redes interligadas de ESC, com potencial para fornecer energia a um custo comparável ao dos combustíveis fósseis. Em muitas regiões mais apropriadas para a geração de energia solar térmica, a capacidade técnica de geração (a eletricidade que tais regiões seriam capazes de produzir) ultrapassa em muito a demanda. Com os avanços nas linhas de transmissão, essas regiões poderiam atender às populações locais e exportar energia para locais onde a ESC é mais limitada.

Ironicamente, o recente sucesso da energia solar fotovoltaica (FV) limitou o crescimento da eletricidade solar térmica. Os painéis FV ficaram tão baratos, e com tanta rapidez, que a tecnologia ESC foi posta de lado, já que aço e espelhos não sofreram a mesma queda de preços. Mas com a expansão da energia FV, ela poderá passar do fracasso ao sucesso. Isso porque a tecnologia ESC possui a vantagem que a energia fotovoltaica anseia e necessita: o armazenamento de energia. Ao contrário dos painéis fotovoltaicos e das turbinas eólicas, a tecnologia ESC produz calor antes de gerar eletricidade, e calor é muito mais fácil e eficiente de armazenar. De fato, é 20-100 vezes mais barato armazenar calor que eletricidade. Na última década, tornou-se relativamente padrão construir usinas ESC com o armazenamento sob a forma de tanques de sal fundido. Aquecido com o excesso

Classificação e resultados até 2050		25º lugar
10,9 gigatoneladas de redução de CO_2	US$ 1,32 trilhão de custo líquido	US$ 413,9 bilhões de poupança líquida

de calor durante o dia, o sal derretido pode ser mantido quente por 5-10 horas, dependendo do DNI de um determinado local; então, o sal é utilizado na geração de eletricidade quando os raios do sol abrandam-se. Essa capacidade é crucial para as horas em que as pessoas permanecem acordadas, consumindo eletricidade, depois do pôr do sol. Mesmo sem o sal fundido, as usinas ESC podem armazenar calor por períodos mais curtos, o que possibilita minimizar as variações de irradiância que podem ocorrer nos dias nublados – coisa que os painéis FV não podem fazer. Mais flexível e menos intermitente do que outras fontes renováveis, o sistema ESC pode ser integrado mais facilmente na rede convencional e pode ser um complemento poderoso para a energia solar FV. Algumas usinas combinam as duas tecnologias, incrementando mutuamente o valor de ambas.

Em comparação com a geração de energia eólica e fotovoltaica, a principal desvantagem da tecnologia ESC, até o momento, é que ela é menos eficiente em termos de energia e economia. As usinas térmicas solares convertem um percentual menor da energia do sol em eletricidade que os painéis fotovoltaicos. Além disso, a ESC é altamente dependente de capital, sobretudo por causa dos espelhos utilizados. Contudo, os especialistas antecipam que a confiabilidade da tecnologia ESC irá acelerar seu crescimento, e com a escalada da tecnologia, seus custos poderão cair rapidamente. Também estão previstos aumentos na eficiência da conversão. (As tecnologias atualmente em desenvolvimento já têm comprovado essa suposição.)

Outras desvantagens também exigem atenção. Em geral, a energia solar térmica depende do gás natural como uma reserva de produção, ou, em alguns casos, como um consistente impulso para a produção, com as concomitantes emissões de dióxido de carbono. Frequentemente, o uso de calor implica o uso de água para resfriamento – que pode ser um recurso escasso nos locais quentes e secos ideais para a tecnologia ESC. O resfriamento a seco é possível, mas é menos eficiente e mais caro. Por fim, ao concentrar canais de calor intenso, as usinas ESC têm sacrificado morcegos e pássaros, que literalmente entram em combustão no ar. Uma empresa, a Solar Reserve, desenvolveu uma estratégia efetiva para a interrupção da morte de aves. A disseminação dessa prática para a operação dos espelhos passará a ser essencial conforme mais usinas entrarem em funcionamento.

Há muito tempo, os seres humanos usam espelhos para fazer fogo. Os chineses, os gregos e os romanos desenvolveram "espelhos de queima" – espelhos curvos capazes de concentrar os raios do sol em um objeto, fazendo com que ele queimasse. Há 3 mil anos, acendedores solares eram produzidos em massa na China da Idade do Bronze. Era dessa maneira que os gregos antigos acendiam a chama olímpica. No século XVI, Leonardo da Vinci projetou um espelho parabólico gigante cujo objetivo era ferver água para a indústria e aquecer piscinas. Como tantas outras tecnologias, o uso de espelhos para aproveitar a energia solar se perdeu e foi redescoberto, encantando os experimentalistas e os pensadores de todas as épocas – e ainda outra vez nos nossos dias.

Impacto: *Em 2014, a ESC representou 0,04% da geração mundial de eletricidade. Apesar da lenta adoção nos últimos anos, esta análise pressupõe que a ESC poderia aumentar para 4,3% da geração mundial de eletricidade até 2050, evitando a emissão de 10,9 gigatoneladas de dióxido de carbono. Os custos de implementação são elevados – 1,3 trilhão de dólares –, mas a poupança líquida poderia chegar a 414 bilhões de dólares até 2050 e a 1,2 trilhão de dólares durante a vida útil da tecnologia. Um benefício adicional da ESC é que essa tecnologia pode facilmente agregar o armazenamento de energia, permitindo o prolongamento de seu uso depois de escurecer.*

O Projeto de Energia Solar Crescent Dunes é uma central térmica solar de 110 megawatts, localizada perto de Tonopah, Nevada. É também uma usina de armazenamento de sal fundido, capaz de armazenar 1,1 bilhão de quilowatts-hora de energia. Circundam uma torre central de 195 metros de altura, com uma área de superfície combinada de aproximadamente 120 mil metros quadrados, 10.347 heliostatos. A usina de 1 bilhão de dólares produz eletricidade a 13,5 centavos de dólar por quilowatt-hora – com certeza um custo mais alto que o das fazendas eólicas e solares. Contudo, Tonopah fornece energia de carga constante, o que, por sua vez, permite que a energia intermitente obtida em unidades eólicas e solares renováveis seja harmoniosamente integrada na rede.

ENERGIA
BIOMASSA

De que maneira fazer a transição de um mundo movido a combustíveis fósseis para outro que funciona inteiramente com a energia do vento, do sol, do calor da Terra e do movimento da água? Parte da resposta é a geração de energia de biomassa. Trata-se de uma solução que serve de "ponte" entre o *status quo* e o estado desejado: imperfeita, cheia de ressalvas e provavelmente necessária. Necessária porque a energia de biomassa pode produzir eletricidade sob demanda, ajudando a rede a atender às mudanças previsíveis na carga e complementando fontes variáveis de energia, como as energias eólica e solar. A biomassa pode ajudar no abandono dos combustíveis fósseis e providenciar o tempo necessário para que soluções de rede flexíveis possam ser implementadas, utilizando resíduos que, de outra forma, poderiam se tornar problemas ambientais. No curto prazo, a substituição de combustíveis fósseis pela biomassa poderá impedir o aumento dos estoques de carbono na atmosfera.

A fotossíntese é um processo de conversão e armazenamento de energia; a energia solar é capturada e armazenada na biomassa, na forma de carboidratos. Sob as condições certas e ao longo de milhões de anos, a biomassa deixada intacta se transformaria em carvão, petróleo ou gás natural – os combustíveis fósseis ricos em carbono que atualmente dominam a produção e o transporte de eletricidade. Ou pode ser colhida para produzir calor, criar vapor para a geração de eletricidade ou ser transformada em petróleo ou gás. Em vez de liberar carbono de combustível fóssil que foi armazenado durante milhões de anos muito abaixo do solo, a geração de energia de biomassa é produzida com base em carbono que já está em circulação, retirando-o da atmosfera para as plantas e de volta à atmosfera. Cultivar plantas e sequestrar o carbono. Processar e queimar biomassa. Emitir carbono. Repetir o ciclo. É uma troca contínua e neutra, desde que o uso e o reabastecimento permaneçam em equilíbrio. A eficiência energética e a cogeração são fundamentais para garantir que, em qualquer ano considerado, o carbono proveniente da combustão de biomassa seja igual ou inferior à absorção de carbono pela vegetação replantada. Quando esse equilíbrio é alcançado, a atmosfera é brindada com a ausência de novas emissões.

Há um porém: a energia de biomassa é uma solução viável se utilizar matérias-primas adequadas, tais como resíduos ou culturas de energia adequadas e de cultivo sustentável. Idealmente, a energia de biomassa também utiliza uma tecnologia de conversão de baixa emissão, como a gaseificação ou a digestão. O uso de culturas de grãos anuais, como o milho ou o sorgo, para a produção de energia causa depleção das águas subterrâneas, provoca erosão e exige altos insumos de energia na forma de fertilizantes e de operação de equipamentos. A alternativa sustentável consiste no emprego de culturas perenes ou as chamadas culturas de madeira de curta rotação. Gramíneas herbáceas perenes, tais como o capim *Panicum virgatum* e o *Miscanthus*, podem ser colhidas durante 15 anos antes que haja necessidade de replantio; além disso, requerem menos água e menos mão de obra. Culturas arbóreas como o salgueiro-arbustivo, o eucalipto e o álamo podem

crescer em terrenos "marginais" não adequados à produção de alimentos. Por crescerem novamente depois de terem sido cortadas perto do solo, podem ser colhidas repetidamente ao longo de 10-20 anos. Essas culturas arbóreas evitam o desmatamento que acompanha o uso de florestas como combustível e sequestram o carbono com maior rapidez do que a maioria das outras árvores, mas isso não ocorrerá se essas culturas substituírem terrenos já florestados. É preciso tomar cuidado com o *Miscanthus* e também com o eucalipto, por serem invasivos.

Outra matéria-prima importante são os restos dos processamentos agrícolas e de madeira. Restos das serrarias e das fábricas de papel constituem valiosa biomassa, assim como os caules e ramos descartados, cascas, folhas e espigas de plantações cultivadas para alimentação humana ou para ração animal. Embora seja importante deixar resíduos de colheita no campo para promover a saúde do solo, uma parte desses resíduos agrícolas pode ser desviada para a produção de energia de biomassa. Muitos desses resíduos orgânicos iriam ou se decompor no próprio local, ou ser queimados em pilhas de roçada, liberando, assim, suas reservas de carbono de qualquer maneira (embora talvez durante períodos mais longos de tempo). Ao se decompor, frequentemente a matéria orgânica libera metano, e quando queimada em pilhas, libera carbono negro (fuligem). Tanto o metano como a fuligem aumentam o aquecimento global mais rapidamente do

Classificação e resultados até 2050 34º lugar

7,5 gigatoneladas de redução de CO_2	US$ 402,3 bilhões de custo líquido	US$ 519,4 bilhões de poupança líquida

Esta é uma colheitadeira que corta e pica de uma só passagem, utilizada na colheita de salgueiros de crescimento rápido para uma usina de biomassa neutra em carbono. Faz parte do *Energiewende*, ou "reviravolta de energia", da Alemanha. Atualmente, esse país produz 7% de sua energia a partir da biomassa, mas o cálculo do custo total da colheita e do processamento da madeira mostra que esse processo não é neutro em carbono. A indústria existe graças a subsídios governamentais significativos.

que o dióxido de carbono. A simples prevenção de sua emissão pode resultar em benefício significativo, além de fazer com que a energia incorporada da biomassa seja utilizada produtivamente.

Nos EUA, a maioria das mais de 115 usinas de geração de eletricidade de biomassa em construção ou em processo de obter permissão planeja utilizar a queima de madeira como combustível. Seus defensores afirmam que essas fábricas serão alimentadas por ramos e copas de árvores descartadas por operações madeireiras comerciais, mas essas alegações não resistem a um exame minucioso. Nos estados de Washington, Vermont, Massachusetts, Wisconsin e Nova York, a quantidade de restos gerados pelas operações das madeireiras fica muito aquém do volume necessário para alimentar os queimadores de biomassa previstos. Em Ohio e na Carolina do Norte, os serviços públicos têm sido mais categóricos e admitem que a geração de eletricidade de biomassa significa cortar e queimar árvores. As árvores vão crescer novamente, mas ao longo de décadas – um lapso de tempo demorado e incerto para que seja alcançada a neutralidade do carbono. Nos casos em que a energia da biomassa depende das árvores, essa não é uma verdadeira solução.

A biomassa é tópico controverso. Para alguns, a biomassa é uma amiga; para outros, uma inimiga. Está em andamento um considerável esforço acadêmico para avaliar com mais precisão seus impactos ambientais e sociais. Os debates giram em torno de três questões principais: as emissões de carbono do ciclo de vida (conforme descrito anteriormente), a mudança indireta do uso da terra e o desmatamento e os impactos na segurança alimentar. Muitas vezes, os dois últimos debates são estruturados como "florestas *versus* combustível" e "alimentos *versus* combustível". Na realidade, o manejo da terra, o cultivo de alimentos e a produção de matéria-prima para a biomassa interagem dinamicamente – e nem sempre em consonância com a sabedoria convencional. Essas três questões podem se reforçar mutuamente, ou causar prejuízos mútuos. Assim, é extremamente importante a estratégia de abordagem das matérias-primas de biomassa dentro de determinado contexto local. Atualmente, a biomassa representa 2% da produção global de eletricidade, mais do que qualquer outra energia renovável. Em alguns países – entre os quais Suécia, Finlândia e Letônia – a bioenergia chega a 20-30% da matriz de geração nacional, quase totalmente alimentada por árvores. A energia de biomassa está em alta na China, Índia, Japão, Coreia do Sul e Brasil. Para que haja maior escala em mais países, tornam-se necessários investimentos em instalações de produção de biomassa e infraestrutura para coleta, transporte e armazenamento. É crucial administrar, através de regulamentação, as desvantagens da energia da biomassa. A peletização de florestas nativas para biomassa continua a ser um gigantesco retrocesso. Apesar disso, a extração de espécies invasoras de florestas, juntamente com a aplicação de salvaguardas ecológicas adequadas, pode ser uma boa fonte de energia de biomassa. Essa abordagem está sendo testada na Índia pelo governo do estado de Sikkim, que está fabricando "biobriquetes" para uso em fogões limpos. Além disso, os pequenos agricultores precisam ser protegidos do deslocamento decorrente de abordagens em escala industrial para a geração de biomassa. O mais importante a se ter em mente é que a biomassa – cuidadosamente regulada e gerenciada – é uma ponte para que seja alcançado um futuro de energia limpa, e não o destino final.

Impacto: *A biomassa é uma solução de "ponte", que deve ser descartada com o passar do tempo em favor de fontes de energia mais limpas. Esta análise assume que toda a biomassa é derivada de matérias-primas bioenergéticas perenes – não florestas, culturas anuais ou resíduos – e substitui o carvão e o gás natural na produção de eletricidade. Por volta de 2050, a energia da biomassa poderia reduzir as emissões de dióxido de carbono em 7,5 gigatoneladas. À medida que as energias limpas (eólica, solar) se tornarem mais disponíveis em uma rede flexível, haverá menos necessidade de energia de biomassa.*

ENERGIA

ENERGIA NUCLEAR

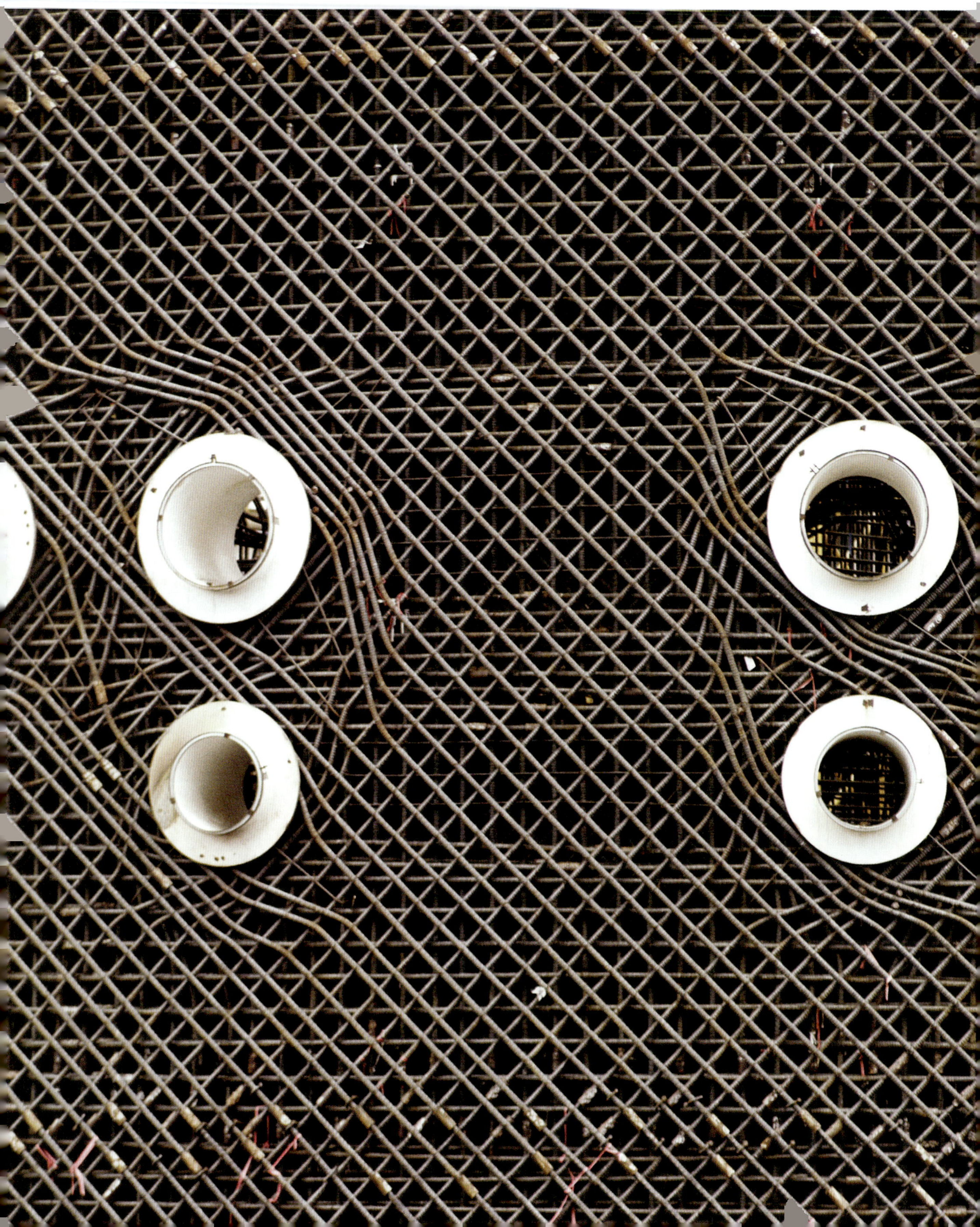

Classificação e resultados até 2050		20º lugar
16,09 gigatoneladas de redução de CO_2	US$ 0,88 bilhão de custo líquido	US$ 1,7 trilhão de poupança líquida

Com efeito, as usinas de energia nuclear fervem água. A fissão nuclear divide os núcleos atômicos e libera a energia que une prótons e nêutrons. A energia liberada pela radioatividade é usada para aquecer a água, que por sua vez é utilizada para movimentar as turbinas. É o processo mais complexo já inventado para criar vapor. No entanto, a energia nuclear tem uma baixa pegada de carbono, e é por isso que algumas pessoas consideram-na uma importante solução para o aquecimento global; por outro lado, muitas outras pessoas acreditam que hoje essa não é – e nem jamais será – uma solução rentável em comparação com outras opções de baixa geração de carbono. O método quase universal utilizado para movimentar as turbinas a vapor é a energia derivada do gás ou do carvão. Calcula-se que o volume de gases de efeito estufa emitidos para gerar eletricidade é 10-100 vezes maior com o carvão do que com a energia nuclear.

Atualmente, a energia nuclear gera cerca de 11% da eletricidade mundial e contribui com aproximadamente 4,8% do fornecimento total de energia no mundo. Existem mais de 440 reatores nucleares em operação em 30 países, e mais 60 estão em construção. Dos 30 países com usinas nucleares ativas, a França tem o maior percentual de contribuição nuclear para o fornecimento de energia elétrica, acima de 70%.

Grosso modo, reatores nucleares são classificados por geração. A Geração 1, a mais antiga, surgiu pela primeira vez na década de 1950 e, hoje em dia, quase todas as suas unidades estão desativadas. A maior fatia da capacidade nuclear atual é classificada como da Geração 2. (Chernobyl era uma mescla de Gen 1 e Gen 2. Os quatro reatores de Fukushima Daiichi são Gen 2, assim como todos os reatores nos EUA e na França.) A Geração 2 distingue-se da sua predecessora pelo uso de água (em lugar do grafite) para retardar as reações nucleares em cadeia, e pelo uso de urânio enriquecido, em lugar do urânio natural, como combustível. Os reatores Gen 3 (cinco em operação em todo o mundo e vários em construção), juntamente com os reatores Gen 4, atualmente em fase de pesquisa, constituem o que é chamado de “energia nuclear avançada”. Teoricamente, a tecnologia nuclear avançada possui projetos padronizados que diminuem o tempo de construção e alcançam períodos mais longos de vida operacional, melhores características de segurança, maior eficiência de combustível e menos desperdício.

O que dificulta a previsão do futuro da energia nuclear é seu custo. Embora o custo de praticamente todas as outras formas de produção de energia tenha diminuído ao longo do tempo, o custo de uma usina de energia nuclear é 4-8 vezes maior do que era há quatro décadas. De acordo com o Departamento de Energia dos EUA, a energia nuclear avançada é a forma de energia mais cara além das turbinas a gás convencionais, que são comparativamente ineficientes. A energia eólica em terra firme representa a quarta parte dos custos da energia nuclear.

Para aqueles que atacam a energia nuclear por causa dos custos, cronogramas e por razões de segurança, em determinada época o contra-argumento era o ritmo incessante de novas construções das usinas a carvão. Centenas de unidades alimentadas por carvão estavam sendo construídas ou planejadas, principalmente no sul e no leste da Ásia – três quartos delas seriam construídas na China, Índia, Vietnã e Indonésia. Se o *boom* do carvão não for interrompido, o aquecimento global aumentará muito além de qualquer limite razoável. É por isso que os relatórios sobre o clima se concentram sobretudo na energia, e é por isso que os defensores da energia nuclear ficam frustrados com o ritmo moroso da construção de novas usinas nucleares. Nos EUA, licenciamentos, permissões e financiamentos fizeram com que as usinas nucleares praticamente estagnassem, enquanto a Alemanha vem fechando e desativando suas usinas. Por outro lado, a China tem 37 usinas

Para que se tenha uma ideia da escala de uma usina de energia nuclear, esta imagem mostra um trabalhador escalando uma malha de cabos de aço em um dos reatores nucleares originais de Hanford Site.

nucleares operacionais e 20 em construção. Esse país está empenhado em alcançar um pico de dióxido de carbono em 2030, com subsequente redução de sua pegada de carbono.

A discussão sobre a energia nuclear vai direto ao coração do dilema climático com respeito às emissões de carbono: um aumento no número de usinas nucleares, com todas as suas falhas e riscos inerentes, compensaria o risco? Ou, como alguns defensores insistem, ocorrerá um colapso total do clima com a limitação de seu uso? A energia nuclear tem sido alvo de desentendimentos contenciosos entre seus defensores e críticos. Os argumentos contra e a favor são fascinantes, complexos e polarizados. Consideremos os três cientistas a seguir, profissionais amplamente respeitados na comunidade ambiental, que não chegam a um acordo.

Segundo o físico Amory Lovins, "a energia nuclear é a única fonte de energia em que acidentes e atitudes dolosas podem destruir tantos bens ou matar muitas pessoas distantes; a única fonte cujos materiais, tecnologias e conhecimentos podem ajudar a criar e ocultar armas nucleares; a única solução climática proposta que [gera] os perigos da proliferação, de acidentes graves e de resíduos radioativos [...] A energia nuclear continua vivendo seu colapso de décadas no mercado global por ser extremamente não competitiva, desnecessária e obsoleta – tão irremediavelmente antieconômica que torna fútil discutir se é energia limpa e segura; ela enfraquece a confiabilidade elétrica e a segurança nacional; e piora as mudanças climáticas, em comparação com o aporte de volumes iguais de dinheiro e tempo para opções mais efetivas".

James Hansen, cientista da Nasa que pôs em evidência os EUA com seu depoimento no Congresso de 1988 sobre mudanças climáticas, tem outro ponto de vista. Ele publicou uma carta aberta, em coautoria com outros três líderes climáticos, na qual afirmava: "Recursos renováveis como energia eólica e solar e a biomassa certamente desempenharão papéis em uma futura economia da energia, mas essas fontes de energia não podem se expandir com a rapidez necessária para oferecer energia barata e confiável na escala requerida pela economia global. Embora possa ser teoricamente possível estabilizar o clima sem a energia nuclear, no mundo real não existe um caminho viável para a estabilização do clima que não leve em conta um papel substancial para a energia nuclear". Sua proposta exigiria a construção de 115 reatores por ano ao longo de 35 anos.

Joseph Romm, um dos mais respeitados escritores e blogueiros do clima, não concorda com esse ponto de vista. Os reatores nucleares são muito caros e difíceis de gerenciar e, tendo em conta o custo ainda decrescente da energia eólica e solar, se tornaram pouco atrativos em razão de seu custo. Romm resume a perspectiva da Agência Internacional de Energia (AIE): a energia nuclear pode desempenhar "um papel importante, mas limitado". Na estimativa da AIE, a energia nuclear pode crescer dos atuais 11% da eletricidade gerada para 17% até 2050.

Aqui, parece haver dois mundos diferentes, não somente um. A energia nuclear é cara, e a indústria altamente regulamentada na União Europeia e nos EUA pode continuar lenta e com orçamentos sobrecarregados. A empresa francesa Areva está dez anos atrasada e com 5,4 bilhões de dólares acima do orçamento no reator Olkiluoto, na Finlândia. Na Normandia, a construção de um reator de água pressurizada de 3,4 bilhões de dólares, previsto para inauguração em 2012, não será iniciada até 2018, com um custo revisado de 11,3 bilhões de dólares. Do outro lado da Terra, o maior emissor de carbono do mundo está construindo reatores nucleares com mais rapidez, motivado em grande parte pela extraordinária poluição de suas cidades, causada pelos automóveis e pelas usinas a carvão. A indústria chinesa de energia nuclear é autossuficiente, em condições de exportar e capaz de completar novas usinas dentro de 2-3 anos. No entanto, mesmo nos lugares onde a energia nuclear parece estar "funcionando", está ocorrendo um deslocamento impressionante para as energias renováveis. Atualmente, a China é líder mundial em capacidade instalada de energia renovável, cancelou planos de construção de dezenas de usinas a carvão e está comprometida com uma capacidade combinada de energia eólica e solar de 320 gigawatts até 2020.

Ou talvez haja outra possibilidade. Poderão as usinas de energia nuclear ser redesenhadas para que fiquem menores, mais leves, mais seguras e mais baratas? Essa é uma questão na qual diversas iniciativas têm trabalhado. Não obstante os reatores da Geração 3, o mundo dos reatores nucleares está encalhado em sistemas enormes, caros e extremamente complexos que são melhores do que os do passado, mas que repetem o passado.

Usinas de energia grandes e centralizadas de qualquer tipo fazem sentido em um mundo de energia renovável barata, armazenamento distribuído e baterias avançadas? Quase cinquenta empresas estão competindo para resolver o problema nuclear, criando o que poderia ser chamado de reatores da Geração 4. No âmbito dessas tecnologias, há reatores de sal derretido, reatores de gás de alta temperatura, reatores modulares com leito de pelotas e reatores de fusão (reatores hidrogênio-boro). Há também novos projetos de reatores que tentam solucionar algumas das principais críticas e preocupações sobre a energia nuclear. Esses reatores estão sendo projetados para desligar de forma rápida e segura, sem a presença de seres humanos ("segurança remota"). Os reatores usam resfriadores melhores e podem reduzir as dimensões das usinas para 1/500 do tamanho de uma usina nuclear convencional. O tempo de construção cai para 1-2 anos. Talvez em pouco tempo o mundo possa fazer melhores escolhas com relação à energia nuclear do que no passado, mas poderá ser tarde demais diante das vantagens de custo e de construção das tecnologias de energia renovável.

Impacto: *A complexa dinâmica da energia nuclear relacionada à segurança e à aceitação pública influenciará seus rumos futuros – de expansão ou de contração. Assumimos que a sua participação na geração global de eletricidade crescerá para 13,6% até 2030, mas declinará lentamente para 12% até 2050. Com uma vida útil mais longa em comparação com as usinas de combustíveis fósseis, resultando em um menor número total de unidades, a instalação de usinas nucleares poderia custar mais 900 milhões de dólares, apesar do alto custo de implementação, de 4.457 dólares por quilowatt. As economias operacionais líquidas ao longo de trinta anos poderão chegar a 1,7 trilhão de dólares. Esse cenário poderia resultar em 16,1 gigatoneladas de emissões de dióxido de carbono evitadas.*

Nota do editor: *Este livro apresenta cem soluções. Dessas, praticamente todas são soluções "sem arrependimento" que a sociedade desejaria realizar, independentemente do seu impacto de carbono, por resultarem em muitos efeitos sociais, ambientais e econômicos benéficos. A energia nuclear é uma solução de arrependimento, e arrependimentos já ocorreram em Chernobyl, Three Mile Island, Rocky Flats, Kyshtym, Browns Ferry, Idaho Falls, Mihama, Lucens, Fukushima Daiichi, Tokaimura, Marcoule, Windscale, Bohunice e Church Rock. Entre os arrependimentos estão a liberação de trítio, minas de urânio abandonadas, poluição com rejeitos de minas, eliminação de resíduos nucleares, tráfico ilícito de plutônio, roubo de material físsil, destruição de organismos aquáticos sugados por sistemas de resfriamento e a necessidade de guardar com extrema segurança resíduos nucleares durante centenas de milhares de anos.*

Vapor sai da usina nuclear de Grafenrheinfeld, na Alemanha. A usina, em operação desde 1981, foi fechada em junho de 2015. A Alemanha está se desfazendo de suas usinas e espera cessar toda geração de energia nuclear até 2022.

ENERGIA
COGERAÇÃO

Classificação e resultados até 2050		50º lugar
3,97 gigatoneladas de redução de CO_2	US$ 279,3 bilhões de custo líquido	US$ 567 bilhões de poupança líquida

Nos EUA, as fábricas de energia nuclear ou movidas a carvão têm cerca de 34% de eficiência em termos de produção de eletricidade, o que significa que dois terços da energia sobem pelas chaminés e vão aquecer o céu. Assim, o setor de geração de energia desse país joga fora uma quantidade de calor equivalente a todo o orçamento energético do Japão. Ponha a mão atrás do escapamento do seu carro quando o motor estiver funcionando. É o mesmo princípio, mas ainda pior – 75-80% da energia gerada por um motor de combustão interna é desperdiçado na forma de calor. As usinas movidas a carvão e geradoras de gás de ciclo único são os melhores candidatos para a captura da energia desperdiçada por meio da cogeração.

A cogeração põe a energia que, de outra forma, se perderia para trabalhar, aquecendo e resfriando casas e escritórios ou gerando eletricidade adicional. Os sistemas de cogeração, também conhecidos como calor e energia combinados (CEC), captam o excesso de calor gerado durante a produção de eletricidade e usam essa energia térmica no próprio local (ou em suas proximidades) para aquecimento urbano e outras finalidades. A oportunidade de diminuir as emissões e de economizar dinheiro através da cogeração é significativa, em razão da baixa eficiência inerente à geração elétrica.

Muitos dos sistemas de cogeração atualmente em operação estão localizados no setor industrial. Nos EUA, 87% deles são empregados em indústrias de alto consumo energético, como a fabricação de produtos químicos, papel e metal e no processamento de alimentos. Em países como a Dinamarca e a Finlândia, a cogeração constitui uma parte significativa da produção de eletricidade – em grande parte graças à sua utilização em sistemas de aquecimento urbano.

Em países com uma participação elevada do sistema CEC na geração total, como a Dinamarca e a Finlândia, a necessidade de abordar a segurança da energia desempenhou papel decisivo. O progresso da Dinamarca foi decorrente, em grande parte, de políticas governamentais específicas, enquanto a Finlândia foi mais orientada para o mercado. As grandes indústrias de papel e silvicultura da Finlândia são naturalmente motivadas a utilizar a cogeração baseada em biomassa, dada a disponibilidade, no local, desse recurso de energia da madeira. Além disso, o clima frio do país forneceu uma base para um retorno saudável do investimento na infraestrutura de fornecimento de calor. Em 2013, 69% do aquecimento urbano da Finlândia era fornecido por sistemas de cogeração.

A abordagem da Dinamarca para o fornecimento de energia é orientada por políticas públicas. Embora o uso do CEC no país remonte a 1903, foi a crise do petróleo dos anos de 1970 que estimulou o uso dessa tecnologia. Desde então, as políticas públicas obrigaram as autoridades locais a identificar oportunidades de produção de calor eficiente em termos de energia, ajudaram a transferir a geração de energia de usinas centralizadas para uma rede descentralizada e incentivaram o uso da cogeração em geral, e dos sistemas baseados em fontes renováveis em particular, através da política fiscal. Além disso, a Dinamarca participa ativamente das negociações das Nações Unidas sobre mudanças climáticas e fez avanços para reduzir as emissões de gases de efeito estufa. Atualmente, cerca de 80% do aquecimento urbano e mais de 60% da demanda de eletricidade são atendidos pela tecnologia CEC, e agora existem unidades de microcogeração disponíveis para famílias. Geralmente alimentadas por gás natural, elas podem assumir a forma de uma célula de combustível ou gerador de calor que fornece eletricidade, aquecimento, ventilação e ar-condicionado. Elas são dispositivos muito eficientes, mas seu preço e outros fatores inibem sua adoção.

Em termos de cogeração, há muito tempo os EUA estão atrasados com relação à Europa, em parte em razão da resistência dos prestadores de serviços – notoriamente há vinte anos, quando os planos de CEC no Massachusetts Institute of Technology (MIT) foram questionados pelo prestador de serviços local. Seguiram-se os litígios, e o MIT terminou ganhando o processo nos tribunais. Essa obstrução é rara no atual ambiente de consciência energética, e o sistema de cogeração de ponta do MIT está quase concluído.

Do ponto de vista financeiro, a adoção de sistemas de cogeração faz sentido para muitos usos industriais e comerciais, bem como para alguns usos residenciais. A cogeração permite que usuários sem acesso a fontes de energia renovável produzam mais energia com a mesma quantidade e custo de combustível. Além dos evidentes benefícios financeiros, a adoção reduzirá as emissões de gases de efeito estufa, na medida em que a cogeração reduz a dependência de combustíveis fósseis para aquecimento e eletricidade. Além disso, a cogeração desempenhará papel substancial na introdução de redes de energia inteligentes, distribuídas e renováveis. Como os sistemas distribuídos são necessariamente instalados perto do local de geração, eles diminuem a necessidade de linhas de transmissão. Os sistemas de cogeração são facilmente adaptáveis às preferências dos usuários e, portanto, permitem o uso de uma variedade de fontes de energia. Além disso, os sistemas de cogeração podem ajudar a reduzir o uso da água e a poluição hídrica térmica, quando comparados aos sistemas separados de calor e energia à base de combustão, diminuindo a pressão da demanda por mais um recurso natural vital.

Impacto: *Na nossa análise, cogeração refere-se à unidade CEC com uso do gás natural instalada no local de setores comercial, industrial e de transporte. Em 2014, a cogeração industrial com gás natural representava aproximadamente 3,2% da geração global de energia e 1,7% da geração de calor. Se a adoção crescer para 5,4% da energia e 3,3% do calor até 2050, poderão ser evitadas emissões de dióxido de carbono da ordem de 4 gigatoneladas. A um custo médio de instalação de 1.851 dólares por quilowatt, a instalação total custaria 279 bilhões de dólares. Com a substituição da eletricidade de rede e da geração local de calor por uma tecnologia mais eficiente e barata, o crescimento da cogeração poderia gerar economias operacionais de 567 bilhões de dólares ao longo de trinta anos e economias ao longo da vida útil de 1,7 trilhão de dólares.*

ENERGIA

MICROTURBINAS EÓLICAS

Classificação e resultados até 2050 — 76º lugar

0,2 gigatonelada de redução de CO_2	US$ 36,1 bilhões de custo líquido	US$ 19,9 bilhões de poupança líquida

Com capacidade de 100 quilowatts ou menos, as microturbinas eólicas são semelhantes aos moinhos de vento de outrora – isolados em um milharal do Kansas, atendendo às necessidades de eletricidade de uma família ou de pequeno empreendimento agrícola. Esses dispositivos são utilizados para bombear água, carregar baterias e fornecer eletrificação em áreas rurais. Tipicamente, apenas uma microturbina é instalada em determinado local, em áreas tão pequenas quanto meio hectare de terra, em contraste com os grandes grupos giratórios que podem ser encontrados nas fazendas eólicas comerciais. Quando a rede elétrica era ainda escassa em muitos estados rurais dos EUA, a energia eólica local era frequentemente utilizada para preencher essa lacuna. Hoje, esse tipo de energia desempenha papel semelhante nos países em desenvolvimento, onde esses sistemas de pequena escala podem levar energia às 1,1 bilhão de pessoas ao redor do mundo sem acesso à eletricidade, sobretudo nas regiões rurais da África subsaariana e nos países em desenvolvimento da Ásia. As microturbinas eólicas são uma tecnologia notável para a expansão da eletrificação, oferecendo às pessoas uma maneira de iluminar suas casas ou cozinhar suas refeições vespertinas, com evidentes benefícios para o bem-estar e desenvolvimento econômico. Ao mesmo tempo, nos países de alta renda, as microturbinas eólicas podem ser combinadas com recursos renováveis em escala urbana, aumentando a produção. Embora os locais possam variar, as microturbinas eólicas resultam no mesmo benefício climático: a produção de energia sem a criação de gases de efeito estufa.

Dependendo da sua velocidade, o vento contém uma certa quantidade de energia cinética. A eficiência da turbina na extração de energia do vento é chamada de fator de capacidade. Para turbinas eólicas de pequena escala, a capacidade real é de 25% ou menos. A localização é fundamental para maximizar sua produção, mas a tecnologia para alcançar esse objetivo ainda está em seus primeiros passos, em comparação com a tecnologia da indústria eólica comercial. As microturbinas eólicas são capazes de contornar os desafios que afligem seus "primos" em grande escala. Ter uma escala menor significa que tais dispositivos evitam problemas estéticos – as queixas de arruinar cenários bucólicos nos cumes das montanhas ou nas regiões costeiras – e problemas com barulho, pois muitos desses aparelhos são praticamente inaudíveis.

Atualmente, a maior demanda por microturbinas eólicas é para o uso fora da rede. Isso significa que tais dispositivos geralmente são instalados junto com um gerador a diesel (para fornecer eletricidade quando o vento não está soprando). Do ponto de vista do carbono, depender de um complemento de combustível fóssil não é o ideal. Já existem alguns sistemas combinados de energia solar fotovoltaica e microturbina eólica no mercado, e essa é uma alternativa vantajosa. A tecnologia aprimorada de armazenamento em baterias também poderia impulsionar a viabilidade dos dispositivos de vento em pequena escala. Nos locais onde essas turbinas estão ligadas à rede, os proprietários podem enviar seus elétrons não utilizados para a rede maior, obtendo retorno financeiro pela "medição líquida".

Esta é uma turbina eólica de ângulo vertical VisionAIR5 que, trabalhando em baixas velocidades, é mais silenciosa do que um sussurro humano. A turbina tem pouco mais de 3 metros de altura, com capacidade de 3,2 quilowatts de potência. A velocidade mínima do vento requerida é de 14,5 km/h; a turbina pode suportar velocidades de até 177 km/h.

Os especialistas estimam que 1 milhão ou mais de microturbinas eólicas estejam hoje em uso em todo o mundo. A maioria se encontra na China, EUA e Reino Unido. O fator-chave para o aumento desse número é o custo, tanto nos países de baixa renda como nos países ricos. O preço por quilowatt de energia eólica em pequena escala é muito maior que o de turbinas geradoras em grande escala, e os prazos de amortização podem ser longos, em parte em razão de sua instalação individual. A aquisição da tecnologia microeólica está fora do alcance de muitos. Os esquemas de apoio público, como as tarifas de aquisição, créditos fiscais, subsídios de capital e a medição líquida, podem mudar essa equação – e já mudaram nos lugares onde a tecnologia microeólica tem prosperado. Até que os fabricantes de turbinas de pequena escala avancem para uma economia de escala, o custo final para o usuário provavelmente continuará sendo um desafio. A evolução contínua da própria tecnologia das turbinas também desempenhará um papel importante na redução de preços.

A integração de microturbinas em grandes estruturas dentro do ambiente construído está se revelando promissora. As estruturas que permitem sua colocação em pontos elevados, como os arranha-céus, podem tirar proveito de rajadas de vento mais fortes e estáveis. Essa é uma das razões pelas quais os visitantes da torre Eiffel agora podem se deparar com turbinas de eixos verticais em seu segundo nível, 122 metros acima do solo, com vista para o Champ de Mars. Seu *design* lhes permite utilizar o vento vindo de qualquer direção, produzindo eletricidade fornecida aos restaurantes, lojas e exposições da torre. Um símbolo da inovação na engenharia, a torre Eiffel é um suporte apropriado para tecnologias que podem ajudar a impulsionar um futuro de energia limpa.

Impacto: *O aumento do número de microturbinas eólicas em cinco vezes, até alcançar 1% da geração global de eletricidade até 2050, significa uma redução de 0,2 gigatonelada nas emissões. Como as hidroturbinas* in-stream, *as microturbinas eólicas permitem que uma eletricidade limpa e renovável chegue até áreas sem acesso à rede.*

A mudança climática induzida pelo homem foi identificada pela primeira vez em 1800 e novamente em 1831 pelo mesmo cientista, Alexander von Humboldt.

Alexander von Humboldt

ANDREA WULF

Embora pouco conhecido ou estudado atualmente, Alexander von Humboldt (nascido em 14 de setembro de 1769) foi uma lenda em sua vida e continua sendo um dos cientistas mais importantes da história. Mais lugares e espécies foram batizados em homenagem a Humboldt do que a qualquer outro ser humano. Seu centésimo aniversário foi celebrado em todo o mundo com festividades e desfiles. Mais de 25 mil pessoas se reuniram no Central Park para homenageá-lo, 10 mil em Pittsburgh, 15 mil em Syracuse, 80 mil em Berlim, e milhares de pessoas em Buenos Aires, Cidade do México, Londres e Sydney. À medida que as pessoas ao redor do mundo tornam-se mais conscientes de quão vulneráveis são os sistemas biológicos ao aquecimento global, as ideias e escritos de Humboldt parecem mais do que proféticos. Humboldt foi a primeira pessoa a descrever o fenômeno e a causa da mudança climática induzida pelo homem em 1800 e novamente em 1831, com base em observações coletadas durante suas viagens.

A primeira viagem de Humboldt, em 1799, levou-o a uma odisseia de cinco anos através da América Latina – uma expedição que transformou seu pensamento e a visão do resto do mundo. Foi nesse continente que Humboldt criou a ideia das isotermas, as linhas que delineiam mudanças na pressão barométrica e na temperatura nos mapas meteorológicos. Seu conceito de zonas climáticas surgiu a partir de sua escalada quase completa do Chimborazo, um vulcão inativo de 6.268 metros de altura no Equador. Ele levou consigo um baú cheio de instrumentos e mediu, descreveu, examinou minuciosamente e desenhou de memória, quase perfeitamente, plantas, animais, florestas, pessoas e terras com que se deparou. Assim, Humboldt adquiriu uma capacidade enciclopédica para comparar qualquer espécie com outra que já havia visto. Durante sua imersão de cinco anos em uma região selvagem e em grande parte intocada, Humboldt percebeu que a natureza está intimamente interconectada, de um modo que supera

o conhecimento humano. E percebeu que os sistemas vivos e, de fato, todo o planeta, são altamente vulneráveis às perturbações causadas pelos seres humanos. Os princípios da teia da vida, descritos de modos variados por Darwin, Muir, Emerson e Thoreau, tiveram sua origem diretamente na expedição de Humboldt pela América Latina e em seus textos subsequentes.

Em 1829, Humboldt, aos 60 anos de idade, partiu em sua última jornada, uma expedição abrangente até a Rússia, organizada depois de receber fervorosos convites do czar Nicolau I e do ministro das Relações Exteriores, o conde Georg von Cancrin. Em 25 semanas, seu grupo percorreu mais de 15 mil quilômetros. Ao retornar, Humboldt descreveu de forma precisa e profética o que poderia acontecer a uma civilização se não reconhecesse quão sensível a nossa atmosfera se mostra a mudanças no solo. Neste maravilhoso trecho da brilhante biografia de Andrea Wulf, ela descreve o retorno de Humboldt a Moscou e a São Petersburgo no final de sua jornada. – PH

Era agora final de outubro, e o inverno russo já quase descera sobre eles. Humboldt era esperado primeiro em Moscou e depois em São Petersburgo para relatar sua expedição. Ele estava feliz; tinha visto minas profundas e montanhas cobertas de neve, bem como a maior estepe seca do mundo e o mar Cáspio. Tinha bebido chá com os comandantes chineses na fronteira com a Mongólia, e o leite de égua fermentado com os quirguizes. Entre Astrakhan e Volgogrado, o culto khan do coro Kalmyk cantou aberturas de Mozart. Humboldt testemunhou antílopes de Saiga em corridas desenfreadas pela estepe do Cazaquistão, serpentes se banhando ao sol numa ilha do Volga e um faquir indiano nu em Astrakhan. Tinha previsto corretamente a presença de diamantes na Sibéria, conversado com exilados políticos, desobedecendo as instruções que tinha recebido, e até encontrado um polonês que havia sido deportado para Orenburg e que orgulhosamente mostrou a Humboldt sua cópia do Ensaio Político da Nova Espanha. Durante os meses anteriores, Humboldt tinha sobrevivido a uma epidemia de antraz e perdera peso porque achava a comida siberiana intragável. Mergulhou seu termômetro em poços profundos, carregou seus instrumentos através do Império Russo e tomou milhares de medidas. Ele e sua equipe voltaram com rochas, plantas desidratadas, peixes em frascos e animais empalhados, e também com manuscritos antigos e livros para Wilhelm.

Como antes, Humboldt não estava apenas interessado em botânica, zoologia ou geologia, mas também em agricultura e silvicultura. Observando o rápido desaparecimento das florestas no entorno dos centros de mineração, ele escreveu a Cancrin sobre a "falta de madeira" e aconselhou-o a não usar máquinas a vapor para drenar minas inundadas, pois isso consumiria uma quantidade excessiva de árvores. Na estepe de Baraba, onde tinha ocorrido a epidemia de antraz, Humboldt havia notado o impacto ambiental da criação intensiva. A região era (e é) um importante centro agrícola da Sibéria, e os fazendeiros locais haviam drenado pântanos e lagos para transformar a terra em campos e pastagens. Isso tinha causado um considerável ressecamento das planícies pantanosas – que continuaria a aumentar, concluiu Humboldt.

Humboldt estava procurando as "conexões que ligavam todos os fenômenos e todas as forças da natureza". A Rússia era o capítulo final em sua compreensão da natureza – consolidou, confirmou e relacionou todos os dados por ele coletados nas últimas décadas. "Comparação, não descoberta" era o seu tema orientador. Mais tarde, quando publicou os resultados da expedição russa em dois livros, Humboldt escreveu sobre a destruição de florestas e as mudanças de longo prazo provocadas pela humanidade no meio ambiente. Ao listar as três maneiras pelas quais a espécie humana estava afetando o clima, registrou o desmatamento, a irrigação implacável e, talvez de forma mais profética, as "grandes massas de vapor e gás" produzidas nos centros industriais. Ninguém, além de Humboldt, tinha examinado a relação entre humanidade e natureza de tal forma.

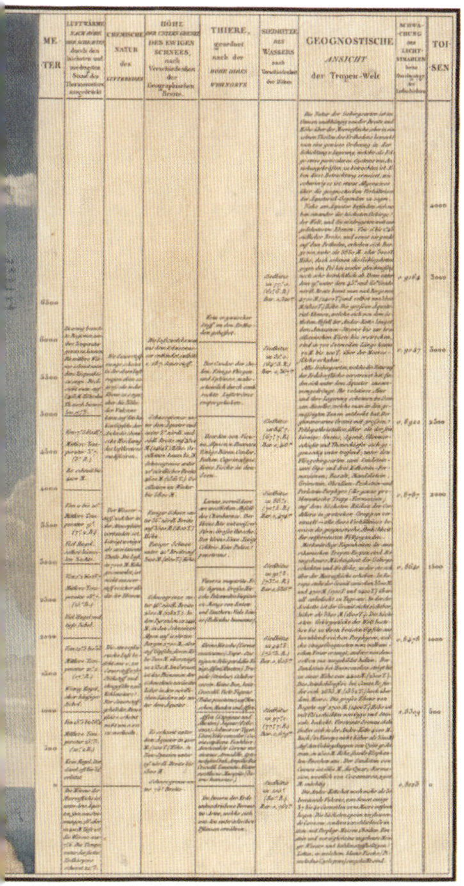

A primeira e mais impressionante descrição da natureza de Humboldt como um todo interconectado foi seu texto *Naturgemälde*, palavra alemã que pode significar "pintura da natureza", mas que também implica um sentimento de unidade ou de totalidade. Foi, como Humboldt explicou mais tarde, um "microcosmo em uma página". Na linguagem moderna, este é provavelmente o primeiro infográfico já criado, mais um campo em que Humboldt foi pioneiro.

ENERGIA
BIODIGESTORES DE METANO

Classificação e resultados até 2050 (grandes)		30º lugar
8,4 gigatoneladas de redução de CO_2	US$ 201,4 bilhões de custo líquido	US$ 148,8 bilhões de poupança líquida

Classificação e resultados até 2050 (pequenos)		64º lugar
1,9 gigatonelada de redução de CO_2	US$ 15,5 bilhões de custo líquido	US$ 13,9 bilhões de poupança líquida

No mesmo ano em que Thomas Jefferson redigiu a Declaração de Independência dos EUA, o físico italiano Alessandro Volta descobriu o gás metano. Intrigado pelo ar inflamável que se elevava das águas enlameadas ao longo do lago Maggiore, o cientista coletou uma parte dele e registrou as descobertas que fez em experimentos subsequentes em uma série de cartas para o igualmente curioso amigo Carlo Campi. "Não, senhor, nenhum ar é mais combustível do que o ar do solo pantanoso", escreveu Volta em 21 de novembro de 1776, começando a entender a conexão entre o gás e a vegetação em decomposição. Volta passou a utilizar o poder inflamável do metano em uma pistola criada por ele próprio. Mas somente um século depois os cientistas entenderam que os micróbios eram os responsáveis pela criação do ar combustível de Volta. Essa sabedoria microbiana agora está sendo usada para administrar as emissões de metano provenientes de resíduos orgânicos, capazes de aquecer o planeta – criando energia limpa no processo. Os processos de digestão agrícola, industrial e humana criam um fluxo contínuo (e crescente) de resíduos orgânicos. Em todo o mundo, as pessoas cultivam vegetais, criam animais, produzem alimentos e se nutrem. Cada uma dessas atividades cria subprodutos, desde resíduos até excrementos. Mesmo com os mais ingentes esforços para reduzir os resíduos, não há como evitá-los. Alguma deterioração de alimentos é inevitável. "É a vida...". Sem um manejo criterioso, os resíduos orgânicos podem emitir gases de metano voláteis conforme se decompõem. As moléculas de metano liberadas na atmosfera criam um efeito de aquecimento até 34 vezes mais forte que o dióxido de carbono em um horizonte temporal de cem anos. Mas as coisas não precisam ser assim. Uma opção consiste em controlar a decomposição em tanques selados chamados biodigestores anaeróbios, que facilitam os processos naturais observados por Volta ao longo das margens pantanosas do lago Maggiore. Esses biodigestores valem-se do poder dos micróbios para transformar rejeitos e lodo, resultando em dois produtos principais: o biogás, uma fonte de energia, e um sólido chamado biofertilizante, um fertilizante rico em nutrientes.

O aproveitamento de resíduos orgânicos como recurso energético tem uma longa história. Pouco antes da virada do século XX, lâmpadas de gás de esgoto iluminavam as ruas de Exeter, na Inglaterra. Mil anos antes, o biogás aquecia a água do banho dos assírios. Durante os anos que passou na China antiga, o explorador veneziano Marco Polo pôde observar tanques de esgoto cobertos que produziam combustível para cozinhar. Um asilo para leprosos perto de Mumbai instalou um sistema de biogás em 1859, também para iluminação. Hoje, a digestão anaeróbia é usada em todo o mundo em diferentes escalas – fundo de quintal, terreiro de fazenda e industrial –, e seu uso vem aumentando. Graças a um ambiente regulador favorável, a Alemanha é líder entre as economias estabelecidas, contando, em 2014, com quase 8 mil biodigestores de metano – um total de quase 4 mil megawatts de capacidade instalada. Sua adoção também está aumentando nos EUA, sobretudo conforme cresce a atenção dada às emissões de metano. Biodigestores em pequena escala predominam na Ásia. Mais de 100 milhões de pessoas na China rural têm acesso ao gás de biodigestor.

Independentemente do tamanho ou da forma que os biodigestores tomem, a dinâmica interna é a mesma. À medida que os resíduos orgânicos são misturados dentro de um tanque hermético e livre de oxigênio, bactérias e outros micróbios decompõem-se, passo a passo, em suas partes componentes. Ao longo de dias ou semanas, o biogás vai se acumulando na parte superior, enquanto o biofertilizante sólido se acomoda no fundo, concentrando nutrientes como o nitrogênio. O biogás é uma mistura de metano e dióxido de carbono que pode ser usado na forma bruta ou purificado em biometano, semelhante ao gás natural. O processo de digestão se desenrola continuamente, desde que os suprimentos de matéria-prima sejam mantidos e os microrganismos permaneçam satisfeitos.

A poupança de emissões adicionais decorre da forma como são utilizadas as versáteis saídas do biodigestor. Esses usos finais tendem a depender da escala de produção. Em escala familiar, sobretudo nas áreas rurais e não eletrificadas na Ásia e na África, o biogás é utilizado para cozinhar, iluminar e aquecer, enquanto a compostagem aduba jardins domésticos e pequenas parcelas agrícolas. É importante ressaltar que o biogás pode reduzir a demanda por madeira, carvão vegetal e esterco como fontes de combustível, diminuindo seus fumos nocivos, que afetam tanto a saúde planetária como a humana. Quando produzido em escala industrial, o biogás pode substituir combustíveis fósseis sujos no aquecimento e na geração de eletricidade. Quando isento de contaminantes, também pode ser usado em veículos que, de outra forma, dependeriam de gás natural. Quanto à parte sólida, o biofertilizante supera os fertilizantes à base de combustível fóssil e melhora a saúde do solo. Além de reduzir os gases de efeito estufa, os biodigestores de metano diminuem os volumes de aterros e de efluentes que contaminam a água, além de erradicar odores e patógenos.

Mais ou menos na mesma época em que Volta começou a queimar gás, a frase "Sem desperdício, sem necessidade" (*Waste not, want not*) virou moda. A raiz latina da palavra "lixo" (*waste*), *vastus*, significa "não cultivado". De fato, a oportunidade oferecida pela digestão de resíduos orgânicos ainda é, em grande parte, pouco cultivada. Diante de um fluxo contínuo de excremento animal e humano e de resíduos orgânicos derivados da produção e do consumo de alimentos – e tendo em vista o concomitante aumento da demanda de energia – faríamos bem em aproveitar entusiasticamente a oportunidade para "não desperdiçar, não necessitar".

Impacto: *Nossa análise envolve pequenos e grandes biodigestores de metano. Projetamos que, até 2050, o uso dos pequenos poderá substituir 57,5 milhões de fogões ineficientes em economias de baixa renda, enquanto os grandes poderão expandir-se até 69,8 gigawatts de capacidade instalada. O resultado cumulativo: serão evitadas 10,3 gigatoneladas de emissões de dióxido de carbono a um custo de 217 bilhões de dólares.*

TURBINAS HIDRELÉTRICAS *IN-STREAM*

Classificação e resultados até 2050		48º lugar
4 gigatoneladas de redução de CO_2	US$ 202,5 bilhões de custo líquido	US$ 568,4 bilhões de poupança líquida

Energia cinética é energia em movimento. As vias navegáveis do mundo estão repletas dessa energia, pois a gravidade atrai a água através das bacias hidrográficas, através de córregos e riachos, chegando aos grandes tributários e até os rios que fluem para o mar. Há milênios temos aproveitado essa energia, primeiro para fazer girar rodas hidráulicas e maquinário de potência e, finalmente, no século XIX, para gerar eletricidade. Hoje, a energia hidrelétrica evoca imagens de represas maciças e destruidoras de paisagem: as Três Gargantas, nos afluentes superiores do rio Yangtzé, na China; Hoover, no rio Colorado, nos EUA; e Itaipu, no rio Paraná, entre o Paraguai e o Brasil. Para maximizar a energia cinética disponível para a geração de eletricidade, as barragens usam a distância vertical ou "cabeça" – a água cai do topo de suas estruturas até a sua base, precipitando-se sobre as lâminas da turbina em grande volume e velocidade. As hidrelétricas produzem enormes quantidades de eletricidade. Mas também engolem vastas áreas do *habitat* natural e humano – as Três Gargantas sozinhas deslocaram 1,2 milhão de pessoas –, além de impactarem o movimento e a qualidade da água, os padrões de sedimentos e a migração dos peixes.

Essas desvantagens desviaram a atenção das grandes barragens para turbinas menores do tipo *in-stream*, que são semelhantes a uma roda hidráulica modernizada. Instaladas dentro de uma corrente ou rio de fluxo livre, as turbinas *in-stream* são capazes de capturar energia hidrocinética sem a necessidade de construção de um reservatório e suas repercussões. Um análogo subaquático das turbinas eólicas ativadas pelo vento, suas lâminas giram enquanto a água flui. Não são necessárias barreiras, desvios ou armazenamento, apenas um suporte estrutural limitado, e não há produção de emissões. A energia hidráulica *in-stream* pode produzir energia renovável ecologicamente correta. A presença de um aparelho submerso com partes móveis sempre terá algum impacto na vida de um rio ou corrente, e persistem dúvidas sobre possíveis prejuízos às populações de peixes e obstáculos à sua migração. Um *design* cuidadoso e uma instalação criteriosa são aspectos de extrema importância.

Embora os fluxos de água possam mudar de acordo com a estação e de um ano para outro, as turbinas hidrocinéticas oferecem um fornecimento relativamente contínuo de energia. Esses aparelhos devem ser mantidos livres de detritos, mas a manutenção é mínima e os custos iniciais são baixos. Como a energia hidráulica *in-stream* pode funcionar em cursos d'água menores, onde em muitos casos a poderosa e concentrada energia das correntes é inexplorada, essa tecnologia é forte candidata para fornecer eletrificação em áreas remotas. Das comunidades nativas do Alasca rural até os campos de arroz dependentes de irrigação, essa tecnologia vem sendo testada e adotada em locais onde os caros e sujos geradores a diesel têm sido a fonte de energia convencional. Os cursos d'água engrossados pelo derretimento das neves do Himalaia são focos de atividade *in-stream*, com potencial para impulsionar o desenvolvimento econômico rural. Em ambientes urbanos, as turbinas *in-stream* visam a outra fonte hidrocinética: a rede de água da cidade. Em Portland, no Oregon, turbinas de 1 metro de altura se encaixam perfeitamente no interior da tubulação subterrânea. À medida que a água corre de Cascade Range para a cidade, também gera energia urbana local – sem prejudicar o fluxo. Essa subcategoria da tecnologia *in-stream* é chamada de energia hidrelétrica de condutos.

Miniestação de energia hidrelétrica com 12 quilowatts de potência instalada. Produz cerca de 33 mil quilowatts-hora de eletricidade por ano em Bruton, Somerset, Inglaterra.

De acordo com uma avaliação nacional dos recursos hidrocinéticos dos EUA, a energia *in-stream* tecnicamente recuperável chega a mais de 100 terawatts-hora por ano. Aproximadamente 95% dessa energia está localizada nas regiões hidrológicas do Mississippi, Alasca, Noroeste do Pacífico, Ohio e Missouri. A tecnologia necessária para aproveitar essa oportunidade é bastante nova e rara, tendo sido comparada por alguns à situação da energia eólica há quinze anos. Pequenos operadores povoam essa indústria, mas seus esforços se beneficiam das semelhanças entre a energia *in-stream* e a energia das marés, bem como do aumento no volume das pesquisas e investimentos nas marés. Enquanto empresários e engenheiros desenvolvem tecnologias *in-stream* e os governos apoiam esses esforços, é importante ter em mente que nem todos os projetos de "rio intocado" realmente deixam o rio em paz. Alguns projetos desviaram cursos d'água, prejudicando sua vitalidade; outros foram montados próximos demais, provocando inundações quando as águas se elevam. Se os erros potenciais forem devidamente gerenciados, e se a tecnologia hidrelétrica *in-stream* for capaz de aproveitar adequadamente a força dos rios, é bem provável que uma antiga forma de energia venha a ser importante para o nosso futuro.

Impacto: *Se a energia elétrica* in-stream *crescer até fornecer 3,7% da eletricidade mundial em 2050, poderá reduzir as emissões de dióxido de carbono em 4 gigatoneladas, além de economizar 568,4 bilhões de dólares em custos de energia. As comunidades em áreas montanhosas remotas estão entre as últimas regiões carentes de eletrificação, e a energia hidrelétrica* in-stream *oferece a essas pessoas um método confiável e econômico para a geração de eletricidade.*

ENERGIA

PRODUÇÃO DE ENERGIA A PARTIR DE RESÍDUOS

Alguns chamam isso de solução, outros de poluição. Certamente é poluição. Nesta seção, detalhamos a produção de energia a partir de resíduos como uma estratégia de transição para um mundo que desperdiça demais. Neste livro, há várias soluções que chamamos de soluções de arrependimento, e essa é uma delas. Uma solução de arrependimento exerce impacto positivo nas emissões globais de carbono, mas seus custos sociais e ambientais são prejudiciais e elevados.

A indústria de incineração de resíduos nos EUA surgiu do colapso da indústria nuclear nas décadas de 1970 e 1980. As empresas que tinham se beneficiado da construção de usinas nucleares entraram em um negócio chamado "recuperação de recursos", também apelidado "de lixo a dinheiro". Essa solução não elimina os resíduos: apenas libera a energia contida em plásticos, papéis, gêneros alimentícios e lixo, deixando uma cinza residual. Em outras palavras, ela muda a forma do lixo. Alguns dos metais pesados e compostos tóxicos latentes no interior do lixo são liberados no ar, outros são liberados na lavagem e esfregação e ainda outros permanecem na cinza resultante. Naquela época, 100 toneladas de resíduos municipais criavam 30 toneladas de cinzas volantes, uma substância repleta de toxinas. A cinza vai para aterros revestidos de plástico a fim de garantir que os lixiviados da cinza não se infiltrem nas águas subterrâneas. O tempo de vida útil dos revestimentos plásticos, porém, é desconhecido. A quantidade de cinzas gerada atualmente é muito menor, graças ao uso de técnicas mais modernas.

São quatro os métodos utilizados pela indústria para converter resíduos em energia: incineração, gaseificação, pirólise e plasma. "Produção de energia a partir de resíduos" também se refere a instalações de conversão menores situadas em agências governamentais, empresas ou hospitais que utilizam uma dessas técnicas para eliminar resíduos médicos, manufatureiros ou radioativos, além de pneus, lodo de esgoto, produtos químicos de laboratório ou lixo doméstico.

Então por que apresentar a produção de energia a partir de resíduos neste livro? Em um mundo sustentável, o lixo seria compostado, reciclado ou reutilizado. Jamais seria descartado, porque seria projetado desde o início para ter valor residual, e deveria haver sistemas a postos para sua captura. Mas as cidades e países com pouca terra, como o Japão, enfrentam um dilema: o que fazer com o seu lixo – uma verdadeira torre de Babel consistindo em dezenas de milhares de materiais e produtos químicos diferentes? Aterros demandam grandes extensões de terra, que países como o Japão não têm ou não podem financiar. Se houver disponibilidade de terra, o soterramento do lixo cria gás metano, proveniente da decomposição de matéria orgânica, um gás com efeito estufa até 34 vezes mais poderoso do que o dióxido de carbono durante um período de cem anos. As usinas que usam resíduos geram energia que, de outra maneira, poderia ser proveniente de usinas alimentadas com carvão ou gás. Seu impacto nos gases de efeito estufa é positivo se comparado aos aterros geradores de metano.

Os EUA queimam anualmente mais de 30 milhões de toneladas de lixo – cerca de 13% do total de resíduos gerados. A incursão inicial desse país na incineração foi um desastre toxicológico. Um estudo realizado na década de 1980 em um incinerador de Nova Jersey revelou os seguintes resultados: se 2.250 toneladas de lixo fossem incineradas diariamente, as emissões anuais seriam 5 toneladas de chumbo, 17 toneladas de mercúrio, 260 quilos de cádmio, 2.248 toneladas de óxido nitroso, 853 toneladas de dióxido de enxofre, 777 toneladas de cloreto de hidrogênio, 87 toneladas de ácido sulfúrico, 18 toneladas de fluoretos e 98 toneladas de matérias particuladas pequenas o suficiente para se alojarem permanentemente nos pulmões. O estudo também revelou quantidades variáveis da dioxina poluente tóxica persistente, dependendo da quantidade de papel e madeira envolvidos na incineração. Em suma: resíduos inertes perigosos entram em um incinerador, e saem para a atmosfera emissões biodisponíveis perigosas e tóxicas.

Os incineradores modernos abordam em parte essas preocupações. Empregando temperaturas consideravelmente mais altas e equipados com depuradoras e filtros, quase todos os vestígios de poluentes podem ser capturados – mas não todos. No caso das cidades e comunidades urbanas, o apelo das usinas de resíduos transformáveis em energia é convincente. Na Europa, existem mais de 480 usinas desse tipo, que queimam cerca de um quarto de todos os resíduos. A Suécia está entre os líderes, importando 800 mil toneladas de lixo de outros países a um custo considerável em termos de emissões de carbono, para abastecer suas instalações de aquecimento urbano – a rede mais extensa do mundo. Os suecos afirmam que são muito cuidadosos com o lixo que importam: ele deve ser bem selecionado, sendo removidos todos os materiais recicláveis, incluindo alimentos. Aterros estão proibidos; portanto, se não for reciclado, o lixo é queimado.

Em uma moderna usina sueca de uso de obtenção de energia a partir de resíduos, a cinza residual é filtrada, e fragmentos de metais, que também são reciclados, são removidos. Pedaços de azulejos ou de material cerâmico são reunidos para uso como cascalho na construção rodoviária. O uso de filtros elétricos carrega negativamente e remove toda matéria particulada, e o fumo que sobra é considerado livre de toxinas e quase inteiramente composto de água e dióxido de carbono. Graças às temperaturas mais altas, ocorre redução significativa no total de cinzas volantes. A pequena quantidade restante é encaminhada a aterros sanitários. A associação municipal sueca acredita que, para cada

Classificação e resultados até 2050		68º lugar
1,1 gigatonelada de redução de CO_2	US$ 36 bilhões de custo líquido	US$ 19,8 bilhões de poupança líquida

tonelada de lixo, importado ou doméstico, há uma economia equivalente de 500 quilos de dióxido de carbono, se comparado ao lixo depositado em aterros.

Como estratégia de administração do nosso lixo, a tecnologia de produção de energia a partir de resíduos é melhor do que a alternativa do aterro sanitário, desde que sejam utilizadas instalações de última geração. Na Europa, apesar do mercado de lixo (alemães, dinamarqueses, holandeses e belgas também estão envolvidos na importação de lixo), a taxa de reciclagem, incluindo os resíduos verdes, vem aumentando, já existe uma diretriz de reciclagem de 50% para o ano 2020. Na União Europeia, há uma estratégia para tratar todo o fluxo de resíduos com a maior eficácia possível: onde mais lixo puder ser reduzido, reutilizado, reciclado ou compostado, isso deve ser feito.

A produção de energia a partir de resíduos continua a provocar fortes sentimentos. Seus defensores apontam para a terra poupada de lixões e para uma fonte de energia por incineração mais limpa. Uma tonelada de lixo pode gerar a mesma quantidade de eletricidade que um terço de tonelada de carvão. Mas seus oponentes continuam a criticar a poluição, mesmo que pequena, e também os altos custos de capital e os potenciais efeitos perversos sobre a reciclagem ou a compostagem. Como a incineração é muitíssimo mais barata do que essas alternativas, esse método poderá prevalecer nas decisões municipais se o fator decisivo for o custo. Os dados mostram que altas taxas de reciclagem tendem a ser acompanhadas por altas taxas de produção de energia a partir de resíduos, mas alguns argumentam que as taxas de reciclagem poderiam ser maiores se não houvesse incineração de lixo. Essas são algumas das razões pelas quais há muitos anos a construção de novas fábricas nos EUA está praticamente parada, apesar da evolução na tecnologia da incineração.

Os motivos de preocupação são ainda mais numerosos nos países de baixa renda, onde produção de energia a partir de resíduos pode se assemelhar aos primeiros incineradores tóxicos. A saúde pública é particularmente problemática na China e no Leste Asiático. E é nesses lugares que o uso de resíduos para obtenção de energia vive seu mais rápido crescimento comercial, e também onde a regulamentação e as leis sobre poluição são mais frouxas. O Green Climate Fund, criado pelas Nações Unidas, investe em usinas de produção de energia a partir de resíduos em países de baixa renda, mas exige seleção de resíduos, reciclagem e remoção de substâncias tóxicas.

Embora algumas agências e investidores acreditem que a tecnologia de produção de energia a partir de resíduos seja uma fonte renovável de energia, ela não é. Recursos renováveis de fato, como o sol e o vento, não podem ser esgotados. Não há nada de renovável em se queimar sapatos esportivos de plástico, CDs, pelotas de isopor e estofamento de automóvel. Hoje, o lixo é certamente um recurso repetitivo, mas apenas porque o geramos em tamanha quantidade.

Este livro inclui a produção de energia a partir de resíduos como uma solução-ponte: ela pode nos ajudar a reduzir o uso de combustíveis fósseis no curto prazo, mas não faz parte de um futuro de energia limpa. Mesmo as usinas de incineração de ponta (uma minoria) não são de fato limpas e isentas de toxinas. Supunha-se que o incinerador de gaseificação de Scotgen, em Dumfries, na Escócia, era avançado, mas ele provou ser um dos piores poluidores e emissores de dioxinas daquele país. O governo fechou o incinerador em 2013. Embora possa ser tecnicamente possível eliminar todas as emissões de dioxina, a realidade é que ocorrem violações significativas dos limites de dioxina em usinas de uso de resíduos em todo o mundo. Assim, são muitas as razões para que haja oposição a tais usinas, em especial às instalações existentes que não atendem aos mais altos padrões. Mas há outra razão pela qual listamos essa tecnologia como uma solução de arrependimento. A produção de energia a partir de resíduos pode impedir o surgimento de algo melhor: práticas de desperdício zero que eliminam por completo a necessidade de aterros e incineradores. Se essa possibilidade parece idealista ou impraticável, é bom saber que dez grandes corporações comprometeram-se a não enviar mais resíduos para aterros, entre as quais Interface, Subaru, Toyota e Google.

O desperdício zero é um movimento crescente que deseja mover-se a montante na cadeia do lixo, não a jusante, a fim de mudar a natureza do lixo e as formas de recuperação de seu valor pela sociedade. Em essência, isso significa que os fluxos de materiais na sociedade podem imitar o que ocorre nas florestas e pastagens, onde realmente não há resíduo que não sirva de alimento para outras formas de vida. O desperdício zero baseia-se na química verde e na inovação de materiais, tendo em mente o fim, não apenas o começo. A exemplo das energias solar e eólica, tecnologias que um dia já foram impraticáveis e inacessíveis, o desperdício zero é uma revolução de engenharia e *design*, que tornará o lixo tão valioso que a última coisa que vamos querer fazer é queimá-lo ou enterrá-lo. Rossano Ercolini, de Lucca, na Itália, é um dos líderes da Aliança Internacional de Desperdício Zero. Esse professor foi impelido a agir ao tomar conhecimento de uma proposta para a construção de um incinerador perto de sua escola. Ercolini teve êxito em interromper o projeto, e não parou por aí. Por seus esforços para promover a reciclagem e a redução de resíduos, 117 outros municípios italianos fecharam suas usinas de produção de energia a partir de resíduos e se comprometeram com programas de desperdício zero. Essa é uma solução realista, que não traz nenhum tipo de arrependimento.

Impacto: *Os riscos da produção de energia a partir de resíduos são significativos, mas há alguns benefícios: será possível evitar a emissão de 1,1 gigatonelada de dióxido de carbono até 2050, sobretudo graças à redução das emissões de metano, por evitar que o lixo acabe nos aterros sanitários. Levando em conta as desvantagens, essa é uma solução "ponte" – cujo uso tenderá a diminuir à medida que soluções preferíveis de manejo de resíduos, como o desperdício zero, a compostagem e a reciclagem, passarem a ser mais ampla e globalmente adotadas. Nações insulares, com espaço disponível limitado, podem continuar a usar a tecnologia da produção de energia a partir de resíduos como alternativa ao aterro – empregando tecnologias mais avançadas, como a gasificação do plasma, para limitar os impactos negativos. Com um custo de implementação de 36 bilhões de dólares, as economias ao longo de 30 anos podem chegar a 20 bilhões de dólares.*

ENERGIA
FLEXIBILIDADE DE REDE

Durante o primeiro verão de John Muir em sua exploração da Sierra Nevada, ele escreveu em seu diário: "Quando tentamos destacar qualquer coisa por si só, logo verificamos que ela está interligada em tudo o mais no Universo". Há mais de um século, as pessoas vêm usando essa citação para descrever a interconexão dos ecossistemas e o efeito cascata do planeta em tudo, desde alimentos até transportes. A citação também é útil para descrever o fenômeno da rede: a rede dinâmica de produção, transmissão, armazenamento e consumo de eletricidade, da qual 85% da Terra depende. Cada vez mais, a frase "transição energética global" é divulgada, geralmente para descrever uma mudança, no atacado, dos combustíveis fósseis para fontes de energia renováveis e limpas. Embora essa mudança de fontes seja o cerne da questão quando se trata de emissões de gases de efeito estufa, mudanças mais amplas estão em andamento: uma transformação de todo o sistema de rede.

Algumas fontes de energia renovável têm uma constância semelhante à da eletricidade gerada por combustíveis fósseis: vapor geotérmico, água corrente, ou biomassa queimada, para citar três delas. Mas a produção de eletricidade do vento e do sol é um empreendimento intermitente. Como os ritmos e as variações do vento ocorrem diariamente, a produção varia a cada minuto, todos os dias e em todas as estações. O mês de novembro na Alemanha, por exemplo, notoriamente tem pouco vento e sol; assim, uma produção extra deve vir de outro lugar. Além da variabilidade, a geração solar e eólica é diversificada, variando desde unidades centralizadas e em grande escala até produções pequenas e distribuídas, por exemplo, as placas solares nos telhados. A integração da energia geotérmica na rede é procedimento padrão, mas a rede atual não foi projetada para a energia eólica. Prestadores de serviços públicos e reguladores em todo o mundo estão se debatendo com esta questão: em uma paisagem em rápida mudança, como a rede pode compatibilizar mais adequadamente o fornecimento de eletricidade e a demanda do usuário final, mantendo as luzes acesas e os custos sob controle?

A resposta é *flexibilidade*. Para que o fornecimento de eletricidade seja predominantemente ou totalmente renovável, a rede precisa se tornar mais adaptável do que é hoje. Os pioneiros da

Classificação e resultados até 2050 **77º lugar**

Uma tecnologia capacitante – o custo e a poupança estão incorporados na energia renovável

integração de energia renovável, como a Califórnia, nos EUA, a Dinamarca, a Alemanha e a Austrália meridional, vêm mostrando que a flexibilidade da rede é resultado de uma série de medidas – tanto no lado da oferta como no da demanda, bem como nas operações das empresas públicas – e tem aparências diferentes em lugares diferentes. As várias soluções apresentadas neste livro apoiam uma rede mais flexível. Recursos renováveis constantes, como o metano capturado em aterros sanitários, são complementos valiosos para as energias solar fotovoltaica e eólica. As usinas combinadas de calor e energia ou de cogeração podem ser rapidamente acessadas, sobretudo se armazenarem o excesso de calor em grandes tanques de água. Vários procedimentos de armazenamento em grande escala serão cada vez mais importantes, desde a consagrada tecnologia de bombeamento de água até novas soluções, como o sal derretido e o ar comprimido. Em pequena escala, as baterias são decisivas, inclusive as instaladas em veículos elétricos. As tecnologias de demanda-resposta, como termostatos inteligentes e eletrodomésticos conectados à internet, podem ajustar extração de energia da rede pelos consumidores em tempo real, a fim de evitar períodos de pico de demanda.

As redes de transmissão e distribuição – o tecido conjuntivo entre geração e consumo – precisam ser fortes para serem flexíveis. Nos locais em que as conexões de rede abrangem áreas geográficas maiores, abrangem também padrões mais amplos de vento e luz do sol: se o ar está parado em um lugar, é provável que esteja se movendo em outro. Em qualquer momento, então, a produção total de energia renovável é menos variável. Na Espanha, o operador de rede Red Eléctrica de España controla quase toda a produção de energia eólica do país. Trabalhando no agregado, o operador pode controlar a geração de vento em níveis específicos dentro de quinze minutos. A interconexão com sistemas de energia vizinhos, tal como existe no noroeste da Europa, cria oportunidades extras para o excesso de produção e o abastecimento reserva.

Existem várias práticas operacionais que ajudam a flexibilidade. Quando as condições climáticas e a geração de eletricidade caminham de mãos dadas, como acontece com as energias eólica e solar, previsão e prognóstico podem constituir a ferramenta mais importante da unidade produtora. Na Dinamarca, as previsões ainda são feitas com antecedência de um dia, mas também são atualizadas em tempo real. A comparação das previsões com a efetiva produção de vento durante o dia e a noite resulta no refinamento contínuo da previsibilidade. Os operadores de rede podem ajustar com que antecedência a geração é programada e o período de tempo para cada segmento de produção. Quando necessário, os fornecedores podem ser obrigados a reduzir a geração de eletricidade, e preços negativos podem ser usados para desencorajar a superprodução, por mais economicamente indesejáveis que essas medidas possam ser.

Em 2050, uma geração renovável de 80% poderia ser uma realidade global. Em muitas redes em todo o mundo, as energias renováveis já estão chegando a 20-40%, aí incluídas as energias renováveis variáveis e as constantes. Até o momento, o exercício de equilíbrio vem funcionando bem – na verdade, melhor do que muitos previam. Em breve, um número cada vez maior de jurisdições buscará uma flexibilidade de rede avançada, que integre a matriz das medidas que melhor funcionem para determinado contexto. Fontes renováveis em conjunto com redes mais flexíveis tornarão possível a transição energética global. Embora os painéis fotovoltaicos e as torres de turbinas possam atrair a maior parte da atenção, a flexibilidade é o meio para que as energias renováveis se tornem a forma dominante de energia no planeta.

Impacto: *Nós não modelamos a flexibilidade da grade porque este é um sistema complicado e dinâmico, e é quase impossível dar conta de todos os fatores locais em escala global. No entanto, para que possam crescer além de uma fatia de geração de 25%, as fontes de energia renováveis variáveis dependem de flexibilidade na rede. As reduções nas emissões oriundas dessa solução estão contabilizadas nas soluções de energia renovável variável, que não poderiam atingir totalmente seu potencial sem ela.*

ENERGIA

ARMAZENAMENTO DE ENERGIA (PRESTADORES DE SERVIÇOS)

Há cerca de 11 mil anos, quando nós, seres humanos, passamos de caçadores-coletores para os assentamentos permanentes e a agricultura, começamos a aprender sobre o armazenamento. Na verdade, não tínhamos escolha, porque essas primeiras culturas produziam excedentes temporários que tinham que ser protegidos contra os camundongos e a umidade. Silos de terra, madeira e, em seguida, de cerâmica foram as primeiras respostas. Hoje em dia, nós nos destacamos no quesito armazenamento. Se fabricamos, guardamos... com uma notável exceção. A mercadoria mais fundamental no mundo industrializado – a eletricidade – é aquela para a qual não foi levado em conta armazenamento em escala. Qual é a proteção contra quedas de energia, apagões e ineficiência? Na ausência de armazenamento de energia em grande escala, os serviços públicos contam com usinas "de pico" altamente poluidoras que são postas a funcionar para atender à alta demanda. À medida que buscamos reduzir as emissões decorrentes da produção de eletricidade e possibilitar a mudança para fontes de energia renováveis variáveis, o armazenamento passa a ser duplamente vital.

Desde a época em que os serviços públicos começaram a fornecer eletricidade a clientes pagantes em São Francisco, em 1879, o modelo de negócio tem sido o de gerar energia suficiente para atender à demanda em tempo real. Quando a rede não produzia o suficiente, as luzes e os motores se apagavam. Em alguns países, isso ainda acontece regularmente. À medida que as economias se deslocam para renováveis variáveis, torna-se essencial o gerenciamento da rede elétrica com sistemas de armazenamento de energia. Isso significa armazenamento para um dia, para muitos dias, de longo prazo ou em regime sazonal. Na época em que as energias solar e eólica forneciam uma pequena fração da eletricidade total da rede, sua variabilidade não era um grande problema; as usinas tradicionais de combustível fóssil podiam ajustar eventuais insuficiências sem maiores preocupações. Com as energias renováveis representando entre 30-40% da energia total, a variabilidade torna-se uma questão mais complicada para a rede administrar de forma confiável e econômica. Em maio de 2016, a Alemanha estabeleceu um recorde mundial: esse país funcionou 88% com energia renovável por algumas horas, grande parte proveniente da energia solar FV. Nos EUA, o recorde de uso de renováveis pode ter sido estabelecido em uma noite de fevereiro de 2015 no Texas, quando quarenta e poucos parques eólicos foram responsáveis por 45% da geração de energia total da rede. A menos que a energia renovável possa ser usada ou exportada, os picos de produção criam excedentes

Uma tecnologia capacitante – o custo e a poupança estão incorporados na energia renovável

que devem ser descartados porque as usinas convencionais não podem ser desligadas. Uma maneira de contornar o problema do excedente é o uso de linhas de energia de corrente contínua de alta tensão (CCAV), que podem estender a energia por milhares de quilômetros com pequenas perdas de linha. Além disso, há um conjunto de tecnologias de armazenamento de energia que abordam precisamente esses problemas.

Como uma empresa armazena grandes quantidades de eletricidade? Uma opção é bombear água dos reservatórios mais baixos para os mais altos, idealmente cerca de 450 metros mais altos. A água é liberada de volta para o reservatório inferior conforme a necessidade, passando através de turbinas geradoras de energia. A água é bombeada durante a noite, quando há excesso de energia elétrica, e retorna aos reservatórios inferiores quando a demanda e os preços atingem o pico. Em um exemplo, a General Electric juntou-se a uma empresa alemã para gerar energia quando não há vento. O projeto depende de uma topografia inclinada com quatro turbinas eólicas trabalhando em conjunto a fim de gerar energia para bombear água de um reservatório em um nível inferior para outro reservatório mais alto. Quando falta vento ou a demanda é alta, a água que flui colina abaixo alimenta uma usina hidrelétrica convencional. No total, existem mais de duzentos sistemas de armazenamento com bomba no mundo, representando 99% da capacidade global de armazenamento. É uma possibilidade que funciona quando a topografia é favorável.

Nos EUA, o estado de Nevada está fazendo uma experiência com o armazenamento de energia por ferrovia. Nesse estado, onde não há água, pode-se ainda assim utilizar a gravidade. O sistema inspira-se no mito de Sísifo, que empurrava eternamente uma rocha colina acima. Quando a energia é abundante, vagões de mineração carregados com 230 toneladas de rocha e cimento são enviados para uma estação ferroviária localizada a mais de 900 metros de altura. Os vagões estão equipados com geradores de 2 megawatts que atuam como motor na subida da composição. No trajeto de descida, um sistema de frenagem regenerativo converte a resistência de rolamento em energia elétrica.

A tecnologia no âmago de ambas as soluções já existe há mais de um século. Quando os vagões estão estacionados no ponto mais elevado, podem lá ficar durante um ano, sem perder qualquer fração de energia, enquanto os reservatórios evaporam. Ambos os sistemas compartilham uma vantagem-chave: a rapidez com que podem responder à demanda. O tempo de aceleração para a potência máxima é de segundos, enquanto as plantas de combustível fóssil demoram minutos ou horas. A rede precisa que o processo de resposta do armazenamento seja baixo.

As plantas de energia solar concentrada também estão na vanguarda do armazenamento de energia, onde o sal fundido é usado para manter o calor até que este seja necessário para gerar eletricidade. Uma mistura de nitrato de sódio e potássio, esses sais derretem a temperaturas acima de 224ºC e podem absorver o calor refletido por espelhos concentradores dos raios solares. O sal fundido permanece quente por 5-10 horas, e retorna até 93% da energia absorvida. Atualmente um elemento comum das plantas de energia solar concentrada, o armazenamento de sal fundido permite que os geradores continuem produzindo horas após o pôr do sol.

Também há as baterias em grande escala. Alguns serviços públicos estão instalando bancos de baterias de íon lítio para ajudar a atender demandas de pico. Em 2021, Los Angeles planeja fechar sua usina "de pico" de gás natural, substituindo-a por 18 mil baterias que serão carregadas pela energia eólica de madrugada e pela energia solar de manhã, momentos em que as necessidades de energia são baixas. E dezenas de companhias iniciantes e já estabelecidas estão competindo para criar baterias de baixo custo, baixa toxicidade e seguras (sem ignição espontânea) que revolucionarão o armazenamento de energia, desde lanternas até serviços públicos – as baterias do futuro.

Os sinais (+) e (–) indicam os polos na nova instalação de armazenamento de energia no Instituto Fraunhofer, em Magdeburg, Alemanha. Durante um teste em grande escala, todo o centro de pesquisa de Fraunhofer foi abastecido com energia das baterias. O sistema de armazenamento à base de lítio possui uma capacidade disponível de 0,5 megawatt por hora e uma saída de 1 megawatt. A bateria de armazenamento fica alojada em um contêiner transportável de 26 toneladas. Esse tipo de equipamento é projetado para estabilizar a energia intermitente e variável.

Impacto: *Isoladamente, a produção de armazenamento de energia não reduz as emissões; por outro lado, o armazenamento de energia possibilita a adoção da energia eólica e solar. Não citamos acima números de impacto de carbono para evitar a dupla contagem com as próprias soluções de energia renovável variável. Tal como acontece com outras formas de flexibilidade de rede, os custos e o crescimento total não são diretamente modelados.*

ENERGIA

ARMAZENAMENTO DE ENERGIA (DISTRIBUÍDA)

Estamos em meio a uma transição de energia, tão radical como a adoção do carvão, do petróleo e do gás no início da Revolução Industrial. A maioria das pessoas descreveria essa transformação como a troca dos combustíveis à base de carbono por energia renovável, e elas estariam certas – em parte. Outra parte dessa revolução será o armazenamento de energia distribuída, a capacidade de reter pequenas ou grandes quantidades de energia produzida onde você mora ou trabalha. Se o aquecimento global é "a transformação que transforma tudo", como a professora de sociologia e de geografia humana Karen O'Brien observou, o armazenamento de energia distribuída pode ser a transformação que transforma a indústria de energia.

De onde vem sua eletricidade? Quando a energia é gerada de forma centralizada e distribuída a partir de grandes usinas geradoras de energia – gás, carvão, energia nuclear, hidrelétricas –, ela é injetada em linhas de transmissão de alta tensão que atravessam o país até transformadores redutores que fluem para redes elétricas regionais e, finalmente, para sua casa ou local de trabalho. Os sistemas de energia distribuída viram essa sequência de cabeça para baixo. Não mais consumidores passivos, os clientes podem se tornar produtores e comprar ou vender energia para a rede quando quiserem. Podem evitar cargas de demanda de pico e possibilitar uma rede mais flexível, evitando picos de demanda capazes de causar queda de energia ou falhas na rede.

O vento e o sol têm seus próprios horários, tornando a energia renovável variável. Isso representa um desafio crítico para os serviços públicos, que precisam acompanhar de perto a oferta e a demanda. A capacidade de ativar plantas reservas de geração de energia em um piscar de olhos – a fim de evitar a queda da rede – é crítica. Criar um sistema de armazenamento de energia distribuída, isto é, a independência com relação à rede, depende de armazenamento acessível, e, até agora, os preços das baterias são proibitivamente elevados. Isso está mudando. Existem duas fontes básicas de armazenamento: baterias autônomas e veículos elétricos. Os custos de armazenamento são medidos em quilowatts-hora. De 1.200 dólares por quilowatt-hora em 2009, o custo caiu para cerca de 200 dólares em 2016. Hoje em dia, as empresas estão prevendo 50 dólares por quilowatt-hora em alguns anos. Por 1.200 dólares por quilowatt-hora, é possível adquirir um sistema de armazenamento de energia de 24 quilowatts-hora e ganhar um carro sem qualquer custo – o Nissan LEAF totalmente elétrico.

Seja em um carro, garagem ou no porão de um prédio de escritórios, o armazenamento de energia distribuída está chegando mais rápido do que se esperava. Assim como todas as previsões de custo e crescimento relativas à energia solar foram subestimadas nas últimas duas décadas, as previsões relativas aos preços das baterias continuam errando feio. Em 2012, a empresa de consultoria global McKinsey & Company previu baterias de 200 dólares por quilowatt-hora até 2020, mas a General Motors e a Tesla conseguiram esse feito já em 2016.

Ao custo atual, um investimento de 500 bilhões de dólares em sistemas de energia distribuídos representaria uma economia, para as empresas e lares norte-americanos, de 4 trilhões de dólares em cobranças de serviços de pico de demanda nos próximos trinta anos. O custo das baterias poderia cair à metade nos próximos quatro anos, o que ampliaria ainda mais esses ganhos. Se o armazenamento for utilizado para possibilitar maior dependência das energias renováveis, os benefícios climáticos serão substanciais. Se o armazenamento for usado apenas para deslocar a demanda de pico para as madrugadas em sistemas que dependem fortemente do carvão, haverá pouco benefício.

Há não muito tempo, a energia solar fotovoltaica tinha altos custos de carbono. O vidro, o alumínio, os gases, a instalação e os fornos de sinterização de quase 2.000°C demandavam tanto carbono que teria sido justo chamar os painéis solares de expansores de carvão. Atualmente, os custos de energia para a geração de energia solar caíram significativamente. O mesmo parece estar ocorrendo com as baterias: a queda nos custos provavelmente será acompanhada por métodos de fabricação menos dependentes de energia. Quando isso ocorrer, presenciaremos o advento de uma rede de energia totalmente nova, a qual promete ser mais resiliente e democrática, e movida por sensores, aplicativos e *softwares* ainda não inventados.

Um quadro Powerwall da Tesla é instalado e comemorado na Escola Rongomai, em Auckland, Nova Zelândia. Essa escola primária é especializada em currículos que levam em conta os valores culturais Maori. A bateria permite que a escola tenha eletricidade, proveniente de sua matriz solar, até o anoitecer.

Impacto: *O armazenamento de energia distribuída é uma tecnologia de apoio essencial para muitas soluções. Microrredes, edifícios com consumo líquido zero de energia, flexibilidade de rede e placas solares nos telhados dependem ou são amplificados pelo uso de sistemas de armazenamento dispersos, que facilitam a absorção de energia renovável e evitam a expansão da geração de eletricidade à base de carvão, petróleo e gás. A adoção do armazenamento distribuído varia, dependendo de sua utilização em ambiente urbano ou rural; essas dinâmicas não estão explicitamente modeladas.*

Classificação e resultados até 2050 **77º lugar**

Uma tecnologia capacitante – o custo e a poupança estão incorporados na energia renovável

ENERGIA

AQUECIMENTO SOLAR DA ÁGUA

Classificação e resultados até 2050		41º lugar
6,08 gigatoneladas de redução de CO_2	US$ 3 bilhões de custo líquido	US$ 773,7 bilhões de poupança líquida

Desde que começaram a se banhar, os seres humanos buscam maneiras de aquecer a água do banho. Durante o século XIX, a tecnologia de aquecimento solar mais rudimentar expunha tanques de metal de cor escura ao sol. Funcionava, mas não satisfatoriamente. Em 1891, o inventor e fabricante norte-americano Clarence Kemp patenteou um projeto que melhorava enormemente o desempenho por meio do uso do efeito estufa. O Climax – o primeiro aquecedor de água solar comercial do mundo – consistia em tanques de ferro cheios de água colocados no interior de uma caixa isolada e coberta com vidro, aumentando, assim, a capacidade dos tanques de coletar e reter o calor solar. "Utilizando uma das forças generosas da natureza", proclamavam os anúncios de Kemp, o Climax poderia fornecer "água quente a qualquer hora do dia e da noite. Sem demora. Sempre carregado. Sempre pronto para o uso". Um modelo residencial custava 25 dólares.

Na virada do século XX, o aquecimento solar de água (ASA) se espalhou pelo sul da Califórnia, enquanto outros empreendedores se esforçavam para melhorar a invenção de Kemp. O modelo Day and Night, de William Bailey, adicionou um tanque de armazenamento separado ao coletor de calor solar de telhado e revolucionou a indústria. Com o crescimento de Miami na década de 1920, os coletores solares também floresceram – alguns deles continuam operando no topo de edifícios *art déco*. Durante a década de 1930, esses aparelhos se tornaram padrão em habitações públicas no sul dos EUA. Nesse país, a energia barata nos anos pós-Segunda Guerra acabou com a indústria solar, mas o conceito decolou em Israel, no Japão e em partes da África do Sul e da Austrália. Ao longo de sua história, o ASA teve momentos de glória e de esquecimento conforme o preço da energia e o apoio governamental à tecnologia.

Hoje, a China detém mais de 70% da capacidade mundial de ASA, mas a tecnologia está em uso em muitos países e em quase todos os climas, sem congelar no inverno ou superaquecer no verão. Em Chipre e em Israel, onde o uso do SWH tem sido mandatório desde a década de 1980, 90% das casas têm sistemas instalados. O uso residencial continua a ser a principal aplicação para a água aquecida pelo sol, embora venha aumentando o número de instalações em grande escala. Alguns sistemas usam tubulações, enquanto outros empregam placas planas; alguns dependem de bombas, enquanto outros são passivos. Como Bailey teve a oportunidade de constatar, bons tanques de armazenamento são fundamentais. Em todo o caso, o ASA é considerado "uma das tecnologias mais eficazes para converter energia solar em energia térmica", com períodos de amortização excepcionalmente baixos, de até 2-4 anos, dependendo das particularidades do sistema, sua localização e alternativas.

O que também é verdade hoje é que o aquecimento da água é um importante uso da energia. Água quente para chuveiros e para lavar roupas e pratos responde pela quarta parte do consumo de energia residencial em todo o mundo; em edifícios comerciais, esse percentual chega a cerca de 12%. A tecnologia ASA pode reduzir esse consumo de combustível em 50-70%. Mas ainda não foi amplamente utilizado como recurso por causa dos custos iniciais e da complexidade de instalação, que são superiores às caldeiras a gás e elétricas. Cada vez mais o uso do ASA tem sido pensado juntamente com a energia fotovoltaica solar, a fim de avaliar o espaço no telhado, investimento e sinergias ou possíveis conflitos de escolha entre essas duas modalidades. Para chegar ao nível de aceitação conseguido em Chipre e Israel, os governos podem impor ou incentivar seu uso em novas edificações – e isso tem ocorrido cada vez mais. Se os EUA maximizassem o seu potencial para ASA, o país poderia reduzir o consumo de gás natural em 2,5% e o uso de eletricidade em 1%, deixando de produzir 57 milhões de toneladas de carbono a cada ano – o equivalente a treze usinas de energia a carvão, ou 9,9 milhões de carros. Diante da ambição nacional para crescimento no Malawi, Marrocos, Moçambique, Jordânia, Itália, Tailândia e outros países, fica evidente que a tecnologia ASA não chegou nem perto de seu apogeu, mesmo 125 anos depois da concepção do Climax, o primeiro aquecedor.

Impacto: *Se o aquecimento solar da água crescer de 5,5% para 25% do mercado possível, em 2050 essa tecnologia poderá gerar reduções de emissões de 6,1 gigatoneladas de dióxido de carbono e render aos lares uma economia de 774 bilhões de dólares com custos de energia. Em nossos cálculos dos custos iniciais, assumimos que os aquecedores de água solares complementam, e não substituem, as caldeiras elétricas e a gás.*

Um conjunto de aquecimento solar de água em Esbjerg, Dinamarca, usado no aquecimento doméstico e urbano. O sistema emprega tanques-tampão para armazenamento térmico. Esbjerg, uma cidade portuária na península da Jutlândia, funciona quase inteiramente com energia renovável e está no centro das indústrias dinamarquesas de energia eólica *offshore* e de ondas.

ALIMENTOS

Quando pensamos nas causas do aquecimento global, a energia dos combustíveis fósseis provavelmente nos vem à mente. Menos notáveis são as consequências do café da manhã, almoço e jantar. O sistema alimentar é elaborado e complexo; seus requisitos e impactos são extraordinários. Os combustíveis fósseis movimentam tratores, barcos de pesca, meios de transporte, processamento, produtos químicos, materiais de embalagem, refrigeração, supermercados e cozinhas. Os fertilizantes químicos atomizam no ar, formando o poderoso óxido nitroso, um dos gases de efeito estufa. Nossa paixão por carne envolve mais de 60 bilhões de animais terrestres que necessitam de quase metade de todas as terras agrícolas para alimentação e pastagem. As emissões oriundas da criação animal, incluindo dióxido de carbono, óxido nitroso e metano, são responsáveis, anualmente, por estimados 18-20% dos gases de efeito estufa, uma fonte que fica atrás apenas dos combustíveis fósseis. Se acrescentarmos à criação animal todas as outras emissões relacionadas aos alimentos, desde a agricultura até o desmatamento, passando pelo desperdício de alimentos, o que comemos acaba por ser a principal causa do aquecimento global. Esta seção descreve técnicas, comportamentos e práticas que podem transformar fontes de emissão em sequestradores de carbono: em vez de liberar dióxido de carbono e outros gases de efeito estufa na atmosfera, a produção de alimentos pode captar o carbono como meio de aumentar a fertilidade, a saúde do solo, a disponibilidade de água, os rendimentos e, finalmente, a nutrição e a segurança alimentar.

ALIMENTOS

ALIMENTAÇÃO RICA EM VEGETAIS

66,11 gigatoneladas de redução de CO_2

Dados globais de custo e poupança demasiadamente variáveis para que possam ser determinados

Buda, Confúcio e Pitágoras. Leonardo da Vinci e Leon Tolstoi. Gandhi e Gaudí. Percy Bysshe Shelley e George Bernard Shaw. As dietas à base de vegetais sempre tiveram defensores notáveis, muito tempo antes do onívoro Michael Pollan simplificar o dilema alimentar com sua famosa declaração: "Coma comida, não muita, principalmente vegetais". Essa é a chave, embora alguns argumentem em favor de "somente" no lugar de "principalmente". A adoção de uma dieta rica em vegetais é uma solução para o aquecimento global que atua na ponta da demanda, na contramão da dieta ocidental centrada na carne, altamente processada e muitas vezes excessiva – e hoje em franca ascensão.

Essa dieta ocidental é acompanhada por um enorme ônus para o clima. As estimativas mais conservadoras sugerem que a criação de animais representa cerca de 15% dos gases de efeito estufa emitidos em todo o mundo a cada ano; as avaliações mais abrangentes das emissões diretas e indiretas sugerem mais de 50%. Excluindo as inovadoras práticas de manejo de pastagens, sequestradoras de carbono, descritas neste livro, a produção de carne e produtos lácteos contribui com um volume muito maior de emissões, em comparação com o cultivo de seus equivalentes germinados – vegetais, frutas, grãos e leguminosas. Os ruminantes, como as vacas, são os agressores mais prolíficos, gerando metano, o potente gás de efeito estufa, durante a digestão de suas refeições. Além disso, o uso do solo agrícola e o consumo de energia para o cultivo de rações animais geram emissões de dióxido de carbono, enquanto o estrume e os fertilizantes emitem óxido nitroso. Se existisse um "país do gado", ele seria o terceiro maior emissor mundial de gases de efeito estufa.

O consumo excessivo de proteína animal também causa grandes prejuízos para a saúde humana. Em muitos lugares ao redor do mundo, o teor proteico consumido diariamente vai muito além dos requisitos nutricionais. Em média, os adultos precisam de 50 gramas de proteína/dia, mas, em 2009, o consumo *per capita* médio foi de 68 gramas/dia, 36% acima do necessário. Nos EUA e no Canadá, o adulto médio consome mais de 90 gramas de proteína/dia. Nos lugares em que a proteína vegetal é abundante, os seres humanos não precisam de proteína animal para se nutrir (além da vitamina B12 em dietas veganas estritas), e o consumo excessivo desse tipo de proteína pode levar a certos tipos de câncer, acidentes vasculares cerebrais e doenças cardíacas. O aumento da morbidade e as despesas com a saúde caminham de mãos dadas.

Com bilhões de pessoas que se alimentam várias vezes por dia, imagine o leitor quantas oportunidades existem para "virar a mesa". É possível comer bem, tanto em termos de nutrição como de prazer, com o uso de alimentos localizados em níveis mais baixos na cadeia alimentar, reduzindo com isso as emissões. De acordo com a Organização Mundial da Saúde, apenas 10-15% das calorias diárias devem provir de proteínas, e uma dieta principalmente à base de vegetais pode facilmente atingir esse limiar.

Um estudo inovador de 2016 da Universidade de Oxford estabeleceu um modelo para estimar os benefícios climáticos, econômicos e de saúde de uma transição mundial para dietas baseadas em vegetais entre hoje e 2050. As emissões atuais poderiam ser reduzidas em até 70% com a adoção de uma dieta vegana e em 63% com uma dieta vegetariana (que inclui queijo, leite e ovos). O modelo também calcula uma redução de 6-10% na mortalidade global. O impacto potencial na saúde de milhões de vidas se traduz em trilhões de dólares poupados: 1 trilhão de dólares anuais em cuidados com a saúde e perda de produtividade, e mais de 30 trilhões de dólares se for contabilizado o valor das vidas perdidas. Em outras palavras, as mudanças na dieta poderiam significar cerca de 13% do produto interno bruto mundial em 2050. E esses números não incluem os impactos evitados do aquecimento global.

Da mesma forma, um relatório do Instituto Mundial de Recursos de 2016 analisa uma variedade de possíveis modificações dietéticas e descobre que "uma ambiciosa redução da proteína animal" – focada em reduzir o consumo exagerado de alimentos animais em regiões onde as pessoas consomem mais de 60 gramas de proteína e 2.500 calorias por dia – é a maior promessa para garantir um futuro sustentável para o abastecimento mundial de alimentos e para o planeta. "Em um mundo que está em vias de necessitar de 70% a mais de alimentos, quase 80% mais alimentos derivados de animais e 95% mais carne entre 2006 e 2050", argumentam os autores, alterar os padrões de consumo de carne é fundamental para que seja alcançada uma série de metas globais relacionadas à fome, vidas saudáveis, manejo de água, ecossistemas terrestres e, certamente, mudanças climáticas.

As evidências em favor de uma dieta rica em vegetais são robustas. Dito isso, fazer mudanças profundas na dieta não é tarefa simples, porque o ato de comer é profundamente pessoal e cultural. A carne está carregada de significados, mesclada aos costumes e agrada as papilas gustativas. A natureza complexa e arraigada do relacionamento das pessoas com o consumo de proteínas animais requer estratégias inteligentes para mudar a demanda. Para que as pessoas abandonem a carne em favor de opções dos níveis mais baixos da cadeia alimentar, tais opções devem estar disponíveis, ser visíveis e tentadoras. Os substitutos da carne manufaturados a partir de vegetais são importantíssimos para minimizar a ruptura com as formas estabelecidas de cozinhar e comer, por imitarem o sabor, a textura e o aroma da proteína animal e até mesmo por replicarem seus aminoácidos, gorduras, carboidratos e minerais traço. Com alternativas nutritivas capazes de atrair paladares e práticas centrados na carne, empresas como a Beyond Meat e a Impossible Foods têm enfrentado ativamente esse desafio, provando que é possível trocar proteínas de forma indolor e prazerosa. Atualmente, alternativas baseadas em vegetais estão chegando às gôndolas antes reservadas à carne nos supermercados – uma evolução comercial capaz de interrom-

Vertumnus, de Giuseppe Arcimboldo, pintado em 1590-91, simboliza o deus romano das metamorfoses.

per comportamentos habituais relacionados aos alimentos. Considerando a rápida melhora dos produtos, as pesquisas em curso nas principais universidades, o aumento nos investimentos e o crescente interesse dos consumidores, os especialistas esperam um rápido crescimento dos mercados de produtos sem carne.

Além da imitação da carne, celebrar vegetais, cereais e legumes em sua forma natural pode alterar o papel desses alimentos, alçando-os de coadjuvantes a protagonistas por direito próprio. *Chefs* onívoros têm se esforçado para que se coma bem e com prazer *sem carne*. São eles, entre outros, Mark Bittman, jornalista e autor de *How to Cook Everything Vegetarian*, e Yotam Ottolenghi, *restaurateur* e autor de *Plenty*. Iniciativas como a *Meatless Monday* (Segunda Sem Carne) e VB6 (*vegan before six p.m.*, vegano antes das seis da tarde), bem como histórias que destacam heróis dos esportes que consomem dietas baseadas em vegetais (como Tom Brady, do New England Patriots), estão ajudando no combate aos preconceitos em torno da redução do consumo de carne. A derrubada de mitos sobre as proteínas e a ampliação dos benefícios para a saúde provenientes do consumo de dietas ricas em vegetais também podem incentivar as pessoas a mudar seus padrões alimentares. Em vez de ser a exceção, as opções vegetarianas deveriam ser a norma, especialmente em instituições públicas, como escolas e hospitais.

Além de promover o "reducetarianismo", senão o vegetarianismo, também é necessário reformular o papel da carne como uma iguaria, e não um alimento básico. Em primeiro lugar, isso significa acabar com os subsídios governamentais que distorcem os preços, como os que beneficiam a indústria pecuária dos EUA, de modo que os preços de atacado e varejo da proteína animal reflitam com maior precisão seu verdadeiro custo. Em 2013, 53 bilhões de dólares foram queimados em subsídios para a criação animal apenas nos 35 países afiliados à Organização para a Cooperação e Desenvolvimento Econômico. Alguns especialistas propõem uma intervenção mais pontual: cobrar uma taxa sobre a carne – semelhante à taxa sobre o cigarro – que reflita suas externalidades sociais e ambientais a fim de desencorajar as compras. Desincentivos financeiros, metas governamentais que visem a reduções no consumo de carne e campanhas que comparem o consumo desse alimento ao uso do tabaco – juntamente com a mudança das normas sociais relativas ao consumo de carne e às dietas saudáveis – podem conspirar efetivamente para tornar a carne menos desejável.

A maneira de implantá-las não altera o fato de que as dietas ricas em vegetais só apresentam benefícios para a sociedade. O consumo de alimentos com uma pegada de carbono menor diminui as emissões, mas também tende a ser mais saudável, implicando percentuais menores de doenças crônicas. Ao mesmo tempo, esse tipo de alimentação causa menos danos aos recursos de água doce e aos ecossistemas – por exemplo, as florestas derrubadas para abrir caminho para a pecuária e as imensas "zonas mortas" aquáticas criadas pelos deflúvios das fazendas. Com bilhões de animais atualmente criados em fazendas industriais, a redução do consumo de carne e de laticínios reduz também o sofrimento animal, bem documentado, muitas vezes extremo e comumente esquecido. As dietas à base de vegetais também abrem oportunidades para preservar terras que, de outra forma, poderiam se destinar à produção pecuária, e para envolver as atuais terras agricultáveis em outros usos sequestrantes de carbono. Como ensinou o mestre zen Thich Nhat Hanh, fazer a transição para uma dieta baseada em vegetais pode muito bem ser a forma mais eficaz de um indivíduo interromper as mudanças climáticas. Pesquisas recentemente publicadas sugerem que Thich Nhat Hanh está certo: poucas soluções climáticas dessa magnitude se encontram nas mãos dos indivíduos ou estão tão próximas quanto nosso prato de comida.

Impacto: *Usando dados da Organização das Nações Unidas para a Agricultura e a Alimentação (FAO) relativos aos países, estimamos o crescimento do consumo global de alimentos até 2050, assumindo que países de baixa renda consumirão mais alimentos em geral e maiores quantidades de carne à medida que suas economias forem crescendo. Se 50% da população mundial restringir sua dieta a saudáveis 2.500 calorias/dia e reduzir o consumo total de carne, estimamos que pelo menos 26,7 gigatoneladas de emissões poderiam ser evitadas apenas com a mudança na dieta. Caso seja incluído o desmatamento evitado com a mudança do uso da terra, poderão ser evitadas mais 39,3 gigatoneladas de emissões, o que faria das dietas saudáveis e ricas em vegetais uma das soluções mais impactantes, com uma redução total de 66 gigatoneladas.*

Pimentas-verdes à venda no Mercado Sadarghat em Daca, Bangladesh.

ALIMENTOS
RESTAURAÇÃO DE GLEBAS CULTIVÁVEIS

Classificação e resultados até 2050 **23º lugar**

14,08 gigatoneladas de redução de CO_2	US$ 72,2 bilhões de custo líquido	US$ 1,34 trilhão de poupança líquida

Em todo o mundo, os agricultores vêm abandonando terras que já foram cultivadas ou pastoreadas, porque essas terras ficaram "esgotadas". As práticas agrícolas reduziram a fertilidade, causaram erosão e compactação do solo, drenaram as águas subterraneas ou criaram salinidade por excesso de irrigação. Como as terras já não geram renda suficiente, são abandonadas. Outras causas que contribuem para o abandono de terras são as mudanças climáticas, a desertificação (como na China e no Sahel, na África) e os resultados da agricultura em terras frágeis e íngremes. Os impactos socioeconômicos são a migração, a possibilidade de um aumento de renda nas cidades, a falta de acesso ao mercado e os altos custos de produção para os pequenos agricultores que competem com a agricultura industrial. Seja como for, para muitos é mais barato abandonar a terra que trabalhar nela.

Essas terras abandonadas não estão em pousio: elas foram esquecidas. É tarefa complexa medir sua extensão e a rapidez de seu crescimento, e diferentes abordagens geram diferentes números. Um estudo abrangente da Universidade de Stanford estima que existem 385-445 milhões de hectares de terras agricultáveis abandonadas em todo o mundo – áreas outrora usadas para culturas ou pastagens e que não foram restauradas como florestas ou convertidas em áreas urbanas. Noventa e nove por cento desses casos de abandono ocorreram nos últimos cem anos.

A quantidade de terras abandonadas continua a crescer, a despeito dos esforços mundiais para produzir mais alimentos. Para alimentar uma população crescente e proteger as florestas do desmatamento para a obtenção de novas terras agrícolas, é fundamental restaurar a saúde de antigas terras agricultáveis e pastagens abandonadas, ampliando sua vida produtiva. Voltar a produzir em terras abandonadas também pode transformá-las em sumidouros de carbono. Como uma tigela vazia, a terra degradada pode, teoricamente, absorver mais carbono do que o solo fértil, à medida que as plantas extraem carbono da atmosfera e o devolvem aos solos empobrecidos. Nos locais onde os solos são abandonados à erosão, as terras agricultáveis abandonadas podem passar a ser uma fonte de emissões de gases de efeito estufa. De acordo com o professor Rattan Lal, da Universidade Estadual de Ohio, EUA, os solos cultivados no mundo perderam 50-70% do seu teor de carbono original, que se combina com o oxigênio presente no ar e se transforma em dióxido de carbono.

A restauração pode significar o retorno da vegetação nativa, o estabelecimento de plantações de árvores ou a introdução de métodos agrícolas regenerativos. Em geral, quanto mais degradada a terra, mais intensivos precisam ser os esforços de restauração iniciais. Em casos menos extremos, simplesmente deixar que os processos naturais se desenvolvam ao longo do tempo – a restauração passiva – basta para devolver a terra a um ecossistema saudável. As abordagens passivas exigem pouco dinheiro e muito tempo. Com frequência a restauração ativa requer um grande volume de mão de obra, a qual é, contudo, necessária para que ocorra o reavivamento do cultivo. Seus custos são mais elevados, mas a velocidade até a condição de produtividade, o armazenamento de carbono e os serviços ecossistêmicos também é maior. As duas estratégias não precisam ser mutuamente exclusivas; sua combinação pode ajudar na relação custo-benefício.

No distrito de Gulu, em Uganda, os aldeões aprendem a técnica da permajardinagem, que integra práticas de preservação da água, fertilidade do solo, conhecimento de plantio de plantas companheiras e formação de canteiros enriquecidos.

Atualmente, existem poucos incentivos financeiros para induzir a restauração das terras agrícolas. Os custos não são desprezíveis e, como as mudanças são lentas, o retorno do investimento é demorado. Para que essa solução crie raízes, esquemas formais de financiamento para a regeneração serão um estímulo necessário à ação, ajudando os proprietários de terras a fazer mudanças sem (às vezes literalmente) ter que penhorar a fazenda. As terras agrícolas abandonadas do mundo oferecem uma oportunidade para melhorar a segurança alimentar, os meios de subsistência dos agricultores, a saúde do ecossistema e a redução de carbono, tudo ao mesmo tempo. O professor Lal estima que os solos agricultáveis poderiam reabsorver entre 88-110 bilhões de toneladas de carbono, aprimorando as lavouras, a fertilidade, a biodiversidade e o ciclo hidrológico.

O padrão para todas as terras é a regeneração. Esse pode ser um processo lento, mas, nas mãos de profissionais qualificados, os benefícios econômicos, sociais e ecológicos da restauração das terras agrícolas podem ser bastante acelerados. No momento, muitas das terras que já foram agricultáveis são áreas que alguém, por algum motivo, abandonou – figurativamente "jogou fora". O mundo, e muitas gerações de futuros agricultores, colheriam grandes recompensas com a restauração e reativação desses recursos terrestres negligenciados.

Impacto: *Atualmente, há 405 milhões de hectares de terras agrícolas abandonados por causa da degradação. Estimamos que, em 2050, 172 milhões de hectares poderiam ser restaurados e convertidos à agricultura regenerativa, em outros sistemas agrícolas produtivos e favoráveis à absorção do carbono, resultando em um impacto combinado de emissões de 14,1 gigatoneladas de dióxido de carbono. Essa solução poderia resultar em um retorno financeiro de 1,3 trilhão de dólares ao longo de três décadas sobre um investimento de 72 bilhões de dólares, com uma produção estimada de mais 9,5 bilhões de toneladas de alimentos.*

ALIMENTOS

REDUÇÃO DO DESPERDÍCIO DE ALIMENTOS

Em nosso planeta, um dos grandes milagres da vida é a criação de alimentos. A alquimia que os seres humanos fazem com as sementes, o sol, o solo e a água produz figos e favas, cebolas e quiabos. Essa mágica pode incluir a criação de animais para a obtenção de carne e outros produtos e a transformação de ingredientes brutos em *chutney*, bolos ou *capellini*. A subsistência de mais de um terço da força de trabalho mundial provém da produção de alimentos, e todos nós somos sustentados ao consumi-los.

No entanto, um terço do alimento produzido ou preparado sai da fazenda, mas não chega à mesa de jantar. Esse percentual é surpreendente, especialmente em conjunto com este outro número: a fome é uma condição de vida para quase 800 milhões de pessoas em todo o mundo. E mais este: anualmente, os alimentos que desperdiçamos contribuem com a emissão de 4,4 gigatoneladas de equivalente de dióxido de carbono para a atmosfera – aproximadamente 8% das emissões antropogênicas totais de gases de efeito estufa. Se a comida desperdiçada fosse classificada junto aos países, ela seria globalmente o terceiro maior emissor de gases de efeito estufa, logo atrás dos EUA e da China. Ocorre o desajuste de uma equação fundamental: a comida não chega a pessoas que precisam dela, e os alimentos que não estão sendo consumidos estão aquecendo o planeta.

A perda de alimentos para o lixo é um problema em todos os países, tanto de alta como de baixa renda, embora por causas diferentes. Em locais de baixa renda e infraestrutura inadequada, geralmente a perda de alimentos não é intencional e tem natureza estrutural: estradas ruins, falta de refrigeração ou de instalações para armazenamento, equipamentos ou embalagens inadequadas, e uma combinação desafiadora de calor e umidade. O desperdício ocorre mais cedo na cadeia de suprimentos, apodrecendo em fazendas ou estragando durante o armazenamento ou a distribuição.

Em regiões de maior renda, as perdas não intencionais tendem a ser mínimas; predomina um deliberado desperdício de alimentos um pouco mais acima da cadeia de suprimento. Os varejistas rejeitam alimentos com base em amassados, machucaduras, coloração – objeções estéticas de todos os tipos. Outras vezes, simplesmente pedem ou servem alimentos em excesso, para não correr o risco de escassez ou de não satisfazer seus clientes. Da mesma forma, os consumidores desprezam batatas e outros alimentos imperfeitos na seção de hortifrutigranjeiros, superestimam quantas refeições irão cozinhar na semana, jogam fora o leite que azedou, ou esquecem as sobras da lasanha no fundo da geladeira. Em muitos lugares, eficiência na cozinha é hoje uma arte perdida.

As leis básicas de oferta e procura também têm seu papel. Se não for lucrativo colher uma determinada safra, ela será deixada no campo. E se um produto estiver caro demais, ficará ocioso no depósito. Como sempre, a economia importa. Qualquer que seja o motivo, o resultado é praticamente o mesmo. A produção de alimentos não consumidos desperdiça toda uma gama de recursos – sementes, água, energia, terra, fertilizantes, horas de trabalho, capital financeiro – e gera gases de efeito estufa em todas as fases – incluindo o metano, quando a matéria orgânica é despejada na lata de lixo global.

À nossa volta, os "lixões" de comida são numerosos e variados, mas muitas vezes invisíveis. As intervenções capazes de solucionar os principais pontos de desperdício na cadeia alimentar também são numerosas e variadas. Os Objetivos de Desenvolvimento Sustentável das Nações Unidas abordam essa cadeia de alimentos "órfãos", clamando por uma redução pela metade do desperdício *per capita* global de alimentos nos níveis do varejo e do consumidor até 2030, além da redução do desperdício de alimentos ao longo das cadeias de produção e suprimento, inclusive aquelas que ocorrem pós-colheita. A raiz desse problema tem muitas ramificações.

Nos países de baixa renda, é essencial aprimorar a infraestrutura de armazenamento, processamento e transporte. Algu-

70,53 gigatoneladas de redução de CO_2

Dados globais de custo e poupança demasiadamente variáveis para que possam ser determinados

mas das soluções possíveis são bastante simples, por exemplo, melhores sacos de armazenamento, silos ou engradados. O fortalecimento da comunicação e da coordenação entre produtores e compradores também é primordial para evitar que o alimento "caia pelas rachaduras". Diante do enorme número de pequenos agricultores do mundo, as organizações de produtores podem ajudar no planejamento, na logística e no fechamento das lacunas de capacidade.

Nas regiões mais ricas, há necessidade de intervenções de peso nos níveis de varejo e de consumo. O mais importante é prevenir o desperdício de alimentos antes que ele ocorra, para que ocorra maior redução das emissões a montante. Em seguida, deve-se realocar os alimentos rejeitados para consumo humano ou para outro tipo de reutilização. A padronização dos dados nos rótulos dos alimentos é um passo essencial. Atualmente, informações do tipo "comercializar até...", "melhor consumir antes de..." e similares são designações que, em grande parte, carecem de regulamentação e indicam o período em que os alimentos devem ter o melhor sabor. Embora seu foco não seja a segurança, esses indicadores confundem os consumidores com relação à data de vencimento. A educação do consumidor é outra ferramenta poderosa, aí incluídas campanhas celebrando produtos "feios" e esforços como a iniciativa Feeding the 5.000, grandes festas públicas realizadas inteiramente com comida quase desperdiçada.

As metas e políticas nacionais podem encorajar amplas mudanças. Em 2015, os EUA estabeleceram uma meta para o desperdício alimentar, alinhada aos Objetivos de Desenvolvimento Sustentável. No mesmo ano, a França aprovou uma lei que proibia os supermercados de descartar alimentos não comercializados, exigindo sua doação para instituições de caridade, empresas de compostagem ou fabricantes de ração. A Itália seguiu o exemplo. Empresários vêm tirando proveito dos alimentos desperdiçados – desde a transformação de frutas e vegetais de produção familiar em suco, passando pelo cultivo de cogumelos a partir de café em pó usado, até a transformação de resíduos da fabricação de cerveja em ração animal. É claro que, do ponto de vista das emissões, os esforços mais efetivos são os que evitam o desperdício, e não a tentativa de pôr a bom uso alimentos desperdiçados.

Dada a complexidade da cadeia de abastecimento percorrida pelos alimentos, a redução do desperdício depende do envolvimento de diversos atores: empresas alimentares, grupos ambientais, organizações de combate à fome e formuladores de políticas públicas. Também são críticos os 7,4 bilhões de consumidores do mundo – especialmente aqueles que vivem nos países onde o desperdício de alimentos é maior: EUA e Canadá, Austrália e Nova Zelândia, a Ásia industrializada e a Europa. Seja na fazenda, na mesa de jantar, ou em algum ponto intermediário, os esforços para reduzir o desperdício de alimentos podem melhorar as emissões e aliviar a pressão que incide sobre recursos de todos os tipos, permitindo, ao mesmo tempo, que a sociedade atenda de forma mais eficaz às futuras demandas de alimentos.

Impacto: *Depois de levar em conta a adoção de dietas ricas em vegetais, se houvesse uma redução de 50% no desperdício de alimentos até 2050, as emissões evitadas poderiam equivaler a 26,2 gigatoneladas de dióxido de carbono. A redução do desperdício também evita o desmatamento para obtenção de mais terras agricultáveis, evitando outras 44,4 gigatoneladas de emissões. Lançamos mão de previsões de estimativas de perdas regionais desde a produção até o consumidor final. Esses dados mostram que, em economias de alta renda, até 35% dos alimentos são descartados pelos consumidores. Nas economias de baixa renda, porém, é relativamente pequeno o desperdício no nível doméstico.*

À esquerda: Este é o setor de inspeção de uma unidade de processamento de vegetais em Burscough, Lancashire, Inglaterra. Se você se pergunta por que nunca viu uma cenoura torta no supermercado ou hortifrúti perto da sua casa, esse é o motivo. Os vegetais são rigorosamente classificados de acordo com "padrões de qualidade" estabelecidos pela cadeia alimentar, e este é o resultado. Alguns são descartados para abastecimento de suinoculturas, outros, como pode ser observado na figura, já estão estragando na água.

À direita: *Feeding the 5.000* é um programa desenvolvido por Tristram Stuart para destacar a extensão do desperdício de alimentos. Trata-se de um evento público em que 5 mil pessoas recebem um almoço gratuito feito à base de ingredientes que, de outra forma, seriam descartados. O evento já foi realizado em Londres, Paris, Dublin, Sydney, Amsterdã, Washington D.C. e Bruxelas.

ALIMENTOS
FOGÕES LIMPOS

Mulher prepara comida em um fogão aperfeiçoado em sua casa, no estado indiano de Gujarat. O fogão é feito de metal leve com uma câmara de combustão de liga metálica. Esta tecnologia maximiza o tempo de vida do fogão, o controle de qualidade, a segurança e a transferência de calor, ao mesmo tempo minimizando as emissões.

A preparação de alimentos está no núcleo da família, da cultura e da comunidade. Os especialistas debatem há quanto tempo os humanos cozinham com fogo, mas é provável que isso ocorra já há centenas de milhares de anos. Cozinhar com calor traz uma série de benefícios: a comida se torna mais segura, mais itens se tornam comestíveis e o sabor fica mais acentuado. Hoje em dia, reverenciamos *chefs* como René Redzepi, Alice Waters, Alain Ducasse e Madhur Jaffrey por aperfeiçoarem as artes culinárias e alçá-las a novos patamares, mas 3 bilhões de pessoas ao redor do mundo continuam a cozinhar pãezinhos, tortilhas e guisados, debruçadas sobre fogueiras abertas ou no mais rudimentar dos fogões. O crescimento da população humana provocou um aumento no impacto desses fogões, com repercussões atmosféricas.

Os combustíveis usados para cozinhar por 40% da humanidade são a madeira, o carvão vegetal, o esterco animal, resíduos vegetais e o carvão mineral. Quando esses sólidos queimam, frequentemente dentro de moradias ou em áreas com ventilação precária, liberam nuvens de fumaça e fuligem responsáveis por 4,3 milhões de mortes prematuras todos os anos. As pessoas com maior probabilidade de estar ao redor do fogo são mulheres e também os seus filhos, inalando partículas tóxicas e, como resultado, padecendo de problemas pulmonares, cardíacos e oculares. Globalmente, a poluição atmosférica doméstica é a principal causa ambiental de morte e incapacitação, antes mesmo que a água insalubre e a falta de saneamento, sendo ainda responsável por um número de mortes prematuras maior do que o número combinado de óbitos provocados pelo HIV/Aids, a malária e a tuberculose.

O dano causado pelo cozimento de alimentos com esses combustíveis sólidos vai além das casas e das famílias, atingindo o clima da Terra. As práticas culinárias tradicionais compreendem 2-5% das emissões anuais de gases de efeito estufa em todo o mundo. Tais emissões têm duas origens. Primeiro, a coleta não sustentável do combustível, que leva ao desmatamento e à degradação florestal, liberando dióxido de carbono. Em segundo lugar, a queima de combustíveis durante o processo de cozimento emite dióxido de carbono, metano e outros poluentes provenientes da combustão incompleta, inclusive monóxido de carbono e carbono negro. Estes últimos são conhecidos como poluentes climáticos de curta duração – materiais que causam aquecimento, mas não permanecem por muito tempo na atmosfera.

O negro de fumo, ou carbono negro, é particularmente prejudicial ao clima e à saúde. Essa matéria particulada tem grande capacidade de absorção da luz, absorvendo 1 milhão de vezes mais energia do que uma quantidade igual de dióxido de carbono. Assim, embora a permanência do carbono negro na atmosfera não ultrapasse 8-10 dias, *versus* décadas a séculos para o dióxido de carbono, o carbono negro pode causar considerável impacto durante esse período. Alguns pesquisadores apontam o carbono negro como o segundo maior promotor de mudança climática, perdendo somente para o dióxido de carbono. Ao mesmo tempo, sua potência, prevalência e curta duração significam que a redução das emissões de carbono negro pode ter um impacto quase imediato no aquecimento. Tendo em vista que a queima dos combustíveis domésticos produz cerca de um quarto das emissões de carbono negro, além de outros gases de efeito estufa, fogões limpos são uma medida essencial para reduzi-las.

Existe uma ampla variedade de tecnologias para fogões "melhorados", com uma também ampla gama de impactos nas emissões. Os fogões eficientes básicos oferecem uma pequena melhoria por meio da redução do consumo de biomassa. Os fogões intermediários de chaminé do tipo "poupa lenha" oferecem uma economia de combustível significativa, mas, na melhor das hipóteses, têm baixo impacto sobre o carbono negro – alguns o produzem em quantidades ainda maiores. Os fogões de biomassa avançados que utilizam tecnologia de gaseificação são os mais promissores. Ao forçar os gases e a fumaça derivados da combustão incompleta de volta à chama do fogão, alguns desses dispositivos reduzem as emissões em incríveis 95%, mas esses fogões são mais caros e podem exigir combustíveis peletizados ou na forma de briquetes, mais avançados. Por causa disso, apenas 1,5 milhão de lares usam fogões gaseificadores atualmente, sobretudo na China e na Índia. Os fogões solares são uma opção extremamente limpa, mas, por dependerem da luz solar e não se prestarem ao cozimento de todos os alimentos, esses dispositivos se limitam a um papel coadjuvante. Em face dessa diversidade de tecnologias e impactos, organizações como a fundação Gold Standard desempenham papel vital. Essas organizações verificam quais tipos de fogões reduzem significativamente as emissões de gases de efeito estufa e quais deles deteriam as mudanças climáticas se fossem distribuídos em grande escala.

Classificação e resultados até 2050 **21° lugar**

15,81 gigatoneladas de redução de CO_2 | US$ 72,2 bilhões de custo líquido | US$ 166,3 bilhões de poupança líquida

Na liderança dos esforços para a fabricação de fogões limpos está a Aliança Global para Fogões Limpos (GACC), um fenômeno mundial instituído pela Fundação das Nações Unidas em 2010. A GACC tem como objetivo criar um mercado mundial florescente para tecnologias culinárias domésticas que sejam efetivas, eficientes e saudáveis para os seres humanos e para o planeta. A GACC e suas organizações parceiras assumiram a meta de promover a adoção de 100 milhões desses fogões até 2020, alcançando o uso universal por volta de 2030. A GACC informa que está com o cronograma adiantado: em 2015, cerca de 28 milhões de famílias em todo o mundo já cozinhavam em fogões limpos (embora não necessariamente aqueles com maior impacto nos gases de efeito estufa). Esse esforço global repousa em décadas de trabalho, iniciado com seriedade na Índia durante a década de 1950 e implementado em grande escala por meio de programas nacionais nos anos de 1970 e 1980. Atualmente, as maiores carências se localizam na Ásia e na África subsaariana.

O tamanho e a amplitude da oportunidade são impressionantes, assim como a confluência dos impactos positivos que podem dela resultar. Em muitos lugares, mulheres e meninas têm a obrigação de coletar o combustível e preparar as refeições, de modo que melhores fogões poderão ajudar a corrigir desigualdades de gênero, minimizar os riscos de segurança durante a coleta de madeira e liberar tempo para a educação ou para a geração de renda. Olhos, corações e pulmões mais saudáveis diminuem as doenças e mortes; aumenta o bem-estar. Uma queima de combustíveis mais eficiente reduz a pressão sobre as florestas e restringe a poluição do ar e as emissões de gases de efeito estufa. A soma desses impactos significa que fogões limpos podem ajudar a erradicar a pobreza e melhorar os meios de subsistência. Como afirma a GACC, "a comunidade global não pode concretizar seus objetivos de erradicação da pobreza nem enfrentar as mudanças climáticas sem abordar a forma como milhões de pessoas cozinham".

Um conjunto diversificado de atores vem respondendo a essa oportunidade multidimensional, desde organizações não governamentais (ONGs) internacionais, doadores e financiadores de carbono, até agências governamentais, pesquisadores e empreendedores sociais. Mas já ficou demonstrada a complexidade dessa tarefa, frequentemente com resultados ambíguos. No passado, muitos fogões foram projetados e testados em laboratório, mas não se saíram bem na vida real. Necessidades e carências sutis eram compreendidas grosseiramente – mesmo aquelas tão básicas quanto cozinhar simultaneamente com mais de uma panela. As matérias-primas locais não estavam à altura da fabricação. A durabilidade dos fogões era baixa, e problemas relativos a manutenção não foram previstos. Preocupados com o abastecimento, em muitos casos os fabricantes negligenciavam a demanda. Além disso, muitos fogões "aperfeiçoados" pouco faziam para reduzir as emissões ou a exposição ao fumo e à fuligem. Fica evidente a necessidade de acelerar uma próxima geração de fogões bem construídos, culturalmente sintonizados e pouco poluentes.

Embora os fogões possam parecer dispositivos simples, levá-los do conceito à realidade é uma arte equivalente à própria preparação dos alimentos. A dinâmica familiar, desde as finanças até a educação e os papéis de gênero, afeta as decisões relativas aos fogões, que devem atender a uma série de necessidades. Tais necessidades incluem a preparação de pratos tradicionais em panelas tradicionais e a obtenção do sabor desejado; a operação com os combustíveis disponíveis em cada local; a economia no custo do combustível ou no tempo gasto em sua obtenção; fazer do ato de cozinhar uma tarefa fácil, eficiente e segura; e, certamente, a viabilidade econômica. Tal como acontece com qualquer tecnologia, é fundamental que os primeiros consumidores a adotar tais fogões fiquem satisfeitos, sendo difícil reconquistar "pioneiros" infelizes. É por isso que os esforços de *design* mais bem-sucedidos não são apenas criados *para*, mas *com*, o usuário final, em um processo de cocriação da tecnologia ideal. Quando se trata de fogões, o contexto realmente é importante. Assim, é de fundamental importância que o desempenho técnico e também sociocultural dos fogões seja testado em campo. Sintonizados localmente, os projetos centrados no ser humano têm maior chance de "ganhar corações e mentes" e de mudar os hábitos prevalentes – e, mais importante ainda, ampliar sua participação no tempo de cocção.

O cozimento limpo dos alimentos pode levar a mudanças rápidas do clima. Alguns pesquisadores situam a oportunidade de redução anual de emissões na faixa de 1 gigatonelada de dióxido de carbono, ou seu equivalente. A aceleração do desenvolvimento e a adoção de tecnologias culinárias acessíveis, adequadas e duráveis são medidas essenciais para a concretização de metas viáveis. A GACC e os especialistas líderes no campo estão trabalhando para desenvolver padrões internacionais que garantam que os fogões atinjam um desempenho de referência, divulgar políticas governamentais e iniciativas filantrópicas e auxiliar os consumidores a fazer escolhas mais informadas. Mesmo a melhor das tecnologias não terá sucesso sem um financiamento e distribuição robustos – áreas que também necessitam de soluções inovadoras. Fundos para pesquisa e desenvolvimento, subsídios direcionados, meios de apoio à distribuição, esforços educacionais e empréstimos especiais vêm preenchendo essas lacunas, mas há necessidade de muitos milhões mais. Enquanto cresce o financiamento, as intervenções podem ser direcionadas para áreas prioritárias, como os países onde o consumo de lenha por habitante é mais elevado, a fim de causar maior impacto nesse ínterim. A constelação mundial de esforços para a fabricação de fogões limpos será o fator mais importante para o futuro do cozimento dos alimentos.

Impacto: *Em 2014, fogões limpos compreendiam apenas 1,3% do mercado potencial. Se a adoção crescer para 16% até 2050, as reduções nas emissões chegarão a 15,8 gigatoneladas de dióxido de carbono. Não foram considerados nessa estimativa os benefícios extras para a saúde de milhões de famílias.*

ALIMENTOS
AGROSSILVICULTURA MULTIESTRATIFICADA

Estratos são camadas horizontais. A raiz latina da palavra significa "algo estendido ou depositado", como um cobertor. Essas camadas constituem uma das características fundamentais das florestas, desde a vegetação rasteira até o sub-bosque, da floresta em canópia às florestas emergentes – as árvores mais altas que perfuram a densidade sombria de uma floresta tropical em direção à luz ofuscante do céu. Cada camada que se eleva do chão da floresta está repleta de vida e atividade. A agrossilvicultura multiestratificada segue o exemplo dessa estrutura natural, mesclando árvores mais altas a um sub-bosque composto por uma ou mais camadas de culturas. Trata-se de produzir alimentos em degraus, maximizando os espaços horizontal e vertical. Se as florestas naturais cultivam alimentos para as espécies que nela vivem, a agrossilvicultura multiestratificada pretende cultivar alimentos também para os seres humanos. A combinação de plantas varia de acordo com a região e a cultura, mas o espectro inclui macadâmia e coco, pimenta-preta e cardamomo, abacaxi e banana, café e cacau, e também materiais úteis, como borracha e madeira.

Por mimetizar a estrutura das florestas, a agrossilvicultura multiestratificada pode oferecer benefícios ambientais semelhantes. Os sistemas multiestratificados podem prevenir a erosão e as inundações, recarregar os aquíferos, restaurar terras e solos degradados, conservar a biodiversidade proporcionando *habitat* e corredores entre ecossistemas fragmentados e absorver e armazenar quantidades significativas de carbono. Graças às muitas camadas de vegetação que sustentam o sequestro, tanto no solo como na biomassa, um hectare de agrossilvicultura multiestratificada pode alcançar taxas de sequestro de carbono comparáveis às dos reflorestamentos e das restaurações florestais – 6,9 toneladas por hectare por ano, em média – com o benefício extra de produzir alimentos. Em alguns casos, as taxas de sequestro das parcelas agroflorestais multiestratificadas podem ser superiores às de florestas naturais próximas.

Atualmente, existem quase 100 milhões de hectares de agrossilvicultura multiestratificada em todo o mundo, principalmente na região dos trópicos. Esse número se manteve estável nas últimas décadas. A prática inclui o cultivo sombreado de dois dos produtos mais amados do mundo: café e cacau (para chocolate). Cacaueiros crescem à sombra em cerca de 8 milhões de hectares. O café cultivado à sombra ocupa quase 6 milhões de hectares. Houve um tempo em que todo o café era cultivado sob o dossel florestal – condições em que a varietal arábica clássica prospera. Mas, em um esforço para aumentar os rendimentos, muitos agricultores escolheram operações a sol aberto, plantando a variedade robusta, menos saborosa. Há ganhos de rendimento de curto prazo, mas eles têm um custo: as fazendas de café a sol aberto são monoculturas que rapidamente esgotam seus recursos de solo. Os cafeeiros cultivados em áreas multiestratificadas vivem 2-3 vezes mais do que os cafeeiros de sol pleno, e as fazendas de plantio à sombra podem ser mantidas por centenas de anos. Elas têm melhor controle natural de pragas, fertilização e absorção de água, o que representa economia de dinheiro para os agricultores. Dependendo de menos insumos químicos, ou mesmo prescindindo totalmente de tais produtos, esses empreendimentos também são lugares mais seguros para os trabalhadores, por causa da menor exposição a materiais tóxicos. O café cultivado à sombra é um produto de alta qualidade, o que lhe dá o potencial de obter preços mais elevados. Isso também vale para o chocolate oriundo do cacau plantado à sombra.

Hortas familiares são outra abordagem importante para a agrossilvicultura multiestratificada. Datadas de 13000 a.C., são pequenas parcelas constituídas por camadas densas e diversificadas de árvores e culturas, plantadas nos locais onde as pessoas vivem. Os dois poemas épicos mais antigos em sânscrito, *Ramayana* e *Mahabharata*, contêm ilustrações de um precursor da horta familiar chamado Ashok Vatika. Há milênios essas iniciativas são parte importante da "paisagem humana" em Java, na Indonésia, e Kerala, na Índia. Atualmente, só a Indonésia abriga mais de 4,8 milhões de hectares de hortas familiares. Por ficarem próximo à cozinha, as hortas familiares têm como finalidade principal alimentar as famílias; além disso, podem produzir plantas medicinais e produtos para venda no mercado. Por gerarem segurança alimentar, nutrição e renda, além de benefícios ecológicos, as hortas familiares foram apelidadas de "o epítomo da sustentabilidade" pelo especialista em agrossilvicultura P. K. Nair. Embora suas origens se situem em áreas rurais tropicais orientadas para a subsistência, hoje elas brotam como um fenômeno urbano, e as hortas familiares em climas temperados vêm fixando raízes.

Seja a cultura em crescimento café, cacau, frutas, vegetais, ervas, combustível ou plantas medicinais, os benefícios da agrossilvicultura multiestratificada são evidentes. Essa prática é adequada a encostas íngremes e terras agrícolas degradadas, locais onde outros tipos de cultivo seriam difíceis. Nos locais onde fornecem lenha, os sistemas multiestratificados podem aliviar as pressões sobre as florestas naturais. Um estudo sugere que cada hectare de agrossilvicultura pode evitar o desmatamento de cerca de 2-8 hectares de floresta. Além de proporcionar estabilidade econômica em longo prazo para os agricultores, graças em grande parte ao crescimento concomitante de diversas culturas, essas abordagens podem ajudar os agricultores a se adaptarem aos impactos das mudanças climáticas, incluindo as secas e os eventos climáticos extremos.

Apesar dessas vantagens evidentes, a agrossilvicultura multiestratificada é frequentemente agrupada em categorias agrícolas mais gerais, privando-a da atenção que ela merece. Além de questões de conscientização e compreensão, a agrossilvicultura multiestratificada tem pela frente outros desafios. Os custos para estabelecer um sistema tão complexo são altos e sem retorno imediato. Embora o sistema seja bastante lucrativo uma vez estabelecido, os investimentos necessários para sua implantação podem estar fora do alcance de agricultores com poucos recur-

Classificação e resultados até 2050		28º lugar
9,28 gigatoneladas de redução de CO_2	US$ 26,8 bilhões de custo líquido	US$ 709,8 bilhões de poupança líquida

sos. Essa mesma complexidade dificulta, ou impossibilita, a mecanização. Cuidados e cultivos manuais significam custos mais elevados de mão de obra. E embora o sistema goze de resiliência e longevidade superiores, os rendimentos podem ser menores do que os auferidos com as abordagens convencionais, já que as culturas competem por água, luz e nutrientes.

A agrossilvicultura multiestratificada requer um clima úmido e não pode ser implementada em qualquer lugar, mas, nos locais onde pode, promete causar um impacto considerável. Além de suas altas taxas de sequestro de carbono, esses sistemas de cultivo estão entre os mais eficientes no mundo em termos energéticos. De acordo com um estudo sobre a agrossilvicultura multiestratificada tradicional no Pacífico, apenas 0,02 caloria de energia produz 1 caloria de alimento. Esse tipo de eficiência calórica, juntamente com a maximização da produção em pequenas glebas, torna a agrossilvicultura multiestratificada o sistema ideal para pequenos proprietários que vivem em áreas densamente povoadas. Incentivos de mercado e o pagamento por serviços ecossistêmicos poderiam ajudar os agricultores a superar barreiras financeiras. Poderiam também possibilitar a concretização dos múltiplos benefícios dos sistemas multiestratificados, tanto para as pessoas como para o clima.

Impacto: *A agrossilvicultura multiestratificada pode ser integrada em alguns sistemas agrícolas existentes; outros sistemas podem ser restaurados ou convertidos para essa modalidade. Se ela for adotada em mais 18,6 milhões de hectares até 2050, além dos atuais 100 milhões de hectares, poderiam ser sequestradas 9,3 gigatoneladas de dióxido de carbono. A taxa média de sequestro de 6,9 toneladas de carbono por hectare por ano é robusta, como também é o retorno financeiro: 710 bilhões de dólares de lucro líquido até 2050, sobre um investimento de 27 bilhões de dólares.*

A fotografia mostra uma parte da Fazenda da Toca, com 2.300 hectares, administrada por Pedro Diniz em Itirapina, no estado de São Paulo. Utilizando práticas agrícolas regenerativas e agrossilvicultura, a família Diniz fundou o Instituto Toca, que oferece educação e treinamento em agroecologia. O programa é baseado nos ensinamentos de Ernst Gotsch, um dos principais especialistas mundiais em agrossilvicultura. Por meio da criação de um sistema agrícola que mimetiza as florestas, o programa conseguiu regenerar terra arenosa em solo altamente agricultável, fertilizar a fazenda sem a necessidade de compostagem ou de esterco e aumentar consideravelmente a retenção de água.

ALIMENTOS
CULTURA DE ARROZ MELHORADA

O poeta vietnamita Phan Van Tri escreveu sobre os grãos de arroz: "Deixam os campos de arroz e viajam para bem longe... quem não conta com eles para o sustento?... Desde sempre, seus antepassados salvaram nossa gente – e durante séculos, seu cultivo vem alimentando nosso povo". Com efeito, o arroz faz parte da vida humana há milhares de anos. Esse grão, domesticado provavelmente na China, hoje é quase universal – branco, marrom e pegajoso; como macarrão, bolo e vinagre; pilaf, *paella* e mingaus. O arroz é responsável por um quinto das calorias consumidas em todo o mundo, mais do que o trigo ou o milho, e é o alimento básico e essencial na dieta diária de 3 bilhões de pessoas, muitas delas pobres e desprovidas de segurança alimentar.

Atualmente, o cultivo de arroz é responsável por pelo menos 10% das emissões agrícolas de gases de efeito estufa e por 9-19% das emissões globais de metano. Os arrozais inundados são ambientes perfeitos para o florescimento de micróbios produtores de metano que se alimentam de matéria orgânica em decomposição, um processo conhecido como metanogênese. As temperaturas ambientes mais elevadas típicas dos locais onde o arroz é cultivado aumentam as emissões, sugerindo que as liberações de metano oriundas dos arrozais aumentarão ainda mais conforme o planeta fica mais quente. O metano não persiste na atmosfera durante tanto tempo como o dióxido de carbono, mas, ao longo de um século, seu potencial de aquecimento global é até 34 vezes maior. Assim, o mundo enfrenta um desafio multifacetado: encontrar e adotar formas de produzir arroz eficientes, confiáveis e sustentáveis, atendendo à demanda crescente por esse alimento básico sem provocar aquecimento.

Foi "descoberto quase por acidente". Foi assim que o sacerdote e agrônomo jesuíta francês Henri de Laulanié descreveu as origens do Sistema de Intensificação do Arroz (SIA), uma abordagem essencial para a melhoria da produção desse alimento, desenvolvida por ele e por pequenos agricultores em Madagascar na década de 1980. Sob condições de tempo atípicas, um grupo de estudantes de agricultura transplantou mudas de arroz muito mais cedo do que o habitual. Foi um primeiro passo imprevisto em direção a um sistema holístico que diminui os insumos necessários à produção de arroz – sementes, água e fertilizantes –, ao mesmo tempo que aumenta enormemente a produção.

Três décadas depois, o *New York Times* descreveu o SIA como um sistema capaz de enfatizar "a qualidade individual das plantas, em detrimento da quantidade", com a aplicação de "uma ética do menos-é-mais ao arroz". Graças, em grande parte, aos esforços evangelizadores de Norman Uphoff, da Universidade de Cornell, hoje essa ética é praticada por 4-5 milhões de agricultores em todo o mundo, especialmente na Ásia. Um deles é Sumant Kumar, fazendeiro da aldeia de Darveshpura, no nordeste da Índia, que obteve um rendimento de 24,7 toneladas de arroz em sua gleba de 1 hectare em 2012 – um recorde mundial que eclipsou as 4,5-5,5 toneladas típicas de uma parcela de terra com essa extensão.

O SIA não é a única abordagem para a produção sustentável de arroz, mas parece ser a mais promissora. Kumar e seus amigos adotaram um conjunto simples de práticas interligadas de um modo atrativo:

1. *Plantio.* Em vez de enterrar mudas de três semanas às mãos cheias – umas próximas às outras –, o SIA propõe o transplante de mudas isoladas ao atingirem 8-10 dias, com o uso de uma grade quadrada que dá a cada muda um espaço mais amplo. Essa prática permite maior acesso à luz solar e maior área de dossel acima do solo, além de possibilitar maior área de espalhamento das raízes no solo.
2. *Rega.* A maioria dos campos de arroz convencionais fica continuamente inundada, o que permite a ocorrência de

Classificação e resultados até 2050 (cultura de arroz melhorada)		24º lugar
11,34 gigatoneladas de redução de CO_2	Sem necessidade de custos extras	US$ 519,1 bilhões de poupança líquida

Classificação e resultados até 2050 (sistema intensivo para o arroz)		53º lugar
3,13 gigatoneladas de redução de CO_2	Sem necessidade de custos extras	US$ 677,8 bilhões de poupança líquida

metanogênese, mas o SIA especifica uma irrigação mais intencional e intermitente. A drenagem temporária no meio de uma estação de crescimento ou a alternância entre condições úmidas e secas é mais favorável aos micróbios do solo e aos sistemas radiculares que gostam de respirar, ao mesmo tempo que perturba as condições de inundação que favorecem os micróbios produtores de metano. Pesquisas revelaram que apenas a drenagem na metade da temporada reduz as emissões de metano em 35-70%.

3. *Cuidados*. Ervas daninhas podem ser um problema em culturas sem inundação, que o SIA resolve por meio do uso de uma enxada rotativa manual, que também areja o solo. Juntamente com essa prática, a aplicação de composto orgânico ajuda a aumentar a fertilidade do solo e o sequestro de carbono. A redução ou a abolição de fertilizantes sintéticos protege o solo e os canais de água.

A combinação desses fatores cria o ambiente ideal para que o arroz cresça, alimentado com mais luz do sol, mais ar e mais nutrientes. O resultado: plantas maiores e mais saudáveis, com sistemas radiculares mais fortes, auxiliadas por microrganismos do solo mais abundantes e prósperos. Não só são obtidos rendimentos 50-100% mais elevados do que com a produção convencional de arroz, mas o uso de sementes cai em 80-90% e o consumo de água em 25-50%. Essa redução no uso da água faz do SIA não apenas um meio de reduzir o aquecimento global, mas também uma boa solução para a adaptação a um mundo em aquecimento. As plantas do SIA também são mais resistentes à seca, inundações e tempestades – fenômenos em recrudescimento por causa das mudanças climáticas.

Embora essas práticas melhorem a produtividade da terra, do trabalho e do capital do agricultor, o volume de mão de obra exigida pode superar o do cultivo convencional de arroz, principalmente nos primeiros anos, quando o agricultor está aprendendo o SIA. Como Uphoff explica, "o sistema não é intrinsecamente intensivo em mão de obra; isso ocorre apenas no início". Com a adoção do SIA, os rendimentos agrícolas podem dobrar. Apesar de ter se disseminado por cerca de quarenta países e por milhões de glebas de pequenos agricultores, alguns cientistas questionam as alegações referentes à produção e renda, citando a insuficiência de pesquisas revisadas por pares. Esse corpo de publicações vem crescendo, mas o SIA talvez continue a se deparar com esse desafio, pelo menos no curto prazo. Os defensores do SIA sugerem que, na verdade, a natureza popular, democrática e holística do movimento pode ser a razão das críticas. Os agricultores, as pessoas que mais intimamente dialogam com a terra, são os inovadores e especialistas – não o agronegócio ou a academia. O SIA atrapalha a abordagem mecânica e intensiva em agentes químicos da produção de alimentos, da qual tantas empresas dependem para auferir seus lucros.

O SIA não é o único meio para melhorar a produção de arroz. Existem quatro técnicas gerais e cada vez mais comuns, utilizadas com maior proveito em combinação, com enfoque em água, nutrientes, variedades de plantas e sistema de cultivo. A drenagem de água no meio da estação e a rega e secagem alternadas melhoram as condições aeróbias. Uma aplicação mais equilibrada de nutrientes orgânicos e inorgânicos reduz as emissões de metano, ao mesmo tempo auxiliando na produção. Variedades de arroz, ou cultivares, menos dependentes de água podem ser usadas em ambientes mais aeróbios. As técnicas para semear o arroz sem preparar o solo também têm efeito positivo.

A vantagem – e também a desvantagem – do SIA e de outras técnicas aprimoradas de produção de arroz é que elas dependem principalmente da mudança de comportamento, alterando a maneira como os agricultores manejam suas plantas, água, solo e nutrientes. Por um lado, isso significa que essas técnicas são extremamente acessíveis aos pequenos agricultores, que não precisam comprar nada antes para pôr em prática o SIA (uma diferença significativa com relação às abordagens convencionais de intensificação agrícola). O principal desafio técnico a ser enfrentado é o controle da aplicação da água. Por outro lado, muitos dos métodos de cultivo de arroz estão em vigor há séculos, o que significa que estão inseridos nas famílias, aldeias e culturas. A mudança de costumes arraigados exige uma abordagem abrangente para que os conhecimentos e habilidades necessários sejam cultivados; para ajudar os agricultores a perceber quais são os resultados possíveis; e para implementar incentivos que tornem atrativa a perspectiva da mudança. Nos primórdios do SIA, de Laulanié e seus colaboradores fundaram uma organização educacional, Tefy Saina, que significa "aprimorar a mente" em malgaxe. Há uma mensagem nesse nome: o compartilhamento dos conhecimentos *in loco* e a interação entre os produtores locais continuam a ser indispensáveis. O aprofundamento e a disseminação desses esforços podem ajudar o cultivo de arroz de baixas emissões a criar raízes em todo o mundo. De Laulanié não deve ter pensado nisso ao criar o SIA, mas seu trabalho pode se revelar indispensável para o resolução do aquecimento global.

Impacto: *Nossa análise inclui tanto o SIA como a produção de arroz melhorada, envolvendo melhoria do solo, manejo de nutrientes, uso de água e práticas de preparo do solo. O SIA tem sido amplamente adotado por pequenos agricultores, resultando em benefícios muito mais expressivos em termos de produção se comparado à produção de arroz melhorada. Calculamos que o SIA pode experimentar uma expansão dos atuais 3,4 milhões de hectares para 53,8 milhões de hectares até 2050, sequestrando carbono e evitando emissões de metano que, em conjunto, totalizam 3,1 gigatoneladas de dióxido de carbono ou de seu equivalente ao longo de trinta anos. Com o aumento da produção, poderiam ser produzidas mais 477 milhões de toneladas de arroz, representando um lucro extra de 678 bilhões de dólares para os agricultores em 2050. Se a produção de arroz melhorada crescer de 28,3 milhões de hectares para 88,2 milhões de hectares ao longo de trinta anos, poderá ocorrer a redução de outras 11,3 gigatoneladas de dióxido de carbono. Os agricultores poderiam obter lucros de mais 519 bilhões de dólares.*

ALIMENTOS

SILVOPASTAGEM

Vacas e árvores não se juntam, diz a sabedoria popular. E por que não deveriam? No Brasil e em outros lugares, as manchetes condenam a pecuária como promotora de desmatamento em massa e de mudança climática. Mas a prática da silvopastagem desafia essa suposição de exclusividade mútua e poderia ajudar a moldar uma nova era para as áreas destinadas à criação de gado e suas forragens.

A silvopastagem, termo oriundo da junção das palavras latinas para "floresta" e "pastagem", é simplesmente a integração de árvores e pastagens ou forrageiras em um único sistema de criação de gado – de vacas e ovelhas até cervos e patos. Em vez de encarar as árvores como mato a ser removido, a silvopastagem as integra em um sistema sustentável e simbiótico. Trata-se de uma das abordagens abrangidas pelo conceito mais amplo de agrossilvicultura, que revive uma prática antiga, hoje comum em 141 milhões de hectares em todo o mundo. O sistema *dehesa* de silvopastagem, famoso pelo presunto ibérico que produz, vem sendo praticado na península Ibérica há mais de 4.500 anos. Mais recentemente, a silvopastagem fixou raízes na América Central, graças ao trabalho de pioneiros como o Center for Research in Sustainable Systems of Agriculture (Cipav), com sede em Cali, Colômbia. Em muitos lugares dos EUA e do Canadá, é possível encontrar criação animal e árvores mescladas no mesmo espaço.

Essa mistura assume diversas formas. As árvores podem estar agrupadas, uniformemente espaçadas, ou podem ser empregadas como cercas vivas. Os animais podem pastar em alamedas de capim ladeadas por plantas arbóreas. Em sua maioria, os sistemas silvopastoris são semelhantes, em termos de espaçamento, a um ecossistema de savana. Esses sistemas podem ser criados por meio da plantação de árvores em pastagens abertas, deixando que as que vingarem cresçam até a maturidade, ou aparando uma mata ou podando copas de árvores para que as plantas forrageiras possam crescer. Seja qual for o modelo escolhido, as árvores e os animais e sua forragem são apenas os aspectos mais evidentes de um sistema silvopastoril. O solo é o outro componente essencial – e a chave para o potencial das silvopastagens na abordagem das mudanças climáticas.

Especialistas em todo o mundo estão envolvidos em um debate contínuo e inflamado sobre a melhor forma de manejar as pastagens para contrabalançar as emissões de metano do gado, especialmente o bovino, e para o sequestro do carbono no solo sob os cascos dos animais. Bovinos e outros ruminantes ocupam 30-45% das terras aráveis de todo o mundo, e os rebanhos produzem cerca de um quinto das emissões de gases de efeito estufa, dependendo das particularidades de cada análise.

Até o momento, as pesquisas sugerem que a silvopastagem é bem melhor do que qualquer outra técnica de pastagem. Isso porque os sistemas silvopastoris sequestram carbono tanto na biomassa acima do solo quanto no próprio solo. Pastagens com árvores espalhadas ou em fileiras sequestram 5-10 vezes mais carbono que pastos de mesmo tamanho sem árvores. E como o rendimento da criação em uma gleba de silvopastagem é maior (como será visto a seguir), talvez seja possível restringir a necessidade de mais pastagem, ajudando, assim, a evitar o desmatamento e subsequentes emissões de carbono. Alguns estudos demonstram que os ruminantes digerem melhor a forragem silvopastoril, emitindo, no processo, menores quantidades de metano.

Mesmo sem levar em conta o carbono, os benefícios da silvopastagem são consideráveis: essas práticas se disseminaram precisamente por causa de seus evidentes benefícios financeiros para agricultores e fazendeiros. São muitas as opções para a composição de um sistema silvopastoril e elas podem funcionar em todas as escalas, desde pequenas fazendas até empreendimentos agrícolas corporativos. Do ponto de vista financeiro e de risco, a silvopastagem é útil graças à sua diversificação. Pecuária, árvores e quaisquer produtos florestais extras (como nozes, frutas, cogumelos e xarope de bordo), todos esses fatores amadurecem e geram renda em diferentes horizontes de tempo – alguns com maior regularidade e em curto prazo, outros em intervalos muito mais longos. A produção diversificada da terra confere aos agricultores mais proteção dos riscos financeiros decorrentes de eventos climáticos.

O sistema simbiótico integrado de silvopastagem se revela mais resiliente tanto para os animais quanto para as árvores. Em um típico pasto sem árvores, o gado pode sofrer de calor extremo, ventos cortantes e forragem medíocre. Mas a silvopastagem proporciona sombras distribuídas e proteção contra o vento, bem como alimento rico. Com melhor nutrição e abrigo dos elementos, melhora a saúde dos animais, assim como a produção de leite, carne e de crias. Os resultados da produção variam de acordo com o sistema exato de silvopastagem utilizado, mas normalmente superam em 5-10% os ganhos em uma pastagem comparável composta somente de capim. Ao mesmo tempo, o gado funciona como um controle de ervas daninhas, reduzindo a competição das árvores por umidade, luz solar e nutrientes. Seu estrume também fornece fertilizantes naturais.

A silvopastagem pode reduzir os custos dos agricultores ao diminuir a necessidade de alimentos, fertilizantes e herbicidas. Como a integração das árvores às pastagens aumenta a fertilidade e a umidade do solo, ao longo do tempo os agricultores ficam com terras mais saudáveis e produtivas.

Embora as vantagens da silvopastagem sejam evidentes, seu crescimento tem sido limitado por fatores práticos e culturais. A implementação desses sistemas é mais dispendiosa, exigindo maiores custos iniciais, além dos necessários conhecimentos técnicos. Na Colômbia, por exemplo, os agricultores investem de 988-1.976 dólares por hectare, uma despesa elevada em curto prazo. Há menos incentivos para plantar árvores e protegê-las enquanto crescem onde as pastagens são abundantes, o fogo representa um risco ou a propriedade da terra não está bem definida. Além desses desafios, há a crença persistente de que árvores e pastagens não são compatíveis – que as árvores inibem o crescimento das plantas forrageiras, em vez de enriquecê-las. Em muitos lugares, a norma é a existência de parcelas limpas e a

Classificação e resultados até 2050 9º lugar

31,19 gigatoneladas de redução de CO_2	US$ 41,6 bilhões de custo líquido	US$ 699,4 bilhões de poupança líquida

monocultura de capim, e os agricultores podem zombar uns dos outros pela adoção de uma abordagem alternativa. A silvopastagem exige que a ecologia da terra seja repensada.

Esses impedimentos sociais tornam o engajamento entre pares e a experiência direta dos benefícios da silvopastagem fatores fundamentais para sua aceleração. Frequentemente, colegas agricultores recebem mais confiança do que especialistas técnicos ou cientistas, enquanto um teste bem-sucedido em uma gleba de terra – talvez nas próprias terras do fazendeiro – é a situação mais convincente de todas. Para enfrentar os obstáculos econômicos, organizações internacionais como o Banco Mundial e ONGs como a Nature Conservancy têm oferecido empréstimos para possibilitar a instalação de silvopastagens – empréstimos que um banco típico não ofereceria. Pagamentos pelos serviços ecossistêmicos propiciados pela silvopastagem, como o apoio à biodiversidade, também podem convencer os fazendeiros dos benefícios econômicos. Conforme os impactos do aquecimento global crescerem, provavelmente o apelo da silvopastagem também crescerá, pois essa tecnologia pode ajudar criadores e seus animais a se adaptarem ao clima errático e ao aumento das secas. As árvores criam microclimas mais frescos e ambientes mais protetores, e podem moderar a disponibilidade de água. Aí reside a grande vantagem climática da silvopastagem: enquanto evita novas emissões de gases de efeito estufa por um dos setores mais poluentes do mundo, também protege contra mudanças que agora são inevitáveis.

Impacto: *Estimamos que atualmente a silvopastagem seja praticada em 142 milhões de hectares de terra no mundo todo. Se até 2050 a adoção dessa tecnologia se expandir para 224 milhões de hectares (de um total de 1,1 bilhão de hectares teoricamente adequados para a silvopastagem), as emissões de dióxido de carbono poderão ser reduzidas em 31,2 gigatoneladas. Essa redução é resultado da alta taxa anual de sequestro de carbono, de 4,81 toneladas de carbono por hectare por ano em solo e biomassa. Os agricultores poderiam obter ganhos financeiros, oriundos da diversificação de suas receitas, de 699 bilhões de dólares, para um custo líquido total de 42 bilhões de dólares para a implementação.*

Por que se importar?
MICHAEL POLLAN

Pode-se dizer com segurança que nenhuma pessoa teve maior influência sobre a forma como escolhemos, apreciamos, preparamos e criamos nossa comida do que Michael Pollan. Estudioso, paisagista, autor e jornalista, Pollan escreveu livros que constituem uma constelação de ideias sensatas, porém altamente originais, sobre nosso relacionamento com a alimentação e a agricultura, e como esse relacionamento sofreu uma enorme distorção em decorrência do domínio corporativo sobre a agricultura, a ciência alimentar, a política e a publicidade. Em seus livros mais vendidos, The Omnivore's Dilemma, The Botany of Desire *e* In Defence of Food *(O dilema do onívoro, A botânica do desejo e Em defesa da comida, respectivamente), Pollan não dá conselhos sobre o que comer ou como cultivar, mas destaca o fato de que substâncias nos alimentos estão prejudicando nossos corpos, solo e país. Pollan restaura o senso comum, como resume sua clássica máxima: "Coma comida, não muita, principalmente vegetais". Essa máxima pode ser "contragolpeada" com outra: "Aprenda sobre comida, tanto quanto possível, principalmente lendo Pollan". – PH*

Por que se importar? Essa é realmente a grande questão que enfrentamos como indivíduos que querem fazer alguma coisa sobre a mudança climática, e não é fácil respondê-la. Não sei quanto a você, mas para mim o momento mais perturbador de *Uma verdade inconveniente* chegou muito tempo depois de Al Gore me apavorar, mostrando por A mais B que a própria sobrevivência da vida na Terra, como a conhecemos, está ameaçada pela mudança climática. Não, o momento realmente sombrio ocorreu nos créditos finais, quando somos solicitados a... trocar as nossas lâmpadas incandescentes. Foi aí que realmente fiquei deprimido. A imensa desproporção entre a magnitude do problema descrito por Al Gore e a insignificância do que estava sendo pedido de mim bastou para me desapontar.

Mas o problema da "gota no oceano" *não é o único à espreita por trás da pergunta* "Por que se importar?". Digamos que eu realmente me importe. Eu viro minha vida de cabeça para baixo, começo a ir trabalhar de bicicleta, planto uma grande horta, baixo tanto o termostato que tenho de usar casacão e cachecol, troco a secadora de roupas por um varal no quintal, troco meu carro SUV por um híbrido, deixo de comer carne, compro toda a minha comida de fornecedores locais. Eu poderia, teoricamente, fazer tudo isso, mas qual seria a serventia se sei muito bem que do outro lado do mundo meu gêmeo malvado está à solta – algum sósia produtor de carbono, ansioso por engolir cada naco de carne ao qual venho renunciando e louco para repor cada grama de dióxido de carbono que me esforço para não emitir? Qual seria, afinal, o balanço das minhas tentativas?

Um sentimento de virtude pessoal, você poderia sugerir, um tanto timidamente. Mas em que isso ajudaria se a própria virtude tem se transformado rapidamente em motivo de escárnio? E não apenas nos editoriais do *The Wall Street Journal* ou nas palavras do [ex] vice-presidente dos EUA, que recentemente descartou a conservação de energia como um "sinal de virtude pessoal". Não, mesmo nas páginas do *The New York Times* e da *The New Yorker*, quando aplicado a um ato de responsabilidade ambiental pessoal, parece que o termo "virtuoso" só pode ser utilizado ironicamente. Gostaria de saber como foi que a virtude – uma qualidade que durante a maior parte da história foi festejada como uma, bem, virtude –, se tornou uma marca dos "liberais desmiolados". É muito estranho que, atualmente, fazer o que é certo para o meio ambiente – comprar o carro híbrido, comer apenas comida produzida localmente – agora seja motivo de ridicularização.

São tantas as histórias que podemos contar a nós mesmos para justificar a atitude de não fazer nada... Mas talvez a mais insidiosa, seja lá o que for que possamos fazer, será pouco demais e tarde demais. A mudança climática já chegou, e bem antes do esperado. Projeções que pareciam terríveis há uma década se revelaram excessivamente otimistas: o aquecimento e o derretimento estão ocorrendo muito mais rápido do que os modelos previram. Agora, o *feedback* de novos dados verdadeiramente aterradores nos modelos ameaça aumentar exponencialmente as taxas de mudança, já que a transformação de gelo branco em água azul no Ártico absorve mais irradiação solar e os solos aquecidos em todos os lugares se tornam biologicamente mais ativos, acarretando a liberação de suas vastas reservas de carbono no ar. Você olhou nos olhos de um climatologista nos últimos tempos? Eles parecem realmente assustados.

E então? Você ainda quer falar sobre plantar hortas?

Eu quero.

O ato sobre o qual quero falar é o cultivo de parte – ainda que bem pouco – da sua própria comida. Descarte seu gramado,

se tiver um; e se não tiver – se você mora em um arranha-céus ou se seu quintal está encoberto pela sombra – procure conseguir uma gleba em uma horta comunitária. Em comparação com o Grande Problema que Enfrentamos, plantar uma horta parece pouca coisa, eu sei, mas na verdade esta é uma das atitudes mais poderosas que um indivíduo pode tomar – com certeza para reduzir sua pegada de carbono, mas, ainda mais importante, para diminuir sua sensação de dependência e de alheamento: para mudar a mentalidade da energia barata.

Muitas coisas acontecem quando você planta uma horta, algumas diretamente relacionadas às mudanças climáticas, outras ligadas indiretamente, mas ainda assim ligadas. Esquecemos que cultivar alimentos abrange a tecnologia solar original: calorias produzidas por meio da fotossíntese. Anos atrás, a mentalidade da energia barata descobriu que mais alimentos poderiam ser produzidos com menos esforço pela substituição da luz solar por pesticidas e fertilizantes à base de combustíveis fósseis. O resultado é que, atualmente, a típica caloria de energia alimentar da sua dieta exige cerca de 10 calorias de energia de combustível fóssil para ser produzida. Estima-se que a maneira como nos alimentamos (ou melhor, nos permitimos ser alimentados) responde por cerca de um quinto do gás de efeito estufa pelo qual cada um de nós é responsável.

Mas o sol ainda brilha no seu quintal e a fotossíntese ainda funciona tão abundantemente que, com uma horta cuidadosamente organizada (plantada a partir de sementes, alimentada pela compostagem de restos da cozinha e que não dependa de muitas viagens de carro até a loja de jardinagem), é possível conseguir o proverbial almoço de graça – livre de dióxido de carbono e sem grandes custos. Essa é a comida mais local possível (além de ser a mais fresca, saborosa e nutritiva), com uma mínima emissão de carbono. E já que estamos contando carbono, pense também em sua pilha de compostagem, que reduz enormemente o monte de lixo que sua casa produz e precisa ser levado embora de caminhão, tudo isso alimentando seus vegetais e sequestrando carbono em seu solo. O que mais? Bem, você provavelmente perceberá que se exercita enquanto cuida da horta, queimando calorias sem ter que pegar o carro e dirigir até a academia.

Assim, você começa a perceber que plantar sua própria comida, mesmo que só um pouco dela, é uma dessas soluções que, como salientou Wendell Berry há trinta anos, em vez de gerar um novo conjunto de problemas – a exemplo de "soluções" como o etanol ou a energia nuclear – realmente gera outras soluções, e não apenas aquelas do tipo que economiza carbono. Ainda mais importantes são os hábitos mentais que podem ser formados com a produção de um pouco de sua própria comida. Você rapidamente aprende que não é preciso depender de especialistas para o seu próprio abastecimento – que seu corpo ainda serve para alguma coisa e pode realmente ser convocado para ajudar a si próprio. Se os especialistas estiverem certos, se tanto o petróleo quanto o tempo estiverem mesmo se esgotando, essas são habilidades e hábitos mentais que todos precisaremos ter em breve. Podemos também precisar de comida. As hortas poderiam fornecer nossos alimentos? É bom lembrar que, durante a Segunda Guerra Mundial, as hortas da vitória forneceram até 40% dos alimentos consumidos pelos norte-americanos.

Mas há razões mais atraentes para plantar essa horta, para se importar. Pelo menos nesse canto do seu quintal e da sua vida, você terá começado a desfazer a divisão entre o que você pensa e o que faz, combinando suas identidades como consumidor, produtor e cidadão. É provável que sua horta melhore suas relações com seus vizinhos, pois você poderá oferecer a eles a produção excedente e talvez tenha que pedir emprestado ferramentas. Você terá reduzido o poder da mentalidade da energia barata superando pessoalmente a maior de suas fraquezas: a sensação de impotência e o fato de que ela só funciona dividindo e subtraindo. Na horta, a longa transição sazonal que vai desde o plantio da semente até o fruto maduro – será que você vai colher muitas abobrinhas?! – sugere que as operações de adição e multiplicação ainda são válidas e que a abundância da natureza ainda não se esgotou. A grande lição que uma horta ensina é que nossa relação com o planeta não precisa ter soma zero e que, enquanto o sol ainda brilhar e as pessoas ainda puderem planejar e plantar, pensar e fazer, nós podemos, se tentarmos com determinação, encontrar maneiras de obter nossa própria comida sem prejudicar a Terra.

Extraído e adaptado do ensaio de Michael Pollan "Why Bother?" [Por que se importar?], publicado em *The New York Times* em 20 de abril de 2008.

ALIMENTOS
AGRICULTURA REGENERATIVA

As práticas agrícolas regenerativas restauram a terra degradada. São elas o plantio direto, culturas de coberturas diferentes, fertilidade produzida na própria fazenda (não são necessárias fontes de nutrientes externas), uso zero ou mínimo de pesticida ou fertilizante sintético e rotações de culturas múltiplas. Todas essas práticas podem ser melhoradas pelo manejo das pastagens. O objetivo da agricultura regenerativa é melhorar e regenerar continuamente a saúde do solo por meio da restauração do seu teor de carbono, o que, por sua vez, melhora a saúde, a nutrição e a produtividade das plantas.

Como mostra o exame dos dados ao fim deste livro, nenhum outro mecanismo conhecido pela humanidade é tão efetivo no combate ao aquecimento global quanto a captura de dióxido de carbono do ar através da fotossíntese. Quando convertido em açúcares com a ajuda do sol, o carbono produz plantas e alimentos. Ele alimenta a humanidade e, por meio do uso da agricultura regenerativa, alimenta a vida do solo. A agricultura regenerativa aprimora o volume de matéria orgânica, a fertilidade, a textura, a retenção de água e a existência de trilhões de organismos que transmitem saúde e proteção às raízes e à própria planta. A prática da agricultura regenerativa resolve todas as preocupações comuns com fertilidade, pragas, secas, ervas daninhas e rendimento.

Para melhor apreciar a agricultura regenerativa, é importante compreender o que é a agricultura convencional, a prática agrícola dominante no mundo atual. Ela também envolve a fotossíntese, mas não prioriza a captura de carbono no solo. A agricultura convencional trata o solo como um meio ao qual fertilizantes minerais e produtos químicos são adicionados. O solo é arado, revolvido, cultivado ou mobilizado com o trator de discos duas ou mais vezes por ano. Os herbicidas eliminam as ervas daninhas, a infestação de insetos é tratada com pesticidas, e a ferrugem é pulverizada com fungicidas. A falta de água é compensada pela irrigação, que pode causar a salinização dos solos. Arar e revolver liberam carbono do solo, ocorrendo pouco ou nenhum sequestro de carbono das plantas.

Retrospectivamente, há não muitos anos, os americanos estavam (e ainda estão) comendo o que o autor Michael Pollan chama de "substâncias semelhantes a alimentos", alimentos altamente processados com uma lista de ingredientes misteriosos mais longa do que este parágrafo. A partir dos anos 1980 e 1990, teve início uma mudança que hoje vem se expandindo: a noção de que a saúde humana depende de alimentos reais, não artificiais, sintéticos, imitações de alimentos, e que a qualidade dos alimentos nasce da terra e das práticas agrícolas. Na agricultura convencional, entram sementes, fertilizantes sintéticos e pesticidas e saem alimentos; o solo, no entanto, paga um alto preço, assim como a água, o ar, as aves, os insetos benéficos, a saúde humana e o clima. Do mesmo jeito que é possível manufaturar alimentos de mentira a um baixo custo usando enchimentos, gorduras, açúcares e amidos, a agricultura industrial convencional produz alimentos a um baixo custo ao não arcar com os prejuízos dos danos que eles causam. Se não oferecermos aos nossos corpos alimentos reais, ficaremos obesos, doentes e incapacitados. Se o agricultor não fornecer nutrição ao solo, este ficará infértil, doente e enfraquecido e morto. Trata-se de bom senso, princípios simples subjacentes às práticas regenerativas.

Um dos princípios da agricultura regenerativa é o não preparo do solo. Com que frequência você vê terra desnuda, exceto em fazendas ou nas rodovias? O solo abomina a ausência de plantas. A terra desnuda, salvo os desertos e as dunas de areia, irá naturalmente se cobrir de plantas. As plantas precisam de uma casa, e o solo precisa de um teto. Nas fazendas, os arados expõem o solo e o invertem, enterrando a camada superficial do solo. Quando o solo é cultivado e exposto ao ar, a vida em seu interior fenece rapidamente e ocorre emissão de carbono. O professor Rattan Lal estima que pelo menos 50% do carbono nos solos terrestres foi liberado na atmosfera ao longo dos últimos séculos – aproximadamente 80 bilhões de toneladas. Certamente o retorno desse carbono ao solo será um presente para o ar que respiramos, mas de uma perspecti-

Desde sua fundação, em 1947, o Instituto Rodale tem sido o alicerce da agricultura orgânica nos EUA. Com base nos textos e observações de *sir* Albert Howard, o patrono da agricultura orgânica, o Instituto Rodale publica, promove e conduz pesquisas abrangentes sobre métodos orgânicos de agricultura. A fazenda de 135 hectares em Kutztown, Pensilvânia, mostrada na foto, foi comprada em 1971 por Robert Rodale, filho do fundador J. I. Rodale. A terra estava exaurida, e isso serviu de inspiração para que Rodale desenvolvesse sistemas da agricultura regenerativa – sistemas de cultivo produtivos, mas que também aumentam a futura capacidade de produtividade por restaurarem a saúde do solo. Robert Rodale propôs – e o Instituto pratica – métodos agrícolas que não dependem de fontes externas de fertilidade... e certamente de nenhum produto químico.

23,15 gigatoneladas de redução de CO_2 | US$ 57,2 bilhões de custo líquido | US$ 1,93 trilhão de poupança líquida

va agrícola prática, também é um convite para que os agricultores se afastem da agroquímica e devolvam o carbono ao seu lar, onde ele servirá ao cultivo mais eficiente e produtivo da terra.

Aumentar o carbono significa aumentar a vida do solo. Ao ser armazenado na matéria orgânica do solo, o carbono faz com que a vida microbiana prolifere, a textura do solo melhore, as raízes se aprofundem, as minhocas arrastem matéria orgânica ao longo de seus túneis e produzam depósitos ricos em nitrogênio. Além disso, aumenta a absorção de nutrientes, a retenção de água cresce várias vezes (gerando tolerância à seca, ou um seguro contra inundações), as plantas bem nutridas são mais resistentes a pragas, e a fertilidade aumenta a ponto de haver pouca ou nenhuma necessidade de fertilizantes. Essa capacidade de se tornar independente dos fertilizantes se fundamenta no uso de culturas de cobertura. Considera-se que cada ponto percentual extra de carbono no solo seja equivalente a 300-600 dólares de fertilizantes armazenados no solo.

As culturas de cobertura semeadas nos resíduos de plantas colhidas expulsam as ervas daninhas e proporcionam fertilidade e terra cultivável para o subsolo. Uma cultura de cobertura normal pode ser ervilhaca, trevo-branco ou centeio, ou uma combinação simultânea dessas plantas. A experimentação ensinou os agricultores regenerativos a plantar culturas de cobertura contendo 10-25 variedades diferentes, cada uma delas acrescentando determinada qualidade ou nutriente ao solo. Certa vez, Gabe Brown, um renomado agricultor regenerativo de Dakota do Norte, nos EUA, colocou setenta variedades diferentes em sua caixa de sementes para pastagens. As possibilidades incluem leguminosas, como ervilhas, trevo, ervilhaca, feijão-frade, alfafa, feijão-mungo, lentilhas, favas, sanfeno e crotalária; e brassicas como couve e suas variedades, mostarda, rabanete e nabo. Também podem ser consideradas as plantas de folhas largas, como girassol, gergelim e chicória; e gramíneas como aveia-preta, centeio, festuca, capim-da-abissínia, capim-bromus e sorgo. Cada planta contribui com aportes distintos para o solo, desde o sombreamento que faz com que as ervas daninhas desapareçam até a fixação de nitrogênio e a biodisponibilidade de fósforo, zinco ou cálcio. Quando consumidas por ruminantes, diversas variedades de culturas de cobertura promovem extraordinária nutrição. Essa lista dá uma ideia de como os agricultores regenerativos têm lançado mão de complexas comunidades vegetais para cultivar suas culturas, melhorar o solo e aumentar os rendimentos.

Na rotação de culturas convencional, a soja e o milho podem ser plantados em anos alternados, ou o trigo pode ser plantado um ano e, no ano seguinte, o campo é deixado em pousio. Isso também mudou. As fazendas regenerativas podem fazer a rotação de 8-9 culturas diferentes, por exemplo, trigo, girassóis, cevada, aveia, ervilhas, lentilhas, feno de alfafa e linhaça. Agricultores regenerativos têm gerado seguros para as culturas graças à diversificação, que evita bolsões de infestação por pragas e fungos. Juntamente com a rotação, crescem culturas intercaladas, nas quais culturas complementares de leguminosas, de alfafa ou feijão são cultivadas com milho para proporcionar fertilidade.

A agricultura regenerativa é um movimento prático, e não purista. Alguns agricultores regenerativos são orgânicos; outros aplicam pequenas quantidades de fertilizantes sintéticos ao plantar milho enquanto fazem a transição para obter certificação orgânica. Gabe Brown não aplica fertilizantes desde 2008 e não usa pesticidas ou fungicidas já há quinze anos. Antes disso, usava herbicidas a cada dois anos para combater ervas daninhas resistentes, como o cardo-canadense, mas abandonou a prática por não precisar mais dela.

É difícil mensurar e modelar o impacto da agricultura regenerativa. A abordagem varia de fazenda para fazenda, e não há padronização. As taxas de sequestro de carbono irão variar consideravelmente, tanto em quantidade quanto no tempo necessário para sua ocorrência. Mas os resultados são impressionantes. Os fazendeiros vêm registrando aumentos nos níveis de matéria orgânica de um valor inicial de 1-2% para até 5-8% em dez ou mais anos. Cada aumento de 1% de carbono no solo representa 21 toneladas por hectare. Esse crescimento agrega até 25-60 toneladas de carbono por hectare.

Há muito tempo prevalece a convicção geral de que o mundo não pode ser alimentado sem o uso de produtos químicos e fertilizantes sintéticos. No entanto, o Departamento de Agricultura dos EUA hoje realiza estudos sobre metodologias agrícolas que dispensam o revolvimento do solo e o uso de produtos químicos. As evidências apontam para uma nova concepção: o mundo não pode ser alimentado a menos que o solo seja alimentado. Alimentar o solo diminui o carbono na atmosfera. A erosão do solo e o esgotamento da água custam 37 bilhões de dólares anuais aos EUA e 400 bilhões de dólares em todo o mundo. Desse total, 96% provêm da produção de alimentos. A Índia e a China estão perdendo solo 30-40 vezes mais rápido que os EUA. A agricultura regenerativa não significa a ausência de produtos químicos. Trata-se da presença de ciência observável – uma prática que alinha a agricultura com princípios naturais. Ela restaura, revitaliza e reinstala ecossistemas agrícolas saudáveis. Na verdade, a agricultura regenerativa é uma das maiores oportunidades para se abordar simultaneamente as saúdes humana, do solo e do clima, juntamente com o bem-estar financeiro dos agricultores. Trata-se de um alinhamento biológico – isto é, como viver e produzir uma comida melhor de maneiras mais produtivas, seguras e resilientes.

Impacto: *De cerca de 43,7 milhões de hectares que atualmente adotam a agricultura regenerativa, estimamos que até 2050 essa prática alcance um total de 404,7 milhões de hectares. Essa rápida adoção se baseia, em parte, na taxa histórica de crescimento da agricultura orgânica, bem como na conversão projetada da agricultura conservacionista para a agricultura regenerativa ao longo do tempo. Esse aumento pode resultar em uma redução total de 23,2 gigatoneladas de dióxido de carbono, tanto pelo sequestro quanto pela redução das emissões. A agricultura regenerativa poderia resultar em um retorno financeiro de 1,9 trilhão de dólares até 2050, com base em um investimento de 57 bilhões de dólares.*

ALIMENTOS
GESTÃO DE NUTRIENTES

Florescência de algas na costa da Suécia, mar Báltico.

Embora os fertilizantes nitrogenados tenham melhorado enormemente a capacidade produtiva dos sistemas agrícolas nos últimos cem anos, seu uso também aumentou a quantidade de nitrogênio reativo livre nesses ecossistemas. Parte do nitrogênio sintético é absorvida pelas culturas, aumentando o crescimento e a produção, mas o nitrogênio que não é utilizado pelas plantas causa problemas incontáveis. Em sua maioria, os fertilizantes nitrogenados são "quentes", destruindo quimicamente matéria orgânica no solo. O nitrogênio se infiltra até as águas subterrâneas ou viaja através do escoamento superficial e termina aparecendo em córregos e rios, acarretando o florescimento de algas e o surgimento de zonas mortas oceânicas exauridas de oxigênio, das quais existem quinhentas no mundo. Foi demonstrado que os níveis elevados de nitrogênio em sistemas aquáticos são responsáveis por grandes mortandades de peixes. O óxido nitroso, produzido por bactérias do solo a partir de fertilizantes contendo nitratos, é 298 vezes mais poderoso do que o dióxido de carbono em seu efeito de aquecimento da atmosfera.

Nos sistemas agrícolas, um controle adequado de nutrientes pode melhorar a eficiência no uso de fertilizantes, garantindo que as culturas absorvam uma porcentagem maior do fertilizante aplicado, além de diminuir a possibilidade de que o fertilizante nitrogenado aplicado ao solo não seja utilizado pelas plantas e acabe sendo convertido em óxido nitroso. Um controle efetivo de nutrientes é resumido pelos quatro Cs: fonte certa, momento certo, lugar certo e quantidade certa. Coletivamente, esses princípios têm por objetivo melhorar a eficiência do uso do nitrogênio, o que é definido como a taxa de produtividade da planta em relação ao nitrogênio aplicado ou residual no solo.

Fonte certa é, basicamente, como combinar escolhas de fertilizantes com as necessidades da planta ou as limitações do equipamento. Os fertilizantes são fornecidos em formas variadas, tanto secas quanto líquidas, com diferentes compostos nitrogenados que exigem diferentes mecanismos de aplicação. Os fabricantes de fertilizantes começaram a produzir produtos granulados de liberação lenta revestidos com polímeros que retardam sua dissolução após a aplicação. O fornecimento do nitrogênio contido nesses produtos exibe melhor sincronismo com as necessidades das plantas, diminuindo a quantidade de nitrogênio que se perde do sistema na forma de óxido nitroso. Esses produtos ainda são relativamente novos no mercado e não são amplamente empregados por causa de seu custo. No entanto, estudos preliminares sugerem que tais produtos são potencialmente efetivos na redução das emissões de óxido nitroso.

Tempo certo e *lugar certo* estão focados na administração das aplicações de fertilizantes para que forneçam o nitrogênio quando e onde a demanda da cultura for maior. A demanda por nitrogênio não é homogênea ao longo da estação de crescimento. Normalmente, as plantas necessitam de quantidades muito maiores à medida que se aproximam dos estágios de crescimento, quando sua massa aumenta exponencialmente ou quando estão formando frutas ou grãos. Sincronizar o fornecimento de nitrogênio com esses períodos de maior demanda acelera a quantidade absorvida pelas plantas e reduz o excesso. Para simplificar a produção e diminuir a possibilidade dos equipamentos causarem danos às plantas, os produtores frequentemente aplicam fertilizantes por ocasião do plantio ou logo em seguida – ocasiões de baixa demanda por nitrogênio. A divisão do total de fertilizante em duas aplicações anuais – uma no início da estação e outra quando as plantas estiverem mais maduras e com maior necessidade de nitrogênio – diminui a probabilidade de não utilização do fertilizante.

Provavelmente, a decisão mais importante na abordagem das emissões de óxido nitroso proveniente do fertilizante é escolher a *quantidade certa*. Em geral, os produtores geralmente aplicam mais fertilizante do que o recomendado para se precaverem de condições de crescimento potencialmente ruins. Como resultado, em muitos casos os sistemas agrícolas são fertilizados bem além da quantidade ideal, o que os torna mais suscetíveis às emissões de óxido nitroso.

Pesquisas que estudam como os produtores tomam decisões descobriram que os agricultores provavelmente aplicam mais fertilizantes do que o necessário e priorizam as informações que recebem dos vendedores de fertilizantes – mesmo sabendo que a redução do uso poderia reduzir as emissões. Pressões pela geração de ganhos econômicos e pela mitigação de riscos significam que os incentivos para que os agricultores mantenham ou aumentem as quantidades aplicadas sejam maiores do que os incentivos para diminuírem o uso. Além disso, os fertilizantes nitrogenados continuam relativamente baratos em áreas de alta produção e em muitos casos são subsidiados.

A adoção de um controle adequado dos nutrientes requer educação e assistência, além de incentivos para os agricultores e regulamentações que limitem a quantidade que os agricultores podem aplicar. O equilíbrio desses fatores depende do contexto local e de sua viabilidade política. Nos EUA, estudos revelaram que alguns agricultores se mostram mais receptivos aos incentivos e a programas educacionais do que aos regulamentos. Grupos como o American Carbon Registry vêm trabalhando com pesquisadores para desenvolver uma metodologia de compensação de carbono focada em reduções dos volumes de fertilizantes que permitiriam aos agricultores participar de projetos que, em última instância, lhes proporcionariam pagamentos oriundos do mercado de compensação de carbono.

Os regulamentos relativos à aplicação e ao uso de fertilizantes são muito variáveis e estão em geral associados a estruturas regulatórias que também se aplicam à qualidade da água e à poluição. Uma vez que a poluição dos recursos hídricos por fertilizantes de nitrogênio é em geral considerada como fonte de poluição não específica (ou seja, não pode ser facilmente vinculada a uma única origem), torna-se difícil criar e implementar regulamentos. Apesar disso, algumas agências estaduais norte-americanas, como em Vermont, começaram a exigir planos de manejo de nutrientes para fazendas de certo tamanho, com o objetivo de reduzir o desperdício e a poluição. No Reino Unido, os pesquisadores identificaram várias Zonas Vulneráveis de Nitrato, onde a aplicação de fertilizantes está sujeita a uma regulamentação mais rígida. Estruturas regulatórias existentes, como as citadas, podem indicar o caminho para a regulamentação do uso de fertilizantes e para a redução das emissões associadas a eles.

No entanto, órgãos governamentais em todo o mundo podem não adotar ou não aplicar efetivamente regulamentos similares. Muitas vezes, nações que dependem mais da produção doméstica para a segurança alimentar, bem como das receitas derivadas dos mercados de exportação, priorizam a produção em detrimento do impacto ambiental. Na China, os objetivos nacionais de autossuficiência doméstica e de segurança alimentar prejudicam a demanda pública por melhor qualidade ambiental e por políticas e esforços de fiscalização pertinentes. Da mesma forma, nações com menor capacidade produtiva e maior insegurança alimentar, como as da África subsaariana, podem exigir maior uso de fertilizantes para reduzir a lacuna de produção e, com isso, garantir o abastecimento adequado de seus cidadãos. Em 1991, a União Europeia criou a Nitrates Directive, regulação destinada a reduzir a poluição das águas subterrâneas e superficiais. Até 2017, apenas dois países tinham reduzido sua dependência de fertilizantes nitrogenados sintéticos: a Dinamarca e os Países Baixos.

Dada a importância dos fertilizantes para a produção agrícola global, as reduções devem se concentrar sobretudo em

Classificação e resultados até 2050		65º lugar
1,81 gigatonelada de redução de CO_2	Dados demasiadamente variáveis para que possa ser determinado	US$ 102,3 bilhões de poupança líquida

áreas onde causariam mínimo ou nenhum impacto na produção agrícola. Uma estimativa do número de hectares de terra onde ocorreu redução do uso de fertilizantes exigiria um amplo levantamento junto aos agricultores, o que é quase impossível. Além disso, determinado fazendeiro pode optar por "abandonar" a gestão de nutrientes apenas retornando a uma taxa de fertilização mais elevada e, na prática, a cada ano os agricultores mudam essas taxas com base em um conjunto de fatores.

A Organização das Nações Unidas para a Alimentação e Agricultura (FAO) e o Banco Mundial fornecem dados excelentes sobre o consumo de fertilizantes em todos os países. Esses dados demonstram claramente que o uso de fertilizantes cresceu constantemente ao longo da última década na maioria dos países, da mesma forma que as quantidades por hectare. Esses dados refletem a expansão da produção agrícola para atender às demandas de alimentos de uma população em crescimento e, numa análise superficial, parecem indicar que é muito baixo o grau de adoção dessa solução. O Programa das Nações Unidas para o Meio Ambiente estima que um aperfeiçoamento de 20% no uso de nutrientes eliminaria mais de 20 milhões de toneladas de fertilizantes nitrogenados e geraria economias potenciais de 50-400 bilhões de dólares.

Entre as soluções de uso da terra presentes neste livro, a gestão de nutrientes é singular na medida em que cuida, sobretudo, de evitar emissões, e não do sequestro de carbono. Dessa forma, os benefícios climáticos derivados da gestão de nutrientes são mais contínuos e não correm o risco de saturação; a redução do uso de fertilizantes faz com que as emissões sejam perpetuamente evitadas. Além disso, a implementação dessa solução é extremamente simples, pois exige apenas que os agricultores reduzam moderadamente seus insumos, não havendo necessidade de implementarem práticas drasticamente novas ou instalarem novas tecnologias. Dito isso, a aplicação contínua de fertilizantes químicos resulta em queda na fertilidade, infiltração na água e perda de produtividade ao longo do tempo. Esses impactos podem fazer com que os agricultores aumentem a fertilização, na esperança de compensar a perda geral de saúde do solo, o que, na realidade, é uma espiral descendente. Embora essa solução esteja focada em um gerenciamento mais inteligente dos nutrientes, a verdadeira solução para a gestão de nutrientes é o uso das práticas regenerativas e rotacionais discutidas ao longo de todo este livro, e que eliminam a maioria, senão a totalidade, da dependência de nitrogênio sintético.

Impacto: *Ao diminuir o uso excessivo de fertilizantes em um total de 850 milhões de hectares de terras agrícolas até 2050 – a partir de cerca de 71,6 milhões de hectares atuais – as emissões de óxido nitroso evitadas poderiam ser equivalentes a 1,8 gigatonelada de dióxido de carbono. Investimentos não são necessários, e os agricultores podem economizar 102 bilhões de dólares com a redução nos custos de fertilizantes. Nossa análise pressupõe uma adoção que seguiria, em termos gerais, a agricultura de conservação, pois é provável que os agricultores estejam abertos a ambas as práticas.*

ALIMENTOS
CULTURA INTERCALAR COM ÁRVORES

Há duas maneiras de se cultivar. A agricultura industrial semeia uma única cultura em grandes áreas. Práticas regenerativas, como a cultura intercalar com árvores, lançam mão da diversidade para melhorar a saúde e a produtividade do solo e se alinhar com os princípios biológicos. O resultado: menos insumos, culturas mais saudáveis e maiores rendimentos. Como muitas das soluções neste livro, a cultura intercalar com árvores raramente é implementada com o objetivo de atacar o aquecimento global. Os agricultores praticam essa modalidade porque funciona melhor, embora tenha declinado na Europa durante a maior parte do século XX, no rastro da industrialização da agricultura. Como todas as práticas regenerativas de uso da terra, a cultura intercalar com árvores aumenta o teor de carbono do solo e a produtividade da terra. Além disso, também propicia quebra-ventos que diminuem a erosão e cria *habitats* para aves e insetos benéficos. Plantas anuais de crescimento rápido, suscetíveis de enfraquecimento pelo vento e pela chuva, podem ficar protegidas. Plantas de raízes profundas podem retirar minerais e nutrientes do subsolo para plantas de raízes mais superficiais. Videiras ou trepadeiras já têm suas latadas prontas. As culturas fotossensíveis podem ser protegidas do excesso de luz solar.

Para completar, a cultura intercalar com árvores é bonita de se ver – pimentas e café, coco e calêndulas, nozes e milho, citrinos e berinjelas, azeitonas e cevada, teca e taro, carvalho e lavanda, cereja-selvagem e girassol, avelã e rosas. O cultivo triplo é comum em áreas tropicais, por exemplo, a produção de coco, banana e gengibre. As combinações possíveis são infinitas.

Para ser bem-sucedido na cultura intercalar com árvores, o proprietário das terras precisa avaliar e conhecer cuidadosamente a terra, o tipo de solo e o clima local. A luz solar, os fluxos de nutrientes e a disponibilidade de água determinam as espécies, a densidade e a sobreposição espacial das árvores e culturas. Dirigindo pelas estradas da região de Ardennes na França, pode-se apreciar álamos plantados com trigo. Pode parecer que as árvores foram plantadas aleatoriamente, sem muito cuidado; no entanto, anos de conhecimento são empregados na avaliação dos impactos do vento, da luz, das mudanças sazonais e da competição por nutrientes. Esses fatores, por sua vez, determinam a

Classificação e resultados até 2050		17º lugar
17,2 gigatoneladas de redução de CO_2	US$ 147 bilhões de custo líquido	US$ 22,1 bilhões de poupança líquida

configuração e os tipos de plantas – nesse caso, o tipo de álamo. O arranjo das árvores e das culturas varia de acordo com a topografia, cultura, clima e o valor da colheita.

A cultura intercalar com árvores apresenta muitas variações. A cultura intercalar em faixas é um sistema no qual árvores ou sebes são plantadas em linhas muito próximas para fertilizar as culturas cultivadas entre elas. As pequenas árvores ou sebes são espécies de leguminosas fixadoras de nitrogênio, como a sesbânia-amarela, a gliricídia e a acácia-álbida. Em estudos realizados no Malawi ao longo de dez anos, milho foi cultivado em faixas com gliricídias e o rendimento foi comparado ao do milho não fertilizado cultivado em campos sem árvores. No campo com a cultura intercalar em faixas, os restos das podas de gliricídia contendo nitrogênio eram aplicadas anualmente ao solo. O resultado: o milho cultivado por faixas produziu três vezes mais do que o milho não fertilizado cultivado isoladamente. Em virtude da escassez de alimentos no Malawi, pequenos agricultores empobrecidos têm cultivado milho de forma contínua, causando degradação do solo e uma queda ainda maior na segurança alimentar. Embora "percam-se" terras para as árvores no sistema de cultura intercalar em faixas, o aumento do rendimento – sem insumos químicos – mais do que compensa essa perda.

A agricultura perene, outra variação da cultura intercalar com árvores, exige uma cobertura descontínua de árvores espalhadas, como a acácia-álbida, que fornecem forragem para o gado. Essas árvores são plantadas com base no conhecimento ecológico dos agricultores que cultivam culturas em terras propensas à seca, ao vento e à erosão. Durante a estação chuvosa, as folhas ricas em nitrogênio das árvores caem; isso significa que o milho e outras culturas não precisam competir por água ou luz. Os rendimentos podem triplicar, sem o uso de fertilizantes químicos ou de outros insumos.

Outras variações desse tipo de cultura intercalar são o cultivo em tiras, os sistemas de limites, os sistemas de sombra, a agricultura florestal, a jardinagem florestal, a agricultura micoflorestal, a silvopastagem e o cultivo de pastagens. A cultura intercalar com árvores reforça a ideia de que o bem-estar humano não depende de um sistema agrícola que seja extrativista e hostil aos organismos vivos. Em vez disso, nosso bem-estar depende de descobertas, inovações e práticas agrícolas que alimentem uma população em crescimento, ao mesmo tempo que proporcionem melhorias contínuas ao solo, à fertilidade, aos *habitats*, à diversidade e à água potável.

As corporações modernas estão impregnadas pela noção de melhoria contínua, um conceito conhecido como *kaizen* no Japão e baseado em princípios norte-americanos de engenharia de qualidade, ensinados naquele país depois da Segunda Guerra Mundial. Esse conceito significa "melhorar em melhorar" e enfatiza pequenas melhorias diárias que aprimoram um produto e o local de trabalho. Sendo uma técnica ecológica antiga, a cultura intercalar com árvores pretende a mesma coisa – uma maneira de reverenciar e, ao mesmo tempo, se adaptar à terra. Expulso e enterrado durante o século XX para abrir espaço para os métodos industrializados de cultivo, a cultura intercalar com árvores é uma das dezenas de técnicas que podem proporcionar um renascimento agrícola, uma transformação de práticas de cultivo de alimentos mais eficazes em trazer as pessoas, a regeneração e a abundância de volta à terra.

Impacto: *Levando em conta diferentes taxas de sequestro em diferentes regiões e sistemas de cultura intercalar, estimamos um sequestro total de 17,2 gigatoneladas de dióxido de carbono ao longo de trinta anos. Para obter esse impacto, a adoção da cultura intercalar com árvores deveria crescer para 231 milhões de hectares em todo o mundo. Com um investimento adicional de 147 bilhões de dólares, a economia poderia ser de 22 bilhões de dólares em três décadas.*

Um novo pomar de pêssegos sem caroço consorciado com milho no condado de Klickitat, na região centro-sul de Washington, EUA.

ALIMENTOS
AGRICULTURA DE CONSERVAÇÃO

Manobrado à mão ou puxado por mulas, bois ou trator, o arado é uma ferramenta básica para destorroar o solo e revirar a camada superior antes de plantar uma cultura. Historicamente considerado um grande avanço como uma espécie agrária, o arado está ausente em fazendas que praticam agricultura de conservação – e por uma boa razão. Quando os agricultores trabalham os campos para destruir ervas daninhas e incorporar o fertilizante, ocorre evaporação da água no solo recentemente revolvido. O próprio solo pode ser levado pelo vento ou pela água; e o carbono que estava em seu interior é liberado na atmosfera. Embora tenha como objetivo preparar um campo para ser produtivo, na verdade, o revolvimento da terra pode torná-lo mais pobre em nutrientes e com menor capacidade de produção.

Na década de 1970, a erosão e a degradação do solo deram origem à prática da agricultura de conservação no Brasil e na Argentina, embora, na verdade, ocorresse pouco ou nenhum revolvimento de terra na maioria das fazendas antes das inovações industriais do século XVIII. A agricultura de conservação adota três princípios fundamentais: minimizar as perturbações do solo, manter a cobertura do solo e manejar a rotação das culturas. A raiz latina de *conservar* significa "manter junto". A agricultura de conservação obedece a esses princípios em um esforço para manter o solo unido como um ecossistema vivo e valioso, que possibilita a produção de alimentos e que pode ajudar a corrigir as mudanças climáticas. Tanto a agricultura de conservação como a agricultura regenerativa (outra solução descrita neste livro) utilizam a estratégia do plantio direto, sem revolvimento da terra. A maioria dos agricultores que pratica a agricultura de conservação planta culturas de cobertura. A agricultura de conservação difere das práticas regenerativas por usar fertilizantes e pesticidas sintéticos.

As culturas anuais, aquelas que são replantadas a cada ano, ocupam 89% das terras cultivadas no mundo. A agricultura de conservação é praticada em 10% desses 1,21 bilhão de hectares. Predomina na América do Sul, América do Norte, Austrália e Nova Zelândia, tanto em operações de grande porte como em pequenas fazendas. Sem revolver a terra, os agricultores semeiam diretamente no solo. Deixam no campo os resíduos das colheitas ou plantam culturas de cobertura para proteger o solo. A rotação de culturas – isto é, trocar o que e onde se está cultivando – é prática quase universal quando são cultivados cereais e legumes.

Em parte, a agricultura de conservação já é generalizada, porque os agricultores podem adotá-la com relativa facilidade e rapidez e percebem seus vários benefícios. A retenção de água torna os campos mais resistentes à seca ou diminui a necessidade de irrigação. A retenção de nutrientes faz com que

Acima: Plantas jovens de soja em um campo de plantio direto na região central de Iowa, EUA.

À direita: Semeadora de plantio direto preparando o campo e plantando soja.

17,35 gigatoneladas de redução de CO_2 | US$ 37,5 bilhões de custo líquido | US$ 2,12 trilhões de poupança líquida

a fertilidade aumente e possibilita a redução dos insumos de fertilizantes. A maioria dos agricultores que pratica agricultura de conservação nota que os custos diminuem e a produção e os ganhos aumentam. Os críticos apontam que as modernas práticas de plantio direto, especialmente nos países ocidentais, dependem fortemente da aplicação de herbicidas e de culturas geneticamente modificadas. Outros argumentam que essa não é verdadeiramente uma agricultura de conservação. Na maior parte da África, herbicidas não são utilizados nas plantações diretas.

A agricultura de conservação sequestra uma quantidade relativamente pequena de carbono – uma média, 1,24 tonelada por hectare. Mas, dada a prevalência de culturas anuais em todo o mundo, esse número poderia aumentar bastante e mudar esse segmento dominante da produção agrícola de emissor final de gases de efeito estufa para sumidouro final de carbono. Como a agricultura de conservação torna a terra mais resiliente aos eventos relacionados ao clima, como longas secas e chuvas intensas, essa opção é duplamente valiosa em um mundo em aquecimento.

A agricultura de conservação é uma solução de eficácia comprovada. O principal desafio para sua expansão é o hiato existente entre os investimentos iniciais e os ganhos que essa prática finalmente produz. Isso é particularmente verdadeiro para os pequenos agricultores, que talvez não consigam esperar pelos retornos, e os agricultores arrendatários, que não são donos das terras que cultivam, limitando a motivação para investir na saúde de longo prazo de seu solo. Com a disseminação de programas que objetivam educar, equipar e apoiar financeiramente os agricultores, milhões mais poderiam adotar a agricultura de conservação, colher seus benefícios e alçar as terras agrícolas à condição de armazéns de carbono.

Impacto: *Com base no crescimento histórico nas grandes operações agrícolas, nossa análise projeta que a área total onde se pratica a agricultura de conservação continuará crescendo, de 71,6 milhões de hectares até um pico de 404,7 milhões de hectares até 2035. Pressupomos que, à medida que a agricultura regenerativa for sendo adotada mais amplamente, as fazendas que já adotaram a agricultura de conservação se converterão a essas práticas de fertilidade do solo mais efetivas, em resposta à demanda do consumidor por um menor uso de herbicidas nocivos. Os benefícios dessa conversão estão contabilizados na solução agrícola regenerativa. No entanto, nesse meio-tempo a agricultura de conservação oferece benefícios significativos, reduzindo as emissões de dióxido de carbono em 17,4 gigatoneladas, com base em percentuais médios de sequestro de carbono de 0,37 a 0,62 tonelada de carbono por hectare por ano, dependendo da região. Os custos de implementação são baixos: 38 bilhões de dólares, com um retorno de 2,1 trilhões de dólares.*

ALIMENTOS
COMPOSTAGEM

A matéria orgânica é importante. *Sir* Albert Howard, agrônomo inglês e defensor ardente e profético da compostagem, sabia disso instintivamente. Realizando experiências em vários países, da Inglaterra à Índia, no início do século XX, Howard comprovou, com suas plantas, que um solo vivo e saudável era a chave para a obtenção de culturas prósperas e resistentes. Embora não entendesse completamente a rede de interações, ele sabia que, de alguma forma, a matéria orgânica, a fertilidade do solo e a saúde das plantas estão intrinsecamente ligadas. Com isso em mente, orquestrou esquemas de compostagem em larga escala e estudou as estruturas radiculares, em busca de respostas. Talvez, pensou Howard, a compostagem melhore a relação entre as raízes das plantas e os fungos micorrízicos no solo. Ao longo de sua vida, esse pesquisador lutou contra a ideia predominante na época, que defendia o uso de fertilizantes químicos para o fornecimento dos nutrientes que as plantas precisam. Foi a época do processo Haber, a descoberta alemã do modo de fabricar fertilizantes nitrogenados baratos. Como consequência, os campos adubados e as coberturas com matéria orgânica começaram a ser vistos como antiquados e pouco econômicos.

Os novos processos de fabricação de fertilizantes ganharam atenção mundial. Fritz Haber e Carl Bosch receberam prêmios Nobel separados. Mas Howard estava certo. Os seres humanos vinham usando há muito tempo compostagens e estrume para adubar seus cultivos e hortas, sem entender a mecânica de seus benefícios. Na mais antiga obra sobrevivente de prosa latina, *De Agricultura*, de Catão, o Velho, podemos encontrar orientações sobre a compostagem – considerada na época uma obrigação para os agricultores. Shakespeare também conhecia o poder do verdadeiro ouro negro: "Não desperdice a compostagem em ervas daninhas", adverte metaforicamente Hamlet. O cientista holandês Antoni van Leeuwenhoek visualizou pela primeira vez "animáculos" através de um microscópio prototípico na década de 1670, mas apenas hoje a sociedade começa a compreender o poder dos micróbios como fator central na ecologia do solo.

O solo fértil depende, como já foi conjeturado, de uma mistura de fragmentos de rocha desgastados e de matéria orgânica em decomposição, e há mais micróbios em uma colher de chá de solo saudável do que pessoas no planeta. Estes microrganismos do solo desempenham dois papéis interligados. Eles ajudam a degradar a matéria orgânica proveniente de plantas e animais mortos, fazendo com que nutrientes-chave voltem a circular dentro de um ecossistema, e também ajudam a fornecer os nutrientes-chave para as raízes das plantas, precisamente onde tais nutrientes são imprescindíveis, em troca de exsudatos, carboidratos liberados pelas plantas – isto é, alimento para bactérias e fungos. Do nitrogênio ao fósforo, passando pelo potássio e por outros nutrientes, os micróbios mantêm a prosperidade da planta, e também têm um papel a desempenhar no combate às mudanças climáticas.

Como todos os seres vivos, os seres humanos criam resíduos, mas estes podem ser singularmente problemáticos. Quase metade dos resíduos sólidos produzidos em todo o mundo é matéria orgânica ou biodegradável, o que significa que pode ser decomposta ao longo de algumas semanas ou meses. Um dos principais contribuintes para esse fluxo de lixo são os resíduos alimentares, bem como as folhas e galhos caídos de jardins e parques. Durante milênios, esses resíduos retornaram à economia natural; hoje em dia, muitos resíduos orgânicos terminam em aterros sanitários. Esse lixo se decompõe em condições anaeróbias, produzindo gás metano, um potente gerador de efeito estufa até 34 vezes mais poderoso do que o dióxido de carbono ao longo de cem anos. Um quarto do aquecimento global antropogênico pode decorrer exclusivamente do gás metano. Embora muitos aterros pratiquem alguma forma de manejo do metano, uma opção muito mais eficaz consiste em destinar os resíduos orgânicos para a compostagem, reduzindo drasticamente as emissões e colocando os micróbios

Classificação e resultados até 2050		60º lugar
2,28 gigatoneladas de redução de CO_2	-US$ 63,7 bilhões de custo líquido	-US$ 60,8 bilhões de poupança líquida

para trabalhar. Os processos de compostagem evitam as emissões de metano com uma aeração adequada. Sem isso, os benefícios da compostagem para o problema das emissões encolhem.

Em termos de escala, a compostagem pode variar desde caixas de fundo de quintal até grandes operações comerciais. Qualquer que seja a escala, o processo básico permanece o mesmo: assegurar suficiente umidade, ar e calor para "cozinhar" um banquete contínuo de matéria orgânica para os micróbios. Bactérias, protozoários e fungos atacam a matéria orgânica rica em carbono. É um processo de decomposição que acontece constantemente, em todos os ecossistemas. A própria terra possui finas pilhas de compostagem espalhadas por suas diversas paisagens. Em vez de gerar metano (como ocorreria com a decomposição em um aterro sanitário), o processo de compostagem converte efetivamente material orgânico em carbono estável, tornando-o disponível para as plantas. A compostagem é um fertilizante incrivelmente valioso, retendo água e nutrientes do material residual original, e pode ajudar no sequestro de carbono do solo. É como transformar lixo em luxo.

Graças ao trabalho de Howard e outros estudiosos, a compostagem industrial existe desde o início do século XX, sendo especialmente útil hoje em dia para as cidades. Com suas densas populações, a administração dos resíduos da alimentação urbana não é tarefa pequena. Em 2009, São Francisco, EUA, aprovou um decreto que torna obrigatória a compostagem dos resíduos alimentares da cidade. Seattle monitora as caixas de lixo em suas calçadas e atualmente marca e multa quem viola suas normas de compostagem. Há mais de 25 anos, Copenhague, na Dinamarca, não envia resíduos orgânicos para aterros; com isso, a cidade é beneficiada com a redução de custos, a produção de fertilizantes e a redução de carbono.

Os aterros têm sido tradicionalmente considerados baratos e convenientes, mas isso está mudando à medida que vão aumentando as pressões sobre o uso da terra e são promulgados regulamentos para aterros. Essas mudanças vêm aumentando os atrativos da compostagem, assim como sua facilidade e diversidade de abordagens. Como a reciclagem, as operações de compostagem bem-sucedidas exigem esforço para educar o público com relação ao descarte; desenvolvimento da necessária infraestrutura para reunir, transportar e processar resíduos; e a implementação de estratégias de coleta direcionadas. A compostagem não é absolutamente uma coisa nova, mas atualmente há a necessidade de criar novas maneiras de fazer com que se torne uma realidade em escala. Leonardo da Vinci disse: "Podemos dizer que a Terra tem o espírito de crescimento; que a sua carne é o solo". A compostagem é uma maneira de melhorar essa carne – seu espírito de crescimento – e de manter as emissões fora da atmosfera.

Impacto: *Em 2015, estimados 38% dos resíduos alimentares nos EUA foram compostados; na União Europeia, esse percentual chegou a 57%. Se todos os países de baixa renda atingissem a taxa dos EUA e todos os países de maior renda chegassem ao nível da UE, até 2050 a compostagem poderia evitar emissões de metano pelos aterros equivalentes a 2,3 gigatoneladas de dióxido de carbono. Esse total exclui os ganhos extras da aplicação do composto ao solo. A construção das instalações de compostagem é mais barata, mas sua operação é mais cara, o que se reflete nos resultados financeiros.*

Compostagem em larga escala de lixo verde doméstico no Reino Unido.

ALIMENTOS
BIOCARVÃO

Na antiga sociedade amazônica, praticamente todos os resíduos eram orgânicos. O principal método de descarte para os restos de cozinha, ossos de peixe, esterco de gado, cerâmica quebrada e similares era o de enterrar e queimar. Os resíduos eram cozidos sem exposição ao ar sob uma camada de solo. Esse processo, conhecido como pirólise, produzia um corretivo para o solo na forma de carvão rico em carbono. O resultado era a terra preta.

A terra preta contrasta vivamente com os solos amarelos e ácidos típicos da bacia amazônica. Foi a marca registrada de um sistema agrícola que difere drasticamente das práticas difundidas atualmente: a transformação maciça da floresta amazônica para culturas anuais, como a soja para ração animal. Quando a floresta é desmatada e a vegetação queimada, uma camada residual de carbono permanece, mas apenas por um curto período. É difícil acumular matéria orgânica nos trópicos. Essas regiões produzem a maior quantidade de biomassa por hectare, mas também têm a maior taxa de degradação. Chuvas fortes lixiviam os nutrientes com maior rapidez nos solos mais finos. A adição do carbono resulta em alguns anos de fertilidade, antes que novas parcelas de terra tenham de ser abandonadas. O biocarvão é uma exceção importante.

Em comparação, a agricultura da terra preta mantinha a fertilidade do solo por muitas décadas – segundo alguns estudos, por mais de quinhentos anos. Tal como acontece na Ásia, no Crescente Fértil e na Europa, uma produção agrícola abundante e confiável durante longos períodos serviu de base para as cidades e a vida urbana. Um pequeno número de exploradores europeus que se aventuraram pelo interior da Amazônia retornou com relatos maravilhosos de grandes assentamentos urbanos. Posteriormente, seus relatos foram considerados fantasiosos, por uma boa razão: as cidades tinham desaparecido e não puderam ser localizadas. A varíola eliminou 90-99% da população, e as metrópoles foram abandonadas e rapidamente tomadas pela selva. Os moradores sobreviventes fugiram para a selva, na tentativa de escapar da doença e dos conquistadores. Especula-se que as tribos amazônicas, cujo primeiro contato ocorreu nas últimas décadas, podem ser descendentes dessas civilizações do século XV.

Hoje em dia, os solos de terra preta cobrem até 10% da bacia amazônica e retêm quantidades extraordinárias de carbono. Embora o carvão que sustenta o solo remonte a 2.500 anos, só foi (re)descoberto pelos modernos agrônomos recentemente. O pesquisador holandês Wim Sombroek descobriu essa peculiar terra negra na Amazônia na década de 1950 e publicou seu inspirador texto *Solos da Amazônia* em 1966 – um assunto sobre o qual continuou trabalhando durante toda a vida. Terra negra foi encontrada em outros lugares da América Latina, bem como no norte da Alemanha e na África Ocidental. Essas antigas raízes do que hoje em dia é chamado de biocarvão são promissoras tanto para a agricultura como para a atmosfera.

"Pirólise", nome do processo que produz biocarvão, provém do grego: *pyro*, "fogo", e *lise*, "separar". Consiste no cozimento lento de biomassa na ausência total, ou quase total, de oxigênio. O método preferido é a gaseificação, uma pirólise de temperatura mais alta que resulta em uma biomassa mais completamente carbonizada. Comumente, o biocarvão é fabricado a partir de

Pesquisadores e arqueólogos da Embrapa, uma instituição de pesquisa agrícola do Brasil, em torno de uma escavação mostrando a profundidade do biocarvão (terra preta) enterrado nos solos da Amazônia. Em Manaus, uma equipe da Embrapa vem plantando culturas anuais em solos ricos em terra preta há quarenta anos, sem esgotar ou arruinar sua fertilidade ou produtividade. Alguns cientistas equipararam o potencial da terra preta nova a uma "revolução negra" na agricultura.

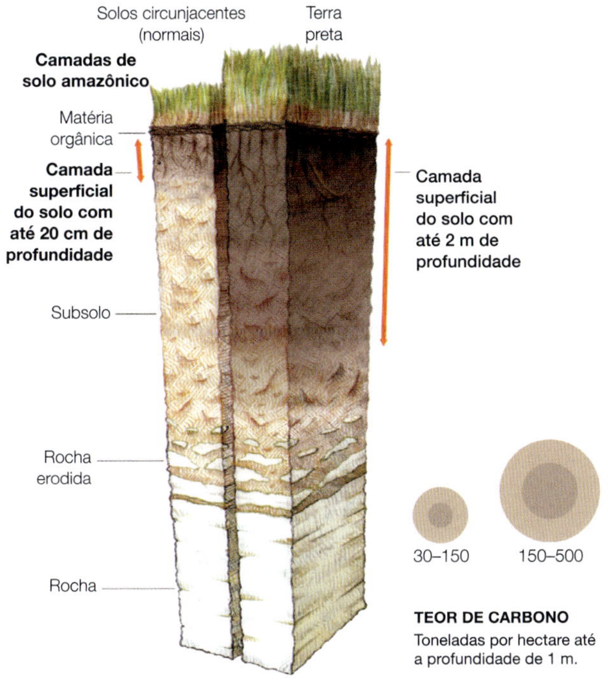

Classificação e resultados até 2050 **72º lugar**

0,81 gigatonelada de redução de CO_2	Dados globais de custo e poupança demasiadamente variáveis para que possam ser determinados

resíduos que vão desde cascas de amendoim até palha de arroz e restos de madeira. Com o aquecimento da biomassa, gás e óleo se separam dos sólidos ricos em carbono. São duas as substâncias produzidas: combustíveis que podem ser usados para energia (talvez para alimentar a própria pirólise) e biocarvão para correção do solo. Dependendo da velocidade de cozedura, a proporção entre combustível e biocarvão pode variar. Quanto mais lenta for a queima, maior a produção de biocarvão. A pirólise é peculiar por sua versatilidade. Sistemas industriais aperfeiçoados e de grande escala podem produzir biocarvão, porém, ela também pode ser feita em pequenos fornos improvisados. Isso significa que é possível obter biocarvão em praticamente qualquer contexto do mundo... e em muitos dos lugares que mais precisam dele.

Por que o carbono carbonizado causaria impacto na fertilidade do solo? Quando um fazendeiro pensa em aumentar os rendimentos, pensa em termos de nitrogênio, potássio, fósforo e alguns minerais, como cálcio e zinco. Se você for comprar fertilizantes para sua fazenda ou jardim, o carbono não estará entre eles porque não fertiliza diretamente; em vez disso, cria condições para maior fertilidade. O biocarvão tem uma estrutura porosa, com extensa área de superfície acomodada em um espaço pequeno. Pense no biocarvão como um *habitat* – assim como um recife de coral, ele tem muitos cantos e fendas onde nutrientes e água se acumulam e que ajudam os microrganismos vitais a se instalarem. Os especialistas nos informam que apenas um grama de biocarvão pode ter uma área de superfície de 1.000-2.500 metros quadrados, graças à abundância de poros diminutos. O biocarvão funciona como um ímã de nutrientes, com uma carga elétrica negativa que atrai os elementos carregados positivamente, como cálcio e potássio. Essa propriedade pode diminuir a acidez do solo causada por fertilizantes nitrogenados e aumentar o rendimento. Quando lavrado no solo, normalmente o biocarvão ajuda as plantas a crescer com vigor, mas não em todos os solos. Os cientistas continuam a pesquisar onde e como o biocarvão é mais benéfico para o solo e para as plantas que nele crescem. As pesquisas preliminares indicam que diferentes tipos de biomassa resultam em biocarvões com diferentes propriedades; aprender a combinar um solo com o biocarvão adequado ajudará a aumentar seu valor. Os estudos mostram um aumento médio no rendimento das culturas de 15%, com um maior impacto em solos ácidos e degradados – o tipo de solo frequentemente existente em áreas ameaçadas pela insegurança alimentar. Além disso, o biocarvão pode aumentar a capacidade das plantas de absorver fertilizantes de nitrato, permitindo, talvez, que os agricultores obtenham o mesmo efeito com menor aplicação de nutrientes, o que diminui os custos e reduz o escoamento do fertilizante e os danos aos ecossistemas aquáticos.

A pirólise produz material com elevada densidade de carbono a partir dos açúcares criados pelas plantas durante a fotossíntese. Quando a biomassa se decompõe na superfície, o carbono e o metano escapam para a atmosfera. O biocarvão retém a maior parte do carbono presente na matéria-prima da biomassa e "o enterra" no solo. Uma vez estável, o carbono pode ser mantido durante séculos no solo – com enorme adiamento de seu retorno para a atmosfera, efetivamente interrompendo o ciclo normal do carbono e colocando-o em câmera lenta. Teoricamente, os especialistas argumentam, o biocarvão poderia sequestrar bilhões de toneladas de dióxido de carbono por ano, além de evitar emissões provenientes dos resíduos orgânicos.

Uma questão fundamental relativa ao biocarvão é a matéria-prima utilizada. Quando a matéria-prima provém de resíduos agrícolas ou urbanos, sua conversão em biocarvão é uma forma de sequestrar carbono, aumentar a fertilidade e produzir energia. Contudo, sem regulamentação e cumprimento adequados, desbastar a terra ou abater árvores a fim de obter biomassa para criar biocarvão danifica e degrada o solo.

Com o crescimento do interesse e da atividade relacionada ao biocarvão, continua o debate sobre o que constitui uma matéria-prima sustentável. A manufatura de biocarvão é uma indústria jovem. A ciência por trás de seu uso e aplicação tem evoluído; tecnologias de pirólise continuam a ser desenvolvidas, embora a demanda ainda seja relativamente pequena. Grupos como a International Biochar Initiative trabalham na criação de padrões, coerência e apoios para a prática, inclusive um esforço de certificação projetado para delinear um futuro transparente e sustentável para o biocarvão. Em 2013, a iniciativa contava com 175 empresas; em 2015, esse número subiu para 326 empresas. Esses são os principais atores empenhados na transformação do biocarvão de uma prática antiga em uma das soluções essenciais para o aquecimento global.

Impacto: *Por volta de 2050, o biocarvão poderá reduzir as emissões de dióxido de carbono em 0,8 gigatonelada. Esta análise baseia-se em avaliações do ciclo de vida total das várias maneiras pelas quais o biocarvão previne e sequestra gases de efeito estufa, assumindo também que a nascente indústria do biocarvão está limitada pela disponibilidade de matérias-primas globais para a biomassa.*

ALIMENTOS
ÁRVORES TROPICAIS ESSENCIAIS

A árvore de marula (*Sclerocarya birrea*) pode ser encontrada desde as florestas do sul da África até latitudes mais setentrionais como a região do Sahel. Ela possui uma ampla coroa, semelhante à do carvalho, e pertence à mesma família da manga e do caju. É fonte rica de alimentos para girafas, rinocerontes e elefantes, sendo estes últimos os principais consumidores. A marula produz uma fruta excepcional e deliciosa. As nozes internas são uma rica fonte de proteína e de óleo de marula. Os elefantes comem a fruta e os galhos e também mordiscam a casca, e é por isso que a marula é também conhecida como árvore-de-elefante. Por mais rigoroso que seja o impacto dos elefantes nessa árvore, como compensação eles também espalham as sementes dela por todos os lugares em seu esterco.

A ideia de agricultura evoca culturas básicas como milho, trigo e arroz, leguminosas como a soja e amendoim, raízes como a batata, batata-doce e mandioca, e canteiros de brócolis, tomate e alface. Essas culturas têm uma coisa em comum: são anuais – plantadas, colhidas e depois replantadas a cada ano. Por causa da natureza das práticas agrícolas, todos os anos as plantas anuais provocam uma liberação líquida de carbono do solo para a atmosfera.

Embora não seja fato amplamente conhecido, muitas culturas perenes, incluindo árvores e outras videiras, arbustos e ervas mais longevas, também produzem alimentos básicos. Muitas dessas importantes plantas perenes vêm sendo cultivadas e colhidas há milênios. Algumas delas são componentes essenciais do abastecimento mundial de alimentos, particularmente nos trópicos, onde alimentos básicos como bananas e abacates são consumidos diariamente. Os alimentos básicos oriundos das árvores são as frutas amiláceas como a banana e a fruta-pão, frutas ricas em óleo como o abacate, e nozes como o coco e a castanha-do-pará. Muitas leguminosas são perenes, por exemplo, o feijão-de-árvore (*chachafruto*), ervilha-de-angola, mesquite e alfarroba. Há também alimentos especializados, como o sagu, um carboidrato rico em amido manufaturado a partir da medula pulposa do saguzeiro. Ou o ensete, uma planta etíope parecida com a banana e que é fermentada no chão por 3-6 meses para a elaboração de um prato tradicional e essencial daquele país, chamado *kocho*. A África é abundante em culturas arbóreas essenciais: baobá, mafura, argan, mongongo, marula, dika, laranja-de-macaco, moringa, safou e muito mais.

Atualmente, 89% da terra cultivada, cerca de 1 bilhão de hectares, estão dedicados às plantas anuais. Das terras restantes em culturas perenes, 47 milhões de hectares são utilizados para culturas perenes essenciais. Terras convertidas de culturas anuais para culturas perenes sequestram, em média, 4,7 toneladas de carbono por hectare por ano durante décadas. Nas regiões tropicais, o rendimento de amidos e proteínas por hectare de culturas básicas equivale ao rendimento das culturas anuais e, em alguns casos, as supera em muito.

Atualmente, as regiões temperadas e boreais não têm culturas candidatas a gerar rendimentos em condições de competir com os rendimentos das culturas anuais básicas. Outro desafio enfrentado pelas culturas perenes básicas é a colheita mecânica. A maioria das culturas não se presta à colheita mecânica ou conjugada. Mas essa desvantagem pode ser capitalizada por muitos dos agricultores em países de baixa renda, que não podem competir com culturas anuais comerciais, mas podem se sair bem com o cultivo misto de florestas e áreas para culturas básicas.

Entretanto, os benefícios superam em muito as desvantagens. As culturas tropicais arbóreas básicas podem fixar raízes em fazendas florestais, em sistemas agroflorestais multiestratificados, ou em sistemas de cultura intercalar com árvores. Em cada um desses casos, elas são capazes de reverter a erosão e o escoamento da água e gerar percentuais mais elevados de infil-

Classificação e resultados até 2050 **14º lugar**

20,19 gigatoneladas de redução de CO_2	US$ 120,1 bilhões de custo líquido	US$ 627 bilhões de poupança líquida

tração para as águas pluviais. Também podem ser cultivadas em encostas íngremes demais para a produção de culturas anuais mecanizadas e, para completar, se adaptam a uma variedade maior de solos. Algumas dessas culturas se dão em condições bastante áridas, onde culturas anuais são marginais ou impossíveis. Essas culturas exigem menor uso de combustível, fertilizantes e pesticidas (ou mesmo dispensam seu uso) e praticamente não há trabalho no solo após o plantio.

Diante das mudanças nos padrões climáticos mundiais, as plantas perenes são mais resilientes, produzindo alimentos onde culturas anuais fracassaram. A precipitação pluviométrica líquida vem aumentando no mundo, mas não da maneira desejada ou necessária. O aquecimento global está criando padrões de chuvas que variam desde condições prolongadas de seca até chuvas torrenciais acompanhadas de inundações repentinas. As culturas arbóreas perenes essenciais podem prosperar em condições nas quais as culturas anuais feneceriam. Por exemplo, a planta ensete pode ficar latente durante 6-8 anos e sobreviver sem chuvas; quando a chuva retorna, o ensete também retorna. As culturas anuais são delicadas e de menor durabilidade em comparação a uma palmeira ou bananeira. A conversão é um uso mais sábio das terras e recursos, apresentando benefícios de várias naturezas para os pequenos proprietários (que, no total, cuidam de cerca de 174 milhões de hectares em todo o mundo, com um tamanho médio de gleba inferior a 2 hectares), as aldeias, a conservação e a renda.

Impacto: *Atualmente, culturas tropicais básicas crescem em 47 milhões de hectares, principalmente nos trópicos. Sua taxa de sequestro é alta: 4,7 toneladas por hectare por ano. Com a expansão dessa área em mais 62 milhões de hectares até 2050, será possível sequestrar 20,2 gigatoneladas extras de dióxido de carbono. Nossa análise pressupõe que a expansão só ocorre em terras de cultivo já existentes, sem a derrubada de florestas. Como seu rendimento é 2,4 vezes maior que o das culturas anuais básicas – a 60% do custo – as economias são significativas, com baixo custo de implementação.*

ALIMENTOS

IRRIGAÇÃO DE TERRAS ARÁVEIS

A irrigação por gotejamento foi inventada por Simcha Blass, de Israel. Blass teve sua inspiração na década de 1930, quando um fazendeiro queria saber por que sua maior árvore crescia sem nenhuma água. Blass escavou em torno das raízes e descobriu um tubo com vazamento. Somente com o advento de tubos de plástico baratos, na década de 1960, sua invenção pôde ser patenteada e comercializada. Talvez essa invenção tenha economizado mais água do que qualquer outra tecnologia.

Irrigar é fornecer água à terra. A prática remonta a cerca de 6000 a.C., quando as águas do Nilo e do Tigre-Eufrates foram desviadas pela primeira vez para alimentar os campos dos agricultores. Tanto os egípcios quanto os mesopotâmios lançaram mão dos aumentos e quedas no nível de seus rios para saturar o solo de suas terras cultivadas. Na esteira das águas, Hapi e Enbilulu surgiram como deuses patronos das inundações e da irrigação, tão essencial essa tecnologia tinha se tornado para essas antigas sociedades. As ruínas desses sistemas iniciais de gerenciamento de água – canais, aterros, diques – ainda existem hoje.

Oito milênios depois, a agricultura e a irrigação consomem 70% dos recursos mundiais de água potável, e a irrigação é essencial para 40% da produção mundial de alimentos. Dada a sua prevalência e escala, a irrigação pode causar o esgotamento das águas superficiais e subterrâneas em decorrência do esvaziamento de rios e aquíferos, além de recrudescer a competição por direitos sobre a água entre fazendas, cidades e empresas. O bombeamento e a distribuição das águas nas fazendas também dependem de energia, com liberação de emissões de carbono no processo.

Ao longo da história humana, os métodos de irrigação que começaram nos vales do Nilo e do Tigre-Eufrates continuaram predominantes. Conhecidos como irrigação por "inundação" ou de "bacia", tais métodos apoiam-se na submersão dos campos e ainda são as abordagens mais comuns em muitas partes do mundo. Mas em meados do século XX, surgiram diversas tecnologias de irrigação que ajudam os agricultores a irrigar seus campos de forma mais precisa e eficiente, economizando água e reduzindo o impacto climático. Os métodos tanto de gotejamento como por aspersão tornam mais exata a aplicação da água, fornecendo o mais exatamente possível a quantidade de água que as culturas precisam para prosperar. A irrigação por gotejamento atinge uma eficiência de aplicação de 90%. A irrigação por aspersão, de 70%. Isso significa que cada gota de água gera mais valor, melhorando a produtividade da irrigação e exigindo menos consumo total de água.

São muitos os benefícios do uso mais eficiente da água da fazenda. Além de diminuir a demanda por energia e as emissões de carbono associadas a ela, o rendimento das culturas melhora e os custos de cultivo diminuem; além disso, diminui a erosão do solo. Um ambiente de campo menos úmido limita as pragas. Os recursos das águas superficiais e subterrâneas ficam mais bem protegidos com a redução da demanda pelo uso de água. Diminuem também os conflitos entre as várias partes interessadas nos recursos hídricos. Além disso, a irrigação por gotejamento pode ser aplicada em uma ampla gama de paisagens. Contudo, a técnica também tem desvantagens que precisam ser administradas. Uma irrigação mais eficiente e precisa exige uma infraestrutura mais ampla; não se trata somente de abrir as comportas. E isso significa maiores custos de capital, bem como serviços contínuos de manutenção, o que pode tornar essa tecnologia insustentável para culturas básicas de valor mais baixo.

As culturas requerem quantidades variáveis de água em estágios variados de seu crescimento. Com o uso da irrigação planejada, outro método de eficiência moderno, os agricultores podem monitorar as condições e satisfazer as necessidades de água das plantações em tempo hábil. A prática da irrigação por déficit é parecida, pois também se vale da aplicação variável de água: as culturas passam por estágios em que são mais tolerantes à seca, durante os quais os agricultores podem reduzir a irrigação. Esse estresse hídrico estratégico pode melhorar efetivamente a qualidade das culturas. Os sensores também estão mudando a paisagem da irrigação. Eles monitoram a umidade do solo e controlam automaticamente os sistemas de irrigação, poupando os agricultores da adivinhação e do trabalho braçal. Nos locais onde a água da chuva

Classificação e resultados até 2050 — 67º lugar

1,33 gigatonelada de redução de CO_2	US$ 216,2 bilhões de custo líquido	US$ 429,7 bilhões de poupança líquida

ou do escoamento superficial pode ser capturada e desviada para os sistemas de irrigação, os agricultores podem recorrer ainda a outra abordagem para o uso eficiente e efetivo da água.

Tanto a irrigação por gotejamento como por aspersão são tecnologias já devidamente testadas. A área de terras agrícolas que adotaram a irrigação por gotejamento e outras tecnologias de "microirrigação" aumentou seis vezes nos últimos vinte anos – de cerca de 1,6 milhão de hectares para pelo menos 10,3 milhões. E essa área continua a crescer, embora ainda equivalha a menos de 4% das terras irrigadas em todo o mundo. Até agora, a maior parte dos adeptos estão nos EUA, Nova Zelândia e certos países da Europa, deixando as regiões de baixa renda do mundo prontas para maior grau de adoção. A Ásia é o lar da irrigação superficial mais convencional e, portanto, tem a oportunidade mais significativa para melhorar a produtividade da água nas plantações.

A única grande barreira para a sua propagação é o custo de compra e de instalação, o que torna a irrigação por gotejamento ou aspersão inacessível a muitos pequenos agricultores. As novas tecnologias de irrigação por gotejamento de baixo custo estão tentando mudar esse quadro, assim como empréstimos e subsídios específicos que já estão possibilitando o aumento da adesão. A infraestrutura de irrigação também depende de conhecimentos humanos; educação e treinamento podem servir de garantia para que os agricultores sejam equipados com sistemas e com conhecimentos e habilidades para otimizá-los. Nos lugares onde os custos dos equipamentos diminuírem e a capacidade técnica das comunidades agrícolas aumentar, o aprimoramento da irrigação poderá favorecer tanto as culturas como o clima.

Impacto: *Atualmente, o uso da irrigação por aspersão e por gotejamento varia muito em todo o mundo, de 42% da área em países de alta renda para 6% em países mais pobres na Ásia e na África. Nossa análise pressupõe que a área sob irrigação melhorada cresça de 53,8 milhões de hectares em 2020 para 181,3 milhões de hectares em 2050. Os maiores volumes de adoção ocorreriam na Ásia, onde 62% da área total irrigada está localizada – atualmente, apenas 4% dessa terra se encontra em regime de microirrigação. Esse crescimento poderia evitar 1,3 gigatonelada de emissões de dióxido de carbono e economizar 90 bilhões de galões de água e 430 bilhões de dólares até 2050.*

Joe Del Bosque, presidente da Del Bosque Farms, Inc., inspeciona uma mangueira de água usada para irrigação por gotejamento em seu pomar de amêndoas em Firebaugh, Califórnia. Em março de 2015, as autoridades da Califórnia aprovaram a legislação proposta pelo governador Jerry Brown, que empenhou 1 bilhão de dólares para enfrentar a seca que vinha assolando o mais populoso estado dos EUA já pelo quarto ano.

A metade oculta da natureza
DAVID R. MONTGOMERY E ANNE BIKLÉ

Há tempos a indústria agrícola vem argumentando que a única maneira de alimentar a humanidade é por meio do uso de fertilizantes químicos, pesticidas e, mais recentemente, sementes geneticamente modificadas. A sabedoria convencional defende que os métodos agrícolas biológicos ou orgânicos são incapazes de alimentar o mundo – meras práticas especializadas destinadas a pequenos agricultores e pouco práticas perante as necessidades alimentares mundiais. Neste trecho, David Montgomery e Anne Biklé resumem a história de como a ciência "provou" que as plantas crescem melhor com o uso de insumos químicos – a base de toda a agricultura industrial e a doutrina predominante sobre como alimentar um mundo faminto.

Como mostram Montgomery e Biklé, faltavam dados à ciência, pois o papel da vida no solo era desconhecido naquela época. Os agrônomos e os cientistas do solo do século XIX e da maior parte do século XX não tinham a menor ideia do que as populações microbianas estavam fazendo no solo. Sem esse conhecimento, a teoria dos fertilizantes químicos para a produtividade agrícola era intocável, porque realmente mantinha as culturas e aumentava os rendimentos, sobretudo nos solos degradados. Mas a agricultura industrial custou muito caro. Na segunda metade do século XX, as práticas agrícolas baseadas em produtos químicos estavam causando perdas constantes de carbono, camada superficial do solo e húmus e gerando poluição da água, culturas mais suscetíveis ao ataque de pragas, gases de efeito estufa (óxido nitroso e dióxido de carbono) e zonas oceânicas mortas.

O que gera saúde do solo, produtividade, taxas de infiltração da água, tolerância à seca, resistência às pragas e qualidade da água são, em grande parte, as legiões de bactérias que vivem no solo – uma comunidade incrivelmente complexa de processos geradores de vida. Essa é a "metade oculta da natureza" que Montgomery e Biklé descrevem tão eloquentemente em seu livro de mesmo nome. Todas as práticas de uso da terra incluídas em Drawdown *oferecem aumentos no sequestro do carbono, na produtividade e nos serviços ecossistêmicos, porque estão alinhadas com os processos de vida. Como se verá em "Agricultura microbiana", na seção "Próximas atrações", hoje as maiores empresas agrícolas mundiais estão correndo contra o tempo para entender, patentear e comercializar soluções microbianas com o objetivo de estancar 150 anos de degradação da terra causada por práticas agrícolas industriais fundamentadas na abordagem agroquímica.*

Em 1634, um químico e médico flamengo chamado Jan Baptist van Helmont começou a prestar atenção no intrigante mundo da fertilidade do solo e do crescimento das plantas. Não que ele tenha escolhido gastar assim seu tempo. Alquimista treinado, Jan acreditava que objetos naturais abrigavam forças elementares que poderiam atrair e repelir as coisas – e que poderiam ser entendidas por meio da observação e da experimentação. Ele se posicionou contra a Igreja, rejeitando a ideia de uma mão divina na explicação de fenômenos naturais. Irritada, a Inquisição o condenou à prisão domiciliar, acusando-o de arrogância impudente por ter a pretensão de investigar como a criação de Deus – a natureza – funcionava.

Preso em casa por vários anos, tirou partido da situação e começou a pensar como uma pequena semente poderia se transformar em uma grande árvore. A forma como as plantas cresciam estava longe de ser coisa óbvia. Não convencido da ideia prevalente à época de que as plantas comiam solo, ele pesou e depois plantou uma muda de salgueiro pesando 2,2 quilos em um vaso contendo cerca de 90,7 quilos de solo seco. Adicionando apenas água, ele simplesmente deixou a árvore crescer – o experimento perfeito para alguém confinado na própria casa. Ao final de cinco anos, ele voltou a pesar a árvore e descobriu que a planta tinha aumentado em 74,4 quilos e que o solo tinha perdido apenas 57 gramas, o que o levou a concluir que a árvore crescia absorvendo água.

Estimulado por suas descobertas, van Helmont realizou diversas outras experiências. Em uma delas, queimou 28 quilos de carvão de carvalho, coletando e pesando cuidadosamente os 450 gramas resultantes de cinzas e pouco menos de 27,6 quilos de gás (dióxido de carbono). Que a queima da madeira produzia cinzas não era surpresa. Mas a grande produção de gás foi uma nova descoberta. Antes desse achado, a ideia de que a maior parte de uma planta era formada por um gás invisível teria sido risível.

Um século e meio transcorreu antes que Nicolas-Théodore de Saussure, um químico suíço que estudou a fisiologia das plantas, juntasse todos os dados. Em 1804, ele repetiu os experimentos de van Helmont, pesando e contabilizando cuidadosamente a água e o dióxido de carbono consumidos por uma planta. Ele demonstrou que as plantas crescem graças à combinação de água líquida com o gás dióxido de carbono na presença de luz solar – um processo que chamamos de fotossíntese.

A descoberta de Saussure transformou radicalmente o que se entendia por fertilidade. As plantas não extraíam carbono do húmus no solo: elas o extraíam do ar! Essa reviravolta desafiava a noção centenária de que as plantas cresciam por meio da absorção de húmus (matéria orgânica em decomposição). Ainda assim, o trabalho de Saussure era contraintuitivo. Afinal, gerações de agricultores sabiam muito bem que o estrume ajudava suas plantas a crescer.

[...]

Filósofos naturais acreditavam que a matéria orgânica do solo, ou húmus – a fina camada escura na parte superior do solo sob a matéria vegetal em decomposição – ajudava de alguma forma as plantas a crescerem. A ideia era a de que esse misterioso material alimentava diretamente as plantas – isto é, até experimentos demonstrarem que o húmus não se dissolve na água, desbancando a ideia de que as plantas são capazes de absorver nutrientes diretamente da matéria orgânica em putrefação. E se as plantas eram incapazes de sugar o húmus com suas raízes, então como poderiam usar esse material para seu crescimento?

Confusos, os cientistas deixaram de lado a noção de que as plantas absorviam nutrientes diretamente do húmus. O químico alemão Justus von Liebig resolveu seguir essa pista e liderou a campanha de descrédito da teoria do húmus para a nutrição das plantas. Em 1840, impelido pela Revolução Industrial, ele escreveu um tratado influente sobre química agrícola, no qual argumentava que o carbono na matéria orgânica do solo não alimentava o crescimento das plantas porque, como demonstrara Saussure, as plantas

O agrônomo Jerry Glover, do Land Institute, no Kansas, EUA, demonstra a extensão do crescimento radicular de gramíneas perenes em várzeas de pradaria nativa.

obtinham o carbono de que necessitavam do dióxido de carbono na atmosfera. Usando práticas típicas da época de análise e pesagem de matéria vegetal antes e depois de sua queima, von Liebig descobriu que as cinzas vegetais eram ricas em nitrogênio e fósforo. Parecia razoável inferir que a matéria restante nas cinzas era o que alimentava as plantas e, portanto, as culturas. Esse achado, na sua opinião, era a resposta que os botânicos buscavam havia muito tempo: a química do solo era a chave para a fertilidade do solo.

Logo von Liebig e seus discípulos identificaram cinco coisas essenciais para o crescimento das plantas: água, dióxido de carbono, nitrogênio e dois elementos minerais derivados de rochas, fósforo e potássio. Eles, então, concluíram que a matéria orgânica não desempenhava nenhum papel importante na geração e manutenção da fertilidade do solo. Ao derrubar a prevalecente teoria do húmus, von Liebig inaugurou uma visão de fertilidade do solo que está situada no âmago da agricultura moderna.

É fácil entender o apelo da filosofia química de von Liebig quando se lê relatos sobre o explosivo crescimento das culturas experimentado pelos agricultores europeus ao começarem a fertilizar solos degradados com guano recém-importado. Em 1804, o explorador alemão Alexander von Humboldt trouxe amostras desse material mágico para a Europa, proveniente de uma ilha situada ao largo da costa do Peru. Além de conter muito fósforo, essa rocha branca continha 30 vezes mais nitrogênio que a maioria dos estrumes.

No final do século XIX, quando a mineração de guano que varreu as ilhas peruanas por fim as exauriu, condenando-as ao esquecimento, a adoção generalizada de fertilizantes químicos tinha se consolidado firmemente como a filosofia orientadora da produção agrícola.

[...]

[Acontece que] a matéria orgânica é a força vital do solo, a moeda de troca na economia subterrânea original. A fome do solo por matéria orgânica explica parcialmente o mistério de seu desaparecimento tão rápido. Sob nossos pés, micróbios e formas de vida maiores criam comunidades complexas e dinâmicas onde todos desempenham um duplo papel: comem e são comidos. Esses microscópicos burros de carga não só fracionam a matéria orgânica como também desempenham o papel de fornecedores e distribuidores de nutrientes, oligoelementos e ácidos orgânicos tão necessários às plantas. Assim, embora os vegetais não absorvam diretamente a matéria orgânica, absorvem os produtos metabólicos dos organismos do solo, que se alimentam e fracionam a matéria orgânica. Von Liebig viveu satisfeito com a noção de que a matéria orgânica não tinha importância. Mas hoje, sabemos que não é assim – os organismos do solo fazem o trabalho pesado que mantém o solo fértil e as plantas alimentadas.

Quando os microrganismos decompõem plantas e animais mortos, recolocam em circulação os elementos da vida, inclusive os três grandes, nitrogênio, potássio e fósforo, e todos os demais nutrientes e os mais variados micronutrientes importantes para a saúde vegetal. Além disso, os micróbios fornecem nutrientes exatamente onde são mais necessários: junto às raízes da planta.

Estamos apenas começando a apreciar as conexões antigas e especializadas entre as raízes de uma planta e a vida do solo. Algumas estimativas indicam que conhecemos apenas cerca de uma em cada dez espécies que vivem no solo. Até muito recentemente, o campo da ecologia do solo era bem parecido com a astronomia antiga, quando nossa visão se limitava às estrelas que podiam ser observadas a olho nu. A metade oculta da natureza trabalha na pele da Terra, tecendo um tapete de vida que oscila do solo para as plantas e para os animais que, após a morte, se tornam o alicerce para um próspero mundo microbiano. Dadas as dificuldades de observar o que se passa no solo, ainda temos muito a aprender sobre as relações ocorrentes nessas profundezas, forjadas em tempos imemoriais.

Excertos de *The hidden half of nature: the microbial roots of life and health* (A metade oculta da natureza: as raízes microbianas da vida e da saúde), de David R. Montgomery e Anne Biklé.

ALIMENTOS

MANEJO DAS PASTAGENS

No longo prazo, os animais de pasto criam ambientes extraordinários. Basta estudar as planícies do Serengeti, da África Oriental e Central, e as pradarias de capim alto da Buffalo Commons, nos EUA, e isso fica claro. Nos locais onde as pastagens originais ainda estão intactas, encontramos terras abundantes com solos ricos em carbono com 3 metros de profundidade. Quando essa mesma terra é repetidamente arada ou pastoreada por animais domésticos, a terra se degrada ao longo do tempo e perde o carbono do solo.

O manejo de pastagens imita o que os rebanhos migratórios de herbívoros fazem nas terras selvagens. Os herbívoros se agrupam para proteger a si e a seus filhotes dos predadores; se alimentam de capins perenes e anuais até sua coroa; perturbam o solo com seus cascos, misturando sua urina e fezes; e vão embora, não retornando por um ano inteiro. Herbívoros como os bovinos, ovinos, caprinos, alces, renas e cervos são ruminantes, mamíferos que fermentam a celulose em seus sistemas digestivos e a fracionam por meio de micróbios emissores de metano. Os ruminantes cocultivaram as grandes pastagens do mundo, desde os pampas da Argentina até a gigantesca estepe da Sibéria. Mas basta colocar esses animais em uma área cercada e a história fica completamente diferente. Pior ainda, se o gado for colocado em confinamento e for mensurado o seu impacto no meio ambiente e no clima, ele concorre com o carvão como um dos maiores causadores de prejuízos para o planeta. Mas o que ficou evidente, entretanto, é que quando o gado e outros ruminantes são manejados em pastagens de uma forma holística, eles podem ser a melhor coisa para a terra.

O bioquímico e agricultor francês André Voisin apresentou pela primeira vez uma teoria dos benefícios do manejo das pastagens em 1957. Voisin estudava química e física, mas no fundo era um fisiologista botânico e zoólogo. Quando retornou para sua fazenda após a Segunda Guerra Mundial, ficou intrigado com a relação entre suas vacas e o capim. Existe uma tendência para achar natural o que ocorre com o capim: ele cresce, é comido, morre e cresce de novo. Voisin percebeu que os agrônomos prestavam grande atenção a quais tipos de capim eram semeados, a como as pastagens eram fertilizadas e a quando eram irrigadas, mas pouco ou nada se interessavam pela interação dos animais com o capim. O capim foi comido até a coroa? Foi pastoreado uma vez? Foi sobrepastoreado? Qual era o estado do capim depois de vários pastejos? Recuperou-se? Que tipo de ganho de peso era alcançado em pastagens diferentes? Voisin examinou as pastagens minuciosamente. Com base nessas observações – e deixando de lado outras variáveis, como a precipitação pluviométrica –, ele percebeu que o modo como as vacas comem o capim é o principal determinante da saúde e da produtividade de um pasto.

Quando as pastagens são pastoreadas continuamente, as reservas de nutrientes nas raízes vão diminuindo até atingir um ponto de exaustão. Plantas e solo acabam desaparecendo. A isso se dá o nome de sobrepastoreio: no mundo, há mais de 400 milhões de hectares de terra nessas condições, de acordo com algumas estimativas. O impacto do sobrepastoreio levou à crença de que a terra se recuperaria se os animais fossem removidos. Não é isso que ocorre. Quando os herbívoros são removidos da terra, sejam eles selvagens ou domesticados, a terra se deteriora. Os danos causados pelo sobrepastoreio eclipsam o que acontece quando as pastagens são subpastoreadas: a saúde do solo diminui e ocorre perda de carbono.

No curso de seus estudos, Voisin abordou duas variáveis essenciais: quanto tempo um animal pasta em determinada pastagem e quanto tempo a terra repousa antes que os animais retornem. A obtenção de resultados otimizados na relação capim-vaca passou a ser conhecida como manejo das pastagens. São três as técnicas básicas de manejo das pastagens capazes de melhorar a saúde do solo e aumentar o sequestro de carbono, a retenção de água e a produtividade da forragem:

1. O pastejo contínuo melhorado ajusta as práticas usuais de pastagem (essencialmente uma pastagem livre para todos, isto é, onde "vale tudo") e evita o sobrepastoreio mediante a diminuição do número de animais por hectare.
2. A rotação das pastagens desloca sistematicamente o gado para áreas de confinamento ou pastagens frescas, o que possibilita a recuperação das áreas já pastoreadas.

3. O pastoreio adaptativo com o uso de várias áreas confinadas, também conhecido como *mob grazing* (pastoreio confinado intensivo), é a mais intensiva das três técnicas. Nela, os animais são levados a entrar e sair de pequenos confinamentos em rápida sucessão, após isso a terra recebe tempo para se recuperar – um mês em climas quentes e úmidos, ou um ano em locais mais frios e mais secos.

Estudos descrevem uma série de impactos para as três práticas. Uma metanálise de pesquisas demonstrou que os impactos do pastejo dependem enormemente do clima local, da textura do solo e das espécies de capim predominantes em determinado terreno. O melhoramento da pastagem geralmente sequestra algumas centenas de quilos de carbono por hectare, mas, em alguns casos, até 7,4 toneladas por hectare. Se forem levadas em conta as emissões de metano e de óxido nitroso, o sequestro líquido será muito menor. No entanto, as pastagens representam 70% das terras agrícolas mundiais, e como o manejo das pastagens pode ser usado em todos os tipos de terreno, essa prática poderá causar impacto significativo caso seu uso seja ampliado.

A mudança do pastoreio convencional para o pastoreio intensivo envolve um período de transição de um regime para o outro. Ela exige que a fazenda se livre dos pesticidas, herbicidas, fungicidas e fertilizantes. Essas são todas conclusões que dificilmente as corporações agrícolas estudariam ou financiariam. Os resultados empíricos alcançados por adeptos de longo prazo assinalam um período de transição de 2-3 anos – mais ou menos o mesmo período de duração da maioria dos estudos que questionam os resultados exibidos pelos defensores da técnica. O que os fazendeiros de toda a América do Norte têm experimentado é avaliado como específico de uma única fazenda e, portanto, descartado de estudos ou artigos científicos revisados por pares sobre manejo das pastagens. Muitos dos benefícios relatados são consistentes em diferentes geografias, climas e tipos de ranchos ou fazendas, e contam uma história bem diferente das conclusões obtidas com base em observações de curto prazo.

Os fazendeiros que utilizaram o manejo de pastagens relatam a volta de variedades perenes de capim que já estavam secas. Nas fazendas com rotações intensivas de 1-2 dias, a capacidade de armazenamento de gado subiu 200-300%. Gramíneas nativas se reestabeleceram, expulsando as ervas daninhas. Como não há a necessidade de semear as pastagens, evitam-se gastos com tempo e diesel. O preparo das pastagens também não é mais feito, poupando combustível e equipamentos. O comportamento do gado mudou. Em vez de vagarem por pastagens exauridas, reduzidas a restolhos, os animais movimentam-se rapidamente e, nesse ínterim, comem ervas daninhas (cujo elevado teor proteico foi descoberto pelos agricultores recentemente), eliminando ou reduzindo a necessidade de controlá-las.

Os experimentos com o manejo das pastagens seguem em todo o mundo, e há redes de agricultores utilizando as redes sociais e os encontros cara a cara para compartilhar seus aprendizados. Não existe um manual. Os resultados parecem melhorar quando o pastoreio é rápido e os períodos de descanso são mais longos. Aumenta o teor de proteínas e açúcares do capim, e quanto mais açúcares de carbono forem fornecidos aos micróbios no solo, maior o crescimento dos fungos micorrízicos, os quais secretam uma substância grudenta chamada glomalina. Os solos ricos em matéria orgânica aglomeram-se em pequenos grânulos pela glomalina, criando um solo friável com espaços vazios pelos quais a água consegue fluir. Os adeptos da prática apontam que seus solos conseguem absorver 20, 25 e 35 centímetros de chuva por hora, ao passo que antes os solos endurecidos alagavam e erodiam com meros 2,5 centímetros de chuva. Embora as taxas de sequestro de carbono sejam muito discutidas por ativistas climáticos, os fazendeiros à frente dessa técnica não a empregam para sequestrar carbono ou impactar o clima. O que fazem é aumentar o carbono para criar solos e animais saudáveis. Muitos começaram com um teor de 1% de matéria orgânica no solo e hoje ostentam taxas de 6-8%, ou mais.

Os usuários dessa técnica relatam aumentos significativos na renda, graças à maior produtividade e à redução das despesas com herbicidas, pesticidas, fertilizantes, diesel e custos veterinários. Também descrevem o retorno da vida à sua terra – bandos de aves canoras, tetrazes nativas, raposas, veados e insetos poli-

À esquerda: *Mob grazing* no Brown's Ranch, Dakota do Norte, EUA.

Abaixo: Gabe Brown ajoelhado em um cultivo de cobertura de plátano, rabanete-daikon, azevém anual, triticale, trevo-carmesim, *Phacelia* e lentilhas.

nizadores, como as abelhas e as borboletas. E apesar de a metodologia ser mais intensiva, as entrevistas nos informam que os agricultores passam a ter mais tempo, embora tenham mais animais na mesma quantidade de terra. Enquanto o Departamento de Agricultura dos EUA tende a patinar quando o assunto é conservação ambiental, os próprios agricultores são os maiores defensores da mobilização do carbono para os solos de pastagem.

Will Harris é um fazendeiro de quarta geração que opera a empresa White Oak Pastures no condado de Clay, na Geórgia, um dos municípios mais pobres do sudeste dos EUA. Após meio século de técnicas intensivas no uso de fertilizantes químicos, com base em um "senso crescente de patrimônio e responsabilidade", Harris começou a transformar a fazenda de sua família em um sistema holístico e humano. Ele abandonou as rações à base de milho, as injeções de hormônio e os antibióticos e, em seguida, os pesticidas e os fertilizantes. Hoje em dia, Harris diz, "a única coisa em que penso – o dia todo, todos os dias – é como posso melhorar a minha terra?".

A White Oak utiliza um método de rotação inspirado nos padrões de pastagem naturais do Serengeti, segundo o qual grandes ruminantes são seguidos por pequenos ruminantes e depois pelas aves. Isso significa vacas em primeiro lugar, depois ovelhas, depois galinhas e perus, todos com liberdade de movimento dentro de suas pastagens. A fazenda funciona mais como um ecossistema, no qual os animais expressam o que Harris chama de comportamentos instintivos, e a equipe da White Oak considera toda a operação como um organismo vivo. Em vez de usar a produção máxima por hectare para medir o sucesso da fazenda, Harris se concentra na saúde, na longevidade e no alinhamento com os princípios da natureza – um negócio rentável em longo prazo. Quanto ao sequestro do carbono, Harris informa que a matéria orgânica rica em carbono em seus 506 hectares de solo é dez vezes maior do que nas fazendas convencionais das vizinhanças com o mesmo tipo de solo e pluviosidade.

Gabe Brown, da fazenda Brown's Ranch, localizada a leste de Bismarck, Dakota do Norte, EUA, emprega uma técnica de pastagem de alta densidade com centenas de bovinos em um único rebanho que se desloca entre seus cem lotes de confinamento, permanecendo durante menos de um dia em alguns deles. Em uma de suas parcelas, Brown aumentou a matéria orgânica do solo de 4% para 10% em seis anos sem usar qualquer insumo externo – um aumento de 123,5 toneladas de carbono por hectare. É Brown que mais bem descreve a mudança em suas práticas agrícolas: "Na época em que trabalhava com métodos convencionais, eu acordava e decidia quem eu mataria naquele dia. Agora eu acordo e decido quem eu vou ajudar a viver melhor". E Brown também tem certeza de onde virá a mudança: "Você não vai mudar os mandachuvas do governo. Quem vai mudar tudo são os consumidores".

Impacto: *Ao melhorar o sequestro de carbono em comparação com as práticas tradicionais de pastejo, essa solução poderá sequestrar 16,3 gigatoneladas de dióxido de carbono até 2050. É necessário observar que essa técnica não reduz as 10 gigatoneladas de metano que são atualmente emitidas nessas áreas de pastagem. Seria preciso que a adoção das práticas de manejo das pastagens se elevasse de 79 milhões de hectares para 445 milhões de hectares ao longo de trinta anos. Os retornos financeiros seriam de 735 bilhões de dólares até 2050, com um investimento extra de 51 bilhões de dólares.*

Os rebanhos de gnus de barba branca se reúnem durante a migração anual para o Serengeti. Esta foto mostra satisfatoriamente o que todos os animais de rebanho fazem, que é ficar relativamente juntos enquanto se deslocam continuamente em terras de pastoreio. Ao formarem o rebanho, os animais protegem seus filhotes do ataque de hienas, leões e outros predadores que acompanham as migrações. O manejo das pastagens faz uso de cercas e tempos curtos de rotação para imitar o comportamento nos campos selvagens, a fim de otimizar a saúde dos animais e regenerar a terra.

MULHERES E MENINAS

Este setor é enganosamente pequeno em número. As soluções aqui oferecidas se concentram na maioria da humanidade, os 51% que são constituídos pelas mulheres. Queremos discutir esse assunto especificamente porque a mudança climática não é neutra em termos de gênero. Em decorrência das desigualdades existentes, mulheres e meninas são desproporcionalmente vulneráveis aos seus impactos, desde doenças até desastres naturais. Ao mesmo tempo, mulheres e meninas são fundamentais para enfrentar o aquecimento global com sucesso – e para a resiliência da humanidade em geral. Como esta seção demonstrará, a repressão e a marginalização de um gênero prejudica efetivamente a todos; por outro lado, a igualdade é muito boa para todos. Essas soluções mostram que a promoção dos direitos e do bem-estar das mulheres e meninas tem o poder de melhorar o futuro da vida em nosso planeta.

MULHERES E MENINAS PEQUENAS PRODUTORAS RURAIS

Nos países de baixa renda, existe um fosso de gênero na agricultura – um fosso entre os recursos e os direitos disponíveis para os homens que trabalham na terra e aqueles disponíveis para as mulheres que fazem as mesmas tarefas. Em média, as mulheres representam 43% da força de trabalho agrícola e produzem 60-80% das culturas alimentares nas partes mais pobres da Terra. Em geral, são trabalhadoras que recebem pouca ou nenhuma remuneração, cultivam campos ou culturas florestais, cuidam do gado e de hortas domésticas. A maioria delas faz parte dos 475 milhões de famílias de pequenos agricultores que trabalham menos de 2 hectares de terra – até certo ponto para sua própria subsistência – e estão entre as pessoas mais pobres e desnutridas do mundo. Suas histórias são diferentes, mas compartilham um aspecto comum: em comparação com os homens, as mulheres têm menos acesso a uma série de recursos, de terras e crédito até educação e tecnologia. Embora sejam agricultoras tão capazes e eficientes quanto os homens, a desigualdade de bens, insumos e apoio explica por que as mulheres produzem menos em uma mesma área de terra. Acabar com esse fosso entre os gêneros pode melhorar a vida das mulheres, de suas famílias e comunidades, e ao mesmo tempo combater o aquecimento global.

De acordo com a Organização das Nações Unidas para a Agricultura e a Alimentação (FAO), se todas as pequenas produtoras rurais tiverem igual acesso aos recursos produtivos, o rendimento de suas culturas aumentará em 20-30%, a produção agrícola total em países de baixa renda aumentará de 2,5% para 4% e o número de pessoas subnutridas no mundo cairá em 12-17%. Entre 100-150 milhões de pessoas deixarão de passar fome. Alguns estudos demonstram que, se as mulheres tiverem acesso aos mesmos recursos que os homens – tudo o mais sendo igual –, seus resultados, na verdade, serão superiores: elas excederiam os homens em 7-23%. O fim dessa lacuna de gênero também pode ajudar no controle das emissões. Quando as parcelas agrícolas produzem satisfatoriamente, diminui a pressão para desmatar e obter mais terras, e onde as práticas regenerativas substituem as práticas de uso intensivo de substâncias químicas, o solo se transforma em um "armazém" de carbono.

Os direitos à terra está no centro das diferenças de gênero enfrentadas pelas pequenas produtoras rurais. Poucos países detalham as estatísticas de propriedade da terra levando em conta o gênero do dono, mas os que o fazem revelam uma desigualdade subjacente: apenas 10-20% dos proprietários são mulheres e, nesse grupo, a insegurança quanto aos direitos à terra constitui permanente desafio. Muitas mulheres são legalmente impedidas de possuir ou herdar propriedade por direito próprio, o que limita suas tomadas de decisão e as deixa vulneráveis a remoções.

Classificação e resultados até 2050		62º lugar
2,06 gigatoneladas de redução de CO_2	Dados demasiadamente variáveis para que possam ser determinados	US$ 87,6 bilhões de poupança líquida

Nas palavras de Kindati Lakshmi, do distrito indiano de Mahabubnagar, "somente a posse de um pedaço de terra nos permitiria viver com dignidade e sem fome. Não temos outra opção, a não ser a de continuar nossa luta até obtermos terras". Conjugado a essa realidade, há outro problema: as mulheres têm menos acesso a dinheiro e crédito. Carência de capital pode significar falta de fertilizantes, ferramentas agrícolas, água e sementes. Sua posição de segunda classe restringe as informações técnicas e o apoio de agentes extensionistas, a adesão a cooperativas rurais e o acesso a mercados e pontos de venda. À medida que mais homens migram para as cidades em busca de renda não agrícola, as mulheres passam a ser cada vez mais importantes para o cultivo em países de baixa renda. Contudo, elas estão impedidas de tomar decisões e de fazer investimentos para melhorar a terra que cultivam. Sua responsabilidade cresce, mas o mesmo não ocorre necessariamente com seus direitos e recursos.

As intervenções de eficácia comprovada abordam as formas pelas quais os sistemas atuais falham com as mulheres, embora a complexidade no campo desafie as estratégias uniformizadas. Bina Agarwal, professora da Universidade de Manchester e autora de *A Field of One's Own*, resume a gama de medidas necessárias:

- Reconhecer e afirmar as mulheres como *agricultoras*, e não como *ajudantes* – uma percepção que, logo de saída, as enfraquece.
- Ampliar o acesso das mulheres à terra e garantir uma posse clara e independente – não mediada e controlada por homens.
- Melhorar o acesso das mulheres ao treinamento e aos recursos que lhes faltam, tendo em mente suas necessidades específicas – o microcrédito em particular.
- Concentrar a pesquisa e o desenvolvimento em culturas que as mulheres cultivam e nos sistemas de cultivo que elas usam.
- Promover a inovação institucional e as abordagens coletivas destinadas às pequenas produtoras rurais, por exemplo, os esforços agrícolas grupais.

O último princípio de Bina Agarwal é muito importante. Quando as mulheres participam de cooperativas para cultivar, aprender, obter financiamentos e vender, conseguem economias de escala em suas operações e potencializam sua influência, *know-how* e talento. Elas também são capazes de compartilhar mão de obra, recursos e riscos, como os resultados incertos de uma nova cultura ou técnica agrícola. A consequência é inovação e maior produtividade das terras. Esses resultados são ainda mais importantes em um mundo que está se transformando com o aquecimento global, ao qual os agricultores precisam se adaptar rapidamente.

Tal como acontece com todos os pequenos produtores, a diversidade no cultivo faz com que os rendimentos anuais sejam mais resilientes e bem-sucedidos ao longo do tempo. Durante décadas, o agronegócio e as agências governamentais vêm promovendo técnicas que dependem de fertilizantes sintéticos, pesticidas e sementes geneticamente modificadas, que deixaram muitos pequenos produtores vulneráveis ao colapso do mercado de *commodities*, infestações por pragas e deterioração do solo. Por outro lado, a diversificação das culturas por meio de práticas como a agrossilvicultura e culturas consorciadas com árvores dispensa o uso desses, ou, em muitos casos, de qualquer insumo químico e cria paisagens mais resistentes. As mulheres – e os homens – precisam de apoio não apenas na obtenção de ganhos de rendimento, mas de rendimentos obtidos de maneiras sustentáveis, que possam ajudá-los em face das mudanças climáticas. De acordo com a FAO, "será difícil, senão impossível, erradicar a pobreza global e acabar com a fome sem aumentar a resiliência diante das mudanças climáticas nas terras dos pequenos agricultores por meio da adoção generalizada de práticas [...] sustentáveis".

O crescimento contínuo da população mundial – com projetados 9,7 bilhões de habitantes em 2050 – significa que a produção agrícola terá que aumentar (em paralelo com a redução do desperdício de alimentos e mudanças na dieta). Dadas as restrições na quantidade de terras aráveis e a necessidade de proteger florestas intactas, a humanidade precisará aumentar o rendimento de cada parcela. O cultivo de mais alimentos na mesma quantidade de terra não poderá ser realizado sem que se leve em conta os pequenos produtores, muitos dos quais são mulheres, cujas necessidades agrícolas têm sido muito negligenciadas. Os países com níveis mais elevados de igualdade de gênero conseguem maiores produções médias de cereais; altos níveis de desigualdade correlacionam-se com resultados opostos. Se os pequenas produtoras rurais obtiverem direitos iguais à terra e aos recursos, produzirão mais alimentos, alimentarão suas famílias mais adequadamente ao longo do ano e aumentarão a renda familiar. Quando as mulheres ganham mais, elas reinvestem 90% do dinheiro obtido na educação, saúde e nutrição de suas famílias e comunidades, em comparação com 30-40% no caso dos homens. No Nepal, por exemplo, o fortalecimento da propriedade da terra para as mulheres está diretamente ligado a melhores resultados na saúde das crianças. Por meio dessa solução, o bem-estar humano liga-se diretamente ao clima, e o que é bom para a igualdade de gênero é bom para os meios de subsistência de todos – tanto homens como mulheres.

Impacto: *Esta solução traz em seu bojo uma redução nas emissões em decorrência dos desmatamentos evitados – resultado de um maior rendimento das culturas dos pequenos produtoras rurais. Com base na literatura específica, assumimos que o rendimento por parcela poderá aumentar em 26%, se o acesso das mulheres às finanças e aos recursos se aproximar dos benefícios concedidos aos homens. Se as mulheres que cuidam de 39,5 milhões de hectares receberem igual assistência e atingirem esse aumento de 26%, até 2050 essa solução poderá reduzir em 2,1 gigatoneladas as emissões de dióxido de carbono.*

MULHERES E MENINAS
PLANEJAMENTO FAMILIAR

Para as mulheres, poder trazer um filho ao mundo por escolha, e não por acaso, e poder planejar o tamanho de sua família e o intervalo entre os filhos é uma questão de autonomia e dignidade. Nos países de baixa renda, 214 milhões de mulheres declaram que querem ter a capacidade de escolher se querem engravidar e quando, mas não têm o necessário acesso a anticoncepcionais – o que resulta em cerca de 74 milhões de gestações não planejadas a cada ano. Isso também ocorre em alguns países ricos, inclusive nos EUA, onde 45% das gestações não são intencionais. A garantia do direito fundamental a serviços de planejamento familiar voluntários e de alta qualidade em todo o mundo causaria poderosos impactos positivos na saúde, no bem-estar e na expectativa de vida das mulheres e de seus filhos. Os benefícios para o desenvolvimento social e econômico de todos os gêneros são inúmeros, e por si sós merecem uma ação rápida e sustentada. O planejamento familiar também pode ter efeitos cascata na redução das emissões dos gases de efeito estufa.

No início da década de 1970, Paul Ehrlich e John Holdren desenvolveram a hoje famosa equação conhecida como "Ipat": Impacto = população × abundância × tecnologia. Em termos simples, essa equação argumenta que o impacto exercido pelos seres humanos no meio ambiente se dá em função do número, nível de consumo e tipo de tecnologia utilizada. Grande parte dos trabalhos que abordam o problema do aquecimento global se concentrou na parte tecnológica da equação e no abandono do uso de combustíveis fósseis. Uma parte desses trabalhos se concentrou na abundância, na tentativa de diminuir o apetite dos consumidores pelas coisas, particularmente nos países ricos. A abordagem do terceiro fator, a população, continua a ser matéria polêmica, apesar do consenso generalizado de que um maior número de habitantes implica mais pressão sobre o planeta, embora não uniformemente. Cada pessoa consome recursos e causa emissões durante toda a sua vida; esses impactos são muito maiores para alguém que vive nos EUA do que no Uzbequistão ou em Uganda. As pegadas de carbono são um tópico corriqueiro e cômodo. O mesmo não se pode dizer do número de pés deixando essas pegadas, em grande parte porque existe a preocupação de que associar planejamento familiar e saúde ambiental seja intrinsecamente coercitivo ou cruel – malthusiano no pior sentido. No entanto, quando o planejamento familiar se concentra na provisão de cuidados de saúde e no atendimento das necessidades expressas das mulheres, o empoderamento, a igualdade e o bem-estar passam a ser os objetivos; os benefícios para o planeta são efeitos colaterais.

Os desafios à expansão do acesso ao planejamento familiar variam desde o fornecimento básico de anticoncepcionais acessíveis e culturalmente apropriados até a educação sobre sexo e reprodução; de postos de saúde distantes até atitudes hostis do

Classificação e resultados até 2050 **7º lugar**

59,6 gigatoneladas de redução de CO_2 — Ver impacto abaixo

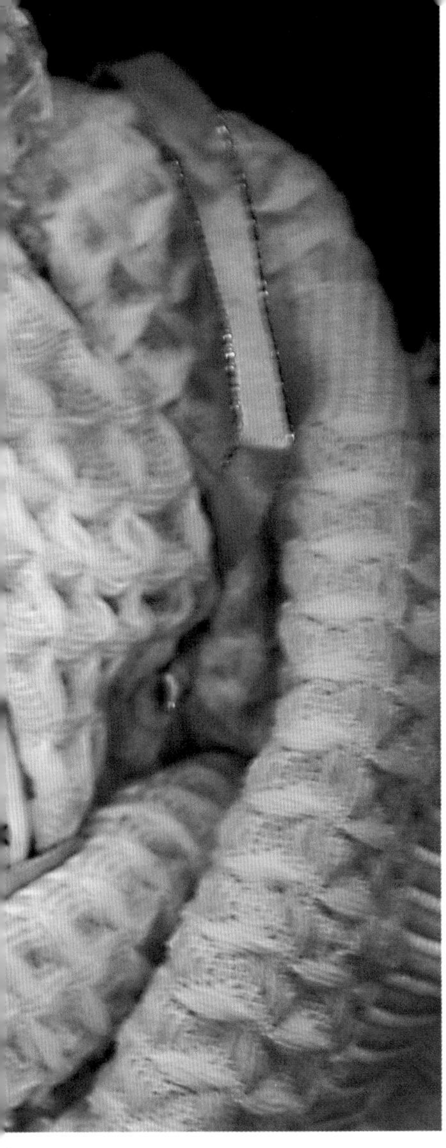

Corre o ano de 2016. Waleed, com apenas três dias de vida, dorme envolto em cobertores na casa de sua família, na cidade de Rafah, no sul da faixa de Gaza. O menino foi identificado como o nascimento número 2 milhões de Gaza, um pequeno enclave espremido entre Egito, Israel e o mar Mediterrâneo. Gaza mede apenas 12 quilômetros em seu ponto mais extenso e tem uma das maiores densidades populacionais do mundo.

corpo médico; das normas sociais e religiosas até a oposição dos parceiros sexuais ao uso do controle de natalidade. Atualmente, o mundo enfrenta um déficit de financiamento de 5,3 bilhões de dólares para o oferecimento de acesso a cuidados de saúde reprodutiva que as mulheres declaram querer.

As histórias de sucesso no planejamento familiar, contudo, são impressionantes. No início da década de 1990, o Irã implementou um programa que foi saudado como um dos mais bem-sucedidos esforços da história. Completamente voluntário, ele envolveu líderes religiosos, educou o público e proporcionou livre acesso à contracepção. Como resultado, as taxas de fertilidade diminuíram pela metade em apenas uma década. Em Bangladesh, as taxas médias de natalidade caíram de seis crianças na década de 1980 para as atuais duas após a pioneira abordagem porta a porta no hospital Matlab se espalhar por todo o país: mulheres profissionais da saúde que prestam cuidados básicos para mulheres e crianças no local onde vivem. Essas e outras histórias de sucesso demonstram que raramente o fornecimento de meios anticoncepcionais é suficiente. O planejamento familiar exige reforço social, por exemplo, as novelas de rádio e televisão atualmente empregadas em muitos lugares com o objetivo de mudar as noções sobre o que é "normal" ou "certo".

Depois de permanecer em silêncio sobre o tema do planejamento familiar por mais de 25 anos, o Painel Intergovernamental de Mudanças Climáticas (IPCC) incluiu o acesso a serviços de saúde reprodutiva em seu relatório de síntese de 2014 e indicou o crescimento da população como um fator importante nas concentrações de gases de efeito estufa. Evidências crescentes sugerem que um benefício extra do planejamento familiar é criar resiliência, ajudando comunidades e países a lidar melhor com as mudanças inevitáveis resultantes do aquecimento global e a se adaptarem a elas. Isso também tem implicações para mulheres e meninas, que, por causa das desigualdades existentes, sofrem de forma desproporcional quando surgem os impactos, desde doenças até desastres naturais. Ainda assim, esse assunto continua a ser tabu em muitos países e instituições, em decorrência da persistente crença de que a discussão do problema populacional, ou as abordagens para sua redução, é intrinsecamente draconiana, sendo uma afronta ao valor da vida humana. Mas exatamente o contrário pode ser válido em um planeta aquecido e superlotado: para que a vida humana seja reverenciada, é necessário assegurar um lar viável e vibrante para todos. Honrar a dignidade das mulheres e das crianças por meio do planejamento familiar não tem a ver com governos centralizados forçando a taxa de natalidade para baixo – ou para cima – mediante políticas de fomento da natalidade. Nem com organizações ou ativistas instalados em países ricos, onde as emissões são mais altas, dizendo a pessoas que vivem em outros países que não tenham mais filhos. Essencialmente, honrar as mulheres e crianças tem a ver com liberdade e oportunidade para as mulheres e o reconhecimento de seus direitos humanos básicos. Atualmente, os programas de planejamento familiar recebem apenas 1% de toda a assistência ao desenvolvimento no exterior. Esse número poderia dobrar, e os países de baixa renda poderiam se esforçar para igualá-lo – um movimento moral que por acaso também significa muito para o planeta.

Impacto: *Uma adoção crescente de cuidados para a saúde reprodutiva e do planejamento familiar é componente essencial para que se cumpra a projeção média feita em 2015 pela ONU para a população mundial, de 9,7 bilhões de pessoas por volta de 2050. Se o investimento em planejamento familiar, particularmente em países de baixa renda, não se materializar, a população mundial poderá se aproximar do limite superior dessa projeção, o que representará mais 1 bilhão de pessoas no planeta. Modelamos o impacto dessa solução com base na diferença de energia, espaço para construção, alimentos, resíduos e transportes que seriam usados em um mundo com pouco ou nenhum investimento no planejamento familiar, em comparação com um mundo no qual a projeção de 9,7 bilhões fosse concretizada. As reduções de emissões resultantes podem chegar a 119,2 gigatoneladas de dióxido de carbono, com um custo anual médio de 10,77 dólares por usuário em países de baixa renda. Já que a educação das meninas tem um importante impacto no uso do planejamento familiar, alocamos 50% das reduções de emissões potenciais totais para cada solução – 59,6 gigatoneladas para cada.*

MULHERES E MENINAS

EDUCAÇÃO DAS MENINAS

Classificação e resultados até 2050 **6º lugar**

59,6 gigatoneladas de redução de CO_2

Ver impacto abaixo

Foi constatado que a educação das meninas exerce um impacto radical no aquecimento global. Mulheres com mais anos de educação geram filhos mais saudáveis e em menor número e administram ativamente sua saúde reprodutiva. Em 2011, a revista *Science* publicou uma análise demográfica do impacto da educação das meninas no crescimento populacional. A revista detalha um cenário de aceleração, com base na atual ascensão da Coreia do Sul de um dos países menos educados para um dos mais educados do mundo. Se todas as nações adotassem uma taxa similar e alcançassem 100% nas taxas de matrícula para meninas no ensino fundamental e médio, por volta de 2050 o mundo contaria com menos 843 milhões de pessoas do que se as atuais taxas de matrícula se mantiverem. De acordo com a Brookings Institution, "a diferença entre uma mulher com zero ano e com doze anos de escolaridade é de quase 4-5 crianças por mulher. E é precisamente nas áreas do mundo onde as meninas têm mais dificuldades para obter educação que está em curso o crescimento populacional mais acelerado".

Nos países mais pobres, as emissões de gases de efeito estufa *per capita* são baixas. As pessoas não têm energia suficiente para sanitizar adequadamente suas águas, ler ou estudar de noite, ou energizar suas pequenas empresas. Há 1,1 bilhão de pessoas sem nenhuma eletricidade. De 0,1 tonelada de dióxido de carbono em Madagascar até 1,8 tonelada na Índia, as emissões *per capita* nos países de baixa renda são uma mera fração da taxa *per capita* anual nos EUA, de 18 toneladas. No entanto, mudanças nas taxas de fertilidade nesses países representariam inúmeros benefícios em praticamente todos os níveis da sociedade global.

Malala Yousafzai, laureada com o prêmio Nobel e ativista da educação das meninas, declarou: "Um filho, um professor, um livro e uma caneta podem mudar o mundo". Um enorme volume de evidências apoia sua convicção: para começar, meninas educadas percebem salários mais altos e têm maior mobilidade ascendente, contribuindo para o crescimento econômico. Suas taxas de mortalidade materna caem, assim como as taxas de mortalidade de seus bebês. Meninas educadas estão menos propensas a se casar quando ainda crianças, ou a se casar contra sua vontade. Apresentam menor incidência de HIV/Aids e de malária – o efeito da "vacina social". Suas parcelas agrícolas são mais produtivas e suas famílias são mais bem nutridas. São mais empoderadas em casa, no trabalho e na sociedade. Sendo um direito intrínseco, a educação estabelece a base para uma vida vibrante para meninas e mulheres e para suas famílias e comunidades. É a alavanca mais poderosa disponível para romper o ciclo da pobreza intergeracional, ao mesmo tempo promovendo a redução das emissões ao mitigar o crescimento populacional. Um estudo econômico de 2010 mostra que o investimento na educação das meninas é "altamente competitivo em termos de custos com quase todas as demais opções existentes para a redução das emissões de carbono" – talvez apenas 10 dólares por tonelada de dióxido de carbono.

A educação também reforça a resiliência em termos de impactos nas mudanças climáticas – algo de que o mundo necessita à medida que o aquecimento aumenta. Nos países de baixa renda, existe uma forte ligação entre as mulheres e os sistemas naturais no núcleo da vida familiar e comunitária. As mulheres frequentemente, e cada vez mais, desempenham papéis como guardiãs e administradoras de alimentos, solo, árvores e água. À medida que meninas educadas se transformam em mulheres educadas, podem mesclar os conhecimentos tradicionais herdados com novas informações acessadas por meio da palavra escrita. À medida que, no futuro, os ciclos de mudança forem ocorrendo – com novas doenças atacando árvores frutíferas, a composição do solo alterando-se nas hortas, assim como as épocas de semeadura/plantio – as mulheres educadas serão capazes de articular as várias formas de saber observar, entender, reavaliar e agir para seu próprio sustento e o de seus dependentes.

A educação também equipa as mulheres para o enfrentamento das mudanças climáticas mais dramáticas. Um estudo de 2013 verificou que educar meninas "é, isoladamente, o mais importante fator social e econômico associado à redução da vulnerabilidade a desastres naturais". *Isoladamente o mais importante.* É uma conclusão extraída do exame das experiências de 125 países desde 1980, que encontra ressonância em outras análises. Meninas e mulheres educadas demonstram maior capacidade de lidar com os choques de catástrofes naturais e com eventos climáticos extremos; portanto, estão menos propensas a se ferirem, deixarem suas casas, ou morrerem durante algum desses eventos. Essa diminuição da vulnerabilidade também se estende a seus filhos, famílias e idosos.

Nos últimos 25 anos, a comunidade global aprendeu muito sobre a educação das meninas. São muitos os desafios que impedem as garotas de exercerem seu direito à educação, mas mesmo assim, em todo o mundo, elas se esforçam para conseguir um lugar na sala de aula. Entre as barreiras econômicas estão a falta de recursos familiares para arcar com as taxas escolares e os uniformes, bem como a priorização dos benefícios mais imediatos oriundos de mandar as meninas para buscar água ou lenha, ou para trabalhar em barracas de mercado ou lotes de terra. As barreiras culturais abrangem as crenças tradicionais de que meninas devem cuidar da casa em vez de aprender a ler e escrever, devem se casar jovens e, nos casos de escassez de recursos, devem abrir mão de seu direito à educação para que os meninos possam ser enviados à escola. Há ainda barreiras relacionadas à segurança:

O Quênia vem progredindo significativamente na educação: atualmente, mais de 80% de todos os meninos e meninas estão matriculados em escolas primárias. Nas escolas secundárias, a taxa de matrícula cai para 50% dos meninos e meninas. A pobreza é a principal causa da baixa taxa de matrícula geral, e, de acordo com as normas socioeconômicas do país, os meninos têm prioridade para o ensino superior quando há limitações financeiras.

Malala Yousafzai é uma ativista da educação de meninas que nasceu no vale de Swat, no norte do Paquistão. Educada principalmente por seu pai, Malala foi reconhecida quando ainda bem jovem pela comunidade global por seu compromisso com os direitos educacionais sob o espectro da crescente influência do Talibã em Swat. Em outubro de 2012, um atirador do Talibã tentou assassinar Yousafzai enquanto ela voltava de ônibus para casa depois de um exame escolar. Malala é a mais jovem laureada com o prêmio Nobel da Paz e continua a estudar e a trabalhar pela educação por meio do Fundo Malala, cujo objetivo é garantir doze anos de educação segura e de qualidade para meninas de todo o mundo.

escolas mais distantes colocam as meninas em risco de sofrer violência de gênero em seu caminho de ida e volta, para não mencionar os perigos e desconfortos na própria escola. Incapacitação, gravidez, parto e mutilação genital feminina também podem ser obstáculos.

As barreiras são reais, mas as soluções também o são. As abordagens mais eficazes abrangem simultaneamente o acesso (possibilidade de arcar com os custos educacionais, proximidade e adequação da escola para as meninas) e a qualidade (bons professores e bons resultados de aprendizagem). A mobilização das comunidades para apoiar e sustentar o progresso na educação das meninas é uma ação aceleradora poderosa. O livro enciclopédico *What works in girl's education* (O que funciona na educação das meninas) mapeia sete áreas de intervenções interligadas:

1. Tornar o custo da educação acessível. Por exemplo, oferecer um salário familiar para que as meninas sejam mantidas na escola.
2. Ajudar as meninas a superar barreiras de saúde. Por exemplo, oferecer tratamentos de vermifugação.
3. Reduzir o tempo e a distância até a escola. Por exemplo, fornecer bicicleta para as meninas.
4. Tornar as escolas mais agradáveis para as meninas. Por exemplo, oferecer programas de assistência infantil para jovens mães.
5. Melhorar a qualidade da escola. Por exemplo, investir em mais e melhores professores.
6. Aumentar o engajamento da comunidade. Por exemplo, capacitar ativistas de educação comunitária.
7. Dar continuidade à educação das meninas durante emergências. Por exemplo, estabelecer escolas em campos de refugiados.

Hoje, 130 milhões de meninas têm negado o seu direito de frequentar a escola. A situação é mais terrível nas salas de aula do ensino médio. No sul da Ásia, menos da metade das meninas – 16,3 milhões – estão matriculadas no ensino médio. Na África subsaariana, menos de uma em cada três meninas frequenta o ensino médio; e embora 75% de todas as meninas iniciem seus estudos, apenas 8% terminam o ensino médio. Atualmente, a ajuda internacional para projetos de educação é de cerca de 13 bilhões de dólares anuais. Tendo em vista o vínculo existente entre a educação das meninas e as mudanças climáticas, os fundos para a redução dos problemas climáticos e para a adaptação a eles poderiam permitir que o mundo ampliasse rapidamente a escala das soluções. Essa seria uma combinação poderosa entre a necessidade de fundos da educação e a necessidade mundial de soluções climáticas comprovadas. Além disso, a sincronização entre os investimentos na educação das meninas e os investimentos no planejamento familiar teria efeito complementar e de mútuo reforço. A educação se fundamenta na crença de que cada vida fervilha com um potencial inato. Quando o assunto são as mudanças climáticas, acalentar a promessa representada por cada menina pode moldar o futuro para todos nós.

Impacto: *Duas soluções influenciam o tamanho das famílias e a população global: a educação das meninas e o planejamento familiar. Como é impossível determinar a dinâmica exata entre essas soluções, nossos modelos alocam 50% do impacto potencial total para cada uma. Assumimos que esses impactos resultam de treze anos de escolaridade, incluindo os ensino fundamental e médio. De acordo com a Organização das Nações Unidas para a Educação, a Ciência e a Cultura (Unesco), com o fechamento de uma lacuna de financiamento anual de 39 bilhões de dólares, será possível alcançar a universalização da educação em países de baixa e baixa-média rendas. Isso poderia resultar na redução de 59,6 gigatoneladas de emissões até 2050. O retorno desse investimento é incalculável.*

EDIFÍCIOS E CIDADES

Já se pensou tudo sobre as cidades, desde culpá-las pela destruição ambiental até considerar que os ambientes urbanos, devidamente projetados e administrados, podem ser uma espécie de arca biológica e cultural – locais onde os seres humanos podem causar o menor impacto ao planeta e ser educados, criativos e saudáveis. Essa notável mudança iniciou-se com a obra da escritora Jane Jacobs e do paisagista Ian McHarg na década de 1960 e se disseminou por arquitetos, prefeitos, *designers* e construtores que atualmente ajudam a repensar a vida das cidades, com a Mãe Natureza e a natureza humana funcionando como seu duplo modelo. Os edifícios e os *habitats* urbanos mais amplos se transformaram em uma fonte de inovação em relação a água, energia, iluminação, *design* e impacto. Biólogos como Janine Benyus vêm mapeando maneiras por meio das quais as cidades poderiam ser mais produtivas em termos de ar, água, flora, fauna, polinizadores e sequestro de carbono se comparadas com as terras originais sobre as quais foram construídas. Em vez de ser fonte ou causa de degeneração, as cidades têm se tornado regenerativas para o meio ambiente e para o bem-estar humano.

EDIFÍCIOS E CIDADES

EDIFÍCIOS COM CONSUMO ZERO DE ENERGIA

O que antes era um desafio de engenharia e mera curiosidade arquitetônica tornou-se um método de construção alternativa disponível em todo o mundo. Um edifício de energia zero é aquele que tem zero consumo líquido de energia, produzindo tanta energia como a utilizada durante um ano. Em alguns meses, pode gerar excesso de eletricidade; em outros, pode necessitar de eletricidade. No balanço final, é autossustentável. Além de usar menos energia, os edifícios de energia zero são mais resilientes durante desastres e apagões, são mais cuidadosamente projetados levando em conta suas necessidades e geralmente têm custos operacionais reduzidos.

Projetar um edifício zero líquido significa pensar nas causas do uso de energia. Existem várias maneiras de reduzir as cargas de energia nas edificações. Sempre que possível, a luz do dia deve ser priorizada, dispensando a iluminação artificial. Os espaços são projetados para incentivar as pessoas a caminhar de um andar para outro em vez de usar elevadores. As paredes, as janelas e os tetos têm potência isolante (valor R) máxima para reter o calor no inverno e manter o frescor no verão. Os quebra-sóis e os beirais das janelas são projetados para receber a luz solar nos meses de inverno, quando o sol está mais baixo, e para criar a sombra necessária no verão, quando o sol está mais diretamente acima. O vidro eletrocrômico altera sua opacidade de acordo com o calor, o sol e a diferença entre as temperaturas interna e externa. Se a janela estiver próxima, poderá ser ajustada manualmente com um aplicativo em seu *smartphone*. Trocadores de calor ficam estrategicamente posicionados, de modo a assegurar que todas as calorias perdidas sejam reutilizadas. Obtém-se ganho solar passivo por meio da orientação do edifício e da fenestração inteligente. O ar-condicionado usa princípios de ventilação natural da natureza, como as casas de cupim e as massas térmicas subterrâneas, para criar convecção e brisas de resfriamento naturais.

Na época em que os edifícios de energia zero eram uma novidade, era razoável adotar uma estratégia modesta nos objetivos de construção e considerar a energia líquida zero como uma experiência arriscada. Atualmente, essas construções estão se tornando mais comuns, e os arquitetos vêm projetando edifícios extraordinários em todo o mundo. Uma firma de arquitetura da Nova Inglaterra, EUA, recusa encomendas para edifícios que não sejam de energia líquida zero. Quando questionado, um dos sócios informou que essa medida visava a preservar sua reputação.

Bairros, distritos e comunidades de energia líquida zero estão sendo projetados e construídos, como o projeto de construção de habitações a preços acessíveis em Kaupuni Village, no Havaí, e o vilarejo solar de Sonnenschiff em Freiburg, na Alemanha, que produz quatro vezes a energia que consome. A cidade de Cambridge, Massachusetts, criou um plano para que até 2040 todos os edifícios sejam de energia zero. A Califórnia propõe revisar seu código de construção a fim de exigir que todas as novas construções residenciais sejam de energia zero até 2020 – e a data para que o mesmo ocorra com os novos edifícios comerciais será 2030. Existe uma farmácia Walgreens em Chicago que é um edifício energia líquida zero. Os novos edifícios ampliam ainda mais as expectativas: consumo zero de água e zero de resíduos. Nesses edifícios, há coleta da água da chuva e processamento do esgoto no local, resultando em formas compostáveis.

As origens conceituais de edifícios de energia líquida zero estão nos organismos. Na maioria das vezes, os edifícios eram considerados como peças projetadas e construídas para atender a determinadas funções – e não como o sistema que são. Os engenheiros em particular tinham incentivos perversos. Por exemplo, para evitar reclamações judiciais futuras, eles calculavam o sistema de ar-condicionado necessário para o prédio e, em seguida, duplicavam a capacidade do sistema. Para alguns profissionais, a remuneração se baseava nos custos gerais de construção – re-

Custos e poupanças modelados em energia renovável, iluminação LED, bombas térmicas, isolamento etc.

compensando a suficiência, não a eficiência. Com a mudança dos paradigmas, o prédio, o local, o clima, a trajetória do sol e os ocupantes do prédio são todos vistos como um único sistema. Os edifícios respiram exatamente como as criaturas; eles inspiram e exalam ar. Necessitam de energia, mas, como na natureza, sem desperdícios – a quantidade certa no momento e lugar certos.

Quando o Conselho de Construções Sustentáveis dos EUA estabeleceu originalmente padrões mais elevados para as construções em 1993, foi possivelmente a primeira organização comercial no mundo a exigir padrões superiores aos estabelecidos pelo governo. Uma ramificação do Conselho, chamada Conselho de Construções Sustentáveis de Cascadia e liderada pelo arquiteto Jason McLennan, acreditava que os ZEBs (edifícios de energia zero) poderiam ser projetados de modo a ultrapassarem em muito os padrões da Liderança em Energia e *Design* Ambiental (LEED). A Cascadia deu início à promoção do conceito de zero líquido, que terminou com a criação de novas organizações: o International Living Future Institute e a ideia dos Living Buildings. Em 2005, no mesmo ano em que McLennan criou o Living Building Challenge juntamente com o arquiteto Bob Berkebile, o arquiteto Ed Mazria anunciou o Desafio 2030, uma linha de tempo organizada para que todos os edifícios se tornem neutros em carbono até 2030. Desde então, o Desafio 2030 tem sido adotado pelos distritos, cidades, estados e países que estão usando técnicas de construção de zero consumo líquido de energia. O consumo de energia projetado para o setor de construção dos EUA em 2030 vem diminuindo já há onze anos consecutivos desde o lançamento do desafio – uma redução de 18,5 quatrilhões de unidades térmicas britânicas (BTU), o equivalente a 1.209 usinas de energia de 250 megawatts alimentadas a carvão. O que outrora era considerado uma maneira marginal, até mesmo extravagante, de construir locais de trabalho e moradias humanas hoje é prática corrente em todo o mundo, graças ao conceito de edifícios com emissão zero.

Impacto: *No início desta seção, não citamos números porque os edifícios com consumo líquido zero constituem um mosaico de soluções distintas. Valem-se do uso de janelas inteligentes; telhados verdes; sistemas eficientes de aquecimento, resfriamento e água; melhor isolamento; energia e armazenamento distribuídos; e automação avançada. Todos esses fatores são tratados individualmente em nossa análise. Se os edifícios zero líquido forem calculados como uma solução única, e assumindo que 9,7% dos novos edifícios terão consumo líquido zero de energia até 2050, a oportunidade integrada será de 7,1 gigatoneladas de dióxido de carbono.*

O Centro de Inovação do Instituto Rocky Mountain é um edifício de energia zero situado na costa norte do rio Roaring Fork, em Basalt, Colorado, EUA. O edifício de dois andares e área de 1.450 metros quadrados foi construído usando o *software* e modelo *Integrated Project Delivery*, um processo replicável que pode ser aplicado em todo o país em projetos comerciais de escala similar. Embora localizado em uma das zonas climáticas mais frias dos EUA, o invólucro de isolamento do edifício foi construído com paredes R-50 e telhado R-67. O edifício possui um sistema solar fotovoltaico de 83 quilowatts no telhado, capaz de fornecer mais energia do que o edifício foi projetado para usar. O prédio foi projetado para usar menos água do que o volume de chuva e de neve que caem sobre o local. Embora o uso de água residual ainda não tenha sido aprovado no Colorado, o edifício conta com um sistema de captação de água residual, em antecipação às mudanças nos regulamentos estaduais. Para economizar energia com aquecimento e ar-condicionado, o Centro se concentrou no aquecimento e resfriamento das pessoas – não do espaço. Seus construtores abordaram os seis fatores que afetam o conforto humano: temperatura do ar, velocidade do vento, umidade, volume de roupas, nível de atividade e a temperatura das superfícies circunjacentes. Levando em conta esses fatores, o Centro goza de uma faixa mais ampla para temperatura atmosféricas confortáveis, de 19,5-27ºC, em comparação com a faixa das construções comerciais convencionais, de 21-24,5ºC. Isso reduziu em 50% o uso de energia e eliminou o sistema de ar-condicionado. O uso de um pequeno sistema de aquecimento é necessário apenas nos dias mais frios.

EDIFÍCIOS E CIDADES

CIDADES CAMINHÁVEIS

Os seres humanos são criaturas que caminham, feitas para andar a pé, perambular, marchar. Durante a maior parte da história, caminhar foi a forma principal, senão a única, de transporte. Todas as cidades foram projetadas para que seus moradores se deslocassem à maneira bípede. Pense em Florença ou Marraquexe. Em Dubrovnik ou Buenos Aires. Caminhe mentalmente por Paris. Essa orientação para o caminhar mudou no início do século XX, com a fabricação em massa de automóveis e o traçado (ou reformulação) dos espaços urbanos e suburbanos para atender a eles. Foi uma mudança que teve grandes implicações para a saúde, a comunidade e o meio ambiente, mas que não precisa continuar predominando.

Hoje, nas cidades ao redor do mundo, a facilidade de caminhar voltou a ser uma característica valorizada, graças em grande parte aos movimentos urbanistas que defendem cidades bem planejadas, habitáveis e sustentáveis. As cidades pelas quais é fácil andar, e suas ruas e bairros, priorizam o uso de dois pés em lugar de quatro rodas, graças a um planejamento e *design* cuidadoso (que tipicamente também leva em consideração a bicicleta). Essas cidades minimizam a necessidade de usar o carro e fazem com que seja atrativa a escolha de não depender desse veículo. Hoje, o renascimento dos ambientes urbanos orientados para os pedestres é vital, já que caminhar pode diminuir drasticamente as emissões de gases de efeito estufa dos veículos. De acordo com o Urban Land Institute, em desenvolvimentos mais compactos e preparados para as caminhadas o uso do carro diminui em 20-40%.

Segundo o planejador urbano e autor Jeff Speck, "o pedestre é uma espécie extremamente frágil, que funciona como um sinal de alerta para o perigo na habitabilidade urbana. Sob as condições certas, essa criatura prospera e se multiplica". A "teoria geral da deambulação" de Speck descreve quatro critérios que devem ser cumpridos para que as pessoas escolham caminhar. Uma viagem a pé deve ser útil, ajudando a pessoa a atender a algumas necessidades da vida diária. Deve ser *segura*, incluindo proteção contra carros e outros perigos. Deve ser *confortável*, atraindo os caminhantes para o que Speck denomina de "salas de estar ao ar livre". E deve ser *interessante*, com beleza, vivacidade e variedade por todo o trajeto. Em outras palavras, caminhadas não são simplesmente percursos com uma distância razoável do ponto A ao ponto B, talvez um passeio de 10-15 min a pé. Devem possuir "atrativos", graças a uma massa crítica de outros caminhantes, uma mescla no uso da terra e das construções e elementos de *design* essenciais que criem ambientes atraentes para as pessoas a pé.

Ao refletir sobre a ideia de caminhar, o foco tende a recair nos próprios caminhantes bípedes. Mas há necessidade de uma rede de infraestrutura – em última análise, o percurso da caminhada – para que sejam possíveis caminhadas seguras, convenientes e desejáveis. O que significa isso? É o oposto da expansão urbana. Casas, cafés, parques, lojas e escritórios estão misturados, com uma densidade que os torna acessíveis a pé. As calçadas são largas e protegidas do tráfego motorizado. As calçadas são bem iluminadas à noite, ladeadas de árvores e sombreadas durante o

Classificação e resultados até 2050		54º lugar
2,92 gigatoneladas de redução de CO_2	Custo demasiadamente variável para ser modelado	US$ 3,28 trilhões de poupança líquida

O bairro de San Telmo, em Buenos Aires, sempre foi um bairro caminhável e familiar que reunia as pessoas em cafés e em lojas nas suas ruas de paralelepípedos. Hoje, suas antigas igrejas, lojas de antiguidades, becos e artistas atraem turistas de todo o mundo. É uma maneira de experimentar a rua oposta à oferecida pela avenida 9 de Julio, a três quarteirões de distância – uma via barulhenta que atravessa Buenos Aires, por onde o tráfego flui incessante e onde enormes edifícios comerciais se debruçam, indiferentes, sobre os seres humanos.

dia o que é vital em climas quentes e úmidos. Se interconectam efetivamente umas às outras e talvez conduzam a áreas totalmente livres de carros. Pontos de interesse por toda a estrada, trilhas ou cursos d'água são acessíveis por meio de cruzamentos seguros e diretos para pedestres, construídos a intervalos regulares. No nível da rua, os edifícios fervilham de vida, promovendo uma sensação de segurança. A beleza é um convite para que as pessoas saiam para a rua. A perambulação pode ser facilmente combinada com o ciclismo ou com o transporte de massa, com boa conectividade entre esses diferentes meios de mobilidade. Muitas dessas melhorias podem ser alcançadas por uma fração do custo de outras infraestruturas de transporte. A facilidade de caminhar melhora o uso, e portanto a relação custo-benefício, dos sistemas de transporte público.

Muitas das coisas que tornam as cidades mais sustentáveis também as tornam mais habitáveis – e talvez nada mais efetivamente do que a facilidade de caminhar. É por isso que os ambientalistas se veem lutando pelas mesmas mudanças que economistas e epidemiologistas. Os lugares urbanos "caminháveis" atraem residentes, empresas e turistas, enquanto os comerciantes locais se beneficiam do aumento no tráfego de pedestres. Esses locais permitem a circulação de pessoas de todas as classes, independentemente da renda, o que aumenta a igualdade e a inclusão. Com mais pessoas andando, diminui o congestionamento do tráfego – e também o estresse e a poluição associados a ele. Há menos acidentes com veículos motorizados. Quanto mais pessoas caminham (e andam de bicicleta), mais seguras se tornam essas modalidades. O aumento dos níveis de atividade física melhora a saúde e o bem-estar, fazendo frente aos problemas generalizados de obesidade, doenças cardíacas e diabetes. A interação social e a segurança da vizinhança aumentam, assim como a criatividade, o engajamento cívico e a conexão com a natureza e com o local. É mais fácil e atrativo viver em cidades caminháveis, o que equivale a cidadãos mais felizes e saudáveis. Saúde, prosperidade e sustentabilidade andam de mãos dadas.

Conforme as populações urbanas do mundo continuam a crescer, paisagens urbanas nas quais se pode andar irão crescer em importância. Espera-se que os habitantes urbanos representem dois terços da população mundial em 2050. Um aumento no volume das construções ocorrerá para acomodar esse boom. Hoje, há áreas excessivas de espaços urbanos pouco transitáveis a pé ou até mesmo intransitáveis. Um volume demasiadamente grande de políticas municipais ainda promove um desenvolvimento de baixa densidade e estilo suburbano, em vez de priorizar bairros densos e de uso misto – escolhas às quais as comunidades possivelmente ficarão presas por um longo período. E as cidades continuam a investir pouco dinheiro na infraestrutura pedestre. Em países de baixa renda, cerca de 70% dos orçamentos de transporte urbano vão para infraestruturas orientadas para os carros, embora aproximadamente 70% das viagens sejam realizadas a pé ou por transporte público. Todas essas tendências são contrárias ao que as pessoas desejam: atualmente, a demanda para viver em lugares caminháveis quase sempre ultrapassa a oferta.

Para concretizar todo o potencial dessa filosofia de vida, as práticas imobiliárias, as leis de zoneamento e as políticas municipais precisam mudar. Regulamentos baseados na forma e função dos edifícios, que substituem o zoneamento convencional de uso único; diretrizes como a Liderança em Energia e *Design* Ambiental (LEED) para o desenvolvimento de bairros; e índices que medem a facilidade de se caminhar, como o *Walk Score*, já estão fazendo a diferença. Práticas como o "ônibus escolar a pé", que reúne as crianças para caminhadas até a escola, podem formar hábitos de caminhada desde o início da vida. Em última análise, as cidades caminháveis serão mais bem-sucedidas quando fizerem com que passear, caminhar e perambular voltem a ser outra vez as formas mais convidativas de se movimentar.

Impacto: *Os 6Ds, isto é, as seis dimensões do ambiente construído – demanda, densidade, design, destino, distância e diversidade – são todos fatores essenciais para a capacidade de caminhar. Nossa análise enfatiza a densidade populacional como motivadora para bairros caminháveis. Na medida em que as cidades se tornarem populacionalmente mais densas e os planejadores urbanos, as empresas comerciais e os residentes investirem nos 6Ds, 5% das viagens atualmente feitas de carro poderão ser realizadas a pé até 2050. Essa mudança poderia evitar 2,9 gigatoneladas de emissões de dióxido de carbono e reduzir os custos associados à propriedade dos carros em 3,3 trilhões de dólares.*

EDIFÍCIOS E CIDADES
INFRAESTRUTURA PARA AS BICICLETAS

A bicicleta tem sido um agente de mudança desde que surgiu pela primeira vez na Europa do século XIX como uma prática de lazer para homens com espírito esportivo. Em questão de anos, o ciclismo se generalizou e se tornou amplamente acessível e amado. As bicicletas permitiram que os adolescentes de diferentes bairros e classes sociais se misturassem, longe dos olhos moralizantes. As bicicletas deram às mulheres liberdade de movimento e ajudaram a redefinir as normas de vestimenta e de feminilidade. Como a sufragista Susan B. Anthony disse em 1896: "Deixe me dizer o que penso sobre andar de bicicleta. Eu acho que tem feito mais para emancipar as mulheres do que qualquer outra coisa no mundo".

A chegada dos carros no início do século XX desviou a atenção para as quatro rodas, e até mesmo as capitais do ciclismo da Europa, como Amsterdã, testemunharam o domínio dos automóveis em meados do século. Mas atualmente as bicicletas parecem estar ingressando em outra era de ouro, já que as cidades tentam desemaranhar o tráfego e desobstruir os céus, os moradores urbanos anseiam por um transporte acessível e ficou impossível ignorar as doenças decorrentes da inatividade e dos gases de efeito estufa. Como um eixo central ligando esses desejos interligados, as bicicletas podem, mais uma vez, voltar a ser uma força para a mudança social.

Segundo o escritor britânico Rob Penn, "a bicicleta pode se mover, em uma superfície razoável, com uma velocidade de 4-5 vezes mais veloz que o ritmo da caminhada e com a mesma quantidade de esforço – o que faz dela o meio de transporte automotorizado mais eficiente já inventado". Com praticamente zero emissão, a bicicleta é também extremamente eficiente sob o ponto de vista climático. Mas o elogio de Penn também identifica um poderoso obstáculo para o triunfo da bicicleta: "uma superfície razoável", também conhecida como infraestrutura.

Da mesma forma que pedestres e carros, as bicicletas precisam de uma infraestrutura cuidadosamente planejada. Numerosos estudos buscaram identificar os elementos fundamentais capazes de promover um uso seguro e abundante da bicicleta. Repetidamente esses estudos identificam uma estreita ligação entre as redes de ciclovias ou outros caminhos e a prevalência de ciclistas em determinada cidade ou povoado. Quanto mais diretas, niveladas e interconectadas forem essas vias, melhor. Confluências criteriosamente projetadas onde bicicletas e carros se entrecruzam – interseções, rotatórias, pontos de acesso – são vitais para a segurança e o fluxo. Por exemplo, com o semáforo fechado os ciclistas podem ser direcionados para a frente da fila de carros, onde ficarão completamente visíveis, podendo avançar antes de qualquer motorista. Outras infraestruturas críticas são: estacionamento seguro, boa iluminação, vegetação e conexões para os destinos desejados, inclusive para o transporte público. Um tratamento igualitário é essencial: algumas cidades demonstram um viés no investimento em infraestrutura para bicicletas, o qual ocorre apenas em áreas privilegiadas.

O papel da infraestrutura de bicicletas é criar ambientes seguros, agradáveis e eficazes para o seu uso. Os ciclistas – especialmente as mulheres, revelam as pesquisas – desejam circular separados do trânsito. Mas apenas a infraestrutura física não é suficiente. Nos lugares onde o ciclismo prospera, como a Dinamarca, a Alemanha e a Holanda, programas e políticas promovem um tipo de infraestrutura social complementar. Iniciativas educativas destinam-se tanto aos ciclistas como aos motoristas. Leis de responsabilidade mais rigorosas protegem os usuários de veículos com duas rodas. E desincentivos para a propriedade e o uso de automóveis tornam a bicicleta mais atraente. Pesquisas também mostram que programas urbanos de compartilhamento de bicicletas, como o Vélib' em Paris, e eventos de conscientização, como o Ciclovía em Bogotá, fazem crescer o número de usuários. Chuveiros nos locais de trabalho podem viabilizar a prática de percursos mais cansativos, e o acesso a peças e meios de manutenção acessíveis pode fazer com que valha a pena possuir uma bicicleta. Um *design* urbano abrangente leva em conta a densidade, a acessibilidade e a conectividade no ambiente construído – aspectos cruciais para a facilidade no uso da bicicleta.

Em 1967, um funcionário holandês declarou que o ciclismo equivalia ao suicídio. Isso estava prestes a mudar. Depois da Segunda Guerra Mundial, o país começara a transição para o desenvolvimento e estilos de vida centrados no carro, até que um número crescente de mortes no trânsito, muitas delas envolvendo crianças, desencadeou um movimento que induziu ações do governo e uma reviravolta na trajetória dos Países Baixos – tudo no espaço de uma década. Amsterdã, Roterdã e Utrecht são atualmente algumas das mecas mundiais do ciclismo. Em Amsterdã, as bicicletas superam os carros na proporção de 4 para 1.

Da mesma forma, os investimentos de Copenhague em infraestrutura fizeram do ciclismo um meio de transporte fácil e rápido. São inovações como a "onda verde" – semáforos nas estradas principais sincronizados com o ritmo dos ciclistas, para que possam manter sua velocidade de cruzeiro por longos trechos. Atualmente, a cidade está investindo em um sistema de semáforos responsivos cujo objetivo é diminuir o tempo de viagem em 10% para as bicicletas e em 5-20% para os ônibus, tornando as duas modalidades mais atraentes. Ao mesmo tempo, a infraestrutura para carros está se tornando menos amigável, por exemplo, com a remoção gradual das áreas de estacionamento.

Os números falam por si: na Dinamarca, 18% das viagens locais são feitas em duas rodas, e na Holanda esse percentual chega a 27%. Já nos EUA, o país dos loucos por carros, apenas 1% das viagens são realizadas de bicicleta. Mas há esperança: os deslocamentos de bicicleta nesse país cresceram 60% entre 2000 e 2012, e em lugares como Portland, Oregon, onde é alto o investimento em infraestrutura, o percentual saltou de 1,8% para 6,1% dos deslocamentos durante esse período. Tendo em vista que 40% das viagens de carro no espaço urbano percorrem menos de 3,2 quilômetros, muitas poderiam ser feitas de bicicleta, e não de carro.

Como a história holandesa nos lembra, em determinada época todas as cidades já foram cidades onde se andava de bicicleta,

Classificação e resultados até 2050		59º lugar
2,31 gigatoneladas de redução de CO_2	-US$ 2,03 trilhões de custo líquido	US$ 400,5 bilhões de poupança líquida

antes que começassem a serem transformadas e reformadas em favor do todo-poderoso automóvel. Elevações da topografia e calor, tempestades e o gélido frio ártico sempre serão desafios, mas a maioria dos obstáculos ao ciclismo se encontra totalmente dentro do controle dos municípios. É nesse ponto que se localiza a questão essencial: quanto mais infraestrutura tivermos, maior será o número de ciclistas. E quanto mais ciclistas, mais mudanças nas normas culturais – *"Isso é simples, inteligente e moderno"* – e mais retorno sobre o investimento a sociedade obterá, incluindo os benefícios para a saúde oriundos de um ar mais limpo e de pessoas que passam partes de seus dias praticando mais atividade física.

Contudo, *investimento* é a palavra-chave. Na maioria dos lugares, a infraestrutura para as bicicletas continua a receber apenas uma pequena fração dos fundos públicos dispendidos em transporte – alocações que poderiam mudar. É razoável que o ciclismo também suscite preocupações com a segurança, mas existe uma clara correlação entre taxas elevadas de ciclismo, mais infraestrutura de ciclismo e menor risco de mortes. Há segurança na infraestrutura e no aumento do número de ciclistas, conforme mais pessoas mudarem de quatro para duas rodas. Das novas estradas europeias para bicicletas aos desafios do ciclismo local, a bicicleta pode reduzir as emissões e ao mesmo tempo reivindicar seu *status* como transporte econômico, salubre, pitoresco e talvez revolucionário.

Impacto: *Em 2014, 5,5% das viagens urbanas em todo o mundo foram feitas de bicicleta. Em algumas cidades, a fatia representada pelos deslocamentos com bicicleta foi superior a 20%. Assumimos um aumento de 5,5% para 7,5% das viagens urbanas globalmente até 2050, substituindo 2,2 trilhões de passageiros-milhas percorridas pelas modalidades de transporte convencionais e evitando 2,3 gigatoneladas de emissões de dióxido de carbono. Ao construir infraestrutura para bicicletas em vez de estradas, governos municipais e contribuintes podem realizar uma economia de 400 bilhões de dólares ao longo de trinta anos e outros 2,1 trilhões de dólares durante a vida útil da infraestrutura.*

Copenhague é considerada a cidade mais habitável do mundo, em grande parte por ser a mais amigável para as bicicletas. Trinta por cento dos seus habitantes vão para o trabalho, escola e mercado em 29 quilômetros de ciclovias e também ao longo de três estradas para bicicletas que ligam Copenhague aos seus subúrbios distantes. Atualmente, mais 23 dessas estradas estão em construção. Como praticamente todas as cidades europeias, Copenhague foi amiga das bicicletas durante grande parte do século XX. Depois da Segunda Guerra Mundial e ao longo da década de 1960, a cidade ficou poluída e congestionada com o tráfego de automóveis. Os cidadãos protestaram e reivindicaram a cidade para as bicicletas. Atualmente, essa cidade é um testemunho do que a infraestrutura para as bicicletas é capaz de fazer.

EDIFÍCIOS E CIDADES

TETOS VERDES

Vistas de cima, a maioria das cidades é uma colcha de retalhos formada por telhados cinzentos, marrons e pretos. Mas examinemos algumas partes de Stuttgart, na Alemanha, ou Linz, na Áustria, e muitos telhados serão facilmente confundidos com pequenos parques ou praças gramadas. Eles são uma confirmação do moderno movimento em prol de telhados verdes ou "vivos", que decolou nos últimos cinquenta anos, especialmente na Europa. Esses telhados também evocam uma história muito mais antiga, do apogeu da era viking, quando esses telhados se popularizaram na Escandinávia. Façamos retornar a Noruega moderna até o século IX ou X e nos depararemos com uma paisagem pontilhada de casas com telhados cobertos por torrões de grama, hoje conhecidos como *torvtaks*.

Hoje o telhado convencional é um terreno rude e sem vida, geralmente servindo a um único propósito: proteger dos elementos o edifício e os habitantes que vivem ao seu abrigo. Ao cumprir esse papel, os telhados sofrem com o sol, o vento, a chuva e a neve. Em dias quentes, podem suportar temperaturas até 32°C superiores às do ar ao seu redor, o que torna mais difícil esfriar os pisos abaixo, contribuindo para o efeito de ilha de calor urbana. Esse fenômeno, que torna as cidades efetivamente mais quentes do que as áreas rurais e suburbanas vizinhas, é particularmente prejudicial para residentes jovens, idosos ou enfermos. Por outro lado, os telhados verdes são verdadeiros ecossistemas no céu, projetados para aproveitar as forças moderadoras dos ecossistemas naturais e, no processo, reduzir as emissões de carbono do edifício.

Os telhados vivos dependem de uma série de camadas cuidadosamente projetadas para que se tenha a certeza de que o próprio telhado ficará protegido e a água da chuva será filtrada e drenada, permitindo que as plantas prosperem. Se o projeto visa a obter desempenho com mínimos aportes, os tetos podem consistir em uma camada rasa de solo que suporte um simples tapete de alguma herbácea vigorosa e autossuficiente, por exemplo, a grama-sedum. Essas plantas suculentas e florescentes, muitas vezes chamadas de culturas de rocha, cobrem mais de 4 hectares dos telhados da fábrica de caminhões da Ford em Dearborn, Michigan, EUA. Ou os telhados verdes podem ter sistemas intensivos que possibilitem a manutenção de jardins, parques ou fazendas de pleno direito – lugares onde as pessoas podem descansar, se divertir e cultivar flores ou alimentos. É dessa forma que os outrora não explorados telhados do Brooklyn se transformaram na meca da agricultura urbana. O grau de investimento, os requisitos estruturais, as instalações e a manutenção dependem do nível de vegetação escolhida.

Embora os custos iniciais dos telhados verdes sejam superiores aos de telhados convencionais, e haja necessidade de alguma manutenção, os retornos são atrativos e os custos em longo prazo são comparáveis – e em alguns casos menores. O solo e a vegetação funcionam como material isolante vivo, moderando as temperaturas do edifício durante todo o ano – mais frio no verão, mais quente no inverno. Visto que ocorre diminuição da energia necessária para o aquecimento e para o ar-condicionado, as emissões de gases de efeito estufa são menores, assim como os custos. No piso sob um telhado vivo, o uso de energia para resfriamento pode diminuir em 50%. Os telhados verdes também sequestram carbono em seus solos e biomassa, filtram poluentes do ar, reduzem o escoamento das águas pluviais, ajudam a biodiversidade nas paisagens urbanas e fazem frente às ilhas de calor urbano – beneficiando não apenas os pisos sob ele, mas também as construções próximas. Como a vegetação protege o próprio telhado dos elementos e dos raios UV, os telhados verdes têm o dobro da vida útil dos telhados convencionais.

As pessoas que vivem, trabalham ou brincam nas proximidades de telhados verdes gozam de mais beleza natural e maior bem-estar – o resultado da biofilia, a afinidade inata da humanidade pelo mundo natural. Ao mesmo tempo, os incorporadores, proprietários e operadores de edifícios e construções desfrutam de mais atrativos e da valorização dos imóveis. Os telhados verdes oferecem, em locais elevados (e frequentemente desperdiçados) uma coisa que as pessoas adoram encontrar ao nível do chão. Em geral, a terra é o recurso urbano mais limitado, mas os telhados verdes

Classificação e resultados até 2050 | 73º lugar

0,77 gigatonelada de redução de CO_2	US$ 1,39 trilhão de custo líquido	US$ 988,5 bilhões de poupança líquida

são capazes de gerar hectares e mais hectares de oportunidades para espaços verdes e os benefícios climáticos que eles trazem. A visão do telhado verde na Câmara Municipal de Chicago ou na Universidade Tecnológica Nanyang de Singapura nos permite imaginar as enormes oportunidades a espera no alto dos edifícios. Esses projetos, verdadeiras marcas, e outros esforços de exibição – como os existentes sobre paradas de ônibus, visíveis para pedestres e para os passageiros de carros em trânsito – inspiram maior apoio público.

Os locais de implementação mais ativos, como a Alemanha, nos dão uma lição essencial: incentivos à construção de telhados verdes e políticas de edificações que incentivam ou tornam obrigatório o seu uso são medidas parceiras na promoção de sua proliferação. Constituem o estímulo para a transformação dos telhados verdes – de excentricidades para coisas normais. Exemplificando: para aumentar a proporção de telhados verdes em Singapura, o governo cobre metade dos custos de sua instalação. Chicago acelera as permissões para a construção de edifícios com telhados verdes. Os regulamentos pertinentes ao controle e retenção de águas pluviais também podem incentivar a adoção de telhados verdes. Além disso, padrões industriais claros e consistentes e arquitetos, engenheiros e construtores capacitados são garantia de qualidade. Em outubro de 2016, São Francisco tornou-se a primeira cidade dos EUA a adotar a obrigatoriedade de telhados verdes. A partir desse ano, 15-30% do espaço do telhado de edifícios novos devem ser verdes e/ou devem usar a energia solar. Outras cidades deverão seguir esse exemplo. Ao privilegiar a vida, tanto dentro de edifícios como em cima deles, a atual colcha de retalhos formada por telhados estéreis poderá florescer, transformando as cidades em sistemas de suporte à vida.

Telhados frios são "parentes" dos telhados verdes, causando impactos semelhantes por meio de métodos, obstáculos e vantagens diferentes. A origem latina da palavra *reflexo* significa "dobrar-se para trás", e os telhados frios fazem exatamente isso. Quando a energia solar atinge um telhado escuro convencional em um dia que esteja fazendo 37ºC, apenas 5% dela é refletida de volta ao espaço. O restante fica retido, aquecendo o edifício e o ar circundante. Um telhado frio, por outro lado, reflete até 80% dessa energia solar de volta ao espaço. Os telhados frios assumem diversas formas, todas com cores claras: metal, telhas, azulejos, revestimentos, membranas, e mais formatos se encontram em fase de desenvolvimento. Seja qual for a tecnologia utilizada, em um mundo cada vez mais urbano e aquecido, torna-se essencial o envio da energia solar de volta para onde veio (em vez de absorvê-la). Não só os tetos frios reduzem o calor absorvido pelos edifícios, diminuindo o consumo de energia para seu resfriamento, mas também fazem baixar a temperatura nas cidades. Estudos recentes demonstraram que a capacidade dos telhados frios em minimizar o efeito da ilha de calor urbano se torna mais pronunciada durante as ondas de calor, quando as ilhas de calor são particularmente intensas – por vezes mortais. O crescimento das cidades não para; assim, é essencial que se tornem mais limpas, mais habitáveis e melhores para nosso bem-estar.

Onde os telhados verdes lutam com altos custos e a necessidade de habilidades especiais para sua implementação, telhados frios podem ser usados, já que são mais baratos, mais simples e mais parecidos com as instalações convencionais. Sua construção é relativamente simples. Embora haja a necessidade de limpezas periódicas para a manutenção de uma reflexividade de alto nível, suas necessidades de manutenção também são muito baixas. Apesar dessas facilidades, deve-se levar em conta o contexto. Telhados frios podem criar ofuscação para os vizinhos e seu impacto depende do clima local. Lugares mais quentes são mais beneficiados com seu efeito de resfriamento e sofrem menos com a diminuição da retenção de calor nos meses frios. Em climas mais frios, o isolamento promovido pelos telhados verdes pode ser uma solução mais ideal ao longo de todo o ano.

Telhados frios não são um conceito novo, mas sua adoção em todo o mundo ocorreu com lentidão. Essa solução se encontra em ascensão nos EUA e na UE; em outros países, sua visibilidade vem aumentando e eles obtêm, ocasionalmente, algum comprometimento oficial. A Califórnia tem sido o seu maior defensor: há uma década esse estado norte-americano integrou telhados frios aos padrões de eficiência dos edifícios (Título 24). O sucesso nesses lugares nos mostra o caminho a seguir e a importância dos regulamentos, deduções e programas de incentivo. A evolução da tecnologia dos telhados frios também tem se revelado promissora. A estética das construções tradicionais funciona contra os chamados "telhados brancos", mas hoje os materiais para telhados frios são fornecidos em diversas cores. Níveis ajustáveis de reflexividade podem, em última instância, resolver seu lado negativo no inverno. No interesse de "dobrar para trás" não apenas a energia solar e a temperatura do ar, mas também as emissões, os telhados frios são uma solução consideravelmente promissora.

Impacto: *Na análise dos telhados verdes e frios, levamos em conta as aplicações regionais de cada tecnologia. Se até 2050 os telhados verdes cobrirem 30% e os telhados frescos cobrirem 60% da área dos telhados, terá sido instalado no mundo um total de aproximadamente 38 bilhões de metros quadrados de cobertura eficiente. Combinadas, essas tecnologias poderiam reduzir as emissões de dióxido de carbono em 0,8 gigatonelada, com um custo de 1,4 trilhão de dólares, uma economia, em trinta anos, de 988 bilhões de dólares e uma economia vitalícia de 3 trilhões de dólares.*

Projetado pelo dr. Stephan Brenneisen, o telhado verde do Hospital Cantonal em Basileia, Suíça, contempla do alto a cidade e o rio Reno. Construído em 1937, o edifício recebeu seu primeiro teto verde em 1990, que imita, em seu traçado, as margens do rio Reno. O telhado de vegetação conta com duas áreas de cascalho para atrair pássaros, bem como áreas de grama-sedum, ervas, musgo e grandes extensões de grama. Grandes ramos e pedras intercalados fornecem cobertura, e monitora-se a presença de aves, aranhas, besouros, joaninhas, zangões e muito mais.

EDIFÍCIOS E CIDADES
ILUMINAÇÃO LED

Como outras tecnologias de ponta, os LEDs (diodos emissores de luz) têm um histórico muito menos conhecido. Sua origem remonta a 1874, quando o físico alemão Ferdinand Braun inventou o diodo, um semicondutor de cristal que conduz a eletricidade em uma só direção. Desde então, o desenvolvimento de diodos evoluiu para centenas de aplicações essenciais, que tornaram possíveis muitos dos dispositivos conectados, ligados, assistidos e dirigidos todos os dias. Um dos achados importantes foi como, sob certas condições, os diodos emitem luz. Embora isso tenha sido observado pela primeira vez em 1907, naquela época os cientistas não viram nenhum uso prático para tal dispositivo. Tudo mudou na década de 1960, quando a General Electric, a Texas Instruments e a Hewlett-Packard desenvolveram, patentearam e construíram aplicações comerciais. Em 1994, três cientistas japoneses inventaram lâmpadas LED de alto brilho. A novidade lhes valeu o prêmio Nobel de Física em 2014.

Comissionado pelo governo dos EUA, o Conselho das Indústrias de Guerra criou uma série de organismos específicos para a guerra durante a Primeira Guerra Mundial, por exemplo, a Administração de Combustíveis. Chefiada por Harry Garfield, filho do ex-presidente norte-americano James A. Garfield, o trabalho dessa agência era garantir um abastecimento suficiente de energia para as indústrias essenciais. Além do maravilhoso cartaz *art nouveau* visto na foto, a agência criou o horário de verão, uma prática que já tinha sido instituída na Europa.

Existem três tipos principais de iluminação, e cada tipo emprega um mecanismo diferente para criar luz. As lâmpadas incandescentes aquecem um filamento de tungstênio com uma carga elétrica no vácuo. As lâmpadas fluorescentes ionizam gases por um arco de eletricidade. Ocorre emissão de radiação UV, que é absorvida pelo fósforo que reveste o tubo. O fósforo emite a luz visível. LEDs são dispositivos de estado sólido; mediante um processo chamado eletroluminescência, eles geram elétrons carregados que emitem fótons – unidades de luz.

As lâmpadas incandescentes são tão ineficientes que chegaram a ser comparadas a aquecedores que emitem um pouco de luz. As lâmpadas LED irradiam muita luz e funcionam mais como microcomputadores, ou como um painel solar que funciona em sentido inverso. A energia solar converte fótons em elétrons; LEDs convertem elétrons em fótons. A energia solar e os LEDs têm o mesmo tipo de semicondutor, mas o LED contém uma placa de circuito. O interruptor de luz funciona como teclado. Quando ligado, um LED usa 90% menos energia para a mesma quantidade de luz que uma lâmpada incandescente, e metade da energia consumida por uma lâmpada fluorescente compacta, sem mercúrio tóxico. Além disso, uma lâmpada LED tem duração muito maior do que qualquer outro tipo de lâmpada – 27 anos se for ativada cinco horas por dia. Isso se traduz em um retorno de investimento de 10-30% se LEDs substituírem os pontos de iluminação antigos.

Ao serem comercializados pela primeira vez na década de 1960, os LEDs foram usados em aparelhos eletrônicos, *displays* e luzes de Natal. Atualmente, são agrupados, reunidos e organizados, criando uma grande variedade de lâmpadas úteis e poderosas. Por meio de difusores, os LEDs podem iluminar áreas amplas ou podem ser intensamente concentrados. Suas bases são padronizadas e podem ser acoplados a soquetes convencionais. A gama diversificada de tipos de iluminação LED atualmente disponível significa que praticamente qualquer tipo de lâmpada em uso comercial ou residencial pode ser substituído por uma lâmpada LED. Os LEDs transferem 80% do seu uso de energia para a criação de luz – em vez de calor, como as tecnologias antigas –, reduzindo concomitantemente o trabalho do ar-condicionado.

A questão sobre os LEDs não é se eles se tornarão o padrão para os dispositivos elétricos de iluminação; é quando isso ocorrerá. O preço é 2-3 três vezes maior que o das lâmpadas incandescentes e fluorescentes por watt equivalente, mas essa relação vem caindo rapidamente. Os atuais custos iniciais continuam a ser um obstáculo às famílias de baixa renda, que acabam pagando maiores custos de energia quando usam lâmpadas mais baratas. E apesar do seu custo atual, os LEDs oferecem uma vantagem para as famílias que não têm acesso à eletricidade. Seu baixo consumo de energia torna possível acender as luzes com pequenas células solares, substituindo as lâmpadas de querosene, que são caras e produzem fumos nocivos e grande emissão de gases de efeito estufa. Para famílias e comunidades não conectadas a uma rede elétrica, as luzes de energia solar-

Classificação e resultados até 2050 (residencial)		33º lugar
7,81 gigatoneladas de redução de CO_2	US$ 323,5 bilhões de custo líquido	US$ 1,73 trilhão de poupança líquida

Classificação e resultados até 2050 (comercial)		44º lugar
5,04 gigatoneladas de redução de CO_2	-US$ 205,1 bilhões de custo líquido	US$ 1,09 trilhão de poupança líquida

-LED podem causar impacto benéfico nos meios de subsistência econômicos. De acordo com o Laboratório Nacional Lawrence Berkeley da Universidade da Califórnia, "um sexto da humanidade gasta mais de 40 bilhões de dólares por ano em iluminação (20% do gasto total de energia para iluminação), embora [receba apenas] 0,1% da iluminação usufruída pelo mundo eletrificado". Os produtos solar-LED, por outro lado, se pagam dentro de um ano após a compra. Somente na Índia, cerca de 1 milhão de sistemas de iluminação solar ajudam estudantes a fazer sua lição de casa, as maternidades a operar efetivamente e as empresas a continuar abertas depois do pôr do sol. Ainda assim, ao anoitecer, mais de 1 bilhão de pessoas ficam no escuro. Os LEDs são tão importantes para enfrentar a carência por iluminação quanto a mudança climática.

Os LEDs também estão transformando espaços urbanos com iluminação pública. As lâmpadas LED para a iluminação pública podem economizar até 70% da energia e reduzir significativamente os custos de manutenção; isso significa que as cidades podem substituir as luzes de rua antigas e ineficientes por LEDs que se pagam. Os LEDs podem ser "regulados" de modo a proporcionar benefícios para a saúde dos seres humanos (maior vigilância nas rodovias ou indução do sono em áreas residenciais) e também proteger a vida selvagem (evitando que aves e tartarugas, por exemplo, fiquem desorientados pela luz artificial).

O impacto das luzes solar-LED no bem-estar humano e no desenvolvimento econômico diz muito do papel essencial que a iluminação artificial desempenha no dia a dia. Esse tipo de iluminação estende as atividades até horas noturnas e expande os espaços utilizáveis para além daqueles iluminados pelo sol. A iluminação está tão conectada à vida humana que chega a representar 15% do uso global da eletricidade – mais do que a quantidade gerada por todas as usinas nucleares em todo o mundo. E a demanda está aumentando. Os LEDs serão vitais para atender essa demanda e, no processo, diminuir o uso de energia e as emissões, e também as despesas. Os países que estão exigindo a mudança para essa tecnologia estão nos mostrando o caminho, colhendo os frutos e tornando a tecnologia mais acessível para todos.

Impacto: *Nossa análise pressupõe que os LEDs se tornarão onipresentes até 2050, abrangendo 90% do mercado da iluminação doméstica e 82% da iluminação comercial. À medida que os LEDs forem substituindo os modos de iluminação menos eficientes, poderão ser evitadas 7,8 gigatoneladas de emissões de dióxido de carbono nas residências e 5 gigatoneladas nos edifícios comerciais. Os ganhos extras, não levados em conta nessa avaliação, serão provenientes da substituição da iluminação de querosene pela tecnologia solar-LED em locais não atendidos pela rede elétrica.*

Mulher tarahumara em Cueche, no México, em sua casa com uma única lanterna LED. Imagine sua casa sem iluminação à noite. Agora imagine a bênção representada mesmo por uma única lanterna LED. Se ficar ligada cinco horas por noite, a lâmpada deverá durar 27 anos, sendo a forma mais barata de iluminação no planeta.

BOMBAS TÉRMICAS

É possível que Benjamin Franklin tenha sido o único diplomata a estudar a ciência da refrigeração. Isso ocorreu em Cambridge, Inglaterra, em 1758, quando o diplomata estava tentando reduzir as tensões entre o rei George e a colônia americana, mas também encontrou tempo para o laboratório. Ele e o químico inglês John Hadley ficaram intrigados com a descoberta de um cientista escocês, feita uma década antes, demonstrando como a evaporação de líquidos voláteis revelava um efeito secundário: o resfriamento. O princípio básico é que as moléculas de maior energia (mais quentes) se evaporam primeiro, deixando para trás as de mais baixa energia (mais frias). Em Cambridge, o equipamento dos pesquisadores consistia em um vidro de éter, um termômetro de bulbo de mercúrio e um fole. Depois de molhar o termômetro no éter, trabalhavam no fole para evaporar o líquido com a maior rapidez possível. O termômetro registrava a temperatura, que caiu cerca de 3,5 graus Celsius em um dos testes, e o acúmulo de gelo solidificou o experimento. Franklin escreveu a um amigo: "Pode-se ver a possibilidade de congelar um homem até a morte em um dia quente de verão". Um exagero, mas o famoso polímata estava, mais uma vez, no caminho certo. Poderia ele ter previsto as consequências de sua descoberta?

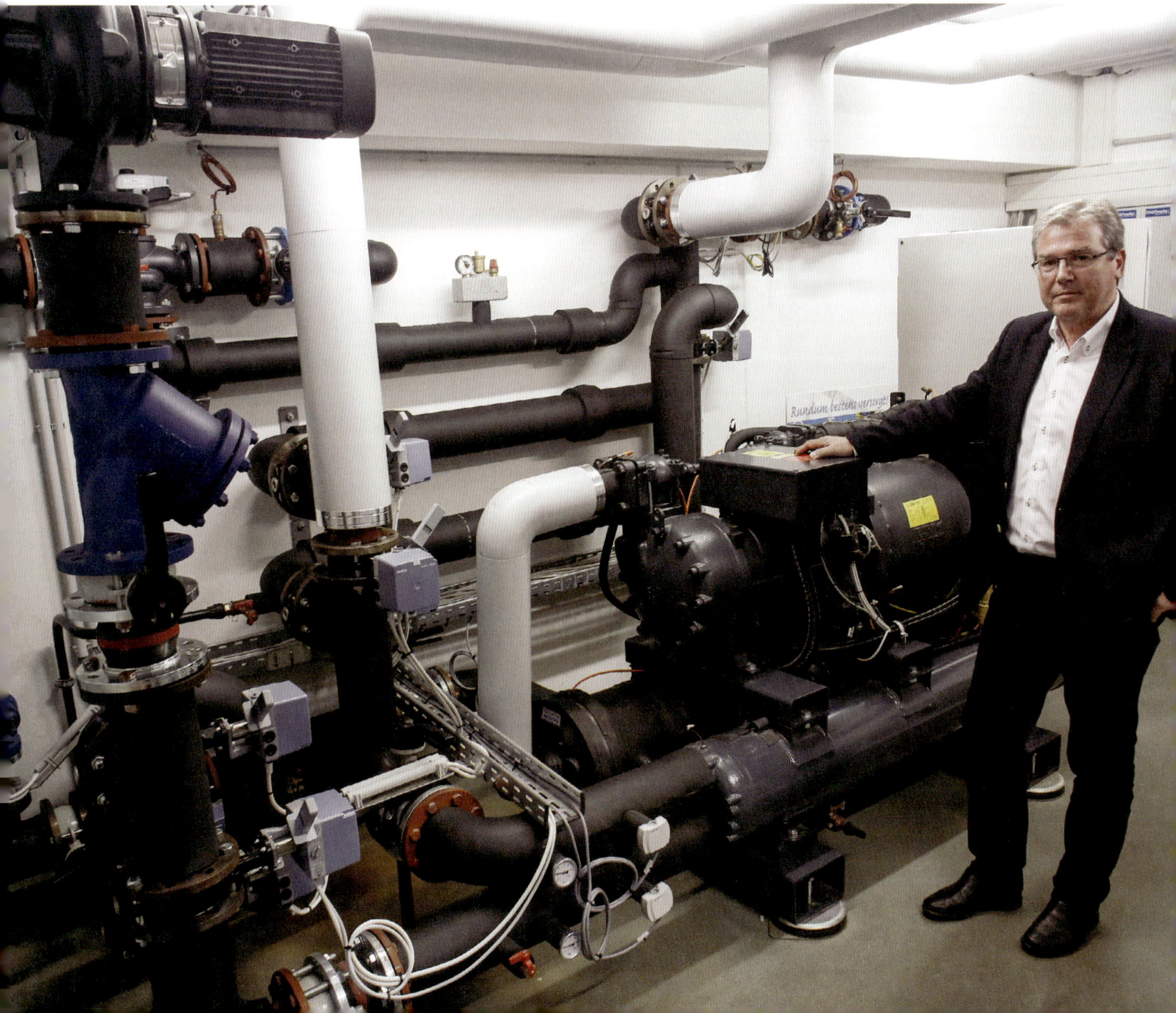

Robert Simmer, diretor da Stadtwerke Amstetten, empresa local de serviços na Áustria, diante de uma bomba térmica projetada para capturar e reciclar energia do esgoto.

5,2 gigatoneladas de redução de CO_2	US$ 118,7 bilhões de custo líquido	US$ 1,55 trilhão de poupança líquida

Gwyn Prins, professor emérito na London School of Economics and Political Science, sugere que o vício no uso do ar-condicionado (AC) é "a epidemia mais difundida e menos perceptível" nos EUA – onde a quantidade de eletricidade consumida para manter os edifícios refrigerados é igual a toda a eletricidade utilizada em toda África, para tudo. É fácil entender como isso aconteceu: os combustíveis fósseis eram abundantes e baratos; ninguém estava preocupado com as emissões de gases de efeito estufa ou com o aquecimento global; e o ar fresco era sempre bem-vindo, em casa ou no trabalho. Os críticos argumentam que o AC é um caminho que jamais deveria ter sido trilhado pela civilização e que, agora, deve ser abandonado. Talvez, não é provável que isso ocorra. Uma grande aspiração dos seres humanos em todo o mundo – muitos deles vivendo nos climas mais quentes da Ásia e da África – é o conforto do ar-condicionado. O fator demográfico, *per se*, determina que o mundo está propenso a passar por um aumento maciço da demanda de AC no século XXI – um estudo prevê até 33 vezes mais AC por volta de 2100. A experiência da China serve como prenúncio: entre os anos de 1995 e 2007, o percentual de lares com AC nas cidades chinesas aumentou de 7% para 95%. Em breve a China irá superar os EUA como o principal consumidor de AC.

O AC rouba a maioria das manchetes quando o assunto é conservação e eficiência, mas o aquecimento é igualmente suscetível à ineficiência e igualmente prioritário em termos de melhorias. Em todo o mundo, os edifícios consomem aproximadamente 32% de toda a enérgia gerada; mais de um terço disso se destina ao aquecimento e resfriamento. Diversos órgãos analisaram o potencial para o aumento da eficiência e projetaram resultados. Todos concordam em dois pontos: continuar como estamos gera emissões acentuadas em decorrência do aquecimento e do resfriamento; uma eficiência máxima pode reduzir o consumo de energia em 30-40%.

Os meios para aumentar a eficiência estão à mão e não são necessariamente de alta tecnologia. Por exemplo, faz sentido o uso de termostatos inteligentes que correlacionam a regulagem da temperatura no interior do prédio com a temperatura externa e com a real ocupação humana, mas em muitos casos esses dispositivos não são usados. A velocidade dos ventiladores é surpreendentemente importante e, com frequência, é definida de maneira incorreta. E são vitais os permutadores de calor para recuperação do calor ou do frio do ar ventilado para o exterior. Adequar estruturas existentes com essas intervenções de baixa tecnologia custa mais caro, mas em qualquer edifício novo elas deveriam ser obrigatórias. Essas medidas economizam dinheiro, evitam o desconforto e reduzem as emissões. Se forem combinadas com configurações de termostato, alguns graus acima no verão e alguns graus abaixo no inverno, os benefícios para a energia elétrica serão exponenciais.

Uma tecnologia se destaca do resto: as bombas térmicas podem atender às necessidades mundiais de aquecimento e resfriamento e eliminar quase todas as emissões se forem alimentadas por energia renovável. A maioria das pessoas já possui uma variante da bomba térmica em suas casas: a geladeira. O princípio de funcionamento é o mesmo. Tanto as geladeiras como as bombas térmicas possuem um compressor, um condensador, uma válvula de expansão e um evaporador, e ambas transferem calor de um espaço frio para um espaço quente. No inverno, isso significa puxar o calor do exterior e enviá-lo para dentro do prédio. No verão, o calor é puxado de dentro do prédio e expelido para o exterior. A fonte ou o dissipador do calor pode ser o solo, o ar ou a água. As bombas térmicas de ar funcionam melhor em climas temperados, pois sua eficiência cai quando as temperaturas externas caem para menos de 4,5°C. No entanto, a tecnologia mais moderna se revelou eficaz até -15°C, desde que o prédio esteja bem isolado. Em áreas como a Escandinávia e o norte do Japão, bombas geotérmicas são a tecnologia preferida – esses dispositivos aproveitam a temperatura relativamente constante do subsolo.

Embora seu custo possa ser elevado e a eficiência flutue dependendo do clima local, as bombas térmicas são de fácil adoção, simples e já se encontram em uso em todo o mundo. Podem fornecer aquecimento interno, refrigeração e água quente – tudo a partir de uma unidade integrada. Quando se trata de eficiência, as bombas de calor têm uma vantagem singular: para cada unidade de eletricidade consumida, é transferido um equivalente de até 5 unidades de energia térmica. De acordo com a Agência Internacional de Energia, uma penetração da ordem de 30% no setor de edifícios por bombas térmicas adequadas poderia reduzir em 6% as emissões mundiais de dióxido de carbono. Essa seria uma das maiores contribuições de qualquer tecnologia atualmente presente no mercado. Quando unidas às fontes de energia renovável e a estruturas de construção projetadas para ganhos de eficiência, as bombas térmicas não mobilizarão só ar quente; elas mobilizarão a Terra em direção à redução da emissão dos gases estufa.

Impacto: *O aquecimento e o resfriamento das áreas de construções residenciais e comerciais requerem mais de 13.000 terawatts-hora de energia, com estimativa de um aumento para mais de 18.000 terawatt-horas até 2050. Esse uso de energia provém da combustão de combustíveis* in loco *e de sistemas alimentados pela eletricidade – desde fornos a gás até aparelhos de ar-condicionado. Bombas térmicas de alta eficiência fazem com que o consumo de combustível caia para zero e consomem menos eletricidade para gerar aquecimento e resfriamento. A adoção atual é baixa, 0,02% do mercado, mas estimamos um crescimento rápido com a continuação da redução dos custos em até 25% por volta de 2050. Para um custo de 119 bilhões de dólares além do que seria gasto em tecnologias convencionais, as economias operacionais poderiam atingir 1,5 trilhão de dólares ao longo de três décadas e 3,5 trilhões de dólares durante a vida útil da tecnologia. Nesse cenário, a redução das emissões chegam a 5,2 gigatoneladas de dióxido de carbono.*

EDIFÍCIOS E CIDADES
VIDRO INTELIGENTE

As janelas de vidro são uma invenção romana, instaladas em banhos públicos, edifícios importantes e casas de grande riqueza. Embora bastante opaco, o vidro romano foi um grande avanço com relação às peles de animais, tecidos e madeira usados para proteger os edifícios dos fatores externos. *Window*, "janela" em inglês, vem de *vindauga*, dos vikings, que significa "olho de vento". Outrora um luxo único, as janelas de vidro agora são padrão em todo o mundo, trazendo luz e visibilidade aos ambientes construídos, sem deixar que o clima penetre em seu interior.

O único problema é que as janelas deixam, sim, o clima entrar, na forma de calor ou frio. Janelas são muito menos eficientes que as paredes com isolamento para manter a temperatura ambiente dentro e a temperatura exterior fora – por um fator de dez ou mais, dependendo da parede e da janela. Se obtivermos uma imagem termográfica de uma casa típica no inverno, a perda de calor iluminará suas janelas. O *valor U* (ou *fator U*) de uma janela é uma medida da sua eficiência, indicando o nível de fluxo de calor para dentro ou para fora. Um único painel de vidro transparente pode ter um valor U igual a 1,2-1,3. Com dois painéis espaçados entre si, o valor U da janela cai para 0,5-0,7. Quanto menor esse valor, melhor. (Uma medida similar, o *valor R*, mede a *resistência* ao fluxo de calor; assim, funciona inversamente: quanto maior, melhor.)

A sobreposição de vidros não é o único meio de melhorar a eficiência da janela. Revestimentos de baixa emissividade (*low-e*), que são superfícies refletoras praticamente invisíveis, diminuem ainda mais o valor U da janela. A injeção de um gás isolante entre as vidraças tem o mesmo efeito – normalmente argônio ou criptônio. Caixilhos estanques, de alta qualidade, resistem a vazamentos de ar. Juntas, essas tecnologias têm reduzido progressivamente a ineficiência e, com isso, a contribuição da janela para a carga de aquecimento e resfriamento das edificações. Com base nas avaliações de janelas pelo programa norte-americano *Energy Star*, as janelas mais eficientes têm valores U por volta de 0,15-0,20.

Tecnologias mais adaptativas, denominadas "vidro inteligente", fazem com que as janelas reajam ao clima em tempo real. Na química, cromismo é qualquer processo que faça com que determinado material mude de cor. A eletricidade desencadeia o processo no eletrocromismo; o calor, no termocromismo; e a luz, no fotocromismo. O vidro eletrocrômico foi desenvolvido nas décadas de 1970 e 1980 pelos pesquisadores do National Renewable Energy Laboratory nas proximidades de Denver, pelo Lawrence Berkeley National Laboratory na Califórnia e por outras entidades de pesquisa. O que torna o vidro eletrocrômico é uma fina camada de óxidos metálicos em nanoescala – 1/50 da espessura de um fio de cabelo humano –, cuja fórmula exata varia dependendo do fabricante e continua a evoluir em decorrência de mais pesquisas. Quando expostos a uma breve descarga de tensão, os íons saltam para outra camada, e o resultado é uma mudança da tonalidade e da reflexibilidade do vidro. Acionado com um *smartphone* ou *tablet*, o vidro eletrocrômico é tão comutável quanto a iluminação interior.

As janelas eletrocrômicas mais avançadas desagregam a luz e o calor para obter ótimo desempenho. Em um frio dia de inverno, tanto a luz visível do sol como sua radiação térmica podem penetrar. No verão, o vidro pode ser ativado para admitir a luz visível e bloquear o calor. Ou, com uma tensão ligeiramente diferente, tanto a luz como o calor são refletidos, escurecendo o cômodo – não há necessidade de fechar as persianas, nem mesmo de tê-las. (O Boeing 787-9 Dreamliner usa vidro eletrocrômico em vez de persianas.)

Uma tecnologia similar, o vidro termocrômico dispensa qualquer choque de eletricidade. Com base na temperatura externa, faz automaticamente a transição da transparência para a opacidade e vice-versa. É o "anel do humor" das janelas. As janelas fotocromáticas funcionam de forma semelhante, com base na exposição à luz. Certas lentes de óculos lançam mão da mesma química. Em ambos os casos, a vantagem nítida é que não há necessidade de qualquer ação, mas as janelas termocrômicas e fotocrômicas não possuem a adaptabilidade e o controle oferecidos pelas opções eletrocrômicas. As janelas inteligentes por encomenda têm o benefício extra de reduzir a carga de energia para a iluminação, além de melhorar a eficiência de aquecimento e de resfriamento.

No Japão, testes com vidro eletrocrômico demonstraram que as cargas de resfriamento podem cair em mais de 30% nos dias quentes. De acordo com a View, uma empresa com sede na Califórnia, sua linha de produtos eletrocrômicos reduz o uso de energia em 20% em comparação com as janelas tradicionais. Mas também são 50% mais caras – e aí mora a principal desvantagem do vidro inteligente. Alguns desses custos podem ser compensados pela economia em outras áreas, se for eliminada a necessidade de cortinas e persianas e forem usados aparelhos de ar-condicionado menores e mais eficientes. O custo-benefício poderá ser mais favorável em climas quentes ou em fachadas com alta exposição solar. As quedas de preços deverão continuar à medida que o mercado for crescendo. Outrora uma tecnologia futurista apresentada em filmes como *Blade Runner* (1982), o vidro inteligente comutável se transformará em uma ferramenta comum para o aumento da eficiência dos edifícios nos próximos anos.

Impacto: *O vidro inteligente é uma solução inovadora com uma adoção atual em apenas 0,004% da área total dos edifícios comerciais. Assumimos que o crescimento ocorrerá principalmente no setor comercial em países de alta renda, podendo chegar a 29% dos novos edifícios comerciais até 2050. Estima-se a eficiência energética potencial do resfriamento em 23% e da iluminação em 35%. Ambas variam segundo o clima local e a localização do edifício. A adoção do vidro inteligente pode resultar em 2,2 gigatoneladas de redução nas emissões, graças ao menor uso de energia. O custo financeiro é alto, de 932 bilhões de dólares, resultando em economias operacionais ao longo de trinta anos de 325 bilhões de dólares e economias de 3,6 trilhões de dólares durante a vida útil do equipamento.*

Classificação e resultados até 2050 **61° lugar**

2,19 gigatoneladas de redução de CO_2	US$ 932,3 bilhões de custo líquido	US$ 325,1 bilhões de poupança líquida

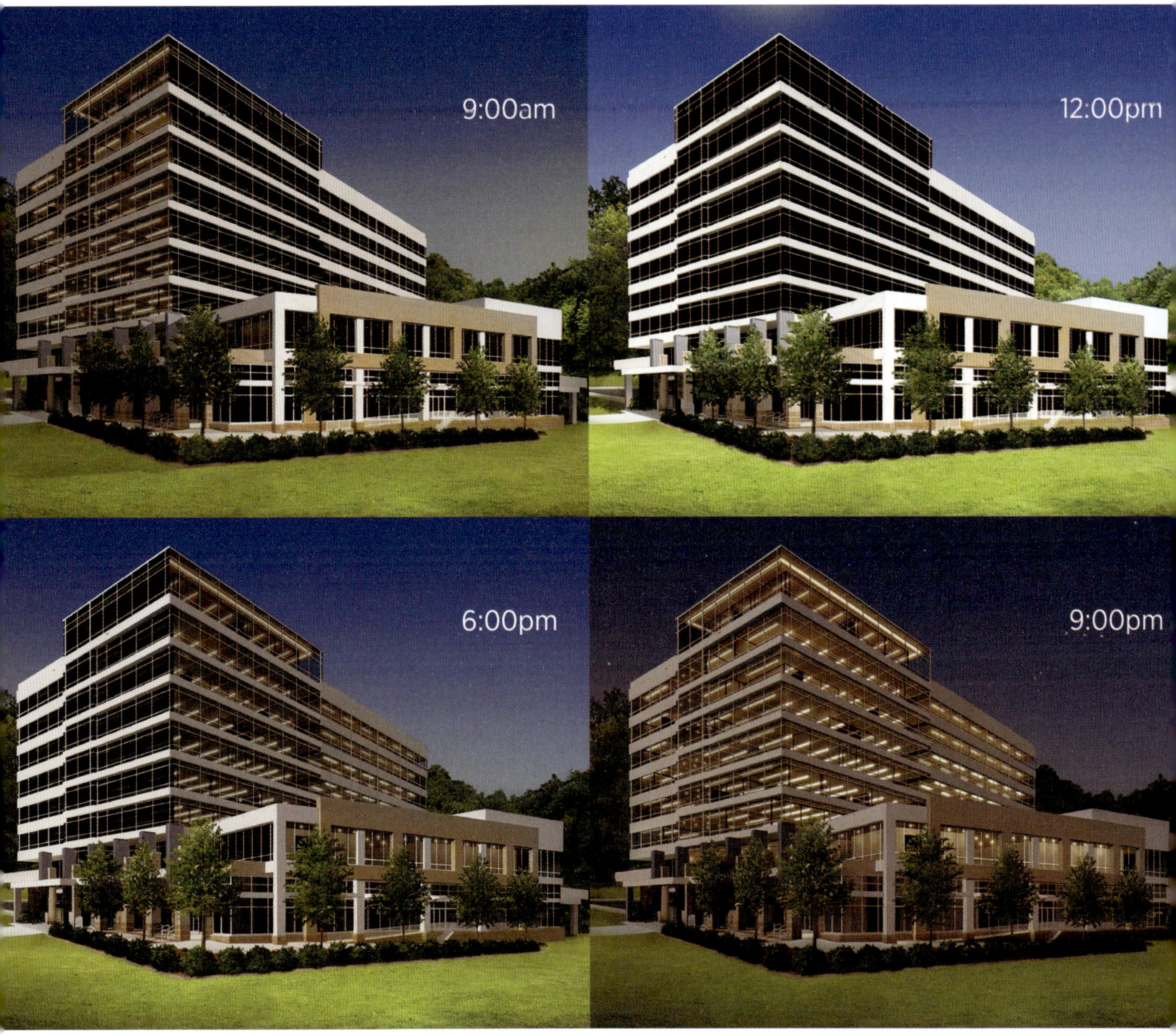

Vidro eletrocrômico responde a quatro diferentes momentos do dia em duas faces de um edifício. Quando colorido, o vidro reduz a radiação solar e o ofuscamento no ambiente de trabalho, assim como a carga do ar-condicionado, ao mesmo tempo deixando entrar a iluminação natural. Sensores e até mesmo dados climáticos em tempo real se sobrepõem à regulagem programada e deixam entrar mais luz. O edifício é programado por meio de algoritmos para responder a mudanças sazonais de temperatura e luz. Contudo, cada painel de vidro pode ser controlado a partir de um *smartphone* localizado na mesa de trabalho do usuário, permitindo o ajuste do brilho, da luminosidade e da cor.

EDIFÍCIOS E CIDADES
TERMOSTATOS INTELIGENTES

Classificação e resultados até 2050 — 57º lugar

2,62 gigatoneladas de redução de CO_2 | US$ 74,2 bilhões de custo líquido | US$ 640,1 bilhões de poupança líquida

Uma discreta caixa ou globo na parede, o termostato é fácil de subestimar; no entanto, em muitos edifícios esse aparelho tem a missão de controlar a energia de aquecimento e resfriamento. De acordo com a Comissão Europeia, a manutenção de edifícios residenciais, comerciais e industriais com uma temperatura temperada representa metade do uso de energia da União Europeia. Isoladamente, os termostatos residenciais controlam 9% do consumo de energia nos EUA. Termostatos mais inteligentes, programáveis e conectados a sensores que oferecem *feedback* em tempo real aos proprietários, inquilinos e administradores de edifícios estão se tornando parte integrante do gerenciamento desse uso de energia. Atualmente, a maioria dos termostatos depende de operação manual ou de pré-programação, e estudos mostram que as pessoas são notoriamente pouco confiáveis para fazer qualquer umas dessas tarefas de forma eficiente. Imagine se as casas só fossem aquecidas e resfriadas quando, onde e na medida do necessário, sem qualquer esforço maior. Esse é o poder dos termostatos inteligentes, como o Nest Learning Thermostat e o Ecobee. São "inteligentes" no sentido de serem capazes de aprender e agir independentemente, eliminando assim os caprichos do comportamento humano e gerando economias de energia mais previsíveis.

Apesar de quase dois séculos de existência, a tecnologia dos termostatos quase não registrou inovações até a última década. O Nest chegou ao mercado em 2011, desenvolvido por uma equipe de antigos engenheiros do iPhone que viram uma oportunidade de empregar a filosofia do *smartphone* aos antiquados controles residenciais de temperatura. Graças a algoritmos e sensores, os termostatos da nova geração aprendem ao longo do tempo, reunindo e analisando dados. Ainda é possível aumentar ou reduzir a temperatura, mas esses dispositivos registrarão suas escolhas e memorizarão suas rotinas. De fácil instalação e operação, eles se adaptam à natureza dinâmica da vida cotidiana de uma forma que os termostatos programáveis não são capazes. Nem sempre as pessoas seguem horários previsíveis – em certos dias vão para o trabalho cedo, algumas noites ficam fora até tarde. Os termostatos inteligentes detectam a ocupação, aprendem as preferências dos habitantes e impelem os usuários a comportamentos mais eficientes. As tecnologias mais recentes também integram respostas à demanda: elas podem reduzir o consumo em momentos de pico no uso de energia, de preços máximos ou durante picos de emissões. Sistemas domiciliares de gerenciamento mais abrangentes também controlam a água quente. O efeito final: as residências ficam mais eficientes em termos energéticos, mais confortáveis e operadas a custos mais baixos.

Nas casas com sistemas HVAC (aquecimento, ventilação e condicionamento de ar) e banda larga, e cujos residentes têm smartphones, termostatos inteligentes podem atuar como dispositivos de interconexão altamente efetivos. Ao longo de dois anos, a Nest Labs estudou os impactos de seus termostatos no uso da energia e na redução de custos. Segundo um relatório técnico da empresa, três estudos diferentes produziram resultados semelhantes: uma economia de energia de 10-12% no aquecimento e de 15% no ar-condicionado central. A poupança exata depende de como era o uso do termostato antes da atualização para a tecnologia inteligente. Muitas estimativas de indústrias giram em torno de 20%. Nos locais onde as residências estão agrupadas em edifícios ou em distritos ou conectadas a microrredes, os termostatos individuais podem fornecer dados para tornar o sistema inteiro mais eficiente.

Tendo se originado na América do Norte e depois migrado para a Europa, atualmente os termostatos inteligentes ocupam uma fração do mercado potencial. A percepção de seu espaço para crescimento depende de um fator essencial: o custo. As pessoas já possuem termostatos, então precisam de boas razões e poucos obstáculos para que optem por comprar e instalar novos aparelhos. Preços mais baixos e programas de incentivo podem encorajar os proprietários a substituir os termostatos existentes. O preço também deve cair à medida que a tecnologia for evoluindo e a concorrência crescer, e algumas empresas de serviços públicos já estão oferecendo incentivos. (Mesmo aos preços atuais, os termostatos inteligentes obtêm retorno financeiro em menos de dois anos.) Alterações nos códigos de construção ajudarão a expandir sua adoção, e termostatos capazes de monitorar o teor de monóxido de carbono e a fumaça podem fazer com que cresça o interesse do consumidor.

Impacto: *Projetamos que os termostatos inteligentes poderiam crescer de 0,4% para 46% das famílias com acesso à internet até 2050. Nesse cenário, 704 milhões de casas contariam com esses dispositivos. A redução no uso de energia poderia evitar a emissão de 2,6 gigatoneladas de dióxido de carbono. O retorno sobre o investimento é alto: termostatos inteligentes podem fazer com que seus proprietários poupem 640 bilhões de dólares em contas de serviços públicos até 2050.*

EDIFÍCIOS E CIDADES

REDES DE AQUECIMENTO

Classificação e resultados até 2050 — 27º lugar

9,38 gigatoneladas de redução de CO_2	US$ 457,1 bilhões de custo líquido	US$ 3,54 trilhões de poupança líquida

O rei Willem-Alexander da Holanda participa da abertura da BioWarmteCentrale (estação de bioaquecimento) em Purmerend, Holanda. Essa estação fornece 80% de energia verde para 25 mil pessoas, sendo alimentada por 110 mil toneladas de biomassa por ano.

A densidade é uma característica determinante das cidades. Espaços urbanos compactos permitem que as pessoas se movimentem a pé e de bicicleta, mesclam pessoas e ideias e criam ricos mosaicos culturais. Essa densidade também pode permitir o aquecimento e resfriamento eficientes das construções de uma cidade. Nos sistemas de redes locais de aquecimento e resfriamento (DHC), uma planta central canaliza água quente e/ou fria por meio de uma rede de tubos subterrâneos para muitas edificações. Trocadores de calor e bombas térmicas separam os edifícios da rede de distribuição, de modo que o aquecimento e o arrefecimento são centralizados, enquanto os termostatos permanecem independentes. Em vez de ter pequenas caldeiras e unidades de refrigeração zumbindo em cada estrutura, o DHC fornece energia térmica coletivamente e de forma mais eficiente.

Os primeiros exemplos de aquecimento urbano são romanos. Água quente era usada para aquecer templos, banhos, até mesmo estufas. Suas encarnações modernas datam de 1882, quando a New York Steam Company começou a bombear vapor sob as ruas movimentadas de Manhattan para fornecer aquecimento urbano a seus clientes. O engenheiro Birdsill Holly testou pela primeira vez a invenção em sua própria casa em Lockport, Nova York, e o sistema rapidamente se alastrou para muitas cidades dos EUA. Por volta da mesma época, o Canadá começou a implementar o aquecimento urbano; a Universidade de Toronto instalou seu sistema em 1911. Na década de 1930, os soviéticos construíram redes para enviar calor de processos industriais para residências. As cidades nórdicas começaram a investir no aquecimento urbano durante a crise dos combustíveis dos anos de 1970.

Copenhague, na Dinamarca, tornou-se o destaque mundial na tecnologia DHC. Hoje, esse país atende a 98% da demanda de aquecimento por meio do maior sistema de redes de aquecimento do mundo, alimentado com o calor desperdiçado pelas usinas a carvão e pelas plantas que usam resíduos para obtenção de energia. (Nos próximos anos, a biomassa substituirá todo o uso do carvão.) Desde 2010, Copenhague também vale-se das águas geladas do estreito de Øresund para o resfriamento urbano; a água é transportada através de canos paralelos aos canos térmicos. Ambas as fontes são exemplos de como o DHC pode aproveitar recursos inovadores e transformar fluxos de desperdício em fluxos de receita. A mudança contínua nas fontes de combustível que vem ocorrendo em Copenhague enfatiza uma grande vantagem do DHC: tão logo uma rede de distribuição esteja em funcionamento, o que a impulsiona poderá mudar e evoluir. O carvão pode dar lugar à energia geotérmica, ao aquecimento solar de água ou à biomassa sustentável. O calor desperdiçado em uma cidade – em instalações industriais, centros de dados e até as águas residuais domésticas – pode ser capturado e reutilizado. De fato, o sistema DHC vem ganhando vida ao redor do mundo em formas variadas e cada vez mais limpas. Fontes renováveis que talvez não sejam rentáveis na escala de um edifício podem se tornar viáveis no plano municipal. O fornecimento coletivo da DHC gera economias de escala que poupam dinheiro. Em paralelo, a maior eficiência energética dos edifícios diminui as necessidades de aquecimento e resfriamento ao longo do tempo.

Em comparação com os sistemas individuais de aquecimento e refrigeração, o sistema de redes de Tóquio reduz à metade o consumo de energia e as emissões de dióxido de carbono – um poderoso exemplo do potencial do sistema DHC. Embora seja uma tecnologia testada e comprovada, sobretudo no norte da Europa, ainda é nova e desconhecida em muitas partes do mundo, e os altos custos iniciais e a complexidade do sistema continuam sendo obstáculos significativos. Até o momento, o resfriamento por redes de distribuição é muito menos prevalente do que o aquecimento, embora esteja se tornando mais relevante à medida que cidades em partes quentes do mundo crescem – e à medida que a Terra fica mais quente. Um dos maiores sistemas mundiais está localizado em Paris, mantendo os amantes da arte confortáveis no Louvre e no Museu d'Orsay e preservando suas obras-primas.

Sejam tais sistemas implementados para aquecimento, resfriamento ou ambos, os governos municipais desempenham o papel mais importante na implementação dessa solução em larga escala. Os municípios estão envolvidos no planejamento, regulamentação, financiamento e infraestrutura, bem como na definição de aspirações relativas ao uso de energia e às emissões – fatores que afetam a viabilidade dos sistemas de distribuição urbana. Os tomadores de decisão urbanos podem ser, e em alguns lugares já são, os catalisadores essenciais para um aquecimento e resfriamento coletivo e eficiente das cidades do mundo.

Impacto: *Com a substituição dos atuais sistemas autônomos de aquecimento espacial e de água, o aquecimento por redes urbanas pode reduzir as emissões de dióxido de carbono em 9,4 gigatoneladas até 2050 e poupar 3,5 trilhões de dólares em custos de energia. Nossa análise estima que a atual adoção desse sistema representa 0,01% da demanda de aquecimento, e que crescerá para 10% nos próximos 30 anos. Embora o gás natural seja hoje a fonte de combustível predominante para instalações de aquecimento urbano, modelamos o impacto apenas das fontes alternativas, como energia geotérmica e solar térmica, que se tornarão mais prevalentes ao longo do tempo.*

METANO DE ATERRO SANITÁRIO

Classificação e resultados até 2050		58º lugar
2,5 gigatoneladas de redução de CO_2	-US$ 1,8 bilhão de custo líquido	US$ 67,6 bilhões de poupança líquida

O metano é uma molécula poderosa. Ao longo de um século, tem até 34 vezes o efeito estufa do dióxido de carbono. Aterros sanitários são uma das principais fontes de emissões de metano, liberando 12% do total mundial – equivalente a 800 milhões de toneladas de dióxido de carbono. Mas o metano também é um combustível. O metano dos aterros pode ser capturado e usado como uma fonte de energia bastante limpa para gerar eletricidade ou calor, em vez de se esvair pelo ar ou ser dispersado como resíduo. O benefício climático é duplo: seu aproveitamento previne as emissões dos aterros e substitui o carvão, o petróleo ou o gás natural que, de outra forma, poderiam ser usados.

Mundialmente, as cidades produzem 1,4 bilhão de toneladas de resíduos sólidos a cada ano; esse total pode chegar a 2,4 bilhões de toneladas em 2025. Globalmente, enviamos pelo menos 375 milhões de toneladas de resíduos sólidos para aterros, predominantemente em países desenvolvidos. Esse resultado é muito inferior em comparação com abordagens mais sustentáveis de dispersão de resíduos: redução, reutilização, reciclagem e recuperação. No entanto, o envio de resíduos para um aterro sanitário bem projetado é muito melhor do que seu descarte em um lixão aberto, onde ele provoca poluição, contamina a água e afeta negativamente a saúde. Essa continua sendo a abordagem predominante nos países de baixa renda – como o foi na maioria dos lugares até o século XX.

A maior parte do conteúdo do aterro é matéria orgânica: restos de comida, aparas de quintal, sobras de vegetais, resíduos de papel. No início, bactérias aeróbias decompõem esses materiais, mas à medida que as camadas de lixo vão ficando compactadas e cobertas – e, finalmente, vedadas sob uma capa de aterro – ocorre esgotamento do oxigênio. Na sua ausência, bactérias anaeróbias assumem o serviço, e a decomposição produz biogás, uma mistura aproximadamente igual de dióxido de carbono e metano, acompanhada por uma quantidade variável de outros gases. O dióxido de carbono faz parte de ciclos da natureza, mas o metano é antropogênico, criado porque despejamos resíduos orgânicos em aterros sanitários. O ideal seria proceder de forma diferente. O papel seria desviado para a reciclagem e os restos de comida seriam enviados para a compostagem ou passariam por digestores de metano. Quando não são sepultados, esses resíduos podem gerar valor real. Mas enquanto os aterros vão se acumulando, é preciso manejar o metano que sai deles. Mesmo que os aterros sanitários parassem imediatamente de funcionar, os locais existentes continuariam causando poluição ao longo das próximas décadas.

A tecnologia para manejo do biogás é relativamente simples. Tubos dispersos e perfurados são introduzidos nas profundezas do aterro para coletar o gás, que é canalizado para uma área de coleta central onde poderá ser liberado ou queimado. Melhor ainda, pode ser comprimido e purificado para uso como combustível – em geradores, caminhões de lixo ou misturado no fornecimento de gás natural. A geração de eletricidade a partir do gás de aterro não está livre de inconvenientes: os poluentes oriundos do processo de combustão diminuem a qualidade do ar local – uma preocupação real para as cidades que lutam com a poluição atmosférica. Apesar disso, essa é uma solução melhor do que usar combustíveis fósseis brutos e, além disso, tem o benefício extra de reduzir o odor e o risco de explosão ou de incêndio. (Recursos renováveis totalmente limpos levam a melhor.)

A quantidade de metano produzida varia de um aterro para outro, assim como a quantidade que pode ser capturada. Quanto mais confinado for o local, mais fácil e efetiva poderá ser a captura do gás. De acordo com um estudo sobre aterros nos EUA, a coleta de metano em locais fechados teve eficiência 17% superior à conseguida em locais que recebiam ativamente os resíduos, mas os aterros abertos – que apresentam a maior atividade de decomposição ativa, graças aos depósitos recentes – foram responsáveis por mais de 90% das emissões de metano. Assim, embora os equipamentos de extração possam sifonar mais completamente o gás que está encerrado no interior de um aterro fechado e revestido, os principais culpados – os que mais precisam de nossa atenção – são os aterros nos quais o lixo continua a se acumular.

Os aterros não precisam ser focos de emissões. Como parte de uma estratégia abrangente para a diminuição e o desvio do lixo para usos mais nobres, os aterros devem ser – e cada vez mais estão sendo – projetados, administrados e regulamentados com a recuperação do metano em mente. Um problema concentrado significa uma oportunidade concentrada para a obtenção de resultados efetivos.

Impacto: *Essa solução está situada no nível mais baixo da hierarquia dos resíduos. Os resíduos de aterro vão diminuir à medida que os hábitos alimentares forem mudando, o lixo for produzido em menor volume e a reciclagem e a compostagem crescerem. Tudo o que não pode, ou não deve, ser queimado em instalações de tratamento de resíduos para obtenção de energia será enviado para os aterros sanitários como último recurso. Essas soluções não serão adotadas globalmente de uma hora para outra; por isso, assumimos que a captura do metano de aterro continuará a desempenhar seu papel. A combustão do metano de aterro para produção de eletricidade poderá resultar em uma redução das emissões equivalente a 2,5 gigatoneladas de dióxido de carbono.*

Dispositivo para a captura de metano em um aterro sanitário em Michigan, EUA.

EDIFÍCIOS E CIDADES
ISOLAMENTO

Classificação e resultados até 2050		31° lugar
8,27 gigatoneladas de redução de CO_2	US$ 3,66 trilhões de custo líquido	US$ 2,51 trilhões de poupança líquida

A palavra "isolamento" provém da raiz latina *insula*, "ilha". Em termos de fluxo térmico, transformar os edifícios em ilhas é exatamente o que o isolamento pretende fazer. O calor sempre se move de áreas mais quentes para áreas mais frias, até que seja atingido um equilíbrio da temperatura. Para manter os edifícios dentro de uma faixa desejável de 19,5-25,5°C, esse fluxo de calor representa um grande desafio. Durante o verão, o ar quente infiltra-se nos espaços interiores, fazendo com que os aparelhos de ar-condicionado trabalhem em excesso. Durante o inverno, o ar quente se esvai, achando caminhos até sótãos e porões não aquecidos, chaminés e através de aberturas em torno de janelas e portas; nesse caso, os sistemas de aquecimento precisam trabalhar mais. Para fechar essas brechas no ganho ou perda indesejados de calor e manter a temperatura ambiente confortável, usamos mais energia, seja um combustível como o gás natural ou a eletricidade. De acordo com o Green Building Council dos EUA, a infiltração de ar é responsável por 25-60% da energia utilizada para aquecer e resfriar uma casa – energia que é simplesmente desperdiçada. Ao fazer um invólucro isolante mais efetivo, torna-se possível diminuir as trocas de calor, economizar energia e evitar emissões.

O que torna o isolamento eficaz é sua capacidade de resistência térmica: com que grau de eficácia ele resiste ao fluxo de calor por condução, convecção e radiação. O valor R é o sistema de medição para resistência térmica. Quanto maior o valor de R, mais eficaz é o isolamento, que varia segundo o tipo, a espessura e a densidade, além do lugar onde foi instalado e como. Idealmente, a camada térmica de uma edificação deve cobrir todos os lados e ser contínua, a fim de evitar um efeito conhecido como ponte térmica – maior transferência de calor através de outros materiais como pinos e vigas. Vazamentos e correntes de ar também influenciam o desempenho do isolamento, e é por isso que a vedação de fendas e rachaduras é fundamental para que se obtenha um invólucro mais efetivo para a edificação.

O isolamento é uma das formas mais práticas e econômicas de tornar os edifícios mais eficientes em termos de energia – tanto em novas construções como na adaptação de edifícios antigos que, em muitos casos, não estão bem isolados. A um custo relativamente baixo, o isolamento resulta em tarifas públicas um pouco menores, com manutenção da umidade e melhora da qualidade do ar. A gama de materiais isolantes é ampla. Fibra de vidro é um dos mais comuns, em forma de manta ou como material de preenchimento particulado. As fibras plásticas podem ser empregadas de maneira similar. A lã mineral não é de fato lã, e sim um material fabricado de escória de alto forno ou de basalto. O papel de jornal reciclado pode ser utilizado no isolamento por celulose, compactado densamente em cavidades. O material de isolamento de poliestireno abrange desde placas rígidas até espuma pulverizada. Também são usadas fibras naturais, como cânhamo, lã de ovelha e palha. Barreiras refletoras são projetadas para enfrentar o calor radiante. As inovações nos materiais de isolamento continuam, com o objetivo de melhorar seu desempenho e tornar sua forma de produção mais sustentável, p. ex., valendo-se do poder de retenção de ar das penas derivadas da avicultura.

O isolamento não é ideia nova. Nas regiões setentrionais, pessoas têm usado telhados de turfa há mil anos. Esta casa localiza-se na vila de Gjogv, nas ilhas Faroé, um pequeno arquipélago localizado no oceano Atlântico entre a Islândia e a Noruega, com uma temperatura média de 11,5°C durante a "estação quente".

O poder do isolamento foi levado ao extremo com a Passivhaus (Casa Passiva) um método rigoroso de construção e padrão criado na Alemanha no início da década de 1990 e intensamente focado na economia de energia – em até 90% em comparação com os métodos convencionais. Essa abordagem se concentra criteriosamente na criação de um invólucro hermético para o edifício, com o objetivo de separar dentro e fora, acima e abaixo, e por todos os lados. O resultado é uma estrutura tão hermeticamente vedada que o ar quente não consegue escapar mesmo se estiver nevando, e o ar frio não consegue escapar ao chegarem os dias mais quentes. Algumas habitações com a filosofia da Casa Passiva são tão eficientes que podem ser aquecidas com o equivalente a um secador de cabelo. Um invólucro do tipo "garrafa térmica" para a construção depende de alicerces, paredes e telhados espessos e completamente insulados; da vedação de todas as rachaduras, juntas e costuras; do tratamento das pontes térmicas condutoras; e do uso de janelas de vidraça tripla de alto desempenho. A redução agressiva da energia necessária para o aquecimento e o arrefecimento lança as bases para que possa ser atendida a demanda de energia com métodos renováveis no próprio local e, em última instância, chegar a um ambiente de consumo líquido zero de energia. A Casa Passiva define um elevado nível de exigência para o isolamento, que não será atingido em curto prazo pela maioria dos edifícios. Mas impelida por incentivos financeiros, pelos requisitos de eficiência das construções e por um interesse próprio esclarecido, o isolamento poderá desempenhar papel fundamental na redução dos prejuízos impostos ao planeta pelos edifícios.

Impacto: *A reconfiguração de edifícios com isolamento é uma solução econômica para a redução da energia necessária para o aquecimento e o resfriamento. Se 54% dos edifícios residenciais e comerciais existentes instalarem isolamento, poderá ser evitada a emissão de 8,3 gigatoneladas de dióxido de carbono a um custo de implementação de 3,7 trilhões de dólares. Ao longo de 30 anos, a poupança líquida poderia alcançar 2,5 trilhões de dólares. No entanto, as medidas de isolamento podem ter vida útil igual ou superior a cem anos, realizando economias vitalícias superiores a 4,2 trilhões de dólares.*

EDIFÍCIOS E CIDADES

RETROFIT DAS EDIFICAÇÕES

O Empire State Building nunca teve como objetivo ser um edifício sustentável. Seu objetivo era ser alto. Nascido de uma competição entre titãs da indústria para a construção "do prédio mais alto do mundo", foi construído em pouco mais de um ano e inaugurado oficialmente em 1º de maio de 1931, quando o presidente Herbert Hoover, que estava em Washington, D.C., fez piscar cerimonialmente suas luzes. O prédio manteve seu título mundial até 1972. Outrora considerado o símbolo da bravata e do poder em forma de aço, rocha calcária e granito, o Empire State Building hoje é o símbolo do *retrofitting* – a atualização de edifícios – com o objetivo de obter eficiência energética no ambiente construído – ou seja, monitorando quanto calor e frio escapam ou penetram no edifício, quais sistemas internos refrescam ou aquecem os seus ocupantes e de que modo ele é iluminado.

O problema do aquecimento global não será resolvido se não forem levados em consideração os edifícios que abrigam os seres humanos dia e noite. Em todo o mundo, os edifícios são responsáveis por 32% do consumo de energia e por 19% das emissões de gases com efeito estufa. Nos EUA, o consumo de energia dos edifícios chega a mais de 40% do total da nação. Eles se valem das redes elétricas ou das linhas de gás natural para aquecer, esfriar e iluminar seus espaços internos e para energizar todos os tipos de aparelhos e máquinas. Até 80% da energia consumida é desperdiçada – por exemplo, por meio de luzes e aparelhos eletrônicos que permanecem desnecessariamente ligados e falhas no invólucro dos prédios que permitem que o ar transite para dentro e para fora.

Grande parte da atenção dada aos edifícios sustentáveis incide sobre a construção de novos projetos. Vários padrões – Liderança em Energia e *Design* Ambiental (LEED); Net Zero, do International Living Futures Institute; Passivhaus, do instituto alemão de mesmo nome; e R-2000, desenvolvido pela Natural Resources Canada, para citar alguns – especificam as formas de construir adequadamente desde o início, de modo que o desperdício de energia é retirado do prédio antes que ele passe do papel para a vida real. Embora seja importante olhar para a frente e

Recepcionista no balcão de informações durante a atualização de 530 milhões de dólares do Empire State Building, que foi construído em 1931. A remodelação desse ícone da *art déco* envolveu a substituição de todas as 6.500 janelas e de todos os sistemas de aquecimento, resfriamento e iluminação – com uma redução no consumo de energia de 38%.

Custos e poupanças modelados em energia renovável, iluminação LED, bombas térmicas, isolamento etc.

moldar as futuras estruturas, é igualmente fundamental modificar os edifícios existentes – e não apenas os edifícios comerciais. Nos EUA, existem 140 milhões de edifícios, 5,6 milhões dos quais são comerciais. Essas estruturas representam o maior potencial para redução do consumo de energia. Considerando que os edifícios antigos são substituídos por construções novas a uma taxa de 1-3% por ano, a maior parte do estoque de construções existentes ainda estará de pé nos próximos 15-20 anos.

A intensificação na adaptação de edifícios constituiu um impulso essencial para o esforço no Empire State Building. A cidade de Nova York prometeu reduzir as emissões de gases de efeito estufa em 80% até 2050. Para atingir tal objetivo, seus prédios precisam ser adaptados. Nos primeiros anos do século XXI, o Empire State Building usava diariamente uma quantidade de energia equivalente a 40 mil casas unifamiliares. O projeto de modernização – uma colaboração entre entidades privadas, filantrópicas e sem fins lucrativos – estabeleceu a meta de reduzir esse uso em 40%.

O Empire State Building economizará 4,4 milhões de dólares em custos de energia e evitará mais de 100 mil toneladas de emissões de gases de efeito estufa. As 6.514 janelas do edifício foram fundamentais para o aumento da eficiência. Para reduzir o desperdício e economizar dinheiro – mais de 15 milhões de dólares –, as janelas foram reconstruídas no próprio local, com a aplicação de uma camada de película isolante entre as vidraças existentes. Embora o Empire State Building seja um exemplo esplêndido por causa de seu patrimônio *art déco* e sua importância cultural, a redução de energia de 38% que será obtida é apenas o começo. A Willis Tower, em Chicago, construída em 1970, economizou 70% de seu uso de energia com seu processo de atualização. Atualmente, existem modernizações com grau zero de energia para edifícios antigos. Nos EUA, existem 8 mil edifícios com mais de 46.500 metros quadrados, como o Empire State e a Willis Tower. Eles não devem desviar o foco dos outros 139,5 milhões de edifícios que precisam ser adaptados e para os quais a poupança de energia, os retornos e a criação de empregos seriam extraordinários.

A atualização de edifícios é uma prática bem conhecida, e dados positivos de desempenho dos edifícios a tornam cada vez mais eficaz. Dependendo do edifício, os gastos com a atualização são compensados em 5-7 anos em média. Financiadores como a Fannie Mae aumentam as hipotecas comerciais em 5% se o empréstimo for empregado no "esverdeamento" do edifício. Mas os edifícios comerciais existentes estão sendo atualizados a uma taxa de apenas 2,2% ao ano. No ramo imobiliário, habitualmente o obstáculo é o dinheiro. No entanto, dinheiro pode ser obtido, pois haverá retorno. Atualmente, há consultores trabalhando em todas as cidades norte-americanas capazes de orientar seus clientes quanto a qualquer tipo de atualização desejada e ajudá-los a conseguir financiamento. A maioria dos serviços públicos também presta consultoria, podendo especificar uma ampla gama de equipamentos, opções de iluminação, bombas de velocidade variável e alternativas de aquecimento e resfriamento que podem diminuir em muito o consumo de energia e resultar em ganhos monetários. Outro benefício é raramente mencionado: edifícios atualizados têm taxas de ocupação mais elevadas.

Os inquilinos desejam viver em espaços verdes saudáveis e hoje pagarão mais por eles na maioria das cidades. Estudos revelam que as pessoas passam a ser mais criativas, produtivas e felizes em locais de trabalho verdes bem projetados, e os empregadores constatam que é mais fácil recrutar e reter os talentos. Desenvolvedores como a Jonathan Rose Companies procuram e compram edifícios de escritórios antigos nas áreas centrais de cidades, desde Nova York até Portland, no Oregon; em seguida, atualizam os edifícios e os alugam novamente. A modernização aumenta a qualidade do espaço de trabalho e o torna mais atraente, o que aumenta a demanda. Além disso, essa prática prolonga a vida do edifício e aumenta seu valor. Edifícios sustentáveis, novos ou antigos, são locais melhores para viver e trabalhar – e para se possuir.

Para os dotados de visão e com condições de empreender, a oportunidade de negócios na área da atualização de edifícios é substancial. De acordo com o dimensionamento e análise do mercado realizados pela Fundação Rockefeller e pelo setor de mudanças climáticas do Deutsche Bank, 279 bilhões de dólares poderiam ser investidos nos EUA na modernização de edifícios residenciais, comerciais e institucionais, o que resultaria na economia de mais de 1 trilhão de dólares em dez anos – o equivalente a 30% dos gastos anuais do país em energia elétrica. No processo, seriam cumulativamente gerados mais de 3,3 milhões de empregos por todo o país e, além disso, as emissões dos EUA seriam reduzidas em quase 10%.

Para que se concretizem as imensas economias financeiras e de emissões possíveis, provavelmente o melhor caminho a seguir não é a abordagem "casa a casa" do estoque mundial de construções, um total de quase 150 bilhões de metros quadrados (99% dos quais não é verde). O Rocky Mountain Institute está comandando uma estratégia mais industrializada em Chicago: limitar o escopo da atualização a um conjunto de medidas altamente efetivas e amplamente aplicáveis; buscar medidas adicionais com base em análises impecáveis; e trabalhar em vários edifícios simultaneamente para que sejam obtidas economias de escala. Os resultados iniciais mostram que tal estratégia pode reduzir os custos da remodelação em mais de 30%, com retorno em quatro anos. Esse é o tipo de esforço necessário para "ligar os pontos" entre as pessoas e a energia, o bem-estar e a economia – e também o futuro da atmosfera.

Impacto: *Tal como acontece com os edifícios com zero de energia líquida, não existem resultados publicados para os nossos modelos. Os proprietários de edifícios que se aventuram na atualização de espaços residenciais e comerciais existentes instalam melhor isolamento, equipamentos mais modernos de aquecimento e refrigeração, sistemas de gerenciamento atualizados etc. Essas soluções são contabilizadas individualmente. Uma remodelação nunca será exatamente igual às demais, o que torna quase impossível prever os custos e as economias.*

EDIFÍCIOS E CIDADES

DISTRIBUIÇÃO DA ÁGUA

Classificação e resultados até 2050		71° lugar
0,87 gigatonelada de redução de CO_2	US$ 137,4 bilhões de custo líquido	US$ 903,1 bilhões de poupança líquida

A água pesa muito. Bombear água da fonte até a estação de tratamento e então para o armazenamento e distribuição é tarefa que exige enormes quantidades de energia. De fato, a eletricidade é o principal fator de aumento dos custos do processamento e distribuição de água nas cidades, subjacente às somas nas suas contas. Mas essas contas não cobrem toda a água que flui através dos sistemas municipais. Os serviços públicos usam a frase "água não faturada" para descrever a diferença entre o que entra nos canos e o que efetivamente sai na torneira. O Banco Mundial calcula que mais de 32,5 bilhões de metros cúbicos se perdem a cada ano em decorrência de vazamentos – cerca de metade nos países ricos e metade nos de baixa renda.

O simples fato de rotular os metros cúbicos perdidos durante a distribuição como "água não faturada" revela o que está em jogo para os serviços públicos e os municípios: resultados financeiros naufragando. Também estão em jogo as emissões produzidas desnecessariamente na produção de bilhões de quilowatts-hora de eletricidade para o bombeamento de água que não chegará às casas ou às empresas, mas que escorrerá através de rachaduras e quebras nas redes de distribuição de água em todo o mundo. Minimizar esses vazamentos e perdas significa usar a energia com mais moderação, ao mesmo tempo conservando água, um recurso escasso.

Em muitos lugares, o envelhecimento das infraestruturas hídricas e a deterioração das suas tubulações e válvulas é um desafio. Mas sua ampla substituição não é financeiramente sustentável nem necessária, exceto em casos extremos ou sempre que a saúde pública esteja em risco. Deve-se ter em mente que a melhora na eficiência da distribuição de água depende em grande parte das práticas de gerenciamento. Os usuários finais de um sistema de distribuição de água sabem que a pressão é importante. Ela é igualmente fundamental para a saúde global do sistema. Tomemos emprestada uma descrição do *New York Times*: "Um nível de pressão estável e moderadamente baixo é o melhor – assim como [ocorre com a corrente sanguínea] no corpo humano". Se houver um excesso de pressão, a água procura por formas de escapar; se a pressão for muito baixa, as linhas de água podem sugar fluidos e contaminantes existentes à sua volta. Os serviços públicos de distribuição estão sempre em busca de uma pressão que seja "exatamente certa". Uma de suas abordagens mais comuns é a criação de "distritos de medição e controle" inseridos no sistema principal; cada um desses postos conta com uma válvula especial que funciona como guardiã do sistema.

Mesmo sob excelentes condições de gerenciamento de pressão, vazamentos podem e vão ocorrer. Na verdade, os rompimentos torrenciais que interrompem o serviço e fazem com que as ruas fiquem submersas não são as piores ocorrências sob o ponto de vista do desperdício: tais ocorrências exigem atenção e conserto imediatos. O maior problema são os vazamentos menores e prolongados, não tão facilmente detectáveis. É essencial que haja um esquema de detecção minucioso e vigilante e velocidade na resolução. Tipos variados de ferramentas e técnicas podem ajudar no rastreamento e localização de vazamentos, um processo mais eficaz à noite, quando o sistema está relativamente tranquilo. A evolução contínua de sensores e de *softwares* tem ajudado na detecção de vazamentos e no gerenciamento da pressão. De fato, uma indústria inteira emergiu com o intuito de fazer frente à perda de água, florescendo a partir de um trabalho inovador de um grupo elogiado pelo *New York Times* como "[...] engenheiros brilhantes, obsessivos e de ampla visão na Grã-Bretanha, que deram início ao que denominaram Iniciativa Nacional para Vazamentos no início da década de 1990". Suas metodologias e técnicas estão agora em uso em muitos outros países além das ilhas britânicas.

O problema do desperdício de água existe em todo o mundo. Nos EUA, cerca de um sexto da água distribuída escapa do sistema. As perdas são em geral muito maiores nas regiões de baixa renda – às vezes, 50% do volume total. Se essas perdas fossem reduzidas pela metade, essa água poderia atender a cerca de 90 milhões de pessoas. Manila, a capital das Filipinas, fez isso. Ao cortar com sucesso suas perdas pela metade, os serviços públicos de distribuição de água puderam atender a 1,3 milhão de pessoas a mais, com um fornecimento diário de 24 horas para quase todos os usuários.

Até o momento, histórias de sucesso como a de Manila são escassas, mesmo em países de alta renda. Com frequência, os serviços públicos não abordam a questão da perda de água porque sua capacidade institucional ou técnica é fraca, eles não são incentivados ou obrigados a agir, ou apenas porque a construção de novas estações de tratamento é tarefa mais fácil e atrativa, embora dispendiosa. Visto que reconhecer problemas de vazamento também significa reconhecer problemas de gerenciamento – e potencialmente provocar a ira de usuários e políticos –, os serviços públicos relutam em fazê-lo, mas vêm aumentando as pressões para que o façam. Diante dos necessários investimentos financeiros e do grau de excelência da engenharia envolvida, torna-se essencial um esforço global de capacitação, p. ex., a parceria entre o Banco Mundial e a International Water Association.

Os municípios têm esta meta maior a ser atingida: além de aumentar a eficiência dos serviços de distribuição de água e melhorar a experiência do cliente, acabar com os vazamentos é a maneira mais barata de fornecer mais água e de atender a uma população em crescimento. Essas mesmas práticas tornam os sistemas municipais de distribuição de água mais resilientes aos períodos de escassez, cada vez mais comuns em um planeta em processo de aquecimento. A eficiência da distribuição de água pode ser utilizada no enfrentamento das mudanças climáticas e também para fazer face aos seus efeitos – uma solução simultaneamente proativa e protetiva.

Impacto: *Levando em conta apenas o impacto do gerenciamento da pressão e o controle ativo dos vazamentos, estimamos que as perdas de água podem ser reduzidas globalmente em mais 20% até 2050. A redução resultante nas emissões decorrentes do bombeamento para a distribuição poderia chegar a 0,9 gigatonelada de dióxido de carbono. O custo total das instalações é de 137 bilhões de dólares e as economias operacionais para os serviços públicos podem atingir 903 bilhões de dólares em 2050. A implementação dessa solução simples poderia economizar quase 814 trilhões de metros cúbicos de água ao longo de 30 anos.*

EDIFÍCIOS E CIDADES

AUTOMAÇÃO DOS EDIFÍCIOS

Classificação e resultados até 2050 **45º lugar**

4,62 gigatoneladas de redução de CO_2	68,1 bilhões de custo líquido	880,6 bilhões de poupança líquida

Edifícios são sistemas complexos sob a forma de estruturas estáticas. A energia avança através deles – em sistemas de aquecimento e de condicionamento do ar, pela fiação elétrica, no aquecimento de água, na iluminação, nos sistemas de informação e comunicação, nos sistemas de segurança e acesso, em alarmes de incêndio, nos elevadores, nos eletrodomésticos e, indiretamente, através do encanamento. A maioria dos grandes edifícios comerciais possui algum tipo de sistema central de gestão computadorizado, que permite monitorar, avaliar e controlar esses sistemas e aproveitar as oportunidades para o aumento da eficiência energética e a melhora da experiência de seus ocupantes. Mas os sistemas de gestão de edifícios são manuais e suscetíveis a erros humanos. A adoção de sistemas automatizados assegura ganhos de eficiência que, de outra forma, permaneceriam não realizados, reduzindo o consumo de energia em 10-20% em uma construção média.

Um sistema de automação predial (BAS) é o cérebro de um edifício. Equipados com sensores, os edifícios com sistema BAS fazem varreduras e reajustes constantes, a fim de obter maior eficiência e eficácia. Por exemplo, as luzes desligam quando ninguém está por perto e as janelas se abrem para melhorar a qualidade do ar e a temperatura. Um sistema convencional informa aos administradores do edifício quais as ações a serem tomadas, como o painel de um carro. Os edifícios com sistemas automatizados, porém, tomam medidas eles próprios, como um carro autodirigido. Novos prédios podem ser equipados com BAS desde o início; os mais antigos podem ser remodelados para incorporar o sistema e colher seus benefícios.

O mercado do BAS está em expansão, e sua ampliação decorre da crescente apreciação do impacto que os sistemas automatizados têm no bem-estar e na produtividade dos ocupantes, bem como nas economias de energia e redução dos custos operacionais e de manutenção. Os sistemas de automação podem ajudar a melhorar o conforto térmico e de iluminação e a qualidade do ar interior, o que irá influenciar diretamente a satisfação de seus ocupantes. De acordo com o Conselho Mundial de Construções Sustentáveis, a qualidade do ar interior pode contribuir para aumentar a produtividade em 8-11%. Para os operadores de edifícios, o BAS torna mais fácil perceber que algo está errado – e tomar providências rápidas para sua correção. Trabalha-se menos quando todos os sistemas são gerenciados de forma central e simplificada pela automação. Particularmente no caso dos edifícios sustentáveis, o BAS pode avaliar e verificar os principais parâmetros do edifício para garantir e manter a eficiência, que poderia ficar comprometida por fatores humanos e de outros tipos. Os edifícios sustentáveis podem ter classificações de alta eficiência, mas apenas serão eficientes se as classificações corresponderem à sua real operação.

Existem barreiras à adoção. Tipicamente, os gastos com energia são de pouca monta no custo total das empresas, e não um lugar onde buscar economias significativas. Para que o sistema BAS valha a pena, deve resultar em um retorno expressivo e rápido dos altos custos iniciais. Se os retornos projetados não se materializarem, como tem ocorrido em alguns casos, a credibilidade geral do BAS irá sofrer. Os contratos entre locador e inquilino são outro desafio. Quando o proprietário de um prédio e seus ocupantes são atores distintos, o incentivo para a maximização da eficiência silencia: o locador toma decisões sobre os sistemas do edifício, enquanto o inquilino arca com os custos do uso de energia. O conforto dos ocupantes é uma aspiração que ambos estão mais propensos a compartilhar, dado seu impacto na satisfação dos inquilinos e, portanto, na sua permanência.

A estrutura estática dos edifícios torna fácil esquecer sua contribuição para a mudança climática. De acordo com o Painel Intergovernamental sobre Mudanças Climáticas (IPCC), os edifícios são responsáveis por aproximadamente um terço do uso global da energia e por um quinto das emissões globais de gases de efeito estufa. Os sistemas de automação de edifícios constituem uma solução poderosa para refrear esse uso de energia. Basicamente, esses sistemas "driblam" os comportamentos individuais, como o ajuste do termostato, possibilitando um salto quantitativo na eficiência. O sistema BAS se torna cada vez mais necessário para atender aos requisitos locais e nacionais de eficiência das construções, e conforme os próprios edifícios se tornam mais complexos – com geração de energia distribuída, sombreamento exterior, vidro comutável e similares – a sofisticação do BAS deverá continuar a crescer. Esses sistemas são as "redes neurais" de que os edifícios tanto precisam.

Impacto: *O uso do BAS pode resultar em até 20% de mais eficiência no aquecimento e resfriamento e no uso 11,5% mais eficiente da energia para iluminação, eletrodomésticos etc. Se expandirem esses sistemas de 34% da área útil comercial em 2014 para 50% em meados do século XXI, a um custo adicional de 68 bilhões de dólares, os proprietários de edifícios poderão economizar 881 bilhões de dólares em despesas operacionais, evitando 4,6 gigatoneladas de emissões de dióxido de carbono.*

USO DA TERRA

A palavra *drawdown* descreve a redução das concentrações de gases de efeito estufa na atmosfera. Existem duas maneiras de atingir esse objetivo: uma diminuição radical das emissões causadas por humanos e a adoção generalizada de práticas terrestres e oceânicas comprovadas que sequestram carbono do ar e armazenam-no durante décadas e até séculos. A fim de medir adequadamente o impacto das práticas terrestres que realmente afetariam a redução, nós as dividimos em soluções separadas. Treze delas estão incluídas na seção sobre Alimentos porque se relacionam com a produção de alimentos, e nove são detalhadas nesta seção. Primeiramente, avaliamos como a terra estava sendo utilizada em todo o mundo; em seguida, calculamos o que aconteceria se o uso fosse diferente, ou se as técnicas especificamente empregadas nas pastagens ou cultivos fossem alteradas. Embora não incluídas nos cálculos, pesquisas demonstram sem sombra de dúvida que as 22 soluções são do tipo sem arrependimento. Sua implementação aumenta a umidade do solo, a cobertura de nuvens, os rendimentos de culturas, a biodiversidade, o número de empregos, a saúde humana, a renda e a resiliência, ao mesmo tempo que reduzem drasticamente a necessidade de fertilizantes e pesticidas sintéticos em terras agrícolas.

USO DA TERRA

PROTEÇÃO DAS FLORESTAS

Classificação e resultados até 2050 **38º lugar**

6,2 gigatoneladas de redução de CO_2	Dados globais de custo e poupança demasiadamente variáveis para que possam ser determinados
896,29 gigatoneladas de proteção de CO_2	

O mais crítico de todos os tipos de floresta é a floresta primária, conhecida como floresta antiga ou mata virgem. São exemplos a Great Bear Rainforest da Colúmbia Britânica e as florestas da Amazônia e do Congo. Estas são florestas muito longevas, com árvores de dossel maduras e complexos sub-bosques, o que faz delas os maiores repositórios de biodiversidade do planeta. As florestas primárias contêm 300 bilhões de toneladas de carbono e mesmo assim continuam sendo exploradas, em alguns casos sob o pretexto de que a coleta é "sustentável". Pesquisas mostram que, tão logo uma floresta primária intacta comece a ser cortada, mesmo com o uso de sistemas sustentáveis de manejo florestal, o resultado será a degradação biológica.

Antigamente, as florestas do planeta abrangiam vastas extensões de terra e as incursões humanas eram relativamente insignificantes. Machados de pedra já derrubavam árvores há 10 mil anos, mas os caçadores-coletores não precisavam de quantidades significativas de madeira. Isso começou a mudar quando a agricultura se estabeleceu e as comunidades passaram a se fixar. Em 5500 a.C., começaram a florescer a civilização e os estados-nação na região conhecida como Crescente Fértil, alimentados pelos frutos da agricultura. As primeiras ferramentas de ferro, sistemas de escrita e cultivos foram desenvolvidos pelos antigos iraquianos e por outros povos do Oriente Médio. As populações cresceram, alimentadas por trigo selvagem, ervilhas, frutas, ovelhas, porcos, cabras e vacas. Os abundantes excedentes de alimentos promoveram a arte, a política, a governança, as leis, a matemática, a ciência e a educação.

E, então, o que aconteceu? As florestas foram derrubadas. A erosão do solo acelerou-se. A chuva já não alimentava o solo das florestas; em vez disso, o removia. O uso subsequente da irrigação produziu salinização; surgiram salinas em locais onde outrora as culturas floresciam. O pastoreio excessivo em solos ressecados fez com que os solos fossem levados pelo vento. A história do antigo Iraque e de seus arredores está se repetindo por todo o mundo. Muitas das zonas de conflito no mundo de hoje foram desmatadas: Síria, Sudão Meridional, Líbia, Iêmen, Nigéria, Somália, Ruanda, Paquistão, Nepal, Filipinas, Haiti e Afeganistão. Todos esses países sofrem com o desmatamento, corte descontrolado de árvores para combustível, sobrepastoreio, erosão do solo e desertificação. As seguintes áreas perderam 90% ou mais do seu *habitat* florestal original: Birmânia, Tailândia, Índia, Bornéu, Sumatra, Filipinas, a Mata Atlântica do Brasil, Somália, Quênia, Madagáscar e Arábia Saudita.

Em 2015, a população mundial de árvores foi estimada em 3 trilhões. Essa contagem é substancialmente maior do que se pensava anteriormente; no entanto, mais de 15 bilhões de árvores são cortadas anualmente. Desde que os humanos começaram a cultivar a terra, o número de árvores no planeta caiu 46%. (Hoje, as florestas cobrem cerca de 40 milhões de quilômetros quadrados da superfície da Terra – ou aproximadamente 30% da sua área terrestre.) Na China, a cor do rio Amarelo é causada por solo erodido do planalto de *loess*, resultado de séculos de desmatamento e sobrepastoreio. As florestas europeias desapareceram entre os séculos XVII e XX. Nos EUA ocorreu o mesmo nos séculos XIX e XX. Ainda no século XX, a extração de madeira, as queimadas para abertura de pastagens e a abertura de clareiras para a cultura de palmeiras oleaginosas causaram estragos na América Central e do Sul, no Sudeste Asiático e na África. De acordo com o World Wildlife Fund, a cada minuto o mundo continua a perder o equivalente a 48 campos de futebol de florestas.

Estima-se que as emissões de carbono decorrentes do desmatamento e das mudanças associadas ao uso da terra cheguem a 10-15% do total mundial. Em gigatoneladas, essas emissões caíram 25% entre 2001-2015, mas as taxas de desmatamento podem subir novamente para que a produção de alimentos aumente até 2050. Ou mais alimentos terão que ser cultivados nas terras agricultáveis e pastagens existentes, ou mais florestas e outros ecossistemas precisarão ser convertidos para a produção de alimentos.

Além da perda de carbono da biomassa acima do solo presente nas árvores, perdas significativas de carbono subterrâneo mantido no solo podem acompanhar os processos de desmatamento. Isso é particularmente verdadeiro quando fogo é empregado como a técnica de desmatamento e em turfeiras onde existem densas reservas subterrâneas de carbono no solo. Foi estimado que a conversão de florestas em áreas agrícolas ou em pastagens resulta em uma redução de 20-40% no carbono do solo.

A interrupção de todo o desmatamento e a restauração dos recursos florestais poderiam neutralizar até um terço de todas as emissões de carbono em todo o mundo. Várias iniciativas governamentais e privadas têm esse resultado como meta e estão implementando uma combinação de abordagens em níveis diversos por todo o mundo. Essas estratégias envolvem políticas públicas e o cumprimento das leis existentes contra exploração madeireira; proteção das terras indígenas; madeira verdadeiramente sustentável e práticas agrícolas; e numerosos programas em que países e corporações ricas fazem pagamentos a países que, em contrapartida, conservam suas florestas tropicais.

O urso-de-kermode é conhecido como o urso espiritual pelo povo Tsimshian da floresta tropical Great Bear – uma floresta tropical temperada costeira de cerca de 400 quilômetros na Colúmbia Britânica (CB). Raramente se pode observar um urso-de-kermode, mas é mais fácil encontrá-lo durante a estação do salmão, quando esses animais se banqueteiam perto de córregos e quedas-d'água, como nesta fotografia. Hoje em dia, essa floresta está em grande parte intacta graças à campanha *Great Bear Rainforest*, uma das campanhas mais bem-sucedidas já realizadas para impedir o desmatamento e a extração de árvores. Com início em 1984, em Clayoquot Sound, os povos das Primeiras Nações Canadenses e as ONGs ambientais formaram piquetes em protesto contra os direitos de exploração madeireira concedidos à Macmillan Bloedel. Depois de 22 anos de um trabalho incansável dos ativistas, a primeira-ministra do DC, Christy Clark, anunciou em fevereiro de 2016 que um acordo entre as Primeiras Nações, as madeireiras e as organizações ambientais protegeria 85% dos 6,4 milhões de hectares da floresta.

Henri des Roziers, um sacerdote católico francês que também atua como advogado de direitos humanos, é visto no Brasil como o próximo alvo provável de grandes proprietários de terras dispostos a transformar partes da floresta tropical em pastagens para gado. O prêmio por sua vida é de estimados 38 mil dólares.

Abaixo à direita: Na Malásia, a madeira proveniente das árvores folhosas tropicais tem sido demandada há séculos, porém mais intensamente nos últimos vinte anos. Durante esse período, as empresas madeireiras não só se beneficiaram da venda de madeira, mas também aumentaram seus lucros plantando palmeiras oleaginosas. Grande parte da exploração madeireira foi feita ilegalmente, assim como a apropriação da terra. Os efeitos foram devastadores. A exploração madeireira degradou ou destruiu a grande maioria das florestas tropicais da Malásia, e a taxa de desmatamento é mais rápida do que em qualquer outro país tropical. Lar de um dos primatas mais inteligentes, o orangotango – atualmente em risco crítico de extinção –, estima-se que apenas 20% das florestas tropicais de Bornéu ainda estejam de pé. Esta foto mostra as águas limosas do rio Miri. A coloração alaranjada é causada pelos deflúvios da exploração madeireira a montante. A foto também mostra uma amarração em forma de espinha de peixe de árvores de menor diâmetro – um indicativo de que as florestas não têm tempo de se recuperar antes de serem novamente abatidas.

O mais importante programa de pagamento por desempenho é o programa de Redução das Emissões por Desmatamento e Degradação Florestal (REDD+) das Nações Unidas, que começou a tomar forma em 2005. Programas de financiamento estão emergindo de 2014, como a Declaração de Nova York sobre Florestas, apoiada por quarenta países e cerca de sessenta corporações multinacionais, entre outras. O *Forest Carbon Partnership Facility*, um esforço multissetorial destinado a auxiliar os esforços do REDD+, estabeleceu dois fundos de quase 1,1 bilhão total de dólares para recompensar as nações florestadas por conservarem e aumentarem os estoques de carbono florestal e por terem reduzido o desmatamento e a degradação. As recompensas para proprietários de terra, povos que vivem nas florestas etc. se destinam a fazer com que a conservação das florestas seja economicamente mais vantajosa do que sua derrubada.

Os benefícios obtidos com a conservação das florestas são muitos e variados: aproveitamento de produtos não lenhosos (carne de caça, alimentos silvestres, forragem e culturas forrageiras); controle da erosão; polinização e controle de pragas e mosquitos grátis pela ação das aves, morcegos e abelhas; e outros serviços ao ecossistema. No entanto, os benefícios da conservação da floresta são pouco convincentes para pessoas marginalizadas que arrancam seu sustento em terras outrora cobertas pela floresta. As pessoas que vivem à beira das florestas são participantes importantes nessa equação. Deve haver alguma forma de compensação e meios de subsistência para aqueles que extraem valor das florestas em pé.

As florestas tropicais são o *habitat* de dois terços de todas as plantas e animais terrestres – um estoque insubstituível de biodiversidade. Elas são a fonte de material genético para novos produtos farmacêuticos, dos quais um quarto são derivados, direta ou indiretamente, de plantas medicinais ou da síntese de novos compostos com base em usos tradicionais de plantas. É difícil quantificar ou visualizar esses valores, e seus benefícios podem não ser imediatos.

Uma agenda efetiva para salvar as florestas exige uma compreensão coletiva da ecologia, dos perigos representados pelo aquecimento global, de vontade política, de apoio local e de governos não corruptos. Nesse sentido, nenhuma nação se compara ao Brasil, onde o corte e a queima atingiram o pico entre 1998 e 2004, com a destruição de mais de 310 mil quilômetros quadrados de floresta – uma área do tamanho da Polônia. Na década seguinte, essa perda reduziu-se em 80% quando o país pôs em prática uma estratégia agressiva e multifacetada. O Brasil pôs em ação políticas robustas de execução da lei, utilizando monitoração científica de altíssimo nível (em conjunto com a Alemanha), inclusive com fotos de satélite que disparavam alertas de novos desmatamentos. O país revisou leis de propriedade para que permitissem que os colonos reivindicassem a posse da terra sem desmatá-la e implementou programas de registro de terras. No Pará, principal foco do desmatamento, o número de registros passou de 500 propriedades em 2009 para mais de 112 mil atualmente, representando 62% das terras privadas naquele estado. Além disso, o governo reteve créditos de entidades governamentais com altas taxas de desmatamento, financiou projetos dedicados ao desenvolvimento sustentável e à diminuição do desmatamento, e aumentou a produtividade das terras já dedicadas à agricultura.

Também foram importantes o acordo voluntário dos comerciantes de soja para embargar produtos de terras recentemente desmatadas e o acordo de 2009 entre os três maiores embaladores de carne da Amazônia e o Greenpeace, que buscava proibir as compras de fornecedores causadores de desmatamento. A cooperação com os fornecedores atingiu 93% em 2013. Sessenta e cinco dos 95 matadouros assinaram compromissos de desmatamento zero. Durante todo o tempo, a produção de gado e soja aumentou.

Em 2015, o Brasil recebeu os últimos 100 milhões de dólares de uma doação total de 1 bilhão de dólares da Noruega, que criou o fundo em 2008 para premiar os países que alcançassem objetivos específicos de redução das suas taxas de desmatamento. Achim Steiner, ex-diretor executivo do Programa das Nações Unidas para o Meio Ambiente, disse: "Não há dúvida de que o Brasil deu um passo importante com relação ao seu passado, e passou a acreditar na noção de que a conservação florestal pode ser um mecanismo importante para a cooperação internacional em relação ao clima". Mas em 2016, o número de hectares de floresta desmatados para a agricultura voltou a crescer, apesar da rigorosa fiscalização ainda em vigor. Ninguém pode explicar muito bem esse retrocesso, mas a mensagem é clara: os praticantes da "lavagem" de gado, como são conhecidos, também são engenhosos, e a chave para uma campanha de conservação é o binômio vontade e comprometimento inabaláveis.

Não há dúvida de que a Amazônia é, isoladamente, o maior recurso natural do mundo. As florestas tropicais estão sendo derrubadas a uma taxa que as eliminará em quarenta anos. A liderança da Noruega no financiamento da proteção florestal é um modelo que poderia ser seguido. É difícil estimar quanto "custaria" salvar todas as florestas. Um estudo afirma que, por 50 bilhões de dólares por ano – cerca de 3% dos gastos militares mundiais –, o desmatamento tropical poderia ser reduzido em dois terços. A imagem de abertura desta seção, de um urso-de-kermode mastigando um salmão fresco recém-pescado em algum rio da floresta tropical Great Bear é bem representativa daquilo que escapa da precificação, dos cálculos ou do valor monetário, porque certamente extrapola todas essas coisas. Se for acrescentado o impacto no sequestro e armazenamento de carbono, a proteção das florestas e a restauração das florestas tropicais e temperadas constituem uma das mais poderosas soluções disponíveis para o enfrentamento do aquecimento global.

Impacto: *Para cada hectare de floresta protegida, desaparece a ameaça de desmatamento e degradação. Ao proteger 278 milhões de hectares de floresta adicionais, essa solução poderia evitar emissões de dióxido de carbono num total de 6,2 gigatoneladas até 2050. Talvez mais importante ainda: essa solução poderia ampliar a área total de florestas protegidas para quase 930 milhões de hectares, garantindo um estoque estimado de carbono protegido de 245 gigatoneladas, aproximadamente o equivalente a mais de 895 gigatoneladas de dióxido de carbono, se ocorresse sua liberação para a atmosfera. Não projetamos os aspectos financeiros porque eles não impactam diretamente os donos da terra.*

USO DA TERRA
ÁREAS COSTEIRAS ÚMIDAS

Ao longo das margens das costas, onde a terra e o oceano se encontram entre águas rasas e salobras, estão localizados os pântanos salgados, manguezais e vegetações marinhas do mundo. Esses ecossistemas de zonas úmidas costeiras podem ser encontrados em todos os continentes, exceto na Antártida. Oferecem viveiros para peixes, áreas de alimentação para aves migratórias, uma primeira linha de defesa contra o aumento no nível da água em decorrência das tempestades e das enchentes e sistemas de filtração naturais que melhoram a qualidade da água e recarregam os aquíferos. Em relação à área de terra ocupada, também sequestram grandes quantidades de carbono nas plantas acima do solo e nos solos e raízes subterrâneas.

Absorvido ao longo de séculos, talvez milênios, esse "carbono azul" – assim chamado por causa da sua localização costeira – foi negligenciado por longos anos, embora as zonas úmidas costeiras possam armazenar cinco vezes mais carbono que as florestas tropicais no longo prazo, principalmente nos solos mais profundos das zonas úmidas. De acordo com a revista *Nature*, apenas os solos das florestas de mangue podem conter o equivalente a mais de dois anos de emissões globais – 22 bilhões de toneladas de carbono, grande parte do qual terminaria escapando se esses ecossistemas fossem destruídos. Graças aos esforços de pesquisa e aos movimentos de defesa, as coisas estão mudando. A comunidade internacional vem dando atenção crescente a esses desconhecidos sumidouros de carbono, e também às pressões que enfrentam.

Com frequência na história humana, "zona úmida" significou "terra desperdiçada" – um lugar para represar, dragar e drenar para fins que iam desde a agricultura até a conversão em moradias humanas. Esses ecossistemas costeiros têm sofrido com a pulverização no combate aos mosquitos, com a poluição e com o escoamento de sedimentos, com a extração de madeira, com espécies invasivas e com as operações da indústria de combustíveis fósseis. Foram arrasados para abrir caminho para fazendas de camarão, plantações de palmeiras, implantação de condomínios e campos de golfe. Ao longo das últimas décadas, mais de um terço dos manguezais do mundo se perderam. À medida que as tendências confluentes de crescimento da população global e de demanda por alimentos continuarem a aumentar, também aumentarão as pressões sobre as zonas úmidas costeiras.

Sucumbindo ou não a tais pressões, as terras úmidas costeiras influenciarão as mudanças climáticas, para melhor ou para pior. Quando estão intactos e saudáveis, pântanos, manguezais e prados de capim-marinho absorvem e fixam o carbono. Graças ao rápido crescimento das plantas e à escassez de oxigênio, as partes mortas das plantas se acumulam rapidamente e se degradam lentamente em condições encharcadas e anaeróbias – e o resultado é um solo rico em carbono. De acordo com a revista *Nature*, "cerca de 2,4-4,6% das emissões de carbono do mundo são capturadas e sequestradas por organismos vivos nos oceanos, e as Nações Unidas calculam que pelo menos metade desse sequestro ocorre em zonas úmidas de 'carbono azul'". Com a destruição ou degradação desses ecossistemas, não é que esse processo de absorção de carbono simplesmente para: as zonas húmidas costeiras se transformam então em uma fonte potente de emissões, liberando volumes de carbono há muito tempo sequestrados.

À medida que vai aumentando a conscientização sobre o papel que o carbono azul desempenha no refreamento (ou aumento) da mudança climática, também está ficando cada vez mais evidente que as zonas úmidas são fundamentais para o enfrentamento de seus impactos. O aumento do nível do mar decorrente do derretimento do gelo e da expansão térmica e o

Pântanos e planícies alagadas ao longo da hidrovia Braço de Turnagain, no Alasca. É assim chamada por se revelar um beco sem saída ("turn again", virar de novo) durante a busca do explorador inglês James Cook pela Passagem do Noroeste. A área é conhecida por sua enorme amplitude de marés, expondo uma grande área de argila na maré baixa e submergindo-a quando a água sobe. As montanhas Chugach formam um pano de fundo para essa área interdital úmida.

Classificação e resultados até 2050 **52º lugar**

3,19 gigatoneladas de redução de CO_2

53,34 gigatoneladas de proteção de CO_2

Dados globais de custo e poupança demasiadamente variáveis para que possam ser determinados

recrudescimento da atividade das tempestades ameaçam as comunidades costeiras, e os ecossistemas da costa constituem proteção vital contra o castigo e a violência das ondas e enxurradas. Isso é particularmente verdadeiro diante da inadequação cada vez maior das barreiras construídas pelo homem – diques, barragens, aterros. As funções de blindagem e proteção exercidas pelas zonas úmidas tornam ainda mais crucial garantir que esses ecossistemas sejam saudáveis hoje e resilientes para o futuro.

Evidentemente, o melhor cenário é proteger as zonas úmidas costeiras antes que elas sejam danificadas e "manter a tampa fechada" sobre o carbono que esses ecossistemas contêm. Agilizados pela Convenção de Ramsar sobre Terras Úmidas realizada em 1971, regulamentos governamentais e programas sem fins lucrativos estão ajudando a proteger as zonas úmidas de importância crítica, como o Parque Nacional Wasur, na Indonésia, e o Parque Nacional Everglades, na Flórida. A designação de áreas protegidas continuará a ser um ponto importante, mas a preservação de grandes extensões de terra pode ser tarefa desafiadora – e dispendiosa – quando significa a limitação da área disponível para a agricultura ou o desenvolvimento, uma questão frequentemente polêmica. Grupos como o Smithsonian Environmental Research Center, na baía de Chesapeake, estão construindo um corpo de conhecimentos sobre as formas de maximizar o sequestro.

Juntamente com a designação de áreas protegidas, é possível reabilitar e restaurar zonas úmidas costeiras que já foram degradadas, embora sua eficácia como sumidouros de carbono não possa ser comparada com a das zonas intocadas. Os esforços de restauração variam desde simplesmente permitir que os processos do ecossistema prossigam seu curso até corrigir os danos causados por diques, valas, drenagens e pelo desenvolvimento. A restauração passiva tende a ser mais barata e mais eficaz no longo prazo. Mas nos casos em que as zonas úmidas sofreram severa degradação, poderá haver necessidade de esforços intensivos para ajudar as águas das marés a fluírem livremente e para que os *habitats* naturais voltem a florescer. Da baía de Delaware à costa da Holanda, os "litorais vivos" estão trazendo de volta zonas de marés desimpedidas. Além da remoção das infraestruturas, por exemplo, estradas, para a nutrição dos litorais vivos, também ajuda abrir espaço para que as áreas úmidas costeiras avancem. Como o nível do mar continua a subir, esses ecossistemas precisarão migrar para o interior da terra, para terrenos mais altos, e os assentamentos humanos poderiam impedir essa mudança.

Em contraste com os esforços de sequestro de carbono em terra, ao longo das costas esse empenho ainda é incipiente. Desde 2008, um grupo de empresas europeias vem atuando no Senegal, investindo milhões de dólares na restauração de mangues e recebendo em troca créditos de carbono para compensar as emissões em seus países. Os habitantes locais – principalmente mulheres – plantaram dezenas de milhões de árvores em terras tradicionalmente mantidas como áreas comuns para obtenção de lenha, peixes e moluscos. Essas pessoas descobriram depois que os créditos de carbono seriam vendidos e empresas lucrariam com seu trabalho de baixa remuneração. Para sua consternação, também descobriram que não mais poderiam ter acesso a esses recursos essenciais nas áreas costeiras replantadas, pois a coleta de moluscos e de madeira perturba as novas árvores e o processo de sequestro do carbono. Por outro lado, agora os aldeões estão sendo beneficiados cumulativamente com a reconstrução de "amortecedores" para o oceano, a proteção das terras contra ondas e ventos e a restauração do *habitat* para aves, macacos e mangustos, além da formação de um viveiro importante para os peixes.

O que vale para o Senegal vale para todo o mundo: os meios de subsistência humanos e os ecossistemas costeiros se entrelaçam de maneiras complexas que exigem maior compreensão. A igualdade de esforços para enfrentar o aquecimento global – seja com o carbono azul ou de outra forma – exige disciplina por parte de seus executores e vigilância dos observadores. Quando o investimento nas zonas costeiras é bem-feito, os retornos podem ser inúmeros, tanto local como globalmente. A conservação dos ecossistemas costeiros pode beneficiar a atmosfera e melhorar a biodiversidade, a qualidade da água e a proteção das tempestades, além de simultaneamente respeitar os direitos e o bem-estar das comunidades locais.

Impacto: *De cerca de 49 milhões de hectares de zonas úmidas costeiras, 7,3 milhões estão protegidos hoje em dia. Se 23 milhões de hectares extras estiverem protegidos até 2050, as emissões que deixarão de ocorrer e o sequestro continuado poderão totalizar 3,2 gigatoneladas de dióxido de carbono. Embora limitadas em termos de área, as zonas úmidas costeiras contêm grandes sumidouros de carbono; estima-se que sua proteção poderia fixar 15 gigatoneladas de carbono – o equivalente a mais de 53 gigatoneladas de dióxido de carbono, caso fossem liberadas na atmosfera.*

USO DA TERRA
FLORESTAS TROPICAIS

Nas últimas décadas, as florestas tropicais – localizadas a 23,5° ao norte ou ao sul do Equador – sofreram extenso desmatamento, fragmentação, degradação e depleção da sua flora e fauna. Outrora responsáveis pela cobertura de 12% das massas terrestres do mundo, agora cobrem apenas 5%. Em muitos lugares, a destruição continua. No entanto, a restauração, tanto passiva como intencional, é agora uma tendência crescente. De acordo com um estudo de 2011 que mediu o sumidouro de carbono que as florestas representam globalmente, "os trópicos possuem a maior área florestal do mundo, a mais intensa mudança contemporânea do uso da terra e a maior absorção de carbono, mas também a maior incerteza". Mesmo assim, embora o desmatamento persista, o recrescimento das florestas tropicais sequestra até 6 gigatoneladas de dióxido de carbono por ano. Isso equivale a 11% das emissões anuais de gases de efeito estufa em todo o mundo, ou a todas as emissões produzidas nos EUA.

Quando perdemos florestas, principalmente para a expansão agrícola ou para o assentamento humano, ocorre descarga de dióxido de carbono na atmosfera. Apenas a destruição da floresta tropical é responsável por 16-19% das emissões de gases de efeito estufa causadas pela atividade humana. A recuperação das florestas tem exatamente o efeito contrário. À medida que os ecossistemas florestais voltam à vida, árvores, solo, restos vegetais e outros tipos de vegetação absorvem e fixam o carbono, retirando-o da ciranda do aquecimento global. Embora de imediato não sejam iguais em diversidade às paisagens antigas, as florestas restauradas apoiam o ciclo da água, conservam o solo, protegem o *habitat* e os polinizadores, fornecem alimentos, remédios e fibras, e dão às pessoas lugares onde podem viver, se aventurar e venerar. Particularmente importantes para os povos rurais que vivem nas margens dessas florestas, frequentemente marginalizados, os bens e serviços desse ecossistema se tornarão mais importantes à medida que as mudanças climáticas persistirem e as comunidades tiverem que se adaptar aos seus impactos.

De acordo com o World Resources Institute (WRI), 30% dos bosques mundiais foram completamente eliminados. Outros 20% estão degradados. Uma equipe de pesquisadores do WRI informa que "mais de 2 bilhões de hectares em todo o mundo oferecem oportunidades de restauração – uma área maior que a América do Sul". Em três quartos dessa área uma abordagem de restauração florestal "em mosaico" seria mais adequada, mesclando-se florestas, árvores e terra agrícola. Até 480 milhões de hectares estão prontos para uma restauração completa de grandes florestas com densa cobertura de dossel, em áreas onde os residentes humanos são mais esparsos. A oportunidade é enorme, e a maioria dessas terras se encontra em regiões tropicais.

Restaurar significa tomar medidas para ajudar um ecossistema florestal danificado a recuperar sua forma e função originais.

Classificação e resultados até 2050	5º lugar
61,23 gigatoneladas de redução de CO_2	Dados globais de custo e poupança demasiadamente variáveis para que possam ser determinados

A flora e a fauna retornam. As interações entre organismos e espécies revivem. A floresta recupera seus papéis multidimensionais. Como Bill McKibben escreveu em 1995, ao relatar o ressurgimento de florestas ao longo da costa leste dos EUA, "o que importa não é simplesmente o número de troncos, mas a qualidade da floresta". Em geral, quanto mais prejudicado um ecossistema, mais complexa e cara será a restauração. Uma pesquisa recente derrubou suposições há muito tempo vigentes sobre a imutabilidade da floresta tropical arrasada: na verdade, esses ecossistemas são muito mais resilientes do que se pensava anteriormente. Em um período médio de 66 anos, as florestas tropicais podem recuperar 90% da biomassa existente nas paisagens antigas.

Os mecanismos específicos para a restauração ou reabilitação de uma floresta tropical variam. O cenário mais simples consiste em preservar a terra dos usos não florestais, por exemplo, cultivos agrícolas ou a inundação de um vale, e deixar uma floresta jovem se erguer por conta própria, seguindo um curso natural de regeneração e sucessão. As medidas de proteção podem manter a distância pressões como o fogo, a erosão ou o pastoreio. Outras técnicas são mais intensivas, como, por exemplo, cultivar e plantar mudas nativas e remover as plantas invasoras. Essas técnicas dão às espécies vitais a oportunidade de prosperar e, além disso, promovem a aceleração dos processos ecológicos naturais. Tais práticas são fundamentais em locais onde o solo foi severamente degradado e quando inexistem os bancos de sementes naturais – como as florestas próximas ou as sementes que permanecem no subsolo. À medida que as mudas crescem, melhoram a saúde do solo, eliminam gramíneas pelo sombreamento e atraem pássaros e outros dispersores de sementes, favorecendo ainda mais a recuperação e as subsequentes regeneração e sucessão naturais.

Embora a restauração se concentre no ecossistema da floresta, os sistemas humanos são fundamentais para o seu sucesso. Os dias de paisagens luxuriantes e intocadas estão praticamente acabados. Considerando que florestas e pessoas raramente existem isoladamente no mundo densamente povoado de hoje,

Acima à esquerda: Na Amazônia, as queimadas continuam sendo o meio preferido de liberar a terra para abrir caminho para o gado. Essa é uma ação enganadora, porque os solos ácidos e delgados rapidamente se degradam e deixam de ser produtivos. Esta foto foi tirada no estado de Rondônia, imediatamente a nordeste da Bolívia.

Acima: A Reserva Biológica Bosque Nuboso Monteverde, na Costa Rica, abrange 10,5 mil hectares de floresta virgem, possivelmente contendo o bioma mais diversificado do mundo. Essa floresta foi assim denominada pelos agricultores quacres que se mudaram do Alabama para a Costa Rica para evitar sua convocação para a Guerra da Coreia. (A Costa Rica acabara de abolir os seus exércitos, e esse foi o motivo da escolha desse país.) Eles a chamavam de "Green Mountain"; e desde então seu nome é Monteverde.

restaurar uma floresta é mais do que torná-la ecologicamente robusta novamente. Ela precisa ser social e economicamente viável ou, melhor ainda, valiosa – deve ser uma fonte de orgulho e de lucro, de diversão e de provisões para as comunidades locais em geral. Especificamente do ponto de vista climático, os benefícios globais da redução do carbono devem atender aos benefícios locais de adaptação ao aquecimento global e a seus impactos. Se esses benefícios interconectados não forem obtidos, é provável que a restauração simplesmente jamais saia do papel; ou, pior ainda, poderemos testemunhar a perda dos investimentos por danos subsequentes. Para que o crescimento das árvores seja mantido, as comunidades locais terão necessariamente que participar.

Dada a interconectividade entre pessoas e florestas, surgiu uma estrutura específica para as restaurações, chamada de restauração da paisagem florestal (RPF). Essa abordagem, proposta pela Organização das Nações Unidas para a Agricultura e a Alimentação (FAO), significa "considerar a paisagem como um todo integrado [...] considerando os diferentes usos da terra em conjunto, suas conexões, interações e um mosaico de intervenções [de restauração]". Isso significa que não existe uma fórmula única para a restauração florestal. Certamente o crescimento das árvores é uma intervenção essencial, mas a RPF insiste que é igualmente crucial a participação das pessoas que sejam parte interessada. (Dos dez princípios orientadores para a restauração desenvolvidos pela FAO, apenas um deles é "plantar árvores".) Fazer da restauração um processo colaborativo pode garantir que esse processo seja realizado com e para as comunidades locais, e que as raízes das causas dos danos florestais sejam abordadas, que possa ser atendido um conjunto de objetivos às vezes conflitantes, e que a floresta revitalizada tenha defensores, não oponentes. A restauração não pode ser feita apenas nos edifícios do governo. Ela começa e termina no chão.

Hoje, podemos apontar para um verdadeiro movimento global pela restauração florestal. Um ano crítico em sua evolução foi 2011, quando o Bonn Challenge estabeleceu a ambiciosa meta de restaurar 150 milhões de hectares de floresta em todo o mundo até 2020. A Declaração de Nova York sobre Florestas de 2014 confirmou essa meta e acrescentou uma meta cumulativa de 350 milhões de hectares restaurados globalmente até 2030. (Essas metas acompanham outras focadas em interromper o desmatamento antes de mais nada.) Se nosso planeta restaurar 350 milhões de hectares de floresta até 2030, um total de 12-33 gigatoneladas de dióxido de carbono seriam removidos da atmosfera e retornariam à terra, juntamente com os benefícios advindos de uma miríade de outros bens e serviços.

De acordo com análise recente, a restauração florestal ativa, que nem sempre é necessária, geralmente custa entre 988-2.964 dólares por hectare. Esses números não incluem o custo de terra e variam segundo a espécie plantada, os métodos utilizados, as condições iniciais e a escala do projeto. A restauração de 350 milhões de hectares de floresta entre o momento presente e 2030 poderia custar entre 350 bilhões e 1 trilhão de dólares. O retorno sobre esse investimento seria maior. De acordo com estimativas da União Internacional para a Conservação da Natureza, "o cumprimento da meta de 350 milhões de hectares poderia gerar 170 bilhões de dólares por ano em benefícios líquidos de proteção de bacias hidrográficas, rendimentos de culturas melhorados e em produtos florestais, [ao mesmo tempo que seria sequestrada] até 1,7 gigatonelada anual de equivalentes de dióxido de carbono".

O grosso das oportunidades de restauração se localiza principalmente nos países de baixa renda em regiões tropicais. Esses países não conseguem gerenciar o nível de investimento exigido e nem deveriam, já que os benefícios da restauração criam valor e serviço para todos no planeta. As partes interessadas são a raça humana inteira, e alguns devem assumir maior responsabilidade pelo problema das mudanças climáticas do que outros.

A restauração da floresta tropical é vital para o desenvolvimento. As florestas são uma fonte de renda, desde a madeira até o turismo; de segurança alimentar, desde animais de caça até a polinização das culturas; de energia, desde a lenha coletada até a energia hidrelétrica; de saúde, desde uma água limpa até o controle de mosquitos; e de segurança, desde a prevenção de deslizamentos até o controle de inundações. As florestas tropicais são motores dinâmicos de sustento humano e bem-estar. Essa série de benefícios provocou vigorosos compromissos regionais e nacionais com a restauração das florestas tropicais. A AFR100, a Iniciativa pela Restauração da Paisagem Africana, está empenhada em restaurar 100 milhões de hectares de terras degradadas no continente até 2030 – uma área três vezes maior que a Alemanha. Tendo cortado as taxas de desmatamento amazônico em 80% de 2005 a 2015 – uma façanha que outrora parecia impossível –, o Brasil está restaurando mais de 11,7 milhões de hectares de floresta. A restauração é um meio de colher recompensas para o desenvolvimento nacional e também receber compensações internacionais pela fixação do carbono.

Visto ser a restauração florestal uma solução tão poderosa, é imperioso que os compromissos e os financiamentos sejam prioridade global. E como os esforços de restauração variaram desde o sucesso até o fracasso, é importante analisar os motivos, ampliar a escala das melhores práticas e descartar aquelas que não funcionam. As iniciativas precisam respeitar os direitos e a posse da terra, especialmente os dos povos indígenas; devem estar bem equipadas e tecnicamente preparadas e devem garantir o cumprimento efetivo de políticas incisivas. O sucesso depende da mudança das práticas de uso da terra e da redução do consumo de carne, para que possamos alimentar uma população global crescente sem expandir a área cultivada. Um dos enredos dominantes dos séculos XIX e XX foi a enorme perda de florestas. Sua restauração e o retorno de suas características silvestres bem poderia ser uma história do século XXI.

Impacto: *Em teoria, 304 milhões de hectares de terras degradadas nos trópicos poderiam ser restaurados, com a formação de uma floresta contínua e intacta. Lançando mão dos compromissos hoje vigentes e dos estimados no Bonn Challenge e na Declaração sobre Florestas de Nova York, nosso modelo pressupõe que poderia ocorrer a restauração em 176 milhões de hectares. Por meio do recrescimento natural, as terras envolvidas no processo poderiam sequestrar 3,46 toneladas anuais de dióxido de carbono por hectare, totalizando 61,2 gigatoneladas de dióxido de carbono até 2050.*

USO DA TERRA
BAMBU

Classificação e resultados até 2050		35º lugar
7,22 gigatoneladas de redução de CO_2	US$ 23,8 bilhões de custo líquido	US$ 264,8 bilhões de poupança líquida

Na história da criação dos filipinos, o primeiro homem, Malakas (O Forte), e a primeira mulher, Maganda (A Bela), surgiram das duas metades de um pé de bambu. Esse é um dos muitos mitos de origem asiática envolvendo o bambu – uma planta que os seres humanos vêm cultivando para mais de mil usos. O combate ao aquecimento global é outra maneira como o bambu poderia ser usado; essa planta rapidamente sequestra o carbono na biomassa e no solo, retirando-o do ar mais rapidamente que quase qualquer outra planta. Além disso, o bambu pode prosperar em terras degradadas e inóspitas. Algumas espécies, no ambiente certo, são capazes de sequestrar 185-741 toneladas de carbono por hectare ao longo da sua vida útil.

O bambu dispensa incentivos. Existe uma lista das dez plantas de crescimento mais rápido do mundo, e a lentilha-de-água, as algas e o kudzu não tiveram nenhuma chance de chegar ao topo. É possível se sentar diante de uma touceira de bambu na primavera e testemunhar um crescimento superior a 2,5 cm por hora. O bambu atinge sua altura máxima em um único período vegetativo, momento em que pode ser colhido para a fabricação de polpa, ou ficar crescendo até alcançar a maturidade depois de 4-8 anos. Depois de cortado, o bambu rebrota e cresce novamente. Em regime de manejo, o bambu é cultivado em mais de 23 milhões de hectares em todo o mundo.

Sendo simplesmente uma gramínea, o bambu tem resistência à compressão igual à do concreto e resistência à tração igual à do aço. O bambu é usado em quase todas as etapas da construção de casas, desde a sua estrutura até o piso e as telhas, e também é empregado como alimento, na fabricação de papel, mobiliário, bicicletas, barcos, cestas, tecidos, carvão, biocombustíveis, alimentação animal e até como encanamento. Embora o valor do bambu seja devidamente reconhecido na Ásia (na China, é chamado de "amigo do povo"), ainda é considerado como erva daninha em grande parte do mundo. Mas seus usos versáteis, inclusive o sequestro de carbono, o colocam entre as plantas mais úteis do mundo.

Por ser uma gramínea, o bambu contém pequenas estruturas de sílica, chamadas pedras de planta, ou fitólitos. Compostos por minerais, os fitólitos resistem à degradação por mais tempo do que outros materiais vegetais. O carbono que armazenam pode permanecer sequestrado no solo por centenas ou milhares de anos. A combinação dos fitólitos e da taxa de crescimento rápido do bambu faz desse vegetal um meio prolífico para o sequestro de carbono. O impacto do bambu no carbono é ainda maior, graças à sua capacidade de substituir materiais de altas emissões, como algodão, plásticos, aço, alumínio e concreto. Como substituto da polpa usada na fabricação de papel, o bambu pode produzir seis vezes mais polpa do que uma plantação de pinho convencional.

O bambu pode causar problemas ecológicos. Por ser espécie invasora em muitos lugares, pode se espalhar com efeitos prejudiciais para os ecossistemas nativos. Deve-se ter cuidado na seleção de locais apropriados e no manejo de seu crescimento. O bambu também pode ter algumas das mesmas desvantagens que as monoculturas de árvores usadas para florestamento. Focando no uso comercial em terras degradadas, especialmente aquelas com declives íngremes ou com erosão significativa, é possível maximizar os impactos positivos do bambu – produtos úteis, o sequestro de carbono e evitar emissões de materiais alternativos –, ao mesmo tempo minimizando seus impactos negativos.

Impacto: *Hoje existem 31 milhões de hectares plantados com bambu. Assumimos que esse cultivo aumentará em mais 15 milhões de hectares de terras degradadas ou abandonadas. Nossos cálculos de sequestro de carbono incluem biomas vivos e produtos do bambu de longa duração, com uma taxa anual de 7,1 toneladas de carbono por hectare. Quando o bambu é utilizado em substituição ao alumínio, concreto, plástico ou aço também podem ser evitadas emissões, que não estão incluídas no total de 7,2 gigatoneladas de dióxido de carbono sequestrado até 2050. Um investimento inicial de 24 bilhões de dólares poderia resultar em um retorno financeiro de 265 bilhões de dólares ao longo de trinta anos.*

O homem que parou o deserto
MARK HERTSGAARD

Estudos demonstraram que 98% das notícias publicadas ou transmitidas sobre mudanças climáticas são negativas e, essencialmente, levam à depressão. Neste trecho do livro de Mark Hertsgaard, Hot: Living Through the Next Fifty Years on Earth *[Quente: atravessando os próximos cinquenta anos na Terra], a notícia é diferente – é uma história de desertificação que está sendo revertida, frente a condições de chuvas mais desafiadoras. O herói nessa história é Yacouba Sawadogo, conhecido em Burkina Faso, África, como "o homem que parou o deserto". Esta é uma história sobre como as soluções surgem da prática e do lugar, e de pessoas que conhecem a terra – agricultores que fizeram descobertas importantes sobre o que é conhecido como cultura intercalar com árvores. A cultura intercalar com árvores não é uma novidade, tem sido praticada há milênios. Um dos presentes que o aquecimento global oferta ao mundo é o impulso para que encontremos nosso caminho de volta a práticas outrora testadas e conhecidas. No Ocidente, há muito tempo existe a premissa de que é preciso ajudar a África a "se desenvolver". O modelo ocidental de ajuda e desenvolvimento para combater a pobreza foi desmantelado tanto pelos africanos como por muitos estudos, mas essa fórmula continua a ser aplicada. No livro de Mark, as pessoas estão cultivando três coisas: árvores, cultivos e sabedoria. A ajuda externa, os sacos de milho geneticamente modificado e os bens doados vão e vêm, mas se quisermos resolver com sucesso o aquecimento global, devemos aprender a confiar na capacidade das pessoas em todos os lugares para que possamos entender as consequências e imaginar soluções localmente desenvolvidas, de forma colaborativa, e não forçar soluções sobre essas pessoas, por mais bem-intencionadas que elas sejam. – PH*

Yacouba Sawadogo não sabia quantos anos tinha. Com um machado pendurado sobre o ombro, ele atravessava as florestas e campos de sua fazenda com passadas elegantes. Mas, visto de perto, sua barba era cinzenta, e ele tinha bisnetos; assim, Yacouba deveria ter pelo menos 60 e talvez estivesse mais perto dos 70 anos de vida. Isso significa que Yacouba nasceu bem antes de 1960, ano em que o país agora conhecido como Burkina Faso ganhou independência da França, o que explica por que nunca aprendeu a ler e a escrever.

Também não aprendeu francês. Ele falava sua língua tribal, Mòoré, em uma voz retumbante e sem pressa, ocasionalmente pontuando frases com um breve grunhido. No entanto, apesar de ser analfabeto, Yacouba Sawadogo é pioneiro na abordagem da formação de culturas com arborização, que transformou o Sahel ocidental nos últimos vinte anos.

"A mudança climática é um assunto sobre o qual eu tenho algo a dizer", disse Sawadogo, que, ao contrário da maioria dos agricultores locais, tinha alguma compreensão do termo. Vestindo uma bata de algodão marrom, Sawadogo sentou-se sob as acácias e as plantas-ziziphus que sombreavam um galinheiro com galinhas d'angola. Duas vacas dormitavam a seus pés e os balidos das cabras eram trazidos até nós pelos ventos do final da tarde. Sua fazenda no norte de Burkina Faso era grande pelos padrões locais – 20 hectares – e pertencia à sua família havia gerações. O resto de sua família abandonara a fazenda após as terríveis secas da década de 1980, quando um declínio de 20% na precipitação pluviométrica anual reduziu a produção de alimentos em todo o Sahel, transformou vastos trechos de savana em desertos e causou milhões de mortes por fome. Para Sawadogo, deixar a fazenda era impensável. "Meu pai está enterrado aqui", disse ele simplesmente. Na sua opinião, as secas da década de 1980 marcaram o início da mudança climática, e ele pode estar certo: os cientistas ainda estão tentando descobrir quando as mudanças climáticas feitas pelo homem começaram; alguns datam seu início em meados do século XX. De qualquer maneira, Sawadogo disse que vinha se adaptando a um clima mais quente e seco havia vinte anos.

"Nos anos de seca, as pessoas se viram em uma situação tão terrível que tiveram de pensar de maneiras novas", disse Sawadogo, que se orgulhava de ser um inovador. Por exemplo, entre os agricultores locais era uma prática antiga escavar o que eles chamavam *zai* – poços superficiais que recolhiam e concentravam as escassas chuvas nas raízes das culturas. Sawadogo aumentou o tamanho de seu *zai* na esperança de captar mais chuva. Mas sua mais importante inovação, disse ele, era a adição de estrume ao *zai* durante a estação seca, uma prática que seus colegas ridicularizavam como um desperdício.

Os experimentos de Sawadogo provaram-se corretos: os rendimentos das culturas aumentaram devidamente. Mas o resultado mais importante foi um que Sawadogo não tinha antecipado: árvores começaram a brotar em meio a suas fileiras de painço e sorgo, graças às sementes contidas no estrume. À medida que uma estação de crescimento se seguia a outra, ficou claro que as árvores – agora com poucos metros de altura – aumentavam ainda mais os rendimentos do milho e do sorgo, ao mesmo tempo que restauravam a vitalidade degradada do solo. Ouvi de Sawadogo que "desde que comecei essa técnica de reabilitação de terras degradadas, minha família tem desfrutado de segurança alimentar nos anos bons e nos ruins".

Os agricultores do Sahel ocidental alcançaram sucesso notável com a implantação de uma arma secreta muitas vezes negligenciada em lugares mais ricos: as árvores. Não as plantar, e sim cultivá-las. Chris Reij, um especialista holandês em meio ambiente da VU University Amsterdam que vem trabalhando em questões agrícolas no Sahel há trinta anos, e outros cientistas que estudaram a técnica dizem que a mistura de árvores e culturas – uma prática que eles chamaram de "regeneração natural administrada pelos agricultores", ou o que é conhecido como agrossilvicultura – traz uma série de benefícios. Por exemplo, a sombra das árvores e sua copa traz alívio para as culturas, protegendo-as do calor esmagador e das rajadas de ventos. "No passado, em alguns casos os agricultores tinham que semear seus campos três, quatro ou cinco vezes porque a areia soprada pelo vento cobria ou destruía os brotos", informou Reij, um holandês grisalho com o zelo de um missionário. "Com árvores para aplacar o vento e fixar o solo, os agricultores precisam semear apenas uma vez."

As folhas servem a outros fins. Depois que caem no chão, funcionam como adubação verde, aumentando a fertilidade do

Yacouba Sawadogo

solo; também fornecem forragem para o gado nas estações em que há carência de outras rações. Em situações de emergência, as pessoas também podem comer as folhas para evitar a fome.

Os poços de plantio aprimorados desenvolvidos por Sawadogo e outras técnicas simples de coleta de água permitiram que mais água se infiltrasse no solo. Surpreendentemente, os lençóis subterrâneos cujos níveis despencaram após as secas da década de 1980 estão começando a se recuperar. "Na década de 1980, os lençóis freáticos do Platô Central de Burkina Faso caíram em média um metro por ano", informou Reij. "Desde que regeneração natural administrada pelos fazendeiros (RNAF) e as técnicas de coleta de água começaram a ser adotadas, no final da década de 1980, em muitas aldeias os lençóis freáticos subiram pelo menos 5 metros, apesar de uma população em crescimento".

Alguns analistas atribuíram o aumento dos lençóis freáticos a um aumento das chuvas que ocorreu a partir de 1994, acrescentou Reij, "mas isso não faz sentido: os lençóis freáticos começaram a subir bem antes disso". Estudos documentaram o mesmo fenômeno em algumas aldeias no Níger, onde medidas extensivas de coleta de água ajudaram a elevar os lençóis freáticos em 15 metros entre o início da década de 1990 e 2005.

Com o passar do tempo, Sawadogo foi se encantando cada vez mais pelas árvores, e hoje suas terras parecem menos uma fazenda do que uma floresta, embora uma floresta composta de árvores que, para meus olhos californianos, frequentemente pareçam bastante delgadas e irregulares. As árvores podem ser colhidas – seus ramos podados e vendidos –, e em seguida, crescem novamente, e seus benefícios para o solo facilitam o crescimento de mais árvores. "Quanto mais árvores você tem, mais você ganha", explicou Sawadogo. A madeira é a principal fonte de energia na África rural e, à medida que sua cobertura de árvores se expandiu, Sawadogo passou a vender madeira para cozinhar, fazer móveis e construir, aumentando e diversificando sua renda – uma tática de adaptação essencial. As árvores, ele diz, também são uma fonte de medicamentos naturais, o que não é pouco em uma região onde os modernos cuidados de saúde são escassos e caros.

"Acho que as árvores são pelo menos uma parte da resposta às mudanças climáticas, e tentei compartilhar essa informação com outras pessoas", acrescentou Sawadogo. "Minha convicção, com base na minha experiência pessoal, é que as árvores são como os pulmões. Se não os protegermos e aumentarmos seu número, será o fim do mundo".

Sawadogo não era um excêntrico. No Mali, a prática de cultivar árvores em meio a fileiras de culturas agrícolas parecia estar em todo lugar. Segundo Salif Ali, um agricultor vizinho, à medida que informações sobre tais histórias de sucesso iam se espalhando, a agrossilvicultura se alastrou por toda a região. "Vinte anos atrás, depois da seca, nossa situação aqui era bastante desesperadora, mas agora vivemos muito melhor", disse. "Antes, a maioria das famílias tinha apenas um celeiro cada. Agora, todas têm três ou quatro, embora a terra que estão sendo cultivadas não tenha aumentado. E nós também temos mais gado." Depois de exaltar os muitos benefícios que as árvores proporcionaram – sombra, forragem para gado, proteção contra a seca, lenha e até o retorno de lebres e outros animais selvagens pequenos –, um membro cético de nosso grupo perguntou a Salif: "Podemos encontrar alguém por aí que não pratique esse tipo de agrossilvicultura?"

"Boa sorte", ele respondeu. "Hoje, todos cultivam dessa maneira."

De acordo com Tony Rinaudo, um missionário australiano que também trabalha em desenvolvimento e que foi um dos primeiros defensores do que hoje é conhecido por regeneração natural administrada por fazendeiros (RNAF), "A grande vantagem da agrossilvicultura é que é uma prática grátis. Eles param de considerar as árvores como ervas daninhas e começam a considerá-las como recursos". Mas apenas se não forem penalizados por assim agir.

A agrossilvicultura se espalhou em grande parte sozinha, de agricultor para agricultor e de aldeia para aldeia, pois as pessoas veem os resultados com seus próprios olhos e se apressam em adotar a prática. Foi só depois que Gray Tappan, do Departamento de Pesquisas Geológicas dos Estados Unidos, comparou fotos aéreas de 1975 com imagens de satélite da mesma região em 2005 que ficou evidente o grau de disseminação da agrossilvicultura. Reij, Rinaudo e outros defensores ficaram surpresos com as evidências do satélite, pois não tinham ideia de que tantos agricultores em tantos lugares tinham cultivado tantas árvores.

"Esta é provavelmente a maior transformação ambiental positiva no Sahel e talvez em toda a África", disse Reij. Combinando evidências de satélites com levantamentos terrestres e relatos orais, Reij calculou que, apenas no Níger, os agricultores haviam cultivado 200 milhões de árvores e reabilitado 5 milhões de hectares de terra. "Muitas pessoas acreditam que o Sahel não é nada além de um lugar de desgraça e tristeza, e eu também poderia contar muitas histórias de desgraça e tristeza", disse ele. "Mas muitos fazendeiros no Sahel estão melhor agora do que há trinta anos por causa das inovações agroflorestais por eles implementadas".

O que torna a agrossilvicultura tão empoderadora – e sustentável –, Reij acrescentou, é que os próprios africanos são detentores da tecnologia, que é simplesmente a noção de que cultivar árvores junto de suas culturas resulta em muitos benefícios. "Antes dessa viagem, sempre pensava nos insumos externos necessários para aumentar a produção de alimentos", disse Gabriel Coulibaly em uma sessão de informações depois de nossa expedição exploratória. Coulibaly, um malinês que trabalhou como consultor para a União Europeia e para outras organizações internacionais, acrescentou: "Mas agora vejo que os agricultores podem gerar soluções sozinhos, e isso é o que tornará essas soluções sustentáveis. Os agricultores administram essa tecnologia, então ninguém pode tirá-la deles.

E o sucesso da agrossilvicultura não depende de grandes doações de governos estrangeiros nem de grupos humanitários – doações que muitas vezes não se materializam ou que podem ser retiradas quando o dinheiro fica apertado. Esta é uma das razões pelas quais Reij vê a agrossilvicultura como superior ao modelo das Aldeias do Milênio promovido por Jeffrey Sachs, o economista que dirige o Land Institute da Universidade de Columbia. O programa *Millennium Villages* concentra-se em doze aldeias em várias partes da África, proporcionando gratuitamente a elas aqueles que são considerados os "tijolos do desenvolvimento": sementes modernas e fertilizantes, poços de água potável e clínicas de saúde. "Se você ler as matérias do site, é capaz de se emocionar", disse Reij. "É linda a sua visão de acabar com a fome na África. O problema é que o plano só pode funcionar temporariamente para pequeno número de aldeias escolhidas. As Aldeias do Milênio exigem um aporte contínuo de insumos externos – não apenas fertilizantes e outras tecnologias, mas o dinheiro para pagar por elas –, e essa não é uma solução sustentável. É difícil imaginar os países ricos oferecendo gratuitamente ou de maneira subsidiada fertilizantes e poços a todas as aldeias africanas carentes desses insumos".

No entanto, os estrangeiros têm um papel a desempenhar. Governos de outros países e ONGs podem incentivar as mudanças políticas necessárias pelos governos africanos, como, por exemplo, a concessão de propriedade das árvores aos agricultores. E esses estrangeiros podem financiar, a um custo muito baixo, o compartilhamento de informações de base que disseminaram a agrossilvicultura tão eficazmente no Sahel ocidental. Embora os agricultores tenham feito o máximo para alertar seus colegas para os benefícios da agrossilvicultura, a ajuda crucial veio de um punhado de ativistas como Reij e Rinaudo e ONGs como a Sahel-Eco e a World Vision Austrália. Agora, informou Reij, esses defensores da tecnologia esperam incentivar a adoção da agrossilvicultura em outros países africanos, por meio de uma iniciativa denominada "Reverdecimento do Sahel".

Para que a humanidade evite situações incontroláveis e administre as inevitáveis mudanças climáticas, devemos buscar as melhores opções disponíveis. A agrossilvicultura certamente parece ser uma delas, pelo menos para os membros mais pobres da família humana. "Vejamos o que já foi conseguido na África e vamos trabalhar nisso", exortou Reij. "No final, o que acontece na África dependerá do que os africanos fizerem; então eles devem comandar o processo. De nossa parte, devemos ter em mente que os agricultores africanos sabem muito; assim, também há coisas que podemos aprender com eles".

Adaptado de *Hot: living through the next fifty years on Earth* [Quente: atravessando os próximos cinquenta anos na Terra], de Mark Hertsgaard.

USO DA TERRA
BIOMASSA PERENE

Classificação e resultados até 2050		51º lugar
3,33 gigatoneladas de redução de CO_2	US$ 77,9 bilhões de custo líquido	US$ 541,9 bilhões de poupança líquida

Plantar na primavera. Cultivar no verão. Colher no outono. Esse ritmo já tem 10 mil anos de história agrícola da humanidade. É como pensamos o ciclo de produção, mas essa estratégia não se aplica a todas as culturas. Os jardineiros conhecem bem a diferença entre plantas perenes e anuais: narcisos florescem estação após estação, enquanto dálias exigem esforços anuais. Nessa escala, é uma questão de gosto e de tempo. Na escala do campo de um fazendeiro, dinâmicas mais decisivas encontram-se em jogo: em comparação com as culturas anuais, as culturas perenes têm o potencial de evitar a lixiviação de nutrientes, a erosão do solo, a pulverização de fertilizantes sintéticos e o uso de equipamentos movidos a diesel com tanta frequência. As culturas de bioenergia são uma oportunidade para trocar culturas anuais por plantas perenes e, no processo, fixar o carbono.

A matéria vegetal é utilizada de várias maneiras na geração de energia: em combustão, para produzir calor ou eletricidade; com a digestão anaeróbia, para produzir metano; e convertida em etanol, biodiesel ou óleo vegetal hidrogenado, para a obtenção de combustível. Nos transportes, a bioenergia representa 2,8% do combustível consumido. No setor de energia, compreende 2% do total. Segundo projeções, toda a cadeia da bioenergia deve crescer.

A origem da matéria vegetal empregada na obtenção de bioenergia – anual ou perene (ou resíduos) – faz toda a diferença. Os EUA lideram o mundo na produção de biocombustíveis líquidos. Quarenta por cento do milho produzido naquele país se transforma em etanol. Essa cultura anual absorve enormes subsídios, muitas vezes com pouco ou nenhum benefício para o clima, por causa do elevadíssimo custo dos insumos para a produção de energia. A produção do etanol de milho pode ameaçar as reservas hídricas e aumentar os preços dos alimentos, sem que ocorram progressos no corte das emissões.

Com as culturas perenes para a produção de biomassa, as coisas podem ser diferentes. Cultivadas adequadamente, elas podem reduzir as emissões em 85% em comparação com o etanol de milho. O capim *Panicum virgatum*, o capim-do-Texas e o capim-elefante (*Miscanthus giganteus*) são herbáceas robustas que dependem menos de água e de nutrientes do que as culturas para a alimentação e podem ser colhidas ano após ano sem semeadura. As culturas lenhosas de rotação curta, como álamo, salgueiro, eucalipto e alfarrobeira, têm vida útil de 20-30 anos. Essas culturas lenhosas podem ser colhidas por um processo conhecido como "corte em talhadia" – um corte próximo ao solo, seguido de rebrota rápida e repetida. Mais importante ainda, o impacto das plantas perenes sobre o carbono do solo é dramaticamente diferente do que ocorre com as plantas anuais. Se as culturas anuais de bioenergia existentes forem substituídas por plantas perenes, poderão dar uma contribuição líquida positiva por meio do sequestro. Além disso, muitas delas são candidatas importantes para o crescimento em terras degradadas, não adequadas para a produção de alimentos. Em comparação com o milho e outras culturas anuais, a produção total de matéria vegetal pode ser menor no caso das plantas perenes, e elas evitam a erosão, produzem rendimentos mais estáveis, são menos vulneráveis a pragas e ajudam os polinizadores e a biodiversidade.

Miscanthus é também conhecido como capim-elefante por causa de sua altura, que chega a 3 metros em uma única estação. A foto mostra um fazendeiro em seu campo, na época da colheita.

Continua o intenso debate sobre a bioenergia – se ela pode beneficiar o clima, e em que medida, sem pôr em perigo o abastecimento de alimentos ou invadir florestas. A história da bioenergia não é simples; e as plantas perenes, embora raramente discutidas, são fundamentais para o seu desfecho. Isso não significa que essa seja uma solução infalível. Diante da quantidade de energia que usamos e dos alimentos que precisamos produzir, simplesmente não há terra suficiente para que todas as nossas necessidades sejam atendidas com o uso de combustíveis vegetais. Mas também essa não é uma proposição limitada a duas escolhas: precisamos de uma gama de soluções para que o aquecimento global seja revertido. Nos lugares em que energias renováveis mais eficientes, como a energia solar e o vento, puderem substituir os combustíveis fósseis, é isso que deve ocorrer. Nos casos de uso de combustível mais persistentes, como o utilizado na aviação, a bioenergia pode funcionar como substituto vital. Se introduzidas de modo criterioso, as culturas perenes para obtenção de bioenergia constituem uma solução, entre outras possíveis, que merece atenção.

Impacto: *A biomassa perene para obtenção de bioenergia fornece a matéria-prima para geração de energia de biomassa, possibilitando redução nas emissões. Essas culturas também podem gerar seu próprio impacto climático de 3,3 gigatoneladas de dióxido de carbono até 2050, pois substituem as matérias-primas oriundas de culturas anuais e sequestram mais carbono do solo. Nossa análise assume um aumento, dos 202 mil hectares atualmente em uso, para 57,8 milhões de hectares em 2050. O cultivo de plantas perenes é mais caro que o cultivo de plantas anuais, mas os retornos ao longo de trinta anos podem ser de 542 bilhões de dólares.*

USO DA TERRA
TURFEIRAS

"O chão é manteiga preta, generosa", escreveu Seamus Heaney em seu poema de 1969 "Bogland" ("Turfeira"). Embora Heaney estivesse pensando na sua Irlanda, esta é uma metáfora vívida para todas as turfeiras – também conhecidas como pântanos ou lodaçais – ao redor do mundo. Não são nem terra sólida nem água, mas algo intermediário. Turfa é uma substância espessa, estercosa e encharcada de água, constituída por matéria vegetal morta e em decomposição. A turfa se desenvolve ao longo de centenas, mesmo milhares, de anos, assumindo a forma de uma "sopa" de musgo úmido, capim e outras vegetações em lento processo de decomposição por baixo de uma camada viva de flora, num ambiente de quase ausência de oxigênio. Esse ambiente anaeróbio e ácido tem restos humanos preservados, os chamados "corpos de pântano", da Idade do Ferro e mesmo de antes. Se lhe fossem dados tempo, pressão e calor suficientes, a turfa se transformaria em carvão.

Variando em profundidade de 0,6-18 metros, as camadas de turfa contêm enormes quantidades de carbono. Seu teor normal desse elemento é de mais de 50%. Por essa mesma razão, bem como por sua acessibilidade, a turfa foi o primeiro combustível fóssil de amplo uso. Da Irlanda até a Rússia, passando pela Finlândia, a queima de tijolos secos de turfa para obter calor, cozinhar e, finalmente, gerar eletricidade é um costume antigo, ainda praticado em algumas localidades. A turfa foi fundamental para a era de ouro da Holanda no século XVII. Fonte de energia abundante, barata e de fácil transporte, a turfa permitiu que a indústria e a produção de bens holandesa para o mercado internacional florescessem. Hoje em dia, embora esses ecossistemas peculiares cubram apenas 3% da área terrestre, ficam apenas atrás dos oceanos na quantidade de carbono armazenado – o dobro do teor retido em todas as florestas do mundo, com um montante estimado em 500-600 gigatoneladas. Embora as florestas tenham recebido mais atenção nas últimas décadas, a sociedade está despertando para o papel inestimável das turfeiras como depósitos de carbono... contanto que permaneçam molhadas.

Esta ilustração mostra algumas das plantas que se adaptaram às turfeiras. São elas: junças, musgos, dróseras carnívoras, orquídeas, murta-do-pântano e muitas outras que prosperam em ambientes encharcados com escassez de nutrientes.

Para armazenar o carbono de forma eficaz, as turfeiras devem possuir plantas para absorvê-lo e armazená-lo por meio da fotossíntese, e também água para que sejam criadas condições anaeróbias que impeçam o retorno do carbono à atmosfera. Oitenta e cinco por cento das turfeiras do mundo conseguem reter água, uma condição crucial. Como ecossistemas antigos intactos, as turfeiras são eficazes na coleta de carbono, ao mesmo tempo que absorvem e purificam a água, protegendo contra inundações e sustentando a biodiversidade, desde raposas até orangotangos. Protegê-las por meio da preservação da terra e da prevenção contra incêndios: eis aí uma excelente oportunidade para o manejo dos gases globais de efeito estufa e, comparativamente, a um bom custo-benefício. (Embora as turfeiras intocadas emitam algum metano, o carbono por elas sequestrado supera amplamente o metano que liberam.)

Mas é claro que sua capacidade de sifonar e fixar o carbono tem um outro lado. Por fixar até dez vezes mais carbono por hectare do que outros ecossistemas, essas zonas úmidas podem se transformar em poderosas chaminés de gases de efeito estufa se forem perturbadas. Do total, 15% já o foram. Quando a turfa é exposta ao ar, o carbono que contém é oxidado em dióxido de carbono. São necessários milhares de anos para formar uma turfeira, mas, se ela for degradada, bastam uns poucos para que seu estoque de gases de efeito estufa se esvazie. Turfeiras drenadas representam 0,3% da área terrestre do planeta, mas produzem 5% de todas as emissões de dióxido de carbono causadas por seres humanos.

As causas da degradação da turfa são variadas. Esses ecossistemas pantanosos estão localizados predominantemente em climas temperados e frios por todo o hemisfério norte, abrangendo extensas regiões da América do Norte, do norte da Europa e da Rússia, bem como em climas tropicais-subtropicais, como a Indonésia e a Malásia. No sudeste Asiático, os incêndios florestais e o desmatamento para a plantação de palmeiras oleaginosas e de árvores lenhosas são motores importantes para a degradação das turfeiras – e estão aumentando. De fato, é por isso que as emissões de gases de efeito estufa da Indonésia são tão altas. Quando as emissões provocadas pela mudança do uso da terra e da silvicultura são incluídas nos totais de emissão por país, a Indonésia sempre fica entre os cinco principais emissores do planeta, juntamente com a Índia e a Rússia. À medida que o aquecimento global cresce, também cresce o risco de incêndios nas turfeiras. Os principais responsáveis, nas regiões mais temperadas do mundo,

Turfeiras colhidas na Irlanda, fotografadas por um drone. Os ecossistemas de turfeiras cobrem 17% da República da Irlanda e são colhidos à mão – o que era conhecido como "trabalhar no musgo" – para obtenção de combustível e de aquecimento no inverno desde a época dos romanos. Hoje, as máquinas empregadas pela empresa estatal Bord na Móna substituíram as pessoas, causando danos irremediáveis às turfeiras. Em 2015, a empresa anunciou que descontinuaria completamente o corte de turfa até 2030 e passaria a produzir energia sustentável solar, eólica e com biomassa.

Classificação e resultados até 2050 **13º lugar**

21,57 gigatoneladas de redução de CO_2 1.230,38 gigatoneladas de proteção de CO_2	Dados globais de custo e poupança demasiadamente variáveis para que possam ser determinados

são a mineração de turfa para combustível, a extração de musgo de turfa como mercadoria para a horticultura e a drenagem de turfeiras para a produção de madeira e para pastagens.

Embora não seja tão eficaz quanto interromper a degradação antes que ela tenha início, a restauração de turfeiras drenadas e danificadas é estratégia essencial. A prioridade número um é o "reumedecimento" – um processo apropriadamente batizado, que objetiva saturar turfeiras mediante a retenção da água e elevação do lençol freático. Em outras palavras, o reumedecimento evita que a água escape, voltando, assim, a inundar os solos. Uma vez que as turfeiras estejam novamente molhadas, o carbono deixa de ser oxidado e liberado. A paludicultura, da palavra latina *palus*, "pântano", e *cultura*, "crescer", pode ser beneficiada pelo sucesso do reumedecimento cultivando biomassa para proteger e regenerar a turfa. Trata-se da criação artificial de deterioração da vegetação, que pode renovar as camadas de turfa ao longo do tempo e, além disso, receber certas culturas, como laranjas e árvores de chá. Em conjunto, as práticas de restauração devem ajudar o ecossistema a tornar-se novamente íntegro.

A proteção das turfeiras ainda está na infância. Mapeá-las e monitorá-las é de crucial importância: saber onde ficam e o que está acontecendo com elas, para que esse conhecimento possa orientar as ações. Mas os cientistas ainda têm muito a aprender. Em 2014, uma equipe de pesquisadores descobriu um pântano do tamanho da Inglaterra em uma parte remota do Congo-Brazzaville. Ainda não se sabe como as turfeiras responderão a um clima em aquecimento. É fundamental que haja incentivos para manter ou restaurar sua integridade ecológica, especialmente se isso significar a renúncia a outros ganhos econômicos oriundos do cultivo de alimentos ou da obtenção de madeira. Da Suécia a Sumatra, há várias iniciativas nacionais e internacionais pela proteção e restauração das turfeiras. Elas vão da preservação absoluta das turfeiras intactas e da proibição da sua drenagem até esquemas de reumidificação, campanhas de conscientização pública e treinamento em práticas de manejo responsável. Durante milênios, as turfeiras têm sido consideradas como espaços rituais, sagrados – vistos por algumas culturas como um portal para os deuses. Atualmente, uma atitude semelhante de reverência poderia servir de garantia para que as camadas de morte e decomposição da turfa possam continuar sendo uma força geradora de vida.

Impacto: *Se a área protegida total das turfeiras aumentar de 3,2 milhões de hectares para 246 milhões de hectares até 2050, ou 67% de todas as turfeiras atualmente intactas, poderão ser evitadas 21,6 gigatoneladas de emissões de dióxido de carbono. Esses 246 milhões de hectares reteriam um estoque protegido de 336 gigatoneladas de carbono, ou aproximadamente 1.230 gigatoneladas de dióxido de carbono, caso ocorresse liberação para a atmosfera. Embora as turfeiras compreendam globalmente apenas 3% da área terrestre, são os solos mais ricos em matéria orgânica; sua degradação liberaria uma enorme quantidade de carbono. Os dados financeiros não foram projetados, pois não impactam proprietários de terras.*

USO DA TERRA

MANEJO DAS TERRAS DOS POVOS INDÍGENAS

As comunidades indígenas estão entre as mais dramaticamente impactadas pela mudança climática, apesar de serem as que menos contribuem para suas causas. Essas comunidades são particularmente vulneráveis aos efeitos negativos da mudança ambiental por causa de seus meios de subsistência dependentes da terra, histórias de colonização e marginalização social. Sua terra natal pode estar em locais mais frágeis, como em florestas primárias, pequenas ilhas, altitudes elevadas e nas margens de desertos. À medida que seus ecossistemas se transformam, essas comunidades estão respondendo – valendo-se do conhecimento local, das práticas tradicionais e de tecnologias científicas para adaptar seus meios de subsistência e manejo dos recursos locais. Além de se adaptarem às suas circunstâncias específicas, essas comunidades estão minorando o aquecimento global em um grau que beneficia a todos.

Desde longa data as comunidades indígenas têm sido a linha de frente da resistência contra o desmatamento; a extração de minerais, petróleo e gás; e a expansão das monoculturas agrícolas. Sua resistência impede emissões de carbono terrestres e mantém ou aumenta o sequestro de carbono. As práticas indígenas tradicionais e o manejo da terra conservam a biodiversidade, preservam uma variedade de serviços ecossistêmicos e salvaguardam culturas ricas e modos de vida tradicionais. As terras indígenas e comunitárias representam 18% de toda a área terrestre, incluindo pelo menos 485 milhões de hectares de florestas (aproximadamente 14% das florestas do planeta). Essas florestas, por sua vez, contêm 37,7 bilhões de toneladas de reserva de carbono.

Para as comunidades indígenas, as mudanças climáticas afetam mais do que suas paisagens físicas; colocam em questão seus direitos humanos, cultura, reservas de conhecimento e modos de governança tradicionais. O Painel Intergovernamental sobre Mudanças Climáticas reconheceu os impactos singulares que as mudanças climáticas têm sobre essas comunidades, bem como as importantes contribuições que o conhecimento e as ciências tradicionais podem ter no desenvolvimento de estratégias de adaptação e controle. Em todo o mundo, muitas iniciativas estão trabalhando para apoiar a participação efetiva das comunidades indígenas e locais, de modo que os conhecimentos e práticas

Classificação e resultados até 2050 **39º lugar**

6,19 gigatoneladas de redução de CO_2

849,37 gigatoneladas de proteção de CO_2

Dados globais de custo e poupança demasiadamente variáveis para que possam ser determinados

tradicionais se transformem em soluções para o aquecimento global – soluções que sejam relevantes para os contextos locais e respondam às necessidades dos mais vulneráveis.

Os sistemas tradicionais têm potencial para aumentar os estoques de carbono, tanto acima como abaixo do solo, e para reduzir as emissões de gases de efeito estufa por meio de uma série de práticas. As comunidades indígenas locais possuem muitas formas diferentes de viver dentro dos limites dos ecossistemas, seja por meio da agricultura de roças ou de rotação, da agrossilvicultura, do pastoralismo, da pesca, caça e coleta ou do manejo florestal tradicional. Muitas dessas culturas vêm coexistindo com os ciclos e recursos da natureza há muito tempo sem esgotá-los, em alguns casos em lugares habitados há milênios.

Hortas comunitárias. Comuns em comunidades que vivem perto das florestas, as hortas comunitárias representam uma forma de agricultura em pequena escala que tem sido praticada em muitas partes do mundo desde tempos imemoriais. As hortas comunitárias do sul e do sudeste asiático englobam uma parcela substancial das terras cultivadas, com cerca de 5,1 milhões de hectares na Indonésia, 500 mil em Bangladesh e 1 milhão no Sri Lanka. Os sistemas de hortas comunitárias trazem inúmeras vantagens para seus praticantes e para a paisagem, por exemplo, uma ciclagem eficiente dos nutrientes, alta produtividade, composição com espécies variadas e manutenção de valores sociais e culturais. Esses sistemas variados ajudam na conservação da biodiversidade, no atendimento à segurança alimentar local e na conservação dos recursos hídricos e do solo. As hortas comunitárias têm maior potencial de sequestro de carbono comparativamente aos sistemas de produção de monocultura, com taxas de sequestro comparáveis às das florestas maduras.

Agrossilvicultura. Uma quantidade significativa de carbono é isolada pelos sistemas agroflorestais, que integram árvores e produção de culturas. Os sistemas agroflorestais são muito estudados e são conhecidos por sua capacidade de proteger o solo contra a erosão, reciclar matéria orgânica e nutrientes do solo, proteger a renda dos pequenos agricultores contra eventos climáticos e de mercado que afetam as monoculturas e manter uma grande diversidade de espécies.

Roças de rotação. Outra prática indígena é o cultivo de roças de rotação, em que a terra cultivada continua a mudar de ano para ano. O termo "rotação" refere-se à queima e desmatamento das florestas para cultivo anual e o subsequente pousio da terra durante certo período, de modo a permitir sua regeneração. Os governos tentaram eliminar o cultivo de rotação, considerando-o ineficaz e destrutivo para florestas e solos. No entanto, estudos publicados mostram que o cultivo de rotação não é causa importante do desmatamento se comparado à conversão da terra, e que maiores quantidades de carbono são sequestrados pelo sistema de rotação do que pelas culturas ou plantações anuais.

Pastoralismo. Em todo o mundo, pastores indígenas manejam o vasto e frequentemente hostil terreno das pastagens selvagens, fazendo uso produtivo desses sistemas em atendimento às suas necessidades de subsistência e à manutenção de ecossistemas que sequestram quantidades consideráveis de carbono. Pastagens selvagens constituem cerca de 40% da área de todas as terras do planeta e, isoladamente, constituem o maior uso de terra no mundo. Historicamente, muitas dessas terras foram utilizadas e administradas por grupos indígenas para caça, coleta, pastagem e agricultura sazonal. Caracteristicamente, as comunidades indígenas envolvidas no manejo pastoral são grupos nômades que vivem em populações de baixa densidade e intensa mobilidade. As pastagens selvagens continuam a prover os meios de subsistência de 100-200 milhões de pastores, que trabalham mais de 485 milhões de hectares de pastagens em todo o mundo. Esses sistemas são biologicamente diversificados e altamente produtivos, e conservam grandes reservas de carbono. A literatura sugere que essas terras guardam até 30% do carbono do solo em nosso planeta, tendo o potencial de sequestrar significativamente mais carbono até 2030, caso sejam empregadas práticas melhores de manejo de pastagens. Além disso, o pastoralismo se revelou mais produtivo por hectare do que a pecuária comercial ou a criação sedentária de gado em ambientes similares. O pastoreio temporário pelo gado ajuda a fixar o carbono que, de outra forma, poderia ser liberado para a atmosfera, em comparação com outros sistemas de uso da terra, como a produção de culturas anuais e de culturas bioenergéticas.

Atualmente, os sistemas pastorais tradicionais enfrentam dificuldades por causa das mudanças climáticas e das pressões que incidem sobre as comunidades pastorais para que se modernizem. Os pastores contribuem significativamente para as economias locais, regionais e nacionais, e apesar disso sempre foram vistos negativamente – e continuam sendo . Suas práticas de subsistência e culturas são tidas como ineficazes, irracionais, de baixa tecnologia, primitivas e destrutivas para o ambiente. Essas visões arraigadas sustentam políticas que tentam despojar os pastores de suas terras e de suas práticas tradicionais – por exemplo, por meio de esforços para a nacionalização de pastagens selvagens tradicionais. Na pior das hipóteses, esses estereótipos de pastores podem gerar intolerância étnica, podendo levar a expulsões e violações de direitos humanos. O pastoralismo nômade e as práticas tra-

Esta imagem e a da página seguinte foram obtidas durante a ação do Fundo Internacional para a Conservação do Canadá (ICFC) junto ao povo Kayapó, com o objetivo de proteger seus 10,5 milhões de hectares de terras contra madeireiros, mineradores e comunidades brasileiras fronteiriças. Vistas nestas fotos obtidas por satélite, as terras tradicionais dos Kayapós no Mato Grosso e no Pará são uma joia da Amazônia, cor de esmeralda e intocadas. Nos limites de suas terras ficam estradas, clareiras, cidades fronteiriças e muita fumaça causada pelas queimadas que limpam a terra para o gado e a agricultura. Os esforços dos Kayapós nem sempre são bem-sucedidos: a construção da barragem de Belo Monte no rio Xingu, no Pará – um empreendimento extremamente destrutivo – teve início em março de 2011 depois de décadas de resistência política e jurídica. Sua construção continua a ser contestada no campo legal.

dicionais de gestão das pastagens selvagens persistem em grande parte dos campos do planeta, mesmo diante das pressões sociais e políticas sobre os pastores para que se assentem e se modernizem. Acordos modernos, como os de conservação de áreas comuns e a concessão da posse de terras ou a devolução de terras nativas às comunidades indígenas, ajudam a assegurar os direitos de uso contínuo das pastagens selvagens pelas populações pastorais.

Gerenciamento de incêndio. Em todo o mundo, populações humanas vêm praticando a ecologia do fogo há muitos anos e até nossos dias, e isso por um grande número de razões. Por todos os EUA, os nativos norte-americanos envolviam-se em uma enorme variedade de práticas de manejo da terra que utilizavam a queima, fato que pode ser documentado por evidências históricas e arqueológicas. Técnicas de queima sofisticadas foram aplicadas com o objetivo de produzir ambientes favoráveis para determinadas fontes de alimentos, caça e produtos vegetais em uma imensa paisagem. No noroeste do Pacífico, as populações indígenas usaram o gerenciamento de incêndio para modificar uma variedade de ecossistemas – desde a derrubada de florestas até pradarias – para criar *habitats* e aumentar os rendimentos de espécies vegetais e animais benéficas. No norte da Austrália, os povos aborígenes têm algumas técnicas para regular os incêndios sazonais. Queimadas têm sido usadas para manter a floresta e o campo abertos, controlar o crescimento da vegetação, juntar caça e cumprir obrigações culturais. O manejo tradicional do fogo lança mão de queimadas de baixa intensidade praticadas no início da estação seca com o objetivo de eliminar a vegetação, o que pode diminuir a intensidade de incêndios naturais ou causados pelo ser humano.

Florestas manejadas pela comunidade. A gestão de florestas por povos indígenas e por comunidades vem ocorrendo há séculos. Essas terras podem ou não ser formalmente reconhecidas pelos Estados como de propriedade ou da responsabilidade de povos indígenas ou comunidades locais. Contudo, muitas terras de florestas manejadas por indígenas ou por comunidades seguem práticas tradicionais e são regidas pelo direito consuetudinário. Cerca de 400-500 milhões de pessoas em todo o planeta dependem das florestas para a obtenção de seus meios de subsistência, entre os quais 60 milhões de indígenas dependentes de florestas na América Latina, África Ocidental e sudeste Asiático. Estima-se o total de terras florestais sob gestão consuetudinária, independentemente dos direitos de propriedade, em 3,2 bilhões de hectares.

Uma vasta gama de práticas pode ser considerada como manejo florestal indígena ou comunitário, por exemplo, manejo de pousio, florestas com espécies domesticadas, bosques sagrados, cultivo seletivo de espécies e árvores florestais e manejo intensivo de florestas. A gestão indígena inclui práticas individuais de manejo das florestas e envolve o processo de tomada de decisão coletiva sobre o uso e a conservação da floresta nas comunidades. A perda da posse das florestas e a vigência de direitos duvidosos com relação à terra têm um papel significativo no desmatamento e na degradação das florestas manejadas por povos indígenas ou por comunidades. É grande o número de estudos demonstrando que as florestas comunitárias com direito de posse consolidado têm menores taxas de desmatamento e produzem resultados mais saudáveis para o ecossistema em comparação com florestas semelhantes sem a devida garantia de posse. A gestão comunitária ajuda a reduzir as taxas de degradação, melhora o crescimento da biomassa, faz crescer as taxas de sequestro e reduz as emissões das florestas. Uma revisão de 118 casos, avaliando as associações entre a posse e mudanças nas florestas, constatou que a garantia de posse está associada a resultados florestais positivos e a menor desmatamento. Outro estudo concluiu que, em média, as florestas manejadas pela comunidade aumentaram a fixação de carbono em 4,94 toneladas por hectare por ano em comparação com florestas não manejadas.

Apesar das tendências de declínio das florestas, a área global de florestas destinada aos povos indígenas e comunidades, ou de propriedade deles, aumentou de 385 milhões de hectares em 2002 para 485 milhões de hectares em 2013. Em relação a todas as florestas do planeta, o percentual representado por essas terras florestais manejadas aumentou de 10,8% para 15,4% no

mesmo período. Embora a tendência global pareça positiva, as proporções das florestas indígenas e comunitárias variam muito de país para país.

Apesar das taxas amplamente variáveis, levando em consideração as tendências contínuas em favor de políticas que apoiam a destinação e a propriedade de florestas indígenas e comunitárias, a expectativa é de crescimento, tanto da área bruta global como da proporção de área florestal total sob essas designações. Além do reconhecimento legal dos direitos florestais, é fundamental que os governos se movimentem para assegurar assistência técnica, envolvimento dos povos indígenas nos processos de tomada de decisão, mapeamento comunitário, expulsão de posseiros ilegais e promoção do manejo florestal comunitário, a fim de aumentar a segurança florestal. Ampliar o manejo da terra indígena requer a criação de ambientes que apoiem as políticas de posse e a colaboração governamental para proteger os direitos à terra.

Impacto: *Em todo o mundo, os povos indígenas têm posse segura da terra em 526 milhões de hectares, embora vivam e administrem uma área muito maior. Nossa análise assume taxas mais altas de sequestro de carbono e taxas mais baixas de desmatamento em terras administradas por povos indígenas. Se as terras florestais com garantia de posse aumentarem em 368 milhões de hectares até 2050, a redução do desmatamento poderá resultar na não emissão de 6,1 gigatoneladas de dióxido de carbono. Essa solução poderia ampliar a área florestal total sob gestão indígena para 890 milhões de hectares, garantindo a segurança de uma reserva estimada em 232 gigatoneladas de carbono, o que equivale aproximadamente a mais de 850 gigatoneladas de dióxido de carbono, caso fosse liberado para a atmosfera.*

USO DA TERRA
FLORESTAS TEMPERADAS

A zona temperada abriga um quarto das florestas do planeta, entre 30 e 50-55° de latitude, sobretudo no hemisfério norte. Algumas são florestas decíduas, que ficam desnudas nos meses de inverno; outras ficam sempre verdes. Até o final do século XIX, as florestas temperadas eram o epicentro do desmatamento. Ao longo da história, 99% das florestas temperadas foram alteradas de alguma forma – transformadas em madeira, convertidas para a agricultura, perturbadas pelo desenvolvimento. No entanto, florestas são organismos resilientes. São sistemas dinâmicos que se recuperam constantemente dos impactos de origem natural ou humana, mesmo que a recuperação plena de sua integridade ecológica leve séculos.

Hoje, as florestas estão aumentando em grandes faixas do mundo temperado, graças à prática de importação de madeira, melhoria da produtividade agrícola, resultando no abandono de terras outrora desmatadas, melhores práticas de manejo florestal e aos esforços conscientes para sua conservação. Essas tendências livraram algumas terras degradadas e desmatadas de outros usos e tornaram possível sua recuperação, seja por processo passivo ou com ajuda ativa. Os 768 milhões de hectares de florestas temperadas do mundo constituem atualmente um sumidouro líquido de carbono. O aumento da densidade de biomassa e o crescimento global da área significam que esses ecossistemas absorvem cerca de 0,8 gigatonelada de carbono por ano. Há uma oportunidade para mais sequestro de carbono por meio da restauração. De acordo com o World Resources Institute (WRI), mais de 566 milhões de hectares extras são candidatos à restauração – seja em grande escala, em floresta fechada, ou em mosaicos mistos de florestas, árvores de crescimento mais escasso e usos da terra como a agricultura.

Uma colaboração entre a WRI, a União Internacional para a Conservação da Natureza e a Universidade Estadual de Dakota do Sul produziu o *Atlas global de oportunidades de restauração de florestas e paisagens*, que quantifica e visualiza as perspectivas à nossa frente. A sobreposição dos mapas com a atual cobertura florestal e com a cobertura possível revela que a metade oriental dos EUA e a Europa continental podem transformar suas pequenas manchas em grandes áreas verde-escuras. O atlas classifica 84% da Irlanda como área de oportunidade para restauração em grande escala ou em mosaico. A Ilha Esmeralda já foi um dia quase totalmente florestada, embora no século XVIII a maior parte das suas florestas já tivesse sido convertida em pastagem. Os EUA têm oportunidades substanciais de restauração, com base em tendências já em curso. Entre as décadas de 1990 e 2000, a fixação de carbono proporcionada pelas florestas des-

22,61 gigatoneladas de redução de CO_2

Dados globais de custo e poupança demasiadamente variáveis para que possam ser determinados

se país aumentou 33%. A costa leste dos EUA é uma área de renascimento, pois as florestas ao longo das antigas montanhas Apalaches, que vão da Geórgia até o Maine, continuam a crescer em área e a melhorar de saúde. O principal impulso para esse renascimento são as terras abandonadas, com o vagaroso crescimento das florestas onde anteriormente só havia campos – um belo exemplo de restauração passiva.

Embora as florestas temperadas não estejam sendo ameaçadas pelo mesmo desmatamento em larga escala que aflige os trópicos, continuam sendo fragmentadas pelo desenvolvimento. Um mundo em aquecimento traz novos desafios – que os esforços de restauração terão de enfrentar no futuro. Alguns estudiosos sugerem que estamos presenciando uma era de "megaperturbação", dadas as crescentes pressões que incidem sobre as florestas temperadas. Esses organismos estão sofrendo secas mais quentes e mais frequentes, ondas de calor mais longas e incêndios florestais mais graves, bem como uma exacerbação dos ataques de insetos e patógenos. Essas perturbações podem acumular-se, empurrando as florestas temperadas para além de sua capacidade de resiliência e substituindo a superexploração como a principal ameaça à sua persistência e saúde. É fundamental que os esforços de restauração continuem a evoluir.

Prevenir a destruição de florestas é sempre melhor do que tentar recuperá-las e curar a terra arrasada. Como uma floresta restaurada jamais recuperará completamente sua biodiversidade, estrutura e complexidade originais, e como são necessárias décadas para que ocorra o sequestro da quantidade de carbono perdida de uma só vez com o desmatamento, a restauração não substitui a proteção.

Impacto: *Projetamos que a restauração das florestas temperadas se expandirá para mais 95 milhões de hectares por meio da regeneração natural. Embora essa área seja muito menor do que a área disponível para restauração de florestas tropicais, ainda assim sequestraria 22,6 gigatoneladas de dióxido de carbono até 2050.*

Musgo, samambaias e faias-do-sul no Parque Nacional de Fiordland, na ilha do Sul da Nova Zelândia. A paisagem florestal de 1,2 milhão de hectares atravessa os cumes das montanhas e chega até o mar, entremeada por lagos e florestas tropicais. Diz-se que a precipitação em Fiordland é medida em metros. As inclinações íngremes, as ravinas profundas e a umidade ininterrupta impediram que todos os humanos, exceto os mais tenazes, vivessem nessa terra – até ela se tornar um parque em 1952.

A vida oculta das árvores
PETER WOHLLEBEN

Anos atrás, tropecei em um trecho de pedras musguentas de aparência estranha em uma das reservas de faias antigas que vicejam na floresta que eu administro. Refletindo, percebi que já tinha passado muitas vezes antes por essas pedras sem prestar atenção. Mas, naquele dia, parei e me abaixei para dar uma boa olhada. As pedras tinham uma forma pouco comum: apresentavam uma suave curvatura, com áreas escavadas. Cuidadosamente, levantei o musgo de uma das pedras. O que encontrei por baixo era casca de árvore. No final das contas, não eram pedras, mas madeira velha. Fiquei surpreso com a dureza da "pedra", porque geralmente bastam alguns anos para que a faia tombada no solo úmido se decomponha. Mas o que mais me surpreendeu foi que eu não conseguia tirar a madeira do chão. Obviamente, ela estava presa de alguma forma ao chão.

Peguei meu canivete e raspei cuidadosamente a casca até atingir uma camada esverdeada. Verde? Essa cor é encontrada apenas na clorofila, que colore as folhas novas; reservas de clorofila também ficam armazenadas nos troncos de árvores vivas. Isso só podia significar uma coisa: aquele pedaço de madeira ainda estava vivo! De repente, percebi que as "pedras" restantes formavam um padrão distinto: estavam dispostas em círculo com um diâmetro de cerca de um metro e meio. Eu tinha tropeçado nos restos nodosos de um enorme e antigo toco de árvore. Tudo o que restava eram os vestígios da borda mais externa. O interior tinha apodrecido completamente e virado húmus muito tempo atrás – uma indicação clara de que a árvore devia ter sido derrubada pelo menos 400-500 anos antes. Mas como os restos podiam ter se agarrado à vida por tanto tempo?

As células vivas precisam de alimento na forma de açúcar, devem respirar e crescer, pelo menos um pouco. Mas sem folhas – e, portanto, sem fotossíntese – isso é impossível. Nenhum ser vivente em nosso planeta pode manter um jejum de séculos, nem mesmo os restos de uma árvore, e certamente não um toco que teve que sobreviver por conta própria. Ficou claro que algo mais estava acontecendo com aquele toco. Ele devia estar sendo ajudado pelas árvores vizinhas, especificamente por suas raízes. Cientistas que investigam situações similares descobriram que a ajuda pode ser transportada remotamente por redes de fungos em torno das pontas das raízes – que facilitam a troca de nutrientes entre as árvores –, ou pode acontecer de as próprias raízes estarem interligadas. No caso do toco em que eu tinha tropeçado, não consegui descobrir o que estava acontecendo, porque não queria ferir o velho toco escavando à sua volta, mas uma coisa ficou clara: as faias do entorno estavam bombeando açúcar para ele a fim de mantê-lo vivo.

Se você olhar para as encostas das estradas, poderá ver como as árvores se interconectam por meio de seus sistemas radiculares. Nessas encostas, geralmente a chuva lava o solo, deixando as redes subterrâneas expostas. Cientistas nas montanhas Harz, na Alemanha, descobriram que este é realmente um caso de interdependência, e a maioria das árvores de uma mesma espécie que crescem em um mesmo lugar está interconectada umas às outras por meio de seus sistemas radiculares. Ao que parece, a regra é a troca de nutrientes e a ajuda aos vizinhos em tempos de necessidade, e isso leva à conclusão de que as florestas são superorganismos com interconexões, como os formigueiros.

Evidentemente, faz sentido perguntar se as raízes das árvores simplesmente vagam sem rumo e se conectam aleatoriamente quando "tropeçam" em raízes da sua própria espécie. Uma vez conectadas, não têm escolha senão trocar nutrientes. As raízes criam o que parece ser uma rede social, mas o que estão experimentando nada mais é do que um "toma lá, dá cá" puramente acidental. Nesse cenário, os encontros aleatórios substituem a imagem mais romântica do suporte ativo, embora mesmo os encontros fortuitos resultem em benefícios para o ecossistema da floresta. Mas a natureza é mais complicada do que isso. De acordo com Massimo Maffei, da Universidade de Turim, as plantas – aí incluídas as árvores – são perfeitamente capazes de distinguir suas próprias raízes das raízes de outras espécies e até mesmo das raízes de árvores aparentadas.

Mas por que as árvores são seres tão sociais? Por que elas compartilham alimentos com a sua própria espécie e, às vezes, chegam até a alimentar seus competidores? Os motivos são os mesmos que nas comunidades humanas: é vantajoso trabalhar em conjunto. Uma árvore não é uma floresta. Por si só, uma árvore não pode estabelecer um clima local consistente. Está à mercê do vento e do clima. Mas, juntas, muitas árvores criam um ecossistema que modera os extremos de calor e frio, armazena muita água e gera muita umidade. E, nesse ambiente protegido, as árvores podem viver por muito tempo. Para chegar a esse ponto, a comunidade deve permanecer intacta, não importa o que venha a ocorrer. Se cada árvore estivesse cuidando só de si mesma, então algumas delas jamais chegariam à velhice. Mortes periódicas resultariam em muitos e grandes vazios na cobertura das árvores, o que facilitaria a entrada das tempestades na floresta, resultando em maior número de árvores arrancadas. O calor do verão chegaria até o chão da floresta, secando-o. Todas as árvores sofreriam.

Assim, cada árvore é importante para a comunidade e deve ser conservada durante o maior tempo possível. E é por isso que mesmo os espécimes adoentados são ajudados e nutridos, até que tenham se recuperado. Da próxima vez, talvez ocorra exatamente o contrário, e a árvore que ajudou pode ser a que estará precisando de ajuda. Quando as densas faias prateadas se comportam dessa maneira, me fazem pensar em uma manada de elefantes. Como a manada, elas também cuidam dos seus e ajudam seus "colegas" doentes e fracos até que voltem a ficar novamente bem. E mesmo relutam em abandonar seus mortos.

Cada árvore é membro dessa comunidade, mas existem diferentes níveis de adesão. Por exemplo, a maioria dos tocos apodrece e se transforma em húmus, desaparecendo dentro de dois séculos (o que não é muito tempo para uma árvore). Apenas alguns espécimes permanecem vivos ao longo dos séculos, como as "pedras" musgosas que acabei de descrever. Qual é a diferen-

ça? As sociedades arbóreas teriam cidadãos de segunda classe, assim como as sociedades humanas? Parece que sim, embora a ideia de "classe" não seja muito válida. Em vez disso, é o grau de conexão – ou talvez até mesmo de afeição – que determina o grau de ajuda dos "colegas" de uma árvore.

Você pode constatar esse fato por conta própria simplesmente olhando para o dossel de uma floresta. Uma árvore média cresce seus ramos para fora até encontrar as pontas dos ramos de uma árvore vizinha de mesma altura. Não cresce mais para além porque o ar e a melhor luz nesse espaço já estão sendo usados. No entanto, a árvore reforça fortemente os ramos que já se estenderam, de tal forma que a impressão é de que há uma competição de empurrões em andamento. Mas, desde o início, amigos de verdade têm o cuidado de não crescer ramos excessivamente grossos uns na direção dos outros. As árvores não querem tirar nada das suas vizinhas; assim, elas formam ramos robustos apenas nas bordas externas de suas coroas, isto é, apenas na direção dos "não amigos". Com frequência esses "parceiros" têm raízes tão interconectadas que, em alguns casos, morrem juntos.

As raízes das árvores se estendem por longas distâncias, mais do que o dobro do diâmetro de suas coroas. Assim, é inevitável que os sistemas radiculares das árvores vizinhas se cruzem e cresçam se interpenetrando – embora existam algumas exceções. Mesmo em uma floresta, existem os solitários – eremitas que querem pouca intimidade com seus vizinhos. Essas árvores antissociais poderiam bloquear os avisos de alarme simplesmente por não participarem? Por sorte, isso não ocorre. Normalmente, há fungos presentes atuando como intermediários, para garantir uma rápida "divulgação das notícias". Esses fungos funcionam como cabos de fibra óptica de internet. Seus delgados filamentos penetram no chão, criando em sua trajetória um tecido de densidade quase inacreditável. Uma colher de chá de solo de floresta contém muitos quilômetros dessas "hifas". Ao longo de séculos, um único fungo pode cobrir muitos quilômetros quadrados e formar uma rede abrangendo toda a floresta. As conexões fúngicas transmitem sinais de uma árvore para outra, ajudando as árvores a trocar notícias sobre insetos, secas e outros perigos. A ciência adotou um termo originalmente cunhado pela revista *Nature* para a descoberta do dr. Simard: a *wood wide web* ("a internet das florestas") que permeia nossas florestas. O que apenas começamos a pesquisar é quais são as informações trocadas e em que quantidade. Por exemplo, Simard descobriu que diferentes espécies de árvores estão em contato umas com as outras, mesmo quando se consideram concorrentes. E os fungos, que estão buscando seus próprios objetivos, parecem ser muito favoráveis à conciliação e a uma distribuição equitativa de informações e recursos.

Sob o dossel das árvores, desenrolam-se diariamente dramas e tocantes histórias de amor. Aqui está a última fronteira da natureza, bem aos nossos pés, onde aventuras devem ser vividas; e segredos, desvendados. E, quem sabe, talvez um dia a linguagem das árvores acabe por ser decifrada, nos oferecendo a matéria-prima para outras histórias incríveis. Até lá, quando você caminhar por uma floresta da próxima vez, solte as rédeas de sua imaginação – em muitos casos, pode ser que o que você imagina não está muito longe da realidade.

Extraído de *The hidden life of trees: What they feel, how they communicate, discoveries from a secret world* (A vida secreta das árvores: o que elas sentem, como se comunicam, descobertas de um mundo secreto), de Peter Wohlleben, 2016 (Greystone Books).

USO DA TERRA
FLORESTAMENTO

A capacidade que as árvores têm de sintetizar e sequestrar carbono através da fotossíntese, à medida que crescem, tornou o florestamento uma prática importante na era do aquecimento. O objetivo do florestamento é a criação de novas florestas onde antes elas inexistiam, em áreas sem árvores durante um período de pelo menos cinquenta anos. Pastagens e terras agrícolas degradadas, ou outras terras gravemente corrompidas por usos como a mineração, estão prontas para a plantação estratégica de árvores e de biomassa perene. É o caso de declives erodidos, instalações industriais, glebas abandonadas, faixas rodoviárias intermediárias e terrenos baldios de todos os tipos – praticamente qualquer espaço desatendido ou esquecido pode ajudar na captura do carbono presente na atmosfera.

Os projetos de florestamento mais bem-sucedidos são os que cultivam árvores nativas. Mas o replantio pode assumir diversas formas – desde a semeadura de parcelas densas com espécies nativas variadas até a introdução de uma única árvore exótica como uma cultura de plantação, como o pinheiro-de-monterey, de rápido crescimento, a árvore mais plantada do mundo. Seja qual for a estrutura, todas funcionam como sumidouros, atraindo e fixando o carbono e o distribuindo para o interior do solo. A quantidade de carbono anualmente sequestrada dependerá de detalhes das espécies, local, condições do solo e estrutura.

Um artigo recente da Universidade de Oxford faz uma estimativa conservadora de que o florestamento poderia reduzir de 1-3 gigatoneladas de dióxido de carbono por ano até 2030. A disponibilidade global de terras é a variável-chave e de difícil previsão, afetada por fatores que variam desde a população e a dieta desta até os ganhos com as culturas e as demandas da bioenergia. Embora os projetos de florestamento tenham potencial significativo de sequestro de carbono, as florestas, novas ou antigas, são vulneráveis ao fogo, à seca, às pragas e ao machado ou à serra.

Até o momento, as plantações compreendem a maioria dos projetos de florestamento e estão aumentando globalmente, com o plantio de árvores para obtenção de madeira e fibra e, cada vez mais, também com a venda de compensações de carbono. (Embora o florestamento resultante da plantação de árvores lenhosas represente apenas 7% da cobertura florestal total, gera cerca de 60% da madeira comercial.) Essas plantações foram e continuam sendo motivo de controvérsia porque em muitos casos são implementadas com motivos puramente econômicos e com pouca consideração pelo bem-estar, no longo prazo, da terra, do meio ambiente ou de comunidades vizinhas. Algumas dessas plantações deslocam florestas naturais ou outros ecossistemas vitais e, na sequência, sustentam níveis muito inferiores de fauna – desde as aves canoras até os caracóis. Essas formações são suscetíveis a doenças, muitas vezes necessitando de produtos químicos para o controle de infestações, e podem exaurir as águas subterrâneas, como foi o caso do Programa Three-North Shelter da China – a "Grande Muralha Verde". Em seu rastro, di-

Classificação e resultados até 2050		15º lugar
18,06 gigatoneladas de redução de CO_2	US$ 29,4 bilhões de custo líquido	US$ 392,3 bilhões de poupança líquida

reitos e interesses das comunidades locais e de povos indígenas podem ser desconsiderados ou deliberadamente transgredidos, particularmente em países de baixa renda, onde os empreendimentos estrangeiros adquirem terras para o estabelecimento de seus projetos. Isso levou a um forte impulso contra os modos de implementação dos florestamentos e a preocupações com uma "corrida" pela aquisição de terras movida pelo lucro após o Acordo de Paris – um movimento potencialmente acompanhado por reassentamentos forçados, desenraizamento cultural e violação dos direitos humanos.

Esses problemas estão entre as razões que motivaram o surgimento de esforços no sentido de tornar a plantação de florestas mais sustentável, por exemplo, os esquemas de certificação de terceiros, que impedem a conversão de florestas naturais. Mas não há como negar os benefícios proporcionados pelas plantações. Além de sua utilidade na produção de madeira e no sequestro de carbono, as fazendas de árvores resultam em um "benefício de conservação de plantações": com elas, é realmente possível reduzir a exploração das florestas naturais. Um estudo de 2014 calcula uma redução de 26% na colheita de florestas naturais ao redor do mundo graças às florestas plantadas. Iniciativas como a *New Generation Plantations*, do Fundo Mundial para a Natureza (WWF), estão trabalhando para assegurar que plantações bem planejadas e práticas de gestão inclusivas se tornem a norma, de modo que os benefícios (e os bens) das plantações possa ser otimizado, garantindo a integridade dos ecossistemas e das comunidades. Como as plantações chegaram para ficar, grupos como o WWF sabem que é crucial o envolvimento de atores-chave, como as empresas e os governos, e a identificação de terras degradadas que sejam ideais para o florestamento. Plantações polivalentes podem atender a diversos objetivos sociais, econômicos e ambientais (incluindo a geração de empregos em locais onde

Esquerda: Este é um típico florestamento de patamar único em Umatilla, Oregon, EUA, constituído por pinheiros plantados com espaçamento de 2,5 metros para forçar o crescimento para cima e sem nós.

Abaixo: O florestamento *de patamar único* consiste em monoculturas de pinheiros, choupos e outras árvores de rápido crescimento, algumas das quais geneticamente modificadas para acelerar seu crescimento. Embora as plantações de patamar único sequestrem carbono em quantidades significativas, são o equivalente arbóreo dos desertos em virtude da falta de biodiversidade e da velocidade com que exaurem e acidificam o solo. Abaixo está ilustrado o método Miyawaki, conhecido como arborização analógica, uma técnica de florestamento que mimetiza a formação de uma floresta natural. O método cria uma floresta de vários patamares, que consiste em grande diversidade de árvores com dosséis altos, médios e superiores, arbustos e outras plantas – um ecossistema sustentável por cem anos ou mais. Esse método de florestamento exibe maior proporção entre biodiversidade e biomassa, é mais produtivo e sequestra muito mais carbono. No entanto, não é adequado para os métodos de colheita empregados em fazendas industriais de produção de árvores com idades equivalentes e onde todas as árvores são cortadas ao mesmo tempo.

existam poucos), mas esses empreendimentos devem ser concebidos e implementados com tais objetivos em mente.

As plantações estão longe de ser a única opção. Para combater os desertos ecológicos representados pelas fazendas de monocultura arborícola, que muitas vezes introduzem espécies invasoras, com potenciais impactos negativos, um extraordinário botânico japonês, Akira Miyawaki, desenvolveu um método completamente diferente de florestamento. Nos anos de 1970 e 1980, Miyawaki estudou os templos e santuários do Japão para entender melhor as florestas originais do país. Ao longo de décadas, talvez séculos, carvalhos, castanhas e loureiros nativos foram substituídos quase completamente por pinheiros, ciprestes e cedros introduzidos para obtenção de madeira. Miyawaki percebeu que essas florestas "nativas" substitutas não eram resilientes ou adaptáveis às mudanças climáticas. Lançando mão de uma técnica alemã chamada vegetação natural potencial, Miyawaki se transformou em um apaixonado defensor da criação de florestas nativas e autênticas. O botânico já participou da plantação de mais de 40 milhões de árvores ao redor do planeta.

O método Miyawaki pressupõe que dezenas de espécies de árvores nativas e outras espécies da flora autóctone sejam plantadas juntas, muitas vezes em terras degradadas e sem matéria orgânica. À medida que essas mudas crescem, a seleção natural segue seu curso, disso resultando uma floresta resiliente e abundantemente biodiversificada. Transcorridos os dois primeiros anos, durante os quais há a necessidade de remoção de ervas daninhas e de rega, as florestas de Miyawaki se tornam completamente autossustentáveis, amadurecendo em apenas 10-20 anos – em vez dos séculos exigidos pela natureza para a regeneração de uma floresta. Nesse mesmo período de tempo, as florestas de Miyawaki exibem cem vezes mais biodiversidade e são trinta vezes mais densas do que as plantações convencionais, ao mesmo tempo sequestrando mais carbono. Essas florestas proporcionam beleza, *habitat*, alimentos e proteção contra os tsunamis.

Pensamos nos florestamentos como algo que acontece em grandes extensões de terra, mas os indivíduos podem fazer isso em qualquer lugar. Inspirado na abordagem de Miyawaki e com base no processo da linha de montagem da Toyota, a empresa Afforestt, do empreendedor Shubhendu Sharma, está desenvolvendo uma metodologia com código-fonte aberto para permitir que qualquer pessoa crie ecossistemas florestais em qualquer terreno. Em uma área do tamanho de seis espaços de estacionamento, uma floresta de trezentas árvores pode ganhar vida – ao custo tão baixo quanto de um iPhone.

Sozinho, Jadav Payeng, o "homem-floresta da Índia", arborizou uma área de 526 hectares em Majuli, a maior ilha fluvial do mundo. Com base no conhecimento tradicional e sem qualquer subsídio ou apoio financeiro, Jadav preparou o solo e plantou espécies nativas nos bancos de areia completamente desnudos do rio Brahmaputra, preparando o caminho para a regeneração natural. Hoje, a floresta de Jadav é o lar de uma incrível variedade de biodiversidade de fauna e de flora, funcionando também como método natural de controle da erosão para a ilha.

Muitos dos lugares privilegiados para o florestamento estão localizados em países de baixa renda, onde frequentemente existe a oportunidade de causar impactos multifacetados. A formação de novas florestas pode absorver carbono e apoiar a biodiversidade, pode atender às necessidades humanas de lenha, alimentos e remédios, e fornecer serviços ecossistêmicos como proteção contra inundações e secas. A chave para o sucesso é o envolvimento das comunidades locais em projetos de florestamento, fazendo com que se conscientizem dos benefícios socioeconômicos e ambientais das florestas. Tendo em vista que o florestamento é um empreendimento para muitas décadas, o que o tornará efetivamente viável são as provisões para seus custos iniciais, o desenvolvimento de mercados para produtos florestais e a garantia de direitos claros para a posse da terra, a fim de que seja mantida a continuidade entre o momento do plantio e a colheita futura. As tecnologias geoespaciais e de sensoriamento remoto que estão surgindo, juntamente com a validação de terra baseada em dispositivos móveis, podem funcionar como ferramentas poderosas para o monitoramento, de modo a garantir plantações saudáveis. A aplicação dessas abordagens pode fazer mais do que diminuir o carbono atmosférico; pode formar novas florestas de maneiras ecologicamente sólidas, socialmente justas e economicamente benéficas.

Impacto: *Em 2014, 287 milhões de hectares de terra foram utilizados para florestamento. O estabelecimento de plantações para obtenção de madeira em mais 82,5 milhões de hectares de terras marginais pode sequestrar 18,1 gigatoneladas de dióxido de carbono até 2050. O uso de terras marginais para florestamento também evita indiretamente o desmatamento que, não fosse isso, iria ocorrer no sistema convencional. Com um custo de implementação da ordem de 29 bilhões de dólares, essa área extra de plantações de madeira poderia gerar um lucro líquido para os donos das terras superior a 392 bilhões de dólares em 2050.*

TRANSPORTE

O setor de transportes é uma faca de dois gumes. Aqui, o leitor encontrará soluções que melhoram significativamente a eficiência de combustível dos aviões, trens, navios, carros e caminhões que continuam a depender de combustíveis fósseis. Entretanto, a menos que ocorra redução no uso desses meios de transporte, as melhorias de eficiência serão devoradas pelo aumento do consumo. Também incluímos soluções que podem fazer com que os transportes não dependam mais dos combustíveis fósseis. Os veículos elétricos são quatro vezes mais eficientes do que os movidos a gasolina; e, quando alimentados por turbinas eólicas aos preços de hoje, o equivalente elétrico da gasolina custa 30-50 centavos de dólar por galão. As bicicletas também oferecem mobilidade sem necessidade de combustível. O uso e a sustentabilidade do transporte não podem ser separados de como e onde as pessoas vivem, trabalham e se divertem; duas das principais influências no futuro serão o *design* do ambiente urbano e a redução dos excessos de consumo.

TRANSPORTE

TRANSPORTE DE MASSA

A cidade de Curitiba, no Brasil, não tinha as mudanças climáticas em mente quando estabeleceu sua rede de ônibus. Em 1971, um jovem arquiteto chamado Jaime Lerner tornou-se prefeito da cidade, nomeado pela então ditadura do Brasil sob a suposição equivocada de que ele adotaria a linha autoritária. Claro, os criativos raramente o fazem. Metrôs e veículos leves sobre trilhos eram populares entre os planejadores urbanos da época, mas Lerner viu que implementar qualquer sistema baseado em trilhos seria muito caro e lento. (Ele é famoso por ter dito: "Se você quer criatividade, corte um zero do orçamento. Se quer sustentabilidade, corte dois zeros!")

Lerner desenvolveu uma alternativa focada em algo totalmente fora de moda – o ônibus –, mas lhes deu as vantagens do trilho. A principal vantagem foi a criação de pistas exclusivas ao longo das vias principais – corredores separados, permitindo que os ônibus evitassem o engarrafamento com os automóveis – a custos de instalação cinquenta vezes menores do que os custos do trilho. Então, no início da década de 1990, as paradas de ônibus de Curitiba foram redesenhadas e ficaram mais parecidas com estações de metrô, facilitando o fluxo de passageiros. Em vez de pagar a passagem a bordo, os passageiros pagam na estação; em vez de um único ponto de entrada, existem vários. Atualmente, essas estações características parecidas com as do metrô pontilham toda a área da cidade (e fixam sua marca); e 2 milhões de passageiros usam esse serviço todos os dias. (Em comparação, o metrô de Londres tem 3 milhões de usuários em um dia comum.)

Curitiba foi a pioneira no que hoje em dia é conhecido como *bus rapid transit* (BRT), ou trânsito rápido de ônibus, um modelo replicado em toda a América Latina (como no famoso e bem-sucedido TransMilenio de Bogotá) e em mais de duzentas cidades em todo o mundo. O BRT é uma das modalidades de transporte de massa que atualmente competem com os carros por passageiros e por sua quilometragem. Seja qual for a modalidade, o transporte público emprega escala em proveito de suas emissões. Quando alguém opta por pegar um bonde ou um ônibus em vez de dirigir um carro ou pegar um táxi, evita a emissão de gases de efeito estufa. Para usar o linguajar técnico, trata-se de uma mudança de modal.

O setor de transportes é responsável por 23% das emissões globais. O transporte urbano é a maior fonte e continua crescendo, principalmente porque o uso de carros está em alta. É claro que, até a Segunda Guerra Mundial, a maior parte do trânsito era constituída pelo transporte de massa, época em que o automóvel passou a ser acessível para as massas em países de alta renda. A liberdade de escolher a rota e a ausência de horários fixos exerceu – e continua a exercer – um forte fascínio, ao mesmo tempo que os espaços urbanos e suburbanos projetados em função do automóvel o tornaram cada vez mais essencial. Os carros e a expansão urbana passaram a conspirar unidos, especialmente nos EUA. Em todas as áreas metropolitanas dos EUA com transporte de massa, menos de 5% daqueles que fazem o trajeto casa-trabalho-casa utilizam essa modalidade. Em contraste, em Singapura e Londres metade das viagens é feita por transporte público. Nos países de baixa renda, o trânsito em massa continua sendo uma forma importantíssima de mobilidade urbana, embora o uso de carros venha aumentando nas economias emergentes (mesmo em Curitiba). Em todo o mundo, os ônibus, façam eles parte dos sistemas BRT ou trafeguem mesclados aos outros veículos, são a modalidade mais comum de transporte público.

Há muitos benefícios do transporte de massa além da redução das emissões. Talvez o ganho mais óbvio seja o alívio do congestionamento de trânsito: o transporte de massa é capaz de mover um número maior de pessoas com uma menor área *per capita* em comparação com os automóveis, e algumas de suas modalidades, como o metrô, tiram das ruas um grande número de passageiros, levando-os para pistas próprias. O metrô londrino e o *skytrain* de Bangcoc são exemplos dessa segunda vantagem. Com menos pessoas nos automóveis, ocorrem menos acidentes e mortes; motoristas, ciclistas e pedestres ficam mais seguros. Considerando que o transporte público é espacialmente mais enxuto do que os sistemas centrados em carros (pensemos apenas nos espaços para estacionamento), essa modalidade preserva mais eficientemente as terras da cidade para outros usos mais nobres – espaço verde, habitação, locais de negócios – e para atividades mais econômicas. No total, ocorre diminuição da poluição do ar. Historicamente, os ônibus têm sido movidos por motores diesel poluentes; os ônibus mais modernos são mais limpos e alguns dispensam o diesel, sendo movidos por eletricidade ou gás natural.

O transporte de massa também apresenta uma vantagem social crucial: torna as cidades mais equitativas ao atender àqueles que não podem dirigir – jovens e velhos, pessoas com limitações físicas ou que não têm condições de pagar por um carro. Eles estão longe de serem seus únicos usuários, mas, não fosse o transporte público, poderiam ficar excluídos do acesso à mobilidade. O transporte de massa é como uma praça pública, em que pessoas de muitos estratos sociais diferentes se encontram e

Classificação e resultados até 2050		37º lugar
6,57 gigatoneladas de redução de CO_2	Dados globais de custo demasiadamente variáveis para que possam ser determinados	US$ 2,38 trilhões de poupança líquida

compartilham espaço umas com as outras. Como Adam Gopnik descreveu em *The New Yorker*: "Um trem é uma sociedade pequena que se dirige para determinado lugar mais ou menos dentro do horário, com as pessoas mais ou menos juntas, compartilhando mais ou menos a mesma janela, com uma visão comum e um destino singular" – além de ser um meio de transporte, é também uma experiência cívica única.

Apesar de suas vantagens, o transporte de massa enfrentou – e continua enfrentando – uma série de desafios. A atração pelo carro é forte e está culturalmente enraizada em muitos lugares (menos talvez entre as gerações mais novas), e a mudança de um hábito é tarefa difícil, sobretudo se a mudança de comportamento exigir mais esforço, mais tempo ou mais dinheiro. O transporte público é mais bem-sucedido nos lugares onde não é apenas viável, mas eficiente e atraente. Um dos fatores-chave nessa equação é fazer com que o uso das diversas modalidades de transporte se torne mais integrado – por exemplo, o uso de um único cartão para pagar pelas passagens do metrô e do ônibus, pelo compartilhamento de bicicletas e de veículos, ou um mesmo aplicativo de *smartphone* para planejar viagens que usam mais de um tipo de transporte. Além de precisar ser atrativo para os passageiros, o transporte de massa depende do *design* urbano em geral. A densidade de uma cidade é o fator fundamental, necessário para garantir que as pessoas vivam e trabalhem suficientemente perto do meio de transporte para que possam utilizá-lo (o que é conhecido como o problema do primeiro/último quilômetro) e para que sejam alcançadas as elevadas taxas de ocupação que tornam o trânsito de massa rentável e eficiente. Um ônibus vazio não é uma solução. Para que essa densidade seja atingida, algumas cidades talvez tenham que fazer uma ampla reorganização e "redensificação"; e as que ainda estão crescendo têm a oportunidade de planejar com antecedência. Espaços urbanos compactos podem facilmente se tornar espaços urbanos conectados, a um custo menor.

Mesmo em condições ideais, investir em infraestrutura de trânsito pode ser um desafio tanto fiscal como político, mas esses investimentos pagam dividendos. Os benefícios do transporte de massa são cumulativos para todos os habitantes da cidade, não apenas para aqueles que utilizam essa modalidade. (E a inexistência desse serviço representa um fardo ao qual ninguém pode escapar.) Sem investimento financeiro nos locais onde existam – ou possam existir – ônibus, metrôs e bondes, mudança de modal passar a favorecer os carros particulares, juntamente com os congestionamentos e a poluição que vêm com eles, em vez de opções de trânsito que produzem emissões mais baixas. Em paralelo com o ciclismo e a caminhada – e com a infraestrutura necessária para seu uso – o transporte de massa pode integrar mobilidade, habitabilidade e equidade nas cidades. O movimento é uma parte fundamental de ser humano, ao se deslocar por razões de necessidade, prazer ou curiosidade. A mobilidade traz vitalidade para a vida de cada um e para as cidades em geral; não há necessidade de prejudicar a atmosfera para que as pessoas possam se movimentar.

Impacto: *Projeta-se uma redução no uso do transporte de massa de 37% das viagens urbanas para 21%, à medida que os países de baixa renda forem se tornando mais prósperos. Se, em vez disso, o uso crescer para 40% das viagens urbanas até 2050, essa solução poderá economizar 6,6 gigatoneladas de emissões de dióxido de carbono dos carros. Nossa análise inclui diversas opções de transporte de massa (ônibus, metrô, bonde e trem metropolitano) e examina os custos pagos pelos passageiros (a compra e uso do carro em comparação com a compra de bilhetes de trânsito).*

Acima, à esquerda: Hora do *rush* à noite, Garden Ring, Moscou, Rússia.

Abaixo: Um veículo rápido sobre trilho (Metropolitan Area Express – MAX) para em uma esquina no centro de Portland, Oregon. Contando com 97 estações, a carga semanal no MAX é de aproximadamente 120 mil pessoas.

TRANSPORTE

TREM DE ALTA VELOCIDADE

Em 1964, o Japão celebrou as Olimpíadas inaugurando o primeiro "trem-bala" de alta velocidade do mundo na rota Osaka-Tóquio, uma distância de 514 quilômetros. Hoje, essa é a linha ferroviária de alta velocidade mais movimentada em todo o mundo, com mais de 400 mil passageiros por dia. De acordo com a União Internacional das Ferrovias, existem quase 30 mil quilômetros de trilhos de alta velocidade em todo o mundo. Esse número aumentará em 50% quando as linhas atualmente em construção tiverem sido concluídas; muitos milhares de quilômetros mais estão em fase de planejamento ou em estudo. De longe, a China possui a maior concentração de linhas ferroviárias de alta velocidade – mais de 50% do total, seguida por Japão e a Europa Ocidental. A China, o Japão e a Coreia do Sul introduziram uma variação do trilho de alta velocidade, o trem *maglev*, que lança mão de ímãs para erguer o trem da sua estrutura de suporte, impulsionando-o a velocidades surpreendentemente suaves e silenciosas – da ordem de quase 430 quilômetros por hora no percurso entre Xangai e seu distante aeroporto.

O trem de alta velocidade (*high-speed rail* – HSR) é alimentado quase exclusivamente por eletricidade, e não por diesel. Comparado com o automóvel ou o avião, essa é a maneira mais rápida de viajar entre dois pontos situados a algumas centenas de quilômetros de distância, além de diminur as emissões de carbono em até 90%. A vantagem de mercado do HSR recai sobre as viagens com duração de sete horas ou menos. As estações de trem estão localizadas no meio das cidades e nos principais subúrbios e, por enquanto, as questões de segurança são menos onerosas. Além disso, os novos trens estão equipados com cabines confortáveis, visibilidade maravilhosa e conectividade completa. O sucesso em longo prazo do HSR já está devidamente estabelecido em corredores de alta densidade e de média distância (quatro horas). Em certos mercados populares da Europa Ocidental e da Ásia, os trens rápidos abarcaram mais da metade do volume total de viagens nessas rotas. O HSR é praticamente "o dono" das rotas Londres-Paris, Paris-Lyon e Madri-Barcelona. Em 2013, os trens de alta velocidade transportaram 354 bilhões de passageiros-quilômetros em todo o mundo – cerca de 12% do mercado ferroviário total.

Os EUA exibem um total de 45 quilômetros de trilhos de alta velocidade, na área rural de Massachusetts e em Rhode Island, utilizados pelo serviço da Acela, da Amtrak. Na Califórnia, onde o entusiasmo pelo HSR talvez seja o mais alto do país, os eleitores aprovaram 10 bilhões de dólares como pagamento inicial de um sistema de última geração. As projeções para quando o sistema HSR da Califórnia estiver completo mostram que ele poderia reduzir as viagens de carro em 5,8 bilhões de quilômetros por ano – o equivalente a retirar diariamente das estradas 300 mil carros, eliminando 2,2 milhões de toneladas de gases de efeito estufa. Ainda assim, o progresso é lento e a resistência persiste. A conclusão do sistema HSR está agendada para 2028, mas ninguém espera que isso aconteça: as estimativas de custos duplicaram, passando de 33 bilhões de dólares para 68 bilhões de dólares.

Eis aí um dos principais obstáculos: o custo. Os trens são caros, assim como as novas estações. O custo dos trilhos, em geral, varia entre 9-50 milhões de dólares por quilômetro, e, além disso, há pontes, túneis e viadutos a serem construídos. No corredor nordeste, a Amtrak estima que a criação de um sistema ferroviário de alta velocidade na faixa de 354 quilômetros por hora custaria cerca de 150 bilhões de dólares. No caso de

Classificação e resultados até 2050 — 66º lugar

1,42 gigatonelada de redução de CO_2	US$ 1,05 trilhão de custo líquido	US$ 310,8 bilhões de poupança líquida

Um trem-bala SHINKANSEN da Central Japan Railway Co. (JR Central) chega à estação de Tóquio em 19 de janeiro de 2016. Os fabricantes japoneses de material rolante colaboraram com o grupo Japan Railways para a expansão do negócio em todo o mundo, com sua tecnologia e padrões usados no sistema de trem-bala SHINKANSEN. A empresa Texas Central Partners LLC planeja iniciar a construção do Projeto HSR da Texas Central Railway entre Houston e Dallas em breve, usando a tecnologia do trem-bala SHINKANSEN.

um sistema inferior, próximo aos 260 quilômetros por hora, a economia não seria muito significativa. Diante desses números, fazem-se necessários subsídios do governo e impostos sobre consumo especiais, mas os opositores do transporte ferroviário de alta velocidade citam os subsídios como prova de que o HSR não é econômico. No entanto, qualquer avaliação deveria levar em conta os custos decorrentes da não construção da linha ferroviária de alta velocidade, pois todos os sistemas de transporte norte-americanos gozam de subsídios governamentais significativos, disfarçados ou não. O público, e não a empresa privada, paga por novas rodovias, novas pistas para rodovias antigas, aeroportos maiores, pelos engarrafamentos, o tempo desperdiçado e pela maior quantidade de gases de efeito estufa. Os custos públicos que qualquer projeto de HSR iria evitar devem ser abatidos do custo de capital do sistema.

Os defensores do HSR alegam que os trens de alta velocidade acabarão com a dependência do petróleo e serão responsáveis por grandes cortes nas emissões. Essas são expectativas pouco realistas. O veículo sobre trilho de alta velocidade exige muitas viagens de passageiros, para que as contas se equilibrem. Apenas certos lugares do mundo têm densidade populacional suficiente para suportar o HSR. As emissões de carbono geradas por um HSR em pleno funcionamento são menores que as de aviões e carros, mas apenas nos casos em que o HSR substitui quantidades significativas de viagens que seriam feitas com aeronaves e automóveis. Outro fator que se deve levar em consideração é que ocorrem importantes emissões de gases de efeito estufa associadas à construção de um sistema HSR, em particular grandes quantidades de cimento necessárias para que sejam construídas vias robustas o suficiente para suportar trens que viajam a altas velocidades (o que também é válido para as pistas de voo e estradas).

Uma das vantagens que o sistema HSR tem sobre aviões, automóveis e veículos sobre trilhos convencionais é que provavelmente a sua fonte de energia irá se tornar cada vez mais limpa com o passar do tempo. À medida que os governos promovem a geração de energia livre de carbono em todo o mundo, o HSR pode se tornar cada vez mais limpo. Essa vantagem deve ser contrabalançada pelo fato de que as viagens por automóvel estão se tornando menos poluentes em carbono à medida que veículos elétricos se tornam mais prevalentes. No entanto, é menos provável que as viagens aéreas venham a gerar ganhos significativos de eficiência, e isso irá manter um nível vantajoso das emissões do HSR por passageiro, desde que o número de passageiros transportados atenda ou exceda as expectativas.

Além disso, o HSR pode ser um componente importante do crescimento inteligente e pode ajudar a revitalizar os centros das cidades. Os projetos de distribuição radial para os sistemas HSR, com estações no centro da cidade compartilhando o espaço com o transporte de massa e com zonas de uso misto adequadamente planejadas nas proximidades, poderão contribuir para maiores benefícios climáticos, de saúde e sociais. Como parte de um sistema de transporte sustentável, o HSR pode ampliar sua redução de emissões.

Há outros benefícios econômicos e ambientais que falam em favor da expansão das viagens por HSR. Por exemplo, com a transferência dos viajantes de composições sobre trilhos convencionais para o HSR, mais linhas serão disponibilizadas para o transporte de mercadorias por via férrea. Isso pode diminuir os custos e as emissões de gases de efeito estufa gerados pelo transporte de mercadorias por caminhões a diesel, ajudando, assim, o crescimento econômico. Outras vantagens são a facilidade e o conforto de viajar pelo trem de alta velocidade em oposição aos automóveis e aviões, bem como o aumento do acesso a viagens para mais pessoas. Pode ser tarefa difícil quantificar e incluir nas análises tradicionais de custo-benefício esses benefícios extras, mas novas pesquisas poderão revelar que tais vantagens fazem com que a balança penda em favor do HSR, fazendo desse meio de transporte uma ótima escolha para o desenvolvimento de infraestrutura.

Impacto: *Se a construção dos sistemas HSR e o número de passageiros continuarem no ritmo projetado, essa solução poderá resultar em reduções da ordem de 1,4 gigatonelada nas emissões de dióxido de carbono até 2050. Uma rede global de 103 mil quilômetros de trilhos HSR, com um percurso médio de 300 quilômetros por viagem, poderia acomodar 6-7 bilhões de passageiros anuais. Regionalmente, o maior impacto virá da Ásia, especialmente da China. Se o HSR estiver concentrado entre cidades com rotas de voo muito concorridas e de curta distância, o impacto poderá ser maior. A implementação tem um custo enorme de 1 trilhão de dólares. No entanto, as economias operacionais ao longo de trinta anos são de 310 bilhões de dólares, e de 980 bilhões de dólares ao longo da vida útil da infraestrutura do HSR.*

TRANSPORTE
NAVIOS

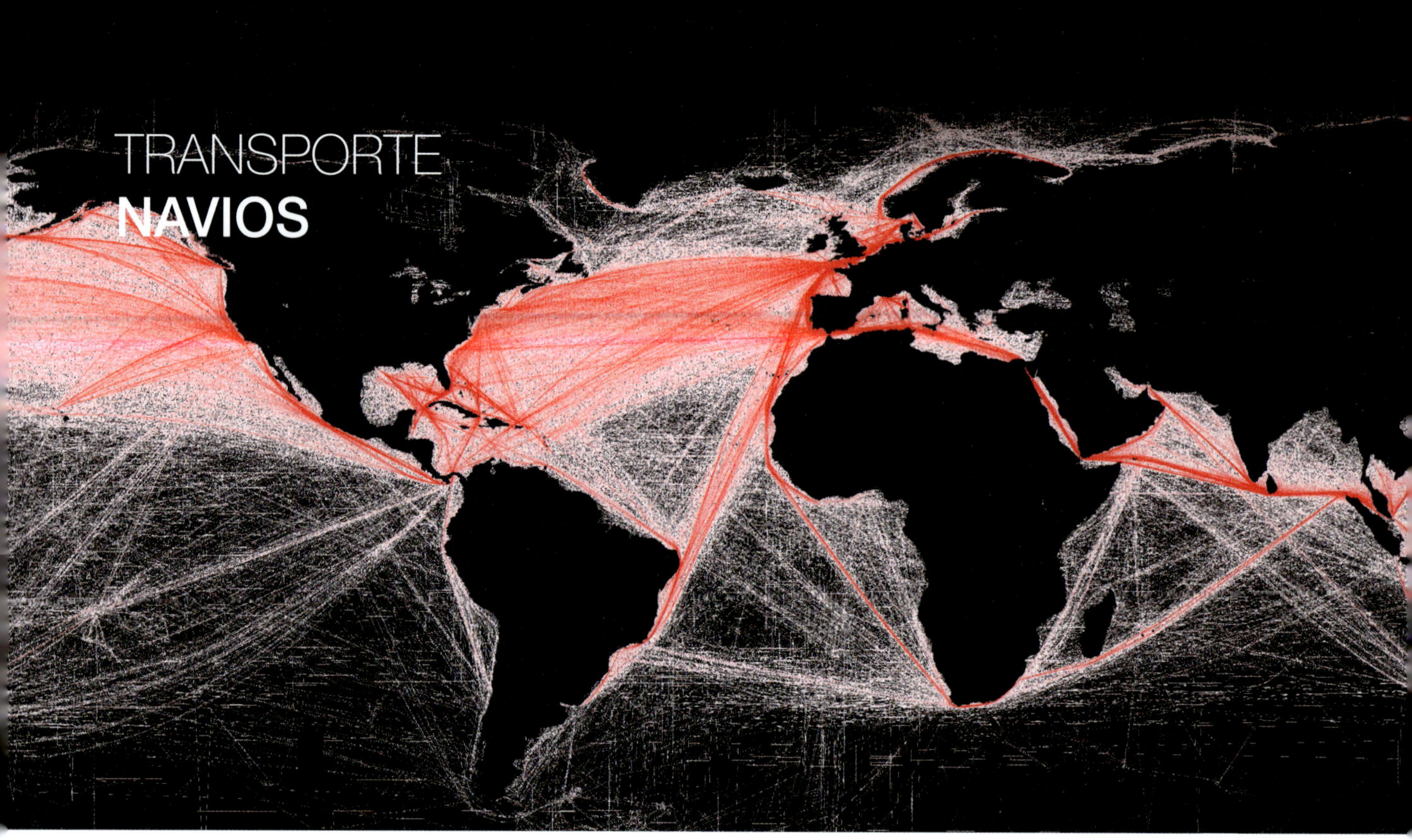

Mais de 80% do comércio global, por peso, transita de um lugar para outro pelo mar. Noventa mil navios comerciais – petroleiros, transportadores secos a granel e navios porta-contêineres – possibilitaram o movimento de mercadorias da ordem de mais de 10 bilhões de toneladas de carga em 2015. Em termos de carbono, os navios são a maneira mais eficiente que temos de transportar materiais de um local para outro na falta de um sistema ferroviário eficiente, ou nos casos em que a ferrovia não é viável por causa da geografia. Um avião emite 47 vezes mais dióxido de carbono para transportar a mesma quantidade de mercadorias pela mesma distância. Embora o frete oceânico seja uma indústria essencial para a economia mundial, ele é praticamente invisível.

O transporte de petróleo, minério de ferro, arroz e tênis de corrida pelos oceanos produz 3% das emissões globais de gases de efeito estufa, e essas emissões crescem à medida que o comércio mundial se expande. Segundo previsões, esse volume de emissões pode ser 50-250% maior em 2050, dependendo de variáveis econômicas e energéticas. Apesar da grande atenção dada às emissões dos automóveis, o impacto do frete oceânico não é considerado como prioridade climática. Isso está começando a mudar. A indústria, o governo e as ONGs estão imaginando modos de transportar bens pelas vias marítimas sem taxas de emissões tão altas.

Em virtude dos enormes volumes transportados, o aumento da eficiência no transporte pode ter impacto considerável. A maior eficiência começa com o *design* dos navios. Os navios mais eficientes são comparativamente maiores e mais longos. Os projetistas suprimem partes desnecessárias de sua estrutura e usam materiais leves. Algumas embarcações novas têm projeções na parte traseira ("rabos de pato") – extensões planas que se projetam da popa do navio para diminuir a resistência – e contam com sistemas de bombeamento de ar comprimido ao longo do fundo do casco com o objetivo de criar uma camada de bolhas que "lubrifica" a passagem do navio através da água. Só essas duas inovações podem reduzir o consumo de combustível em 7-22%, dependendo do tipo de navio. Os navios eficientes também podem ter equipamentos extras a bordo, como painéis solares para fornecer eletricidade e sistemas de automação que eliminam o "achismo" na otimização do desempenho do navio. Algumas abordagens ao *design* e à tecnologia naval são aplicáveis apenas às novas construções de navios; outras podem se prestar a remodelações – o que é particularmente importante, pois os navios atualmente em uso assim permanecerão por décadas.

Esforços essenciais visam a melhorar o *design* do navio e a tecnologia embarcada. Em 2011, a Organização Marítima Internacional (o órgão das Nações Unidas encarregado de tornar o transporte mais seguro e limpo) estabeleceu o Índice de *Design* de Eficiência Energética (EEDI) para novas construções navais. A exemplo dos padrões de economia de combustível para os automóveis, o EEDI exige que os novos navios atinjam um nível mínimo de eficiência energética, com a elevação do nível ao longo do tempo. A Iniciativa de Transporte Marítimo Sustentável é uma parceria entre as quinze principais companhias marítimas, o Fundo Mundial para a Natureza (WWF) e o Fórum para o Futuro, que trabalham em conjunto para que seja criada uma indústria de transporte por navios completamente sustentável até 2040. Em 2011, um esforço conjunto da RightShip e do Carbon War Room resultou em um sistema de classificação de emissões de gases de efeito estufa de A a G para navios comerciais novos e antigos, comparando cada navio com seus congêneres com base na poluição pelo dióxido de carbono. Esse esquema de classificação, como os demais índices especializados, cria transparência e ataca um desafio fundamental para o aumento da eficiência dos navios: incentivos ambíguos. Como as empresas transportadoras de carga pagam a maior parte dos custos de combustível, os armadores têm poucos motivos para atualizar seus navios, especialmente se o desempenho for um fator pouco definido. A clas-

Classificação e resultados até 2050		32º lugar
7,87 gigatoneladas de redução de CO_2	US$ 915,9 bilhões de custo líquido	US$ 424,4 bilhões de poupança líquida

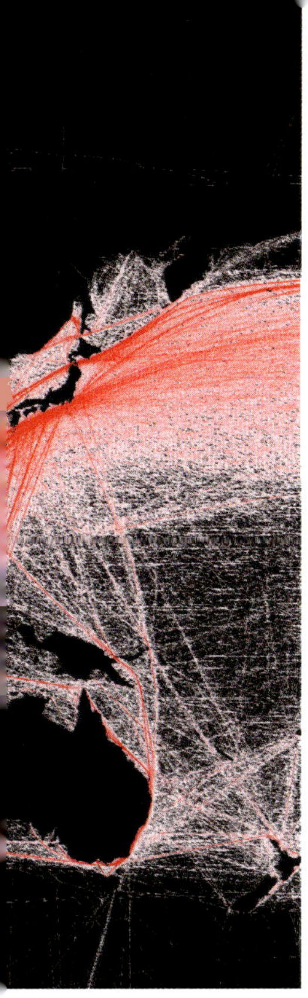

São necessários 5 milhões de barris de combustível por dia para mover os navios comerciais pelas rotas assinaladas neste mapa. Cumulativamente ao longo de um ano, o transporte por navios internacional emite mais de 800 milhões de toneladas de dióxido de carbono ou seu equivalente em outros gases de efeito estufa, o que corresponde a 11% das emissões totais do setor de transporte.

sificação de emissões de gases de efeito estufa cria um novo fator de influência: os afretadores que procuram reduzir os custos e as cadeias de abastecimento ecológicas podem procurar navios de acordo com suas preferências. Atualmente, 20% do comércio global já utiliza o sistema, assim como os bancos, as seguradoras e as autoridades portuárias locais – como duas autoridades na Colúmbia Britânica que concedem descontos sobre as taxas portuárias para navios mais "limpos" e com melhor classificação.

Manutenção e operações também são vitais para a eficiência do combustível marítimo. As técnicas podem ser tão simples quanto a remoção de detritos de hélices ou o alisamento da superfície do casco com um revestimento parecido com pele de tubarão. Organismos marinhos se prendem com facilidade aos cascos dos navios, aumentando seu peso, gerando arrasto e diminuindo a eficiência do combustível. Essa poluição biológica pode aumentar em 40% o consumo de combustível. As escamas ásperas e denteadas dos tubarões impedem que algas e percevejos se colem à sua pele. Aproveitando esses atributos da pele de tubarão, o professor Anthony Brennan, da Universidade da Flórida, desenvolveu um revestimento biomimético para manter os cascos limpos com vistas a uma navegação mais suave. É uma das muitas tecnologias e práticas que podem tornar os navios de carga mais hidrodinâmicos e eficientes em termos energéticos.

Comparativamente a qualquer outra prática, a redução da velocidade de operação dos navios – o que a indústria naval denomina "vapor lento" – é a que mais diminui o consumo de combustível, até 30%. Uma vantagem da recessão global de 2009 é que o "vapor lento" se tornou padrão em grande parte da indústria naval. Também são essenciais o planejamento da rota e do clima. Com a aplicação coletiva dos pequenos ganhos com *design*, tecnologia, manutenção e operações, os navios líderes do setor podem ser duas vezes mais eficientes do que os navios não atualizados. Em suma, as abordagens disponíveis para aumento da eficiência podem reduzir as emissões do transporte por navios em 20-40% até 2020 e em 30-55% até 2030.

Além de melhorar a saúde do clima, um frete oceânico mais eficiente é fator importante para a qualidade do ar e para a saúde humana. Os navios são impulsionados por combustível naval de baixa qualidade, a "borra" da indústria de refinação de petróleo, contendo 350 vezes mais enxofre do que o diesel usado em carros e caminhões. As cidades portuárias onde os navios se reúnem são as que mais sofrem com os óxidos nitroso e sulfúrico e o material particulado que eles lançam no ar. Os pesquisadores atribuem 60 mil mortes por ano causadas por doenças cardiovasculares e pulmonares às partículas produzidas por navios. Alguns portos exigem que os navios troquem para um combustível diesel mais limpo ao se aproximarem da costa – uma prática que pode reduzir drasticamente a exposição das populações aos perigosos poluentes dos navios. Da mesma forma, vem aumentando o número de portos que exigem que os navios ancorados se conectem a uma fonte de energia em terra em vez de acionar seus geradores a diesel para obtenção de energia.

Graças às inovações de *design* e às iniciativas de classificação dos gases de efeito estufa, uma parte da indústria naval está mudando. Ainda assim, as emissões de embarcações marítimas não estão incluídas nos acordos globais sobre mudanças climáticas, e nenhuma meta global de emissões foi estabelecida ou acordada. Em outubro de 2016, em uma reunião da Organização Marítima Internacional, foi adiada até 2023 qualquer discussão sobre o limite das emissões de carbono – um adiamento considerado excessivo, tendo em vista que o setor marítimo deverá gerar 17% das emissões globais de carbono por volta de 2050. Considerando que todos os anos são transportadas mercadorias no valor de trilhões de dólares, caberá talvez às empresas cujos produtos são transportados fazer pressão para que o frete oceânico venha a ser uma indústria responsável. As iniciativas da RightShip e do Carbon War Room podem ser um caminho para reduzir as emissões globais de carbono em prazo viável. A redução dos gases de efeito estufa gerados pelos transportes ainda é um ato voluntário; tomada isoladamente, essa situação não vai fazer as mudanças ocorrerem com rapidez suficiente. Tal como acontece com peixes, edifícios, alimentos e madeira, talvez tenha chegado a hora da certificação para um transporte limpo por navios. A economia trabalha em favor do progresso. Os custos de combustível são a principal despesa operacional dos navios; isso significa que as transportadoras, as companhias que os utilizam e, em última análise, outras empresas e consumidores que compram as mercadorias embarcadas têm interesse que o uso de combustível seja o menor possível, reduzindo as emissões de carbono.

Impacto: *Com um ganho de eficiência de 50% em todo o setor naval internacional, podem ser evitadas emissões de dióxido de carbono da ordem de 7,9 gigatoneladas até 2050. Isso poderia economizar 424 bilhões de dólares em custos de combustível em trinta anos e 1 trilhão de dólares ao longo da vida útil dos navios.*

TRANSPORTE
VEÍCULOS ELÉTRICOS

Os seres humanos vêm namorando carros elétricos há quase duzentos anos, desde que o primeiro protótipo foi construído em 1828. Em 1891, Henry Ford trabalhou para Thomas Edison na Edison Illuminating Company em Detroit. Logo Edison e Ford se tornaram amigos para toda a vida, e foi Edison quem apoiou e incentivou Ford, no início de sua carreira, para que construísse um automóvel a gasolina. Ironicamente, Edison estava se esforçando insanamente para fabricar baterias melhores e menos caras, algumas especificamente projetadas para veículos elétricos. Em determinada momento, confrontou Ford ao escrever que "A eletricidade é a solução. Não há engrenagens que ficam zumbindo e esmerilhando nem alavancas que só causam confusão. Não há aquela vibração e zumbido fora de hora quase aterrorizantes, que são característicos do poderoso motor de combustão. Não há sistema de circulação de água para estragar nem a perigosa e malcheirosa gasolina – e sem barulho".

O jovem Ford não se convenceu e criou, mais tarde, o modelo A e o modelo T. As vendas do carro de 360 dólares superaram 250 mil dólares em 1914, mas, nesse ano, a aguilhoada de Edison pareceu fazer efeito. Ford, satisfeito porque Edison logo iria produzir uma bateria leve e barata, anunciou que fabricaria um automóvel elétrico em colaboração com Edison – o Edison-Ford. Meses e anos se passaram e o Edison-Ford jamais aconteceu, porque Edison não foi bem-sucedido na tal bateria leve e durável.

De fato, o veículo elétrico não foi inventado por nenhuma pessoa, mas evoluiu ao longo do tempo através de uma série de avanços transcontinentais. Os inventores do início do século XIX na Grã-Bretanha, Holanda, Hungria e EUA criaram vários tipos de veículos elétricos (VEs) em pequena escala, mas os primeiros veículos práticos não foram criados senão na última metade daquele século. Em 1891, William Morrison, um químico de Iowa, EUA, fabricou um veículo de seis passageiros capaz de atingir velocidades de até 22,5 quilômetros por hora. Naquele país havia, no final do século XIX, veículos disponíveis movidos a gasolina, eletricidade e vapor. Os veículos elétricos vendiam mais do que os carros a gasolina e os com motor a vapor, e isso por uma série de razões: de início, os carros elétricos não exigiam o arranque a manivela, não havia necessidade de troca de marchas e tinham maior autonomia de percurso em comparação com os carros a vapor. A exemplo dos modernos veículos elétricos, eram mais silenciosos e não poluíam.

Na década de 1920, os americanos estavam viajando por maiores distâncias, graças a uma malha rodoviária melhorada; com isso, a menor autonomia dos VEs, em comparação com os veículos a gasolina, passou a ser uma limitação. Enquanto isso, os veículos a gasolina ganhavam em atrativos: Henry Ford deu início à produção em massa, o que fez com que seus carros ficassem mais baratos do que os VEs. Charles Kettering inventou o motor de arranque elétrico, eliminando a necessidade do arranque por manivela. Nessa época, petróleo foi descoberto no Texas; com isso, a gasolina passou a ser acessível para o consumidor médio. Desde então, os motores de combustão interna vêm dominando o cenário automotivo. A atmosfera vem pagando um preço alto pelos mais de 1 bilhão de carros atualmente rodando pelas estradas. Por outro lado, hoje em dia há mais de 1 milhão de veículos elétricos nas estradas, e a diferença de impacto entre os dois tipos de veículo é notável.

Dois terços do consumo mundial de petróleo são utilizados no abastecimento de carros e caminhões. As emissões do transporte perdem apenas para a geração de eletricidade como fonte de dióxido de carbono, representando 23% de todas as emissões. À medida que as nações em desenvolvimento se industrializarem, estima-se que o número de veículos motorizados supere os 2 bilhões até 2035.

Os veículos elétricos são alimentados pela rede elétrica ou por fontes renováveis distribuídas, aí incluídos os veículos a hidrogênio que utilizam células de combustível para gerar eletricidade a bordo. Tais veículos têm eficiência de cerca de 60% em comparação com os veículos a gasolina, com eficiência somente de cerca de 15%. O "combustível" para os carros elétricos também é mais barato. O Nissan LEAF, um veículo totalmente elétrico, roda 5,3 quilômetros com 1 quilowatt-hora de eletricidade. Se o carro for carregado no meio da noite a 7 centavos de dólar por quilowatt-hora, seu custo será comparável a 0,72 de dólar por galão. Se o Nissan LEAF fizer 37 quilômetros por equivalente-galão, em comparação com os 54,7 quilômetros por galão para o Nissan Versa movido a gasolina a 2,30 dólares por galão, alcançará uma economia de custos da ordem de 69%.

A emissão de dióxido de carbono por galão de gasolina chega a 11,3 quilos, enquanto as emissões de 10 quilowatts-hora de eletricidade alcançam em média 5,5 quilos – uma redução de 50% no dióxido de carbono, se a energia vier da rede elétrica. Se a eletricidade for derivada da energia solar, as emissões de dióxido de carbono despencam em 95%.

O carro elétrico vem se tornando cada vez mais a opção preferida. O volume de vendas multiplicou dez vezes em menos de uma década. Entre 2014-2015, as vendas subiram de 315 mil para 565 mil veículos, graças principalmente aos entusiastas chineses. Dois terços das vendas de VEs em todo o mundo ocorrem nos três maiores mercados de automóveis de passageiros: EUA, China e Japão. O líder dos VEs, a Tesla, abalou a indústria automobilística em 2016 quando, quase instantaneamente, atraiu 325 mil pedidos antecipados para o seu compacto Model 3, cada pedido acompanhado de um adiantamento de mil dólares. Para fortalecer sua posição e reduzir os custos, a Tesla construiu a maior fábrica mundial para baterias de íons lítio em Nevada, EUA. Programas governamentais em todo o mundo estão encorajando a compra de carros elétricos, incluindo os EUA, que oferecem um subsídio de 7,5 mil dólares. Atualmente, os EUA e a China exigem que pelo menos 30% das compras de automóveis pelo governo sejam de veículos não poluidores. A Índia quer se tornar totalmente elétrica até 2030 – e tem os incentivos para que isso aconteça.

Os veículos elétricos irão desorganizar os modelos de negócios de automóveis e do petróleo – os dois maiores setores econô-

10,8 gigatoneladas de redução de CO_2	US$ 14,15 trilhões de custo líquido	US$ 9,73 trilhões de poupança líquida

micos dos EUA – porque os VEs são mais simples de fabricar, têm menos partes móveis e exigem pouca manutenção, e, além disso, dispensam combustíveis fósseis. Mas essa mudança não ocorrerá rapidamente. Os veículos elétricos continuam sendo pequena fração das vendas totais de carros. Esse desequilíbrio reflete-se no número de modelos disponíveis: existem centenas de modelos para veículos a gasolina, mas até agora apenas 35 para os carros elétricos. A mudança vem ocorrendo com maior rapidez no mercado de veículos pesados, com base em uma longa tradição de trens, metrôs e equipamentos industriais (empilhadeiras e similares) elétricos. Os operadores comerciais estão mais capacitados e decididos a fazer o investimento de capital extra, porque seus custos podem ser amortizados. As operadoras de frotas, com seus depósitos facilmente adaptados para os fins de carga, são candidatos naturais para a conversão de seus veículos em caminhões, vans e carros totalmente elétricos. Milhares de ônibus e caminhões de entrega elétricos, inclusive partes das frotas da UPS e da FedEx, percorrem as ruas das cidades norte-americanas, asiáticas e europeias. A China tem mais de 170 mil ônibus elétricos; e os icônicos ônibus de dois andares londrinos logo aderirão à rede elétrica.

Então, qual é o problema? Em se tratando de carros elétricos, é "ansiedade de percurso". Para que os primeiros VEs fossem acessíveis, as baterias nesses modelos foram projetadas para alcançar menos de 160 quilômetros por carga. Atualmente, a autonomia de percurso típica é de 130-145 quilômetros. Um carro com conexão híbrida pode fazer cerca de 80 quilômetros sem carga. Falando do seu Volt, a Chevrolet informa que essa distância é suficiente para que 90% das viagens sejam realizadas, aí incluído o trajeto diário da casa-trabalho-casa. Esses números melhorarão. Os fabricantes de automóveis prometem para 2017 uma faixa de 320 quilômetros.

A solução final para o problema das distâncias de percurso é a rede de estações de carga. As reservas globais mais do que duplicaram entre 2012 e 2014, para mais de 100 mil pontos de carga elétrica, e seus números aumentarão enormemente com o aumento da demanda. As estações em si não são tão caras, entre 3-7,5 mil dólares por ponto de abastecimento. Esses pontos podem carregar o carro fora das horas de pico, quando a eletricidade é mais barata, ou o carro pode ser abastecido nas horas em que haja abundância de energia solar ou eólica na rede. Shoppings e cadeias de lojas estão instalando pontos de abastecimento em suas instalações. Aplicativos identificarão as estações de carregamento mais próximas, públicas ou privadas. A rede de recarga irá se expandir, inovar e melhorar, diminuindo a "ansiedade de percurso" e ao mesmo tempo propiciando o armazenamento de eletricidade que as redes de energia do século XXI tanto necessitam.

As projeções para o mercado de carros elétricos variam. Quantos serão os carros elétricos nas estradas em algumas décadas? Cem milhões? Cento e cinquenta milhões? A empresa de dados Bloomberg assume um crescimento de vendas de 60% em 2015, faz uma projeção para os próximos 25 anos e chega a um total de 400 milhões de unidades vendidas até 2040, incluindo 35% de todas as novas vendas. Resta ver como se dará a sinergia natural entre carros elétricos e carros de autocondução, uma vez que ambas as modalidades se tornam plataformas de *software* sobre quatro rodas. Apple e Google estão trabalhando no *design* de automóveis, e podemos ter a certeza de que seus carros fugirão dos padrões dos atuais VEs, se é que tal coisa existe. A taxa de inovação no mercado dos VEs é garantia de que estes serão os carros do futuro. Para as pessoas preocupadas com o aquecimento global e com as emissões de dióxido de carbono, a questão é saber quando esse futuro chegará.

Impactos: *Em 2014, foram vendidos 305 mil VEs. Se o uso de VEs aumentar para 16% do total de passageiro-quilômetros até 2050, poderão ser evitadas emissões de dióxido de carbono da ordem de 10,8 gigatoneladas, provenientes da queima dos combustíveis. Nossa análise leva em conta as emissões da geração de eletricidade e as maiores emissões decorrentes da produção de VEs, em comparação com carros de combustão interna. Também incluímos um leve declínio nos preços dos VEs, esperados graças à queda dos custos da bateria.*

TRANSPORTE
COMPARTILHAMENTO DE VEÍCULO

Desde que o Ford Modelo T invadiu as ruas em 1908, as pessoas utilizam a capacidade de ocupação de seus carros para mais coisas do que apenas conduzir familiares e amigos. Em 2015, o *Oxford English Dictionary* acrescentou o verbo *ride-share* ("compartilhar veículo") à sua lista oficial de verbetes. Uma nova palavra para uma prática antiga, o compartilhamento de veículo é o simples ato de preencher assentos vazios do carro por meio da associação de motoristas e passageiros que compartilham a origem, o destino ou paradas de uma viagem. (Isso exclui os serviços similares aos dos táxis, em veículos conduzidos pelo motorista médio.) O primeiro exemplo de carona em prol do bem comum surgiu durante a Segunda Guerra Mundial, com o advento dos clubes de compartilhamento de carros. A propaganda alertava os norte-americanos: "Quando você dirige *sozinho*, você dirige com Hitler!". Compartilhar o carro significava economizar recursos para o esforço de guerra, e os empregadores eram responsáveis por ajudar motoristas e passageiros a se conectar, normalmente por intermédio de um quadro de avisos no local de trabalho. Com o advento da crise do petróleo da década de 1970 e a concomitante preocupação crescente do público com a poluição do ar, houve a proliferação de uma nova série de iniciativas patrocinadas por empregadores e financiadas pelo governo. Para conservar combustível, vias para veículos de alta ocupação (HOV) incentivaram as pessoas a viajarem juntas, e assim surgiram os compartilhamentos informais do carro, conhecidos como *slugging*, entre as pessoas que faziam o percurso casa-trabalho-casa em Washington e em outras cidades norte-americanas. Na década de 1970, o auge do compartilhamento de carros, uma em cada cinco pessoas usava o sistema para chegar ao trabalho.

Na época em que o Departamento de Censo dos EUA fez nova pesquisa sobre o compartilhamento de condução em 2008, a tendência de uso desse sistema para o trajeto até o trabalho tinha diminuído consideravelmente. Apenas 10% dos americanos praticavam o compartilhamento, apesar dos esforços para incentivar essa prática como forma de combater o congestionamento e melhorar a qualidade do ar durante a década de 1990 e início dos anos 2000. Mas graças aos problemas econômicos globais, à ubiquidade dos *smartphones* e das redes sociais e ao declínio do interesse na propriedade do carro entre os habitantes urbanos da geração *millennial*, o compartilhamento de carros está novamente em alta. Esse ressurgimento é oportuno, dada a crise climática. Quando as viagens são agrupadas, as pessoas dividem os custos, atenuam o tráfego, aliviam a carga que incide na infraestrutura e podem reduzir o estresse das transferências entre meios de transporte, ao mesmo tempo que reduzem as emissões *per capita*. Hoje, para cada cem carros que vão para o trabalho nos EUA, apenas cinco transportam

Classificação e resultados até 2050		75º lugar
0,32 gigatonelada de redução de CO_2	Custo zero	US$ 185,6 bilhões de poupança líquida

À primeira vista, não poderia haver imagem mais irresponsável do que esta demonstração de compartilhamento de veículo. É bom saber que o jipe estava parado e as pessoas subiram só para fazer graça. Mostramos esta foto por outro motivo: veículos e mobilidade são bens preciosos, tanto quanto a madeira ou a pesca. Nos países ricos, as pessoas tendem a considerar como fato certo a propriedade de um carro e os utilizam casualmente em corridas curtas. Esta imagem foi escolhida para mostrar como a mobilidade é valiosa e como precisamos compartilhar recursos se quisermos conservá-los.

outro passageiro. Imagine o impacto que uma pequena mudança nesse número causaria – se os motoristas se tornassem passageiros apenas um dia por semana. O compartilhamento de veículo também pode fazer com que as demais formas de trânsito se tornem mais viáveis, pois oferece uma solução para o desafio do "primeiro e último quilômetros", fechando a lacuna que muitas vezes existe entre o ponto A, o transporte de massa e o ponto B.

Embora não seja uma ideia nova, hoje em dia uma nova onda de tecnologias está acelerando o compartilhamento de carros. Os *smartphones* permitem que as pessoas compartilhem informações em tempo real sobre onde estão e para onde estão indo, e os algoritmos que as combinam com outras pessoas e mapeiam as melhores rotas estão melhorando a cada dia. O hábito de usar as redes sociais lastreia a confiança, de modo que as pessoas se mostram mais propensas a partilhar o carro com alguém que não conhecem, ou a abrir a porta para estranhos. Ao atingir a massa crítica necessária para que haja garantia de confiabilidade, flexibilidade e conveniência, as plataformas de compartilhamento populares tornarão possível localizar corridas de carro quando e onde houver necessidade – uma limitação persistente para o compartilhamento de veículos no passado. Na verdade, combinar espíritos afins, seja para uma única carona ou para um envolvimento de prazo mais longo, é o objetivo principal de vários modelos de negócios *peer-to-peer*. O BlaBlaCar permite que seus 25 milhões de membros em vinte países compartilhem viagens de longa distância. O UberPool e o Lyft Line agrupam passageiros ao longo de cadeias de pontos de embarque e desembarque, usando algoritmos que conectam pessoas que estejam indo para o mesmo destino ou para locais próximos. Somente na China, a cada mês a Uber faz 20 milhões de viagens combinadas. Com uma estratégia de *slugging* de base tecnológica, desde 2015 o Waze da Google vem conectando viajantes para uso do compartilhamento em Israel e atualmente está introduzindo um programa-piloto com esse conceito em São Francisco. (A Lyft testou um recurso de deslocamento comparável na área da baía de São Francisco, porém com resultados insatisfatórios.) Com uma base densa de usuários, essas empresas podem tentar coisas interessantes, apostando que, se os motoristas puderem ganhar dinheiro ou economizar tempo, vão compartilhar seus assentos, e se os passageiros puderem se deslocar de forma rentável e com facilidade, alegremente irão pagar pelo serviço.

Nem sempre é tarefa fácil conseguir que as pessoas dupliquem ou tripliquem a ocupação de seus carros. Como ficou claro ao longo do século XX, quando o combustível fica barato, as caronas diminuem. Estacionamento gratuito ou barato em abundância também faz com que as pessoas viajem sozinhas. O mesmo acontece com o desejo de autonomia, privacidade e conveniência, embora os benefícios da carona sejam óbvios. Nesse sentido, dirigir sozinho parece ser uma forma do fenômeno que o sociólogo Robert D. Putnam denomina "jogar boliche sozinho", isto é, o declínio do capital social e da vida comunitária na vida moderna. Os riscos de segurança percebidos também podem ser dissuasivos sempre que estranhos estiverem envolvidos. A boa notícia é que, quando passageiros e motoristas finalmente se conectam, a comunidade, a conexão e o engajamento são catalisados como prêmio extra. Além da locomoção, viajar é um convite para a imaginação. Para muitos, os carros parecem ser indispensáveis para a vida cotidiana. Mas alguns estão começando a conceituar a mobilidade como um serviço a acessar. Quando os carros são usados de forma mais colaborativa, como algo compartilhado em vez de algo que cada pessoa deve possuir, podemos ter um vislumbre do futuro – com um menor número de automóveis no total.

Então, o que pode ser feito para que os assentos vazios de um carro fiquem ocupados sempre que ele estiver rodando? As mudanças macro em áreas como o preço do petróleo e o *design* das cidades certamente desempenharão um papel importante no futuro do compartilhamento de carros, mas a chave para o sucesso é que ele se torne cada vez mais dinâmico, flexível e econômico. Isso significa que a tecnologia terá um impacto significativo no futuro das viagens compartilhadas, exatamente como já acontece hoje, principalmente porque ela pode ajudá-lo a atingir uma massa crítica de usuários. Os melhores algoritmos do mundo não funcionarão sem a presença de multidões, e, embora contrariando os interesses comerciais, o compartilhamento de dados entre as plataformas poderá permitir uma combinação ainda mais eficaz. Além dos empresários e programadores, os empregadores e os governos também têm papéis a desempenhar, assim como fizeram no passado, na era de ouro do compartilhamento. As políticas para a promoção e o incentivo do compartilhamento de veículos vão desde programas de dedução fiscal para despesas com viagens compartilhadas até a redução dos valores de pedágios e estacionamento para os veículos compartilhados. Em última análise, se o ato de entrar em um carro com alguém pode ser tão fácil e sensato como entrar em seu próprio carro – e talvez mais –, o compartilhamento pode se tornar uma prática que se autorreforça – e a redução de emissões também.

Impacto: *Nossa projeção para o compartilhamento de carros se concentra exclusivamente em pessoas que trabalham nos EUA e no Canadá, onde são elevados os percentuais de propriedade e de condução solitária de automóveis. Assumimos que o compartilhamento aumentará de 10% dos passageiros em 2015 para 15% até 2050, e de uma média de 2,3 para 2,5 pessoas por carro. O compartilhamento de carro não tem custos de implementação e pode reduzir as emissões em 0,3 gigatonelada de dióxido de carbono.*

TRANSPORTE
BICICLETAS ELÉTRICAS

As bicicletas elétricas causam furor na China. A tendência data de meados da década de 1990, quando a explosão do crescimento nas cidades chinesas impôs regras rigorosas antipoluição, na tentativa de melhorar a qualidade de um dos ares urbanos mais sujos do mundo. Atualmente, dezenas de milhões de pessoas transitam por bicicleta elétrica (*e-bike*), e os proprietários chineses de *e-bikes* superam em duas vezes o número dos proprietários de carros. Segundo um especialista, essa é "a maior adoção, isoladamente, de veículos de combustível alternativo na história". Não surpreende, então, que a China seja responsável por cerca de 95% das vendas globais de bicicletas elétricas, mas esses híbridos de pedal-motor também vêm crescendo em muitas outras partes do mundo, uma vez que os moradores urbanos procuram maneiras convenientes, saudáveis e acessíveis de se deslocarem por suas cidades congestionadas, reduzindo as emissões de carbono no processo.

Metade de todas as viagens urbanas são inferiores a 10 quilômetros, uma distância confortável para uma *e-bike*. Mas poucas pessoas vivem em locais perfeitamente planos com climas perfeitamente temperados, que fazem da movimentação em bicicleta uma brincadeira de criança. Alguns são mais velhos ou menos capazes. Outros enfrentam longas baldeações ou limitações de tempo, ou precisam chegar a seus destinos sem transpirar demasiadamente. Proporcionando o impulso equivalente a um vento forte nas costas do ciclista, as bicicletas elétricas fazem com que colinas possam ser suplantadas, tornam as viagens mais rápidas e viabilizam percursos mais longos. Aquelas pessoas menos inclinadas ao uso de uma bicicleta convencional podem mudar de ideia diante de um impulso motorizado. Na verdade, à medida que se tornam mais efetivas e acessíveis, cada vez mais as *e-bikes* atraem usuários de meios de transporte mais poluentes, como, por exemplo, o uso solitário do automóvel.

Os 31 milhões de *e-bikes* vendidas em 2012 vinham em várias formas e modelos. Algumas dessas bicicletas eram cruzadores de praia, com grandes cestas. Outras eram elegantes e desportivas – o análogo de duas rodas de um Tesla. Muitas se pareciam mais com motonetas. Independentemente do estilo, essas bicicletas compartilhavam a mesma tecnologia de base.

Classificação e resultados até 2050		69º lugar
0,96 gigatonelada de redução de CO_2	US$ 106,8 bilhões de custo líquido	US$ 226,1 bilhões de poupança líquida

Nas *e-bikes*, os pedais ainda movimentam uma manivela que, por sua vez, movimenta uma corrente que gira uma roda. Mas essas peças fundamentais da bicicleta não andam sozinhas. Elas estão acompanhadas por um pequeno motor movido a bateria que pode adicionar velocidade – tipicamente limitada a 32 quilômetros por hora – ou ajudar as pernas quando elas se cansam. (Sem o limitador de velocidade, as *e-bikes* podem ser rápidas demais para uma condução segura nas ciclovias.)

Essa bateria, é claro, pode ser recarregada na tomada mais próxima, consumindo o tipo de eletricidade que estiver à mão, desde a extraída do carvão até a energia solar. Isso significa que as *e-bikes* inevitavelmente produzirão maiores emissões do que uma bicicleta normal, ou do que a caminhada simples, mas ainda assim superam os carros, inclusive os elétricos, e a maioria das formas de trânsito de massa. (Trens ou ônibus apinhados podem, às vezes, ter melhor rendimento do que as bicicletas elétricas quanto à eficiência energética por passageiro-quilômetro percorrido). Quando se trata de carbono, a mudança de um método de transporte para outro faz toda a diferença. À medida que outras formas de transporte motorizado vão se afastando dos motores de combustão interna e as redes ficam mais permeáveis às energias renováveis, a enorme vantagem das *e-bikes* com relação às emissões irá diminuir, mas ainda assim permanecerá.

A bateria de uma *e-bike* está no cerne da sua eficácia – e de seus desafios. Bicicletas elétricas são caras, chegando facilmente a cinco vezes o preço de uma bicicleta clássica e, em muitos casos, ainda mais. A bateria é um dos principais fatores de custo, embora isso possa variar amplamente, dependendo do tipo usado. Na China, as baterias seladas de ácido-chumbo predominam, tornando as bicicletas elétricas mais baratas, mas também criando problemas de contaminação ambiental, especialmente porque em geral a reciclagem de baterias é inconsistente, na melhor das hipóteses. As baterias de íon lítio fazem frente a essas preocupações com a poluição e aumentam o desempenho, mas são significativamente mais caras. À medida que a tecnologia das baterias for melhorando e ganhar escala, naturalmente com queda dos preços, as *e-bikes* ficarão cada vez mais atrativas. Para manter o ritmo, será imperativa uma reciclagem efetiva das baterias.

Pouco se sabe sobre o primeiro homem a registrar um pedido de patente para uma bicicleta elétrica em 1895. Era um inventor de Ohio chamado Ogden Bolton, e, embora tenha sido feito há mais de 125 anos, seu projeto era surpreendentemente moderno. Havia outros inventores trabalhando para motorizar o popular velocípede. Hoje, as *e-bikes* estão acompanhando a atual ascensão das bicicletas não motorizadas. Nos próximos anos, as *e-bikes* também se beneficiarão da mesma infraestrutura que está sendo construída para as bicicletas tradicionais e da crescente chancela cultural das bicicletas. Mas as *e-bikes* trazem consigo complicações regulatórias que não afetam seus primos não motorizados – especificamente quando e onde seu uso é permitido. Como as *e-bikes* têm uma série de formas e funções, os decisores políticos têm se esforçado para definir as regras da estrada (ou da ciclovia). A formulação de regulamentos claros e consistentes, que tornem as *e-bikes* seguras e utilizáveis, ajudará no seu crescimento. As bicicletas elétricas já são os veículos de combustível alternativo mais comuns e de venda mais rápida do planeta. Considerando que as *e-bikes* são hoje o meio de transporte motorizado mais ecológico do mundo, essa popularidade é um bom presságio para seu crescimento contínuo.

Esquerda: Um mecânico de bicicletas alemão testando uma moderníssima bicicleta elétrica em sua loja em Berlim.

Abaixo: Ilustração constante na patente de 1895 para uma bicicleta elétrica projetada por Ogden Bolton, Jr., de Canton, Ohio.

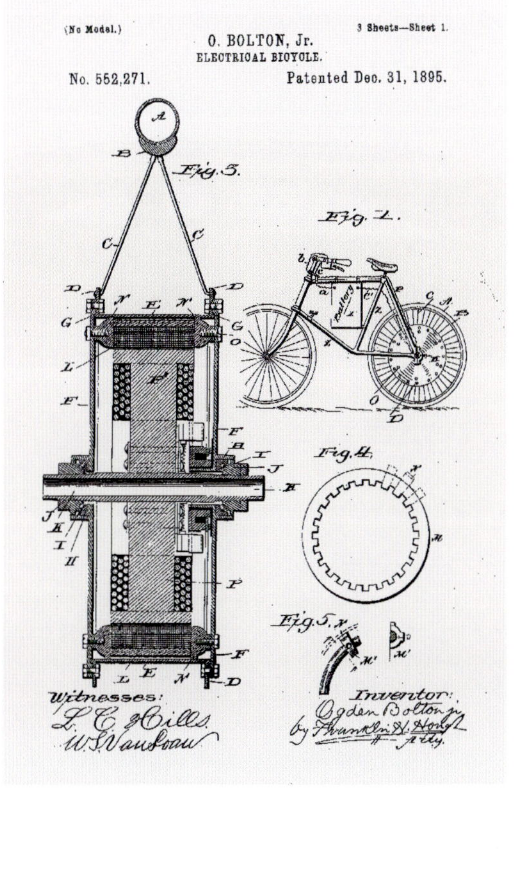

Impacto: *Em 2014, os usuários de* e-bikes *percorreram mais de 400 bilhões de quilômetros, sobretudo na China. Com base em pesquisas de mercado, projetamos que essa distância pode aumentar para quase 2 trilhões de quilômetros por ano até 2050. A troca dos carros por* e-bikes *impulsionará esse crescimento, que promete ser maior na Ásia e nos países de maior renda. Essa solução poderia reduzir as emissões de dióxido de carbono em 1 gigatonelada, com uma poupança para os donos de* e-bikes *da ordem de 226 bilhões de dólares até 2050.*

TRANSPORTE
AUTOMÓVEIS

Em todo o mundo, cerca de 83 milhões de carros deixaram a linha de montagem em 2013, quase todos equipados com motores convencionais de combustão interna – essa criação por excelência da Revolução Industrial, que transforma os combustíveis fósseis em movimento e emite gases de efeito estufa. Nos EUA, os veículos para serviço leve são responsáveis por mais de 15% das emissões anuais. Em todo o mundo, tais veículos têm papel importante na responsabilidade global do setor de transportes por um quarto das emissões decorrentes do uso de energia.

Dos carros zero quilômetro em 2013, 1,3 milhão estavam equipados com um motor elétrico e uma bateria, além de um motor de combustão interna – carros híbridos construídos para economizar combustível e emitir menos gases. Essa associação combina pontos fortes e corrige deficiências. Os motores a gasolina ou a diesel são excelentes para altas velocidades (condução nas rodovias), mas têm mais dificuldades para vencer a inércia e começar a andar. Os motores elétricos são singularmente eficientes a baixas velocidades e no momento da partida. Também podem manter em funcionamento o ar-condicionado e os acessórios do carro quando estão parados em um sinal vermelho, sem motor; capturar a energia cinética tipicamente liberada na forma de calor durante as frenagens, convertendo-a novamente em eletricidade; e melhorar o desempenho do motor, que assim pode ser menor e mais eficiente. Onde o motor elétrico é deficiente, o motor a combustão é forte, e vice-versa.

A conjunção que resulta no carro híbrido significa que o motor de combustão interna precisa apenas fazer parte do trabalho; assim, a gasolina só precisa fornecer parte da energia necessária. A eletricidade armazenada na bateria reforça essa energia, permitindo que o carro percorra mais quilômetros por litro – e produza menos emissões ao fazê-lo. Segundo a Agência Internacional de Energia, os carros híbridos economizam combustível em 25-30% em relação aos veículos apenas com motor de combustão interna. (Usado principalmente nas cidades, esse percentual aumenta.) Já em ascensão, os carros elétricos são o futuro. Mas híbridos são essenciais *hoje*, em grande parte por não apresentarem os problemas que afligem seu primo elétrico, desde a limitação da quilometragem até a necessidade de infraestrutura extra. A hibridação é a tecnologia mais eficaz hoje existente para melhorar o aproveitamento do combustível pelos veículos, até que a sociedade faça a transição para uma frota que não seja movida a combustível fóssil.

Quase sinônimo da palavra "híbrido", o Toyota Prius chegou às concessionárias de automóveis japonesas em 1997. Foi o primeiro carro híbrido comercializado, mas seu antecessor mais precoce apareceu quase um século antes. Em 1900, Ferdinand Porsche desenhou e construiu seu veículo elétrico, combinando motores "cubo de roda" movidos a bateria e dois motores a gasolina. Batizado como Lohner-Porsche Semper Vivus – "sempre vivo" –, o carro era "capaz de percorrer maiores distâncias apenas com a energia da bateria, até que o motor de combustão tivesse que ser acionado para recarregar as baterias". A mesma tecnologia básica pode ser encontrada hoje nos recém-lançados Chevrolet Volt e Hyundai Ioniq. A estreia do protótipo híbrido de Porsche aconteceu no Salão do Automóvel de Paris em 1901, e seu aprimoramento resultou no Lohner-Porsche Mixte.

Classificação e resultados até 2050 **49º lugar**

4 gigatoneladas de redução de CO_2	-US$ 598,7 bilhões de custo líquido	US$ 1,76 trilhão de poupança líquida

Ao final daquele ano, Porsche tinha vendido cinco unidades. A complexidade técnica do Mixte fazia com que seu preço e custos de manutenção fossem altos, e na época as baterias eram caras e pesadas. Em última análise, o híbrido da Porsche não tinha como competir com os carros a gasolina convencionais.

A tecnologia híbrida ficou esquecida nas prateleiras durante grande parte do século XX, em função de problemas de complexidade técnica, baterias e custos, e também por causa do preço barato do petróleo. Seu ressurgimento e crescimento nas últimas duas décadas devem-se aos parâmetros de eficiência de combustível adotados pelas economias desenvolvidas do planeta e agora também pela China. Originalmente, esses parâmetros foram estabelecidos pelos EUA em 1975, no Corporate Average Fuel Economy (CAFE). A partir de 2014, 83% do mercado global de automóveis seguia normas de economia de combustível. Esses padrões compulsórios obrigaram os fabricantes de automóveis a combater a ineficiência de energia. Em meio às perdas de calor do motor, resistência ao vento, atrito de rolamento, frenagens, funcionamento em ponto morto e outros empecilhos para o bom desempenho, na média apenas 21% do consumo de energia é empregado na propulsão do carro. Da força resultante, 95% alimentam o carro, não o motorista. Basicamente, 99% da energia utilizada em um carro é desperdiçada: essa energia mobiliza 1.350 quilos de aço, vidro, cobre e plástico para transportar um ser humano de 70 quilos.

Os carros híbridos eliminam parte dessa ineficiência. Além da hibridação, os motores podem ter menor tamanho, os chassis dos carros são simplificados e fabricados com materiais mais leves, e as peças móveis são finamente ajustadas para reduzir o atrito. Como essas técnicas adicionais para redução do consumo de combustível resultam apenas no ganho de alguns pontos percentuais aqui e ali, são complementos mais apropriados para a hibridação ou para a eletrificação completa do que para as tecnologias autônomas aplicadas aos carros convencionais.

Os padrões de economia de combustível, o preço do petróleo, a identificação de automóveis novos e incentivos financeiros (p. ex., imposto diferenciado para automóveis eficientes) influenciam a adoção do veículo híbrido. À medida que os regulamentos de eficiência de combustível forem se tornando mais rígidos, os carros híbridos – e os completamente elétricos – irão conseguir uma fatia maior do mercado. Seu crescimento também dependerá do preço, sobretudo o das baterias. Híbridos são mais caros do que carros convencionais, embora estejam se tornando cada vez mais competitivos à medida que os custos da bateria vão caindo. A Agência Internacional de Energia estima que a hibridação acrescente 3 mil dólares ao preço do veículo, mas os proprietários concluem que no total há uma economia com a redução das despesas de combustível durante a vida útil do carro. No entanto, o maior custo inicial pode ser proibitivo. Também existe alguma preocupação de que os híbridos acelerem o aumento da quilometragem percorrida – o que levaria a um maior consumo total de combustível. No entanto, estudos demonstraram que em geral esse efeito, chamado de "rebote", é pequeno, representando apenas alguns pontos percentuais no que diz respeito ao transporte pessoal.

Em todo o mundo, estão circulando mais de 1 bilhão de veículos com motor de combustão interna. Em 2035, eles serão mais de 2 bilhões. Apesar do crescimento das caronas, do compartilhamento de carros, do teletrabalho e do trânsito, os carros não vão desaparecer. As pessoas continuam atraídas pela liberdade, flexibilidade, conveniência e conforto que esses veículos oferecem. É possível aumentar o número de carros, especialmente em economias emergentes como a China e a Índia e, ao mesmo tempo, reduzir as emissões? Os híbridos foram chamados de vanguarda de uma revolução, catalisando a eficiência dos combustíveis e desafiando a indústria automotiva a buscar soluções inovadoras. Mas isso só será verdadeiro se os híbridos abrirem caminho para veículos completamente elétricos. Embora 97% dos carros que rodam pelo planeta estejam equipados apenas com motores de combustão interna, esse número está mudando – e poderia mudar ainda mais rapidamente, com a adoção de carros totalmente elétricos e o fim dos motores de combustão interna.

Em 2007, a General Motors introduziu o Chevrolet Volt Concept Car, um híbrido elétrico *plug-in*, no Salão Internacional do Automóvel nos EUA. De acordo com as estimativas da GM após a estreia, o motor elétrico movido a bateria do carro se sustenta por até 64 quilômetros, depois o motor de combustão começa a criar eletricidade, reabastece a bateria e amplia o alcance para 1.000 quilômetros. Se carregado durante a noite e conduzido por quase 100 quilômetros diariamente, a eficiência do combustível será de surpreendentes 64 quilômetros por litro.

Impacto: *Segundo algumas projeções, 23 milhões de veículos híbridos estarão em operação em 2050, menos de 1% do mercado de carros. Estimamos um crescimento, até 2050, para 6% do mercado, ou 315 milhões de veículos híbridos. Esses 315 milhões de carros extras podem reduzir as emissões de dióxido de carbono em 4 gigatoneladas em 2050, com uma economia de 1,76 trilhão de dólares em gastos com combustível e em despesas operacionais ao longo de três décadas.*

TRANSPORTE
AVIÕES

A mobilidade é um bem social inegável e parte fundamental da economia global. O mesmo não se pode dizer dos poluentes que são emitidos em decorrência dos voos das aeronaves – dióxido de carbono, óxidos de nitrogênio, vapor de água que se forma no rastro dos aviões, carbono preto. Um século após o primeiro voo comercial, uma viagem de 23 minutos cruzando Tampa Bay, na Flórida, a indústria da aviação se transformou em um membro elementar do transporte global, bem como das emissões globais. Mais de 3 bilhões de passagens de avião foram vendidos em 2013, e as viagens aéreas estão crescendo mais rapidamente do que qualquer outro meio de transporte. Tanto o tráfego de passageiros como os fretes estão em ascensão. (Cerca de metade do volume de frete aéreo viaja na "barriga" de aviões de passageiros; a outra metade, em aviões específicos para carga.) Cerca de 20 mil aviões estão em serviço em todo o mundo, gerando no mínimo 2,5% das emissões anuais. Com uma expectativa de mais de 50 mil aviões voando em 2040 – e voando com mais frequência –, a eficiência de combustível terá que aumentar drasticamente para que as emissões possam ser reduzidas.

As tendências em busca de eficiência estão caminhando na direção certa, principalmente porque o combustível representa 30-40% dos custos operacionais das companhias aéreas – e as decisões de compra de aeronaves são muitas vezes motivadas pela eficiência. Entre 2000-2013, a eficiência no uso do combustível nos voos domésticos nos EUA aumentou em mais de 40%. Durante o mesmo período, a eficiência no uso do combustível nos voos internacionais, que usam jatos mais pesados, melhorou em 17%. Em grande parte, esses ganhos ocorreram graças às atualizações da frota, embora as companhias aéreas também tenham procurado maximizar o número de passageiros em cada avião. Tecnologias de propulsão, formas aerodinâmicas das aeronaves, materiais leves e melhores práticas de operação podem fazer com que a eficiência aumente ainda mais.

Tal como acontece com todos os transportes, os motores são uma área fundamental de oportunidades. Os motores a jato funcionam sugando o ar, que é comprimido, combinado com combustível e queimado. A energia da combustão faz com que as turbinas do motor girem e também cria impulso. *Turbofans* de uso industrial posicionados na frente do motor direcionam um pouco de ar para o núcleo do motor, a fim de alimentar esse processo. Eles também desviam o ar ao redor do núcleo do motor, melhorando o impulso e a eficiência e reduzindo o ruído. Motores com altas taxas de desvio do ar melhoram a eficiência de uso do combustível em cerca de 15%. Para a fabricante de motores Pratt & Whitney, o acréscimo de um dispositivo de transmissão ao seu motor *turbofan* corta em mais 16% o consumo de combustível. Esse dispositivo permite que a hélice do motor funcione independentemente da turbina; assim, o motor pode girar a uma velocidade ideal, melhorando a passagem de ar. Outras empresas estão usando compostos cerâmicos com o objetivo de reduzir o uso de combustível. Com grande resistência ao aquecimento, esses materiais permitem uma queima mais eficiente do combustível a temperaturas mais altas, ao mesmo tempo que reduz o peso do motor. A Rolls-Royce está usando fibra de carbono, um material resistente e leve, em sua mais nova geração de motores leves. Mudanças mais radicais poderão provir de motores híbridos e acionados por bateria, desde que os desafios representados pelo peso possam ser resolvidos.

Quando se trata de *design* de aeronaves, as mudanças variam desde pequenas até aquelas feitas por atacado. Aquilo que a Boeing chama de *winglets* e a Airbus de *sharklets* – pontas em forma de pássaro voltadas para cima, que melhoram a aerodinâmica das asas – reduz o consumo de combustível em até 5% nos modelos novos e também nos aviões antigos remodelados. Com uma das aletas curvada para cima e a outra para baixo, os *winglets* duplos em cimitarra podem acrescentar 2% a essa economia. Atualmente, os *winglets* são um aspecto fundamental de um desenho eficiente.

Nos EUA, a Nasa vem trabalhando em conjunto com universidades e equipes de engenharia corporativa em uma série de avanços mais abrangentes: o posicionamento dos motores, a largura da fuselagem, o comprimento, a largura e a posição das asas, e até mesmo um abrangente replanejamento do corpo dos aviões. A Boeing e a Nasa estão colaborando em uma aeronave que se assemelha a uma arraia-manta e que combina perfeitamente as asas ao corpo. Hoje, o voo de um modelo em escala de 6% está sendo testado no túnel de vento subsônico da Nasa, mas o avião em tamanho real talvez esteja pronto para uso em uma década. As duas organizações também estão trabalhando em um desenho de asa mais longo, fino e leve, com uma amarração ou esqueleto para suporte adicional. Posicionando os motores na parte traseira do avião, asas mais finas passam a ser viáveis. Es-

Classificação e resultados até 2050 **43º lugar**

5,05 gigatoneladas de redução de CO_2	US$ 662,4 bilhões de custo líquido	US$ 3,19 trilhões de poupança líquida

timativas sugerem que redesenhos mais radicais, como esses, resultariam em ganhos de eficiência de 50-60%. Eles são os arautos dos aviões de um futuro não muito distante.

As aeronaves existentes podem obter economias significativas de combustível com modificações operacionais simples, tratando o taxiamento, a decolagem e o pouso como operações singularmente consumidoras de combustível. Uma pesquisa do Instituto de Tecnologia de Massachusetts identifica o taxiamento com apenas um motor, em vez de ambos, como a medida mais eficaz para reduzir o uso de combustível no chão, onde as aeronaves passam 10-30% do seu tempo de trânsito. A queima de combustível do portão à pista ou vice-versa pode cair em 40% e poupar, para uma única companhia aérea de grande porte, 10-12 milhões de dólares por ano. O reboque de aviões com os motores desligados é outra tática para um taxiamento eficiente, embora consuma mais tempo. Os métodos de aterrissagem com descida contínua e mais tardia estão ganhando força. Esses métodos economizam combustível por meio da redução do tempo de voo dos aviões em baixas altitudes, em que a eficiência é menor. Cada vez mais, os aviões também podem se comunicar uns com os outros por computadores de bordo, controlando efetivamente uma parte de seus próprios controles de tráfego aéreo e tirando zigue-zagues ineficientes de suas rotas de voo. Outro grupo de pesquisadores investigou recentemente o uso de abordagens econômicas comportamentais envolvendo os pilotos em todas as fases do taxiamento e do voo. Quando os comandantes das companhias aéreas recebiam dados mensais sobre sua eficiência de combustível, juntamente com metas e *feedback* personalizado, as práticas de eficiência do combustível melhoravam em 9-20%. Para cada tonelada de redução na emissão de dióxido de carbono, a companhia aérea economizou 250 dólares.

Como já se sabe que os aviões continuarão a depender de combustíveis líquidos num futuro próximo, vem crescendo o investimento em biocombustíveis para jatos, como aqueles à base de algas. O Carbon War Room (CWR) considera que os combustíveis de aviação sustentáveis constituem "a mais desafiadora oportunidade de redução de emissões", e também "com maior potencial para que se atinja na aviação um crescimento neutro em termos de carbono". Hoje, existem opções de biocombustíveis para os jatos, mas o custo é alto, a oferta é limitada e a infraestrutura insuficiente. A CWR identifica os aeroportos como fatores determinantes para agregar a demanda em escala e coordenar a oferta. Essa organização vem trabalhando na criação de um modelo de negócios viável. Por enquanto, porém, continua incerto o impacto que os biocombustíveis poderiam causar nas emissões da aviação.

Apesar das nítidas vantagens econômicas da eficiência de combustível para as companhias aéreas, a regulamentação também tem um papel a desempenhar. Quando o Conselho Internacional de Transporte Limpo (ICCT) investigou a relação entre eficiência de combustível e rentabilidade das companhias aéreas, descobriu que a relação não era natural – e muito menos causal. Na verdade, a companhia americana mais lucrativa em 2010 foi a menos eficiente em termos de combustível. Nas palavras do ICCT: "Isoladamente, os preços dos combustíveis podem não ser fator impulsionador suficiente [para a] eficiência [...] Custos fixos dos equipamentos, custos de manutenção, contratos de trabalho e estrutura de rede podem, por vezes, exercer pressões compensatórias". A exigência de que as companhias aéreas informem seus dados de eficiência de combustível seria um primeiro passo para a divulgação das inovações e para a formulação de políticas. Classificações de eficiência de combustível por linha aérea e por rota ajudariam os consumidores – e os investidores – a fazer escolhas mais fundamentadas. Tendo em vista que as práticas operacionais variam muito entre companhias aéreas, essas políticas podem facilitar e incentivar uma adoção mais consistente de operações eficientes.

Durante anos, a contribuição dos aviões (e dos navios) para a mudança climática escapou da regulamentação internacional. Isso mudou em outubro de 2016, quando 191 nações assinaram um acordo para reduzir as emissões da aviação por meio do Plano de Compensação e Redução de Carbono para a Aviação Internacional (Corsia). Em vez de definir um limite ou cobrar por emissões, o acordo alista as companhias aéreas em um esquema – inicialmente voluntário – para compensar as emissões da aviação com projetos que sequestram carbono. (As emissões de 2020 serão o ponto de referência acima do qual a maioria das emissões deverá ser compensada.) O objetivo é atribuir às companhias maior participação na redução de emissões por esse setor: ao melhorar a eficiência no uso do combustível, as companhias podem evitar despesas com compensações, projetadas para algo em torno de 2% da receita anual da aviação. Para que a indústria faça progressos suficientes, serão necessárias outras medidas impulsionadoras de mudanças.

Impacto: *Essa análise se concentra na adoção de aeronaves mais modernas e eficientes em termos de combustível; a remodelação das aeronaves existentes com* winglets, *motores mais modernos e interiores mais leves; e a aposentadoria mais precoce dos aviões mais antigos. Ao longo de trinta anos, será possível evitar a emissão de 5,1 gigatoneladas de dióxido de carbono, poupando 3,2 trilhões de dólares em combustível de jato e em custos operacionais. Outras medidas de eficiência poderão promover reduções de emissões e economias extras.*

De longa data a Nasa vem ocupando a liderança na experimentação de desenhos para futuras aeronaves. Ela acredita que novos projetos poderiam economizar 250 bilhões de dólares nas próximas décadas para as companhias aéreas. Além de reduzir o consumo de combustível e a poluição em 70%, esses protótipos fazem 50% menos ruído em comparação com os aviões de passageiros convencionais. A aeronave mostrada na fotografia é um dos vários projetos N + 3 – aeronaves que podem ser usadas daqui a três gerações. Apelidado de Double Bubble, este modelo do MIT posiciona três motores na parte traseira de uma fuselagem com o dobro da largura, o que permite a redução do tamanho e do peso das asas. O posicionamento traseiro dos motores possibilita o uso de motores menores e de peso reduzido. Cada otimização em grandes aeronaves apresenta benefícios em cascata para outros componentes, resultando em uma eficiência revolucionária.

TRANSPORTE
CAMINHÕES

O caminhão Concept S da MAN reduz em 25% o consumo de combustível em comparação com os caminhões convencionais de 40 toneladas. A combinação integrada caminhão/reboque foi aerodinamicamente projetada para reduzir o arrasto. Também evita que ciclistas sejam arrastados sob as rodas. O para-brisas dianteiro aumenta consideravelmente a visibilidade do condutor e a segurança.

"O mais ecológico dos galões de gasolina, diesel ou óleo de aquecimento ou a mais ecológica tonelada de carvão é aquele(a) que não é queimado(a)." Essas são palavras de Ray Anderson, fundador e CEO da organização Interface e estudioso de sustentabilidade corporativa. Se trocarmos a expressão "mais ecológico" por "mais barato", essa frase continua válida. O galão ou tonelada mais barato é aquele que você não queima – e que não precisa comprar. Essa combinação de economia de dinheiro e prevenção da poluição constitui o núcleo das medidas de eficiência energética. Para a indústria mundial de transporte rodoviário de mercadorias, essa integração de benefícios financeiros e ambientais é particularmente pertinente nesta era de mudanças climáticas.

Classificação e resultados até 2050 **40º lugar**

6,18 gigatoneladas de redução de CO_2	US$ 543,5 bilhões de custo líquido	US$ 2,78 trilhões de poupança líquida

Evoluindo a partir de seus antecessores – carroças puxadas a cavalo e vagões e trilhos –, os caminhões tiveram importância limitada até a Primeira Guerra Mundial, quando se tornaram essenciais para as operações militares. Uma combinação de melhor tecnologia e melhores estradas viabilizou o transporte por caminhão. Os caminhões movidos a diesel foram originalmente introduzidos na década de 1930, atingiram um ponto decisivo na década de 1950 e atualmente movimentam cerca de metade do setor de fretes terrestres. Caminhões transportam quase 70% de toda a tonelagem doméstica de frete nos EUA – mais de 8 bilhões de toneladas por ano. Mesmo quando as mercadorias são transportadas por ferrovia ou hidrovia, normalmente começam e terminam suas jornadas em caminhões.

Transportar todo esse frete pelo mundo exige a queima de combustível diesel em quantidades assombrosas. Somente nos EUA, os caminhões engolem 50 bilhões de galões de diesel a cada ano, e o papel que desempenham nas emissões de gases de efeito estufa é tão grande quanto esse volume. Representando um pouco mais de 4% dos veículos e 9% da milhagem total naquele país, os caminhões consomem mais de 25% do combustível. Em todo o mundo, o frete rodoviário é responsável por cerca de 6% de todas as emissões. O carbono emitido pelos transportes cresceu nas últimas décadas, e as emissões dos caminhões superam substancialmente as do transporte pessoal. Como a atividade de frete parece aumentar à medida que o faturamento aumenta – e como as projeções apontam um aumento das emissões decorrentes do frete rodoviário –, passam a ser imperativas melhorias drásticas na eficiência.

Existem duas maneiras principais de se reduzir a proporção de combustível usado por tonelada de carga fretada: investir no projeto de novos caminhões e introduzir as inovações nos equipamentos que já estão rodando. Em 2011, a administração do presidente Obama promulgou os primeiros padrões de eficiência de combustível para os novos caminhões pesados fabricados entre 2014-2018. Uma segunda rodada de regulamentação objetiva dar continuidade às inovações e à adoção de tecnologias eficientes em termos de combustível. Essas regulamentações exigem motores e aerodinâmica melhores, caminhões mais leves, menor resistência ao atrito no rolamento dos pneus, hibridação e desligamento automático do motor. As transmissões automáticas de primeira linha podem superar os maus hábitos de condução dos veículos, quando operados manualmente. Com base nos preços de 2010 nos EUA, o investimento em um pacote típico de modernizações para um caminhão zero quilômetro pode chegar a cerca de 30 mil dólares, mas com uma economia quase equivalente em custos de combustível por ano. Os períodos de retorno do investimento para algumas tecnologias são curtos – apenas 1-2 anos.

Tratores-reboques permanecem em atividade na estrada por muitos anos, uma média de 19 anos nos EUA, frequentemente mais nos países de baixa renda. À luz da longa vida dos caminhões, torna-se essencial abordar a eficiência das frotas existentes. Isso é especialmente verdadeiro em partes do mundo onde os caminhões são muito mais antigos – e muito menos eficientes. São várias as medidas que podem diminuir o desperdício de energia e aumentar o desempenho do combustível: melhorias na aerodinâmica dos caminhões, dispositivos antifuncionamento em ponto morto, atualizações que reduzam o atrito ao rolamento, alterar transmissões e integrar dispositivos automáticos de controle de velocidade de cruzeiro. O efeito de cada medida individual pode ser relativamente pequeno, mas quando essas medidas são introduzidas em conjunto, podem fazer uma diferença substancial.

Melhorar a eficiência do caminhão existente é tarefa de custo relativamente baixo, mas com grande retorno financeiro sobre o investimento. De acordo com o Carbon War Room, para um caminhão pesado típico nos EUA, a redução em 5% no consumo de combustível resultaria em economia anual de mais de 4 mil dólares. A economia de custos combinada é importante em uma indústria na qual o tanque de combustível e o resultado final estão intimamente associados. Ainda assim, o capital para viabilizar esse investimento inicial pode ser problemático – em especial para os pequenos empresários, que muitas vezes lutam para obter financiamento. Incentivos ambíguos também podem trazer problema: quando os proprietários que pagariam pelas mudanças para melhora da eficiência não cobrem os custos de combustível, têm poucas razões para adotar tais mudanças. A escassez de dados disponíveis e confiáveis sobre o desempenho de várias tecnologias de eficiência representa outra barreira à sua adoção. O Carbon War Room e outras organizações estão se esforçando para suprir essa escassez.

Além de tornar os caminhões novos e os existentes mais eficientes, otimizar as melhores rotas entre dois pontos, evitar trechos com o caminhão vazio e treinar e recompensar os caminhoneiros pelo pouco consumo de combustível são medidas que podem diminuir o total de quilômetros percorridos, além de aumentar os quilômetros por litro. Em longo prazo, será imperativa a transição do setor para caminhões que utilizem combustíveis de baixas emissões ou motores elétricos. A fabricação de caminhões maiores que possam carregar maior volume de carga também pode melhorar o quadro. Com o tempo, a sociedade se beneficiará das reduções da poluição do ar – dióxido de enxofre, óxido nitroso e matéria particulada que afligem muitas áreas urbanas e também afetam a saúde pública. Desde remodelações voluntárias dos caminhões até políticas nacionais que estabeleçam padrões de eficiência de combustível, os esforços contínuos em favor de um transporte rodoviário mais eficiente serão positivos para a indústria e também para o clima.

Impacto: *Se a adoção de tecnologias poupadoras de combustível tiver crescido de 2% para 85% dos caminhões até 2050, esta solução poderá evitar a emissão de 6,2 gigatoneladas de dióxido de carbono. Ao longo de trinta anos, um investimento de 544 bilhões de dólares para sua implementação poderia poupar 2,8 trilhões de dólares em custos de combustível.*

TRANSPORTE

TELEPRESENÇA

Classificação e resultados até 2050 **63º lugar**

1,99 gigatonelada de redução de CO_2	US$ 127,7 bilhões de custo líquido	US$ 1,31 trilhão de poupança líquida

Um conto de 1942 chamado "Waldo", do autor de ficção científica Robert Heinlein, ajudou no nascimento da ideia de telepresença, o uso da tecnologia para interagir à distância. O falecido professor Marvin Minsky, do Instituto de Tecnologia de Massachusetts, um líder no campo da inteligência artificial (IA), inspirou-se no sistema primitivo inventado por Heinlein. Essa fantasia parecia perfeitamente cabível para Minsky, um cientista que acreditava que seu próprio trabalho na área de IA era "realizado em um mundo tão ficcional quanto científico" e que abraçava a área de incerteza entre pragmatismo e imaginação. Minsky inventou o termo "telepresença" em um artigo de 1980 e articulou sua visão para dar às pessoas a sensação de estar em um local distante e a capacidade de lá poder agir. Sobre a tecnologia vindoura, Minsky escreveu: "Sua presença remota possui a força de um gigante ou a delicadeza de um cirurgião".

Esse cientista também identificou a questão central com a qual o campo da telepresença continua a se bater: "O maior desafio para o desenvolvimento da telepresença é alcançar essa sensação de 'estar lá'. A telepresença poderá vir a ser um verdadeiro substituto para a realidade?" Alguns argumentam que nada supera o contato face a face, mas a telepresença pretende chegar excepcionalmente perto. Mediante a integração de um conjunto de tecnologias e serviços visuais, auditivos e de rede de alta performance, pessoas que estão separadas geograficamente podem interagir de forma a capturar muitos dos melhores aspectos de uma experiência pessoal. Imaginemos o Skype ou o FaceTime potencializados. Quando é possível existir e funcionar remotamente, há menos necessidade de viajar: eis aí o impacto potencial da telepresença no clima. Em um mundo de presença comercial global e de colaboração internacional, se as pessoas puderem trabalhar juntas sem estar no mesmo lugar, poderão evitar uma série de emissões de carbono relacionadas às viagens. De acordo com o CDP (*ex-Carbon Disclosure Project*), a ativação de 10 mil unidades de telepresença poderia levar as empresas nos EUA e na Grã-Bretanha a reduzir em 6 milhões de toneladas as emissões de dióxido de carbono em 2020 – o "equivalente às emissões anuais de gases de efeito estufa de mais de 1 milhão de veículos de passageiros" –, economizando quase 19 bilhões de dólares no processo.

O mundo ainda não chegou tão longe quanto Minsky imaginou em 1980, mas a telepresença agora ganha vida de diversas maneiras e com diversas configurações. De empresas e escolas a hospitais e museus, a interação virtual está abrindo novas possibilidades. Utilizando um robô de telepresença móvel, um cirurgião pode dar orientações sobre um procedimento raro em tempo real, sem viajar de Austin para Amã. Reunindo-se em salas de conferência de telepresença em Sydney e Singapura, executivos podem debater uma possível aquisição sem fazer um único voo. As empresas que adotaram entusiasticamente a telepresença estão constatando que nem todas as viagens podem ser suprimidas, mas muitas delas, sim. Além de evitar as emissões de carbono, a telepresença oferece muitos outros benefícios: certamente as economias obtidas com viagens não realizadas, além de horários mais flexíveis para os funcionários, reuniões remotas mais produtivas, a capacidade de tomar decisões mais rapidamente e melhores conexões interpessoais entre locais distantes.

Para que esses benefícios sejam plenamente alcançados, há necessidade de um investimento inicial significativo, superior ao da videoconferência padrão. Mas embora o custo inicial e as despesas de manutenção sejam mais expressivos nos sistemas de telepresença, eles tendem a ser usados com intensidade muito maior, o que torna compatível o custo por uso. O retorno ocorre rapidamente – em apenas 1-2 anos. A telepresença também depende de uma robusta infraestrutura de rede, suporte técnico qualificado e espaço exclusivo, caso sejam empregadas salas de reunião específicas. Uma vez instalada a tecnologia de telepresença, as empresas podem incentivar seus funcionários a usá-las educando-os, estabelecendo políticas para que viagens sejam evitadas e acompanhando e recompensando seu uso. Os custos diminuem, enquanto a simplicidade, a confiabilidade e a eficácia melhoram, mas a adoção da tecnologia e as mudanças comportamentais que a acompanham – usar o sistema, e usá-lo de forma adequada – ainda levam tempo. Essa curva de adoção ascendente deve aumentar ainda mais, à medida que essas tendências tiverem continuidade, tecnologias melhoradas fiquem disponíveis on-line, aumente a pressão para reduzir custos e emissões, e mais pessoas tenham experiências positivas com a telepresença. Cada vez mais as pessoas poderão "ir ao trabalho" sem sair de casa e, da mesma forma, as potenciais emissões de carbono também permanecerão estacionadas.

Impacto: *Ao evitar as emissões das viagens aéreas comerciais, a telepresença pode reduzir as emissões de dióxido de carbono em 2 gigatoneladas ao longo de trinta anos. Esse resultado assume uma substituição de mais de 140 milhões de viagens comerciais pela telepresença até 2050. Para as organizações, o investimento em sistemas de telepresença compensa, com 1,3 trilhão de dólares de poupança e 82 bilhões de horas de viagens improdutivas a menos.*

Um membro da equipe da PricewaterhouseCoopers em Toronto acenando para um membro da equipe de Praga. O *scooter* móvel de duas rodas pode viajar ao redor do escritório para que o membro da equipe de Praga possa conversar e se encontrar à vontade com outros funcionários do escritório de Toronto.

TRANSPORTE
TRENS

Classificação e resultados até 2050		74º lugar
0,52 gigatonelada de redução de CO_2	US$ 808,6 bilhões de custo líquido	US$ 313,9 bilhões de poupança líquida

Os trens podem andar nos trilhos, mas o que os alimenta é o combustível. A maioria deles tem motores a diesel; alguns são alimentados pela rede elétrica. Os trens têm melhorado constantemente a eficiência de uso de combustível nas últimas décadas. Entre 1975-2013, o consumo de energia diminuiu 63% para o transporte ferroviário de passageiros e 48% para os serviços de frete. As emissões caíram 60% e 38%, respectivamente. Ainda assim, em 2013, os trens eram responsáveis por 3,5% das emissões no setor de transportes – mais de 260 milhões de toneladas de dióxido de carbono. Assim, é essencial que se continue a melhorar a eficiência desse meio de transporte, que move 8% dos passageiros e bens do planeta por meio das ferrovias.

As empresas ferroviárias já empregam uma série de medidas técnicas e operacionais. À medida que as locomotivas são aposentadas, modelos mais eficientes as substituem, muitos deles com projetos mais aerodinâmicos. Em alguns casos, esses modelos estão equipados com motores diesel-elétricos híbridos e baterias, que possibilitam ganhos de eficiência semelhantes aos dos carros híbridos, com uma economia de 10-20% em combustível. Alguns trens estão equipados com sistemas de frenagem regenerativos, que capturam e usam a energia que, de outra forma, se perderia em forma de calor; usam também a tecnologia *stop-start*, que limita o uso de combustível durante o funcionamento do motor quando o trem está parado – como ocorre também com os automóveis eficientes. A Amtrak, um serviço norte-americano de passageiros ferroviários, reduziu o consumo de energia em 8% com a frenagem regenerativa. A distribuição da força das locomotivas ao longo do trem também melhora o uso de combustível.

Locomotivas melhores e mais estrategicamente posicionadas recebem o reforço de vagões melhores – mais leves, aerodinâmicos, capazes de transportar mais carga e equipados com rolamentos de baixo torque. A eliminação de espaços entre vagões diminui o arrasto, enquanto em muitos casos trens mais longos e pesados se tornam mais eficientes. Os trilhos podem receber melhor lubrificação para reduzir o atrito. Mesmo com um *design* hipereficiente, o modo de conduzir o trem permanece sendo fator crítico. *Softwares* podem controlar a velocidade, o espaçamento e a sincronização do trem, além de fornecer informações de eficiência e "treinamento" para os maquinistas, melhorando o desempenho.

O número de trens elétricos está aumentando, mas o grau de redução das emissões dependerá da eficiência da rede fornecedora da energia elétrica. De acordo com a Agência Internacional de Energia, "a eletrificação ferroviária pode levar a um ganho de eficiência de cerca de 15% ao longo do ciclo de vida útil". À medida que a produção de eletricidade for se deslocando em favor das energias renováveis, o trem poderá fornecer transporte quase sem emissões. Nesse meio-tempo, o aumento da eficiência de combustível dos trens – sejam eles movidos a diesel ou elétricos – diminui os custos e os torna mais competitivos, sobretudo para o transporte de cargas. Como o Rocky Mountain Institute observou, "[Os trens], uma das plataformas de transporte mais antigas [do mundo] [...] podem transportar 4 vezes mais toneladas-quilômetro por litro de combustível do que os caminhões, e em geral a menor custo". As vantagens do custo menor podem incentivar as empresas a fazer o transporte de mercadorias por trem em vez de por caminhão, reduzindo as emissões decorrentes das grandes movimentações de carga. (Evidentemente, até a geração de eletricidade pender para os recursos renováveis, irá persistir um paradoxo central: muitos trens de carga transportam carvão e petróleo, de modo que um transporte com maior eficiência poderia beneficiar os resultados finais das empresas de combustíveis fósseis.)

Uma locomotiva, a Evolution Series Tier 4 da General Electric, antes de ser pintada em sua fábrica em Fort Worth, Texas. Essa família de locomotivas diesel-elétricas está entre as mais eficientes do mundo em relação às emissões, obtendo 70% de redução em matéria particulada e óxido nitroso em comparação às suas antecessoras Tier 3. (Tier 4 é o padrão da Agência de Proteção Ambiental dos EUA para novas locomotivas, válido desde 1º de janeiro de 2015.) Essas gigantes de 200 toneladas podem transportar 1 tonelada de carga ao longo de mais de 800 quilômetros com um galão de combustível. Sensores em todo o motor coletam dados em tempo real, a fim de diagnosticar e melhorar o desempenho e a eficiência. Muitas locomotivas Tier 4 podem ser encontradas transportando cargas ao longo do corredor ferroviário entre Los Angeles e Seattle.

Na Inglaterra, quando a locomotiva a vapor foi introduzida no início do século XIX, ela podia transportar seis vagões de carvão e 450 passageiros ao longo de pouco menos de 15 km em menos de uma hora. Em comparação com um veículo de tração animal, essa velocidade era assombrosa. Hoje, uma locomotiva a diesel pode transportar uma tonelada de carga por mais de 720 km com apenas um galão de combustível. Em 1980, um galão de diesel teria transportado essa carga por apenas 380 km. Juntos, a China, a União Europeia, a Índia, o Japão, a Rússia e os EUA são responsáveis por cerca de 80% das emissões do setor ferroviário, o que significa que um pequeno conjunto de intervenções nas políticas públicas poderia ter excepcional impacto. Com os vagões transportando anualmente 28 bilhões de passageiros e mais de 12 bilhões de toneladas de carga, é hora de toda a indústria seguir seus líderes mais eficientes.

Impacto: *Globalmente, a eletrificação das ferrovias abrange quase 270 mil quilômetros de trilhos. Se esse número aumentar para 1 milhão de quilômetros até 2050, as emissões de dióxido de carbono provenientes do uso de combustível, apenas pelas operações de frete, podem ser reduzidas em 0,5 gigatonelada. Essa eletrificação adicional custaria 809 bilhões de dólares, com uma economia de 314 bilhões de dólares em trinta anos e de 775 bilhões de dólares ao longo da vida útil das infraestruturas. A priorização de corredores de uso intenso pode reduzir os custos líquidos.*

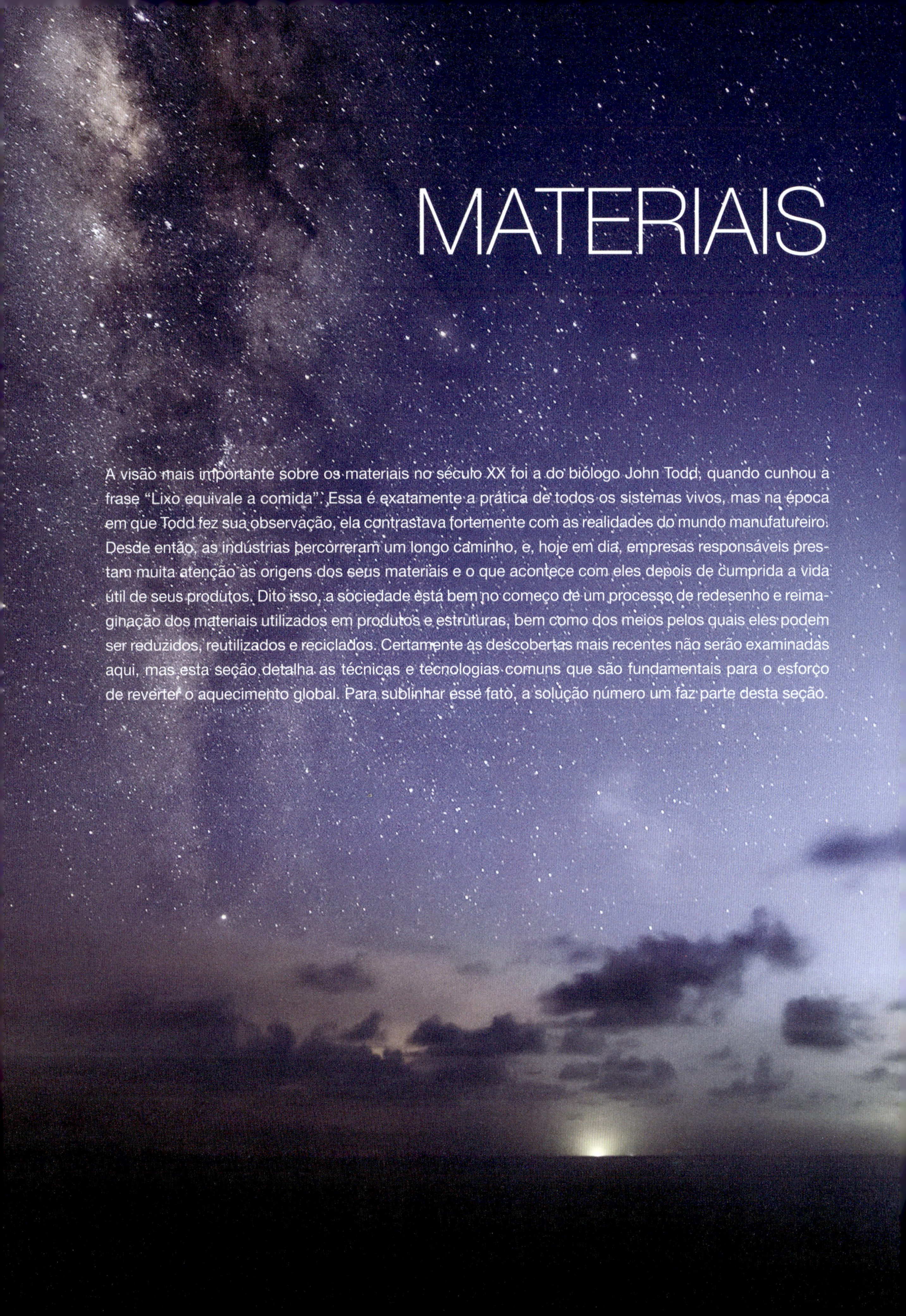

MATERIAIS

A visão mais importante sobre os materiais no século XX foi a do biólogo John Todd, quando cunhou a frase "Lixo equivale a comida". Essa é exatamente a prática de todos os sistemas vivos, mas na época em que Todd fez sua observação, ela contrastava fortemente com as realidades do mundo manufatureiro. Desde então, as indústrias percorreram um longo caminho, e, hoje em dia, empresas responsáveis prestam muita atenção às origens dos seus materiais e o que acontece com eles depois de cumprida a vida útil de seus produtos. Dito isso, a sociedade está bem no começo de um processo de redesenho e reimaginação dos materiais utilizados em produtos e estruturas, bem como dos meios pelos quais eles podem ser reduzidos, reutilizados e reciclados. Certamente as descobertas mais recentes não serão examinadas aqui, mas esta seção detalha as técnicas e tecnologias comuns que são fundamentais para o esforço de reverter o aquecimento global. Para sublinhar esse fato, a solução número um faz parte desta seção.

MATERIAIS
RECICLAGEM DE REJEITOS DOMÉSTICOS

Antes do século XX, não havia necessidade de se dar um nome à reciclagem. Em um esforço para fazer render recursos limitados, as pessoas evitavam o desperdício, consertavam coisas que quebravam e encontravam formas de dar a outros itens uma "segunda chance". O uso dessa palavra no contexto da gestão de resíduos teve início somente na década de 1960, mas logo se transformou em uma das principais características do movimento ambiental moderno. O Pollution Probe, um grupo ambiental canadense pioneiro e influente, inventou a frase "Reduzir, reutilizar, reciclar". Os "3Rs" tornaram-se um mantra para enfrentar o desafio dos resíduos oriundos do consumo e limitar o fluxo de materiais enviados a aterros sanitários e incineradores: primeiro reduza, então reutilize, *depois* recicle. Hoje em dia, a reciclagem de rejeitos domésticas é uma forma significativa de fazer com que os materiais retornem às cadeias de valores e, no processo, atenuar as mudanças climáticas.

O mundo está se urbanizando com rapidez, mas os resíduos urbanos vêm crescendo ainda mais rapidamente. A produção de resíduos decuplicou ao longo do século XX, e os especialistas esperam que ela dobre novamente em 2025 – um subproduto do aumento da renda associado ao aumento do consumo. Metade ou menos desses resíduos é gerada nas casas, e seu manejo costuma ser uma responsabilidade do governo local. Cidades de baixa renda constituem a exceção a essa regra; elas têm sistemas bastante informais de catadores de lixo, em vez de um serviço de coleta e processamento de alta qualidade/tecnologia. A gama de itens descartados inclui alimentos, aparas de jardim, papel, papelão, plásticos, metais, roupas, fraldas, madeira, vidro, cinzas, baterias, eletroeletrônicos domésticos, latas de tinta, óleo de motor, itens volumosos – a variedade é imensa. Embora a composição dos itens descartados varie muito de um lugar para outro, em países ricos, papel, plástico, vidro e metal abrangem mais da metade da gama de resíduos – e são todos candidatos privilegiados para a reciclagem. (Muitos itens menos frequentes também devem ser reciclados, por causa de sua natureza tóxica ou por possuírem componentes de alto valor).

A reciclagem – ou não – do lixo doméstico reciclável tem implicações nas emissões de gases de efeito estufa, pois a produção de novos produtos a partir de materiais recuperados economiza energia, além de reduzir a extração de recursos, minimizar outros poluentes e gerar empregos. A fabricação de produtos de alumínio reciclado, por exemplo, usa 95% menos energia do que

O povo Dassanach do Sudão é um dos grupos culturais mais intactos do planeta. Outrora pastores, hoje em dia são principalmente agricultores, em virtude da perda de suas pastagens nativas. Tradicionais ou não, as mulheres Dassanach são surpreendentemente criativas na reciclagem de descartes em enfeites para a cabeça e em colares feitos com tampinhas de garrafa, correias de relógio de pulso e cartões SIM. Com as pequenas cidades e bares que surgem nas proximidades do assentamento do rio Omo, as tampinhas de garrafa se tornaram abundantes – tão abundantes que as mulheres estão começando a vender seus enfeites de cabeça aos turistas que visitam a região.

2,77 gigatoneladas de redução de CO_2	US$ 366,9 bilhões de custo líquido	US$ 71,1 bilhões de poupança líquida

sua fabricação a partir de materiais virgens. É claro que mesmo a reciclagem mais eficiente, como é o caso do alumínio, não está livre de ter suas próprias emissões. A coleta, o transporte e o processamento são, por enquanto, amplamente movidos a combustíveis fósseis. Ainda assim, ao se levar em conta essa poluição, a reciclagem continua a ser uma abordagem efetiva para o manejo do desperdício, ao mesmo tempo que diminui as emissões.

O processo de redirecionamento e recuperação de resíduos é também conhecido como "valorização". O termo refere-se à extração do valor que determinado item preserva ao ser jogado fora ("fora" é um termo incorreto). Na verdade, os materiais reciclados realmente têm duas fontes de valor: como mercadorias, mas também como "sumidouros". O primeiro tipo de valor é o que geralmente vem à nossa mente: a fibra restante no papel, por exemplo, que pode ser reprocessada em polpa de celulose reciclada. Esse valor de mercadoria faz com que catadores de lixo continuem catando, promove o surgimento de empresas de reciclagem e envia paletes de garrafas PET comprimidos de Boston ou Buenos Aires para a China. Ele impulsiona os mercados globais de materiais recicláveis. O segundo valor da reciclagem – muitas vezes ignorado – é como um sumidouro. Ele absorve os custos econômicos, sociais e ecológicos que fatalmente decorreriam do envio de resíduos para aterros sanitários ou incineradores. Nas duas formas, o redirecionamento gera valor, promovendo economias em uma série de despesas e, especialmente no caso de metais e papel, gerando renda.

As taxas de reciclagem – que medem a fração de lixo redirecionado com êxito e geralmente incluem a compostagem – variam amplamente nas cidades ao redor do mundo. Fazer com que as cidades atrasadas se igualem às que estão na vanguarda do processo: eis a oportunidade em questão. Curiosamente, as taxas de reciclagem de muitas cidades de baixa renda e de seus sistemas informais já são competitivas com as dos sistemas formais de países mais ricos. Tanto em Délhi, na Índia, como em Roterdã, na Holanda, essas taxas giram em torno de um terço. São Francisco, nos EUA, e Adelaide, na Austrália, são frequentemente citados como líderes no setor, com 65% ou mais; contudo, essa taxa também é conseguida na Cidade Quezon, nas Filipinas, e em Bamako, no Mali. É importante ter em mente que a reciclagem informal geralmente supre os meios de subsistência das populações pobres das cidades (embora não sem implicações para a saúde) e economiza o dinheiro destinado à gestão de resíduos em cidades menos dotadas de verbas. Microempresas como a Wecyclers, da Nigéria, que presta serviços de reciclagem doméstica por bicicletas de carga, são atores cada vez mais importantes nesse setor.

As cidades pioneiras de alta renda aprenderam muito sobre fazer com que a reciclagem residencial formal se transforme em sucesso. Conscientizar a população é uma necessidade, mas jamais suficiente. Embora não exista uma fórmula garantida, os sistemas mais eficazes tornam a coleta fácil e usam incentivos para modificar os comportamentos. Os programas de taxação variável, como o usado em São Francisco, cobram as casas pelo lixo enviado para o aterro sanitário, mas colhem gratuitamente o material para reciclagem e compostagem. (São Francisco também inclui vestimentas – um fluxo de resíduos em rápido crescimento, mas frequentemente negligenciado – em sua mescla de reciclagem.) Mecanismos que exigem que os consumidores façam um depósito reembolsável no ato da compra podem ser amplamente aplicados – desde garrafas até produtos elétricos – e também aumentam as taxas de recuperação. Uma das abordagens mais comuns tem produzido resultados variáveis. Hoje, muitos municípios fornecem grandes caixas de lixo que ficam nas calçadas, na tentativa de acomodar maiores volumes de reciclagem de fluxo único, com todos os materiais misturados. O espaço extra provocou o surgimento de uma reciclagem mais "criativa" ou "fantasiosa" – uma mangueira de jardim aqui, caixas de isopor ali – gerando uma contaminação que encarece o processamento da reciclagem.

A reciclagem de rejeitos domésticos enfrenta um outro desafio emergente: a composição do próprio lixo. As embalagens, desde garrafas de refrigerante até recipientes de alimentos para bebês, têm tido seu peso reduzido. Os novos desenhos exigem menos matéria-prima e diminuem os custos de transporte (e muitas vezes as emissões de gases de efeito estufa). Ao mesmo tempo, podem ser mais difíceis de reciclar, e também é preciso coletar uma quantidade muito maior delas para que alcancem o mesmo volume vendável como mercadorias. Outrora um item-chave para a renda dos recicladores, o volume de jornais jogados fora caiu. Essas mudanças se combinam com a inevitável volatilidade dos mercados globais de *commodities*, mantendo o setor em um estado permanente de ansiedade. Apesar disso, o movimento de "zero desperdício" continua. A adoção do sistema de rotulagem Green Dot ou Der Grüne Punkt, introduzido na Alemanha, continua a crescer, com a captação de verbas dos fabricantes para cobrir os custos de recuperação e reciclagem. Também estão sendo incrementadas metas mais incisivas para as taxas municipais de reciclagem, como os 65% propostos na União Europeia até 2030. A reciclagem e os outros dois Rs – isto é, os esforços para reduzir e reutilizar, antes de mais nada – serão elementos-chave da gestão de resíduos, sem aumentar o aquecimento do planeta.

Impacto: *As soluções de reciclagem doméstica e industrial foram modeladas em conjunto e incluem metais, plástico, vidro e outros materiais, como borracha, têxteis e resíduos eletrônicos. Produtos de papel e resíduos orgânicos são tratados em soluções separadas para a gestão de resíduos. As reduções de emissões são fruto da não ocorrência de emissões associadas aos aterros sanitários e da substituição de matéria-prima virgem por materiais reciclados. Com cerca de 50% dos materiais reciclados provenientes de domicílios, se a taxa média de reciclagem mundial aumentar para 65% do total de resíduos recicláveis, a reciclagem de rejeitos domésticos poderá evitar a emissão de 2,8 gigatoneladas de dióxido de carbono até 2050.*

MATERIAIS
RECICLAGEM INDUSTRIAL

Em 2012, a Interface Corporation, uma empresa global que fabrica placas de carpete, formou uma parceria com a Sociedade Zoológica de Londres para especular sobre uma questão pouco comum: de que modo a fabricação de carpetes poderia afetar a desigualdade no nosso planeta? A resposta pode ser encontrada nestas duas imagens. Trabalhando com pessoas em comunidades costeiras de países em desenvolvimento, a Interface comprou redes de pesca descartadas, espalhadas por recifes e atóis – parte das 640 mil toneladas de apetrechos de pesca abandonados no mar que, entretanto, continuam a capturar e matar peixes (a chamada "pesca fantasma"). Até agora, as comunidades locais não contavam com um modo sustentável de reciclagem ou descarte de redes de pesca usadas.

A iniciativa é chamada Net-Works e no âmago do programa situam-se bancos comunitários que ajudam a gerenciar financiamentos, empréstimos, limpeza costeira, depósitos de vendas e as finanças dos projetos de conservação locais. As redes de pesca descartadas são processadas pela Aquafil, que converte o nylon dos resíduos em fios de tapete 100% reciclados. Em seguida, a Interface Corporation incorpora o fio em uma série de projetos, um dos quais está ilustrado na fotografia, simulando as águas de onde as redes foram recuperadas. Em 2016, a Net-Works já tinha se estabelecido em 35 comunidades, coletado 137 toneladas de redes descartadas e dado acesso à obtenção de microcréditos e outros serviços financeiros a novecentas famílias.

Pegue, faça, descarte – eis o *modus operandi* da era industrial. *Pegue* os recursos necessários, *faça* com que virem coisas, descarte os subprodutos e, finalmente, envie os bens usados para o *lixo*. Hoje, uma nova forma circular de pensar está começando a substituir essa lógica. Na natureza, os ciclos abundam. Água e nutrientes se movem em alças fechadas, e não há desperdício. Em vez disso, o material descartado se transforma em recursos. Com base na sabedoria da natureza, os modelos circulares de negócios consideram bens antigos e sucata como recursos valiosos para novos produtos. Esses negócios estão começando a redirecionar os fluxos lineares que começam com matérias-primas e terminam em aterros sanitários e incineradores, na tentativa de fazer com que o sistema industrial passe a funcionar mais como um ecossistema. As empresas podem enviar seus resíduos para reciclagem, mas também podem, elas próprias, atuar como recicladoras. Ao reduzir o uso de materiais, em primeiro lugar, e reciclando e reutilizando os resíduos, essas empresas podem diminuir as emissões de gases de efeito estufa decorrentes dos processos de extração, transporte e processamento de matérias-primas. E como atualmente a economia global emprega quantidades muito maiores desses materiais e muito mais rapidamente do que o planeta pode gerá-los, tais práticas abordam também os desafios paralelos da escassez de recursos.

Pelo menos metade do lixo é gerada fora do ambiente familiar e, em alguns casos, esse percentual é muito maior. São inúmeras as origens de resíduos industriais e comerciais: fabricação de todos os tipos, locais de construção, minas, usinas de energia e plantas químicas, lojas, restaurantes, hotéis, prédios de escritórios, arenas esportivas e de música, escolas, hospitais, prisões, aeroportos e muito mais. Todos esses são lugares de uso e desperdício. O fluxo de resíduos que tais locais produzem inclui o lixo habitual proveniente dos alimentos e da jardinagem, mas também têxteis, papel, papelão e outras embalagens, plástico, vidro e metal. Esse fluxo também contém enormes volumes de resíduos sólidos industriais, como concreto, aço, madeira, cinzas e pneus, além de resíduos eletrônicos – computadores, monitores, impressoras, celulares e toda a parafernália que constitui o lixo da era da informação e que contém tóxicos, incluindo mercúrio, chumbo e arsênico. (A maioria do lixo eletrônico mundial vai parar em países de baixa renda, onde tanto a regulamentação como a fiscalização são negligentes e os mercados negros desenfreados.) Nem todos esses resíduos podem chegar a ter uma "segunda oportunidade" – pelo menos ainda não –, mas para uma grande parte isso é possível.

Um conjunto de esforços está ajudando a fechar o ciclo de resíduos comerciais e industriais (alguns deles com impacto também no lixo doméstico). Responsabilidade estendida do produtor (REP) é uma abordagem política cada vez mais popular, por meio da qual as empresas se tornam responsáveis não só pela manufatura de bens, mas também pela gestão pós-uso desses bens. Caso contrário, o público fica com o ônus do descarte. A REP pode ser uma ação puramente financeira, mediante

Classificação e resultados até 2050		56º lugar
2,77 gigatoneladas de redução de CO_2	US$ 366,9 bilhões de custo líquido	US$ 71,1 bilhões de poupança líquida

cobrança, aos produtores, do custo de recuperação e reciclagem; também pode ser física, envolvendo-os diretamente nesse processo. Desde 2006, os holandeses vêm aplicando a REP no setor de embalagens. Nos locais onde existem, as leis de "devolução" para produtores ajudam a resolver o problema do lixo eletrônico. Empresas como a Interface Corporation, um fabricante de placas de carpete, procuram recuperar voluntariamente seus produtos; assim, as placas descartadas podem fornecer matéria-prima para novos produtos. A Patagonia, uma empresa de roupas para atividades ao ar livre, coleta "roupas desgastadas" para conserto ou, se estiverem muito "acabadas", usam-nas para reciclagem. Mas não é comum que essa responsabilidade seja voluntariamente assumida. Sua formalização incentiva as empresas a pensar, desde *já*, no que irá acontecer no *futuro*, para que tornem seus produtos mais duradouros, mais fáceis de consertar e tão recicláveis quanto possível. Em outras palavras, embora a reciclagem ocorra no final da vida do produto, a melhor política é pensar nela desde o início.

É essencial incrementar a troca de bens recicláveis e reutilizáveis. Um passo nessa direção foi o lançamento, em 2015, do Mercado de Materiais dos EUA, como "promotor de encontros" para materiais secundários. A iniciativa identifica ativamente as oportunidades e une as partes relevantes, intermediando, se necessário, as transações entre as empresas. Paralelamente, é preciso que a ciência e os processos de reciclagem evoluam. Escrevendo na revista *Nature*, o arquiteto suíço Walter Stahel insiste que "[...] Para fechar o ciclo de recuperação, precisaremos de novas tecnologias para despolimerizar, quebrar as ligas metálicas, deslaminar, desvulcanizar e desrevestir os materiais". Tecnologias inovadoras de conversão podem aumentar consideravelmente os percentuais de reciclagem. Obviamente, a reciclagem é apenas um fator da necessária estratégia integrada: trocar o uso de materiais virgens por reciclados, fazer uso mais eficiente dos materiais e aumentar a vida útil dos produtos por meio de bons projetos e de uma sólida construção. Nem sempre a lixeira será um pote de ouro, mas vêm se acumulando evidências sugerindo a possibilidade de significativos ganhos ambientais e econômicos com o gerenciamento dessa transformação e com a incorporação da circularidade à indústria.

Impacto: *Como foi mencionado anteriormente, modelamos em conjunto as reciclagens doméstica e industrial. Foi estimado um custo extra de implementação para essas duas modalidades da ordem de 734 bilhões de dólares, com uma poupança operacional líquida de 142 bilhões de dólares ao longo de trinta anos. Em média, 50% dos materiais recicláveis provêm dos setores comercial e industrial. Com uma taxa de reciclagem de 65%, esses setores podem evitar a emissão de 2,8 gigatoneladas de dióxido de carbono até 2050.*

Mulheres do centro de coleta nas ilhas Bantayan examinando os frutos do seu trabalho: placas de carpete fabricadas a partir de redes de pesca 100% recicladas. As mulheres limpam, pesam e classificam as redes, que, em seguida, são empacotadas e armazenadas, ficando prontas para o envio à cidade de Cebu.

MATERIAIS
CIMENTO ALTERNATIVO

Séculos antes da construção das barragens Hoover e Grand Coulee, no oeste norte-americano, façanhas de engenharia feitas de concreto já tinham dado origem às pontes, arcos, coliseus e aquedutos romanos. O concreto romano foi usado na criação do magnífico templo do Panteão em Roma. Concluído em 128 d.C., o Panteão é famoso por sua cúpula de 5 mil toneladas e mais de 40 metros, feita de concreto não reforçado – ainda a maior construção desse tipo em todo o planeta, já passados quase 2 mil anos. Se tivesse sido construído com o concreto moderno, o Panteão teria desmoronado antes da queda de Roma, trezentos anos após sua conclusão. O concreto romano continha um agregado de areia e rocha, como seus parentes modernos, mas a substância ligante era cal, água salgada e uma cinza chamada *pozzolana*, proveniente de um vulcão em particular. A mistura da poeira vulcânica na massa da *opus caementicium* permitia inclusive a construção subaquática.

A arte e a ciência do concreto praticamente desmoronaram junto com o próprio Império Romano, até voltarem à vida e evoluírem no século XIX. Hoje, o concreto domina os materiais de construção do mundo e pode ser encontrado em quase todas as infraestruturas. Sua receita básica é simples: areia, rocha esmagada, água e cimento, tudo combinado e endurecido. O cimento – um pó cinzento composto por cal, sílica, alumínio e ferro – funciona como aglutinante, revestindo e colando areia e rocha e possibilitando o notável material resultante, duro como a pedra, depois da cura. O cimento também é empregado em argamassas e em produtos do setor de construção, como na pavimentação e em telhas. Seu uso continua a crescer em um grau significativamente mais rápido do que a população, fazendo do cimento uma das substâncias mais utilizadas no mundo em volume, perdendo apenas para a água.

Embora o cimento esteja na base da resistência das infraestruturas, também é fonte de emissões de gases de efeito estufa. Para produzir o cimento Portland, a forma mais comum em todo o mundo, uma mistura de pedra calcária esmagada e argila de aluminossilicato é cozida em um forno gigante a cerca de 1.450°C. Esse processo desencadeia uma reação para separar o carbonato de cálcio do calcário, que então é fracionado em óxido de cálcio, a porção de cal desejada, e em dióxido de carbono, o resíduo. O que sai do outro lado do forno são pequenos nódulos denominados "clínquer", que em seguida são esfriados, combinados com gesso e moídos até se transformarem na "farinha" que conhecemos como cimento. A descarbonização do calcário é responsável por aproximadamente 60% das emissões da indústria do cimento. O resto é decorrente do uso de energia: para a fabricação de uma única tonelada de cimento, há necessidade de energia equivalente à queima de 180 quilos de carvão. Se somadas todas essas emissões, para cada tonelada de cimento produzido há a emissão de quase 1 tonelada de dióxido para os céus. No total, a indústria produz cerca de 4,6 bilhões de toneladas de cimento a cada ano (mais da metade na China) e, no processo, gera 5-6% das emissões anuais de carbono antropogênico da sociedade.

Fornos de cimento mais eficientes e combustíveis alternativos para os fornos, por exemplo, biomassa de plantas perenes, podem ajudar na redução das emissões decorrentes do consumo de energia. Para reduzir as emissões do processo de descarbonização, a estratégia crucial consiste em alterar a composição do cimento. O clínquer convencional pode ser parcialmente substituído por materiais alternativos, por exemplo, cinzas vulcânicas, certas argilas, calcário finamente moído e produtos de lixo industrial, a saber: escória de alto forno, um subproduto da fabricação de ferro que foi usado na construção do Empire State Building e do metrô de Paris e cinzas volantes, um resíduo em pó de usinas de energia movidas a carvão que foi utilizado na construção da represa Hoover. Tendo em vista que esses materiais dispensam o processamento do forno, permitem que seja saltada a etapa que mais emite carbono e mais consome energia no processo de produção de cimento. Atualmente, mais de 90% da escória do alto-forno são usados em substituição ao clínquer. Um terço das

Classificação e resultados até 2050		36º lugar
6,69 gigatoneladas de redução de CO_2	-US$ 273,9 bilhões de custo direto	Dados demasiadamente indefinidos para que possam ser modelados

O Panteão foi um templo romano construído durante o governo do cônsul Marcus Agrippa há 2 mil anos, tendo sido completado pelo imperador Adriano em torno de 128 d.C. Transcorridos quase dois milênios, sua cúpula continua a ser a maior cúpula de concreto não reforçado em todo o planeta. O que é mais notável é que o concreto permanece intacto, resistente e quase atemporal. Erigido no que atualmente é uma igreja, o óculo situado no centro da cúpula tem uma altura de 43 metros. Seis milhões de pessoas visitam o Panteão anualmente.

cinzas volantes também é empregado, e esse percentual pode crescer. As cinzas volantes e o clínquer de Portland podem ser misturados em várias proporções, dependendo do uso final do cimento e do tipo de cinzas volantes usadas. É comum que este último subproduto participe com 45% da mistura.

Em última análise, o planeta irá se afastar da energia derivada do carvão e das suas emissões, mas enquanto o carvão estiver sendo queimado, o uso das cinzas volantes no fabrico do cimento é um bom uso de seus subprodutos – uma solução muito melhor do que os enviar para um aterro ou lagoa de retenção. A disponibilidade é um fator-chave. A disponibilidade varia regionalmente, e onde as usinas de energia a carvão estejam saindo de linha, pode ser tarefa difícil obter cinzas volantes. A mineração de antigos aterros em busca de cinzas volantes pode ser uma fonte potencial no futuro, embora mais dispendiosa. O custo do transporte e a inconsistência da qualidade também são determinantes para o uso ou não das cinzas volantes como um substituto do clínquer. Dúvidas persistem com relação às implicações das cinzas volantes para a saúde humana. Como subproduto do carvão, elas contêm toxinas e metais pesados. Os cientistas continuam a inquirir se esses componentes ficam inseridos de maneira segura no concreto, ou se podem ser lixiviados; também pesquisam sobre quais riscos poderiam advir ao final da vida útil das estruturas.

Em conformidade com o Programa das Nações Unidas para o Meio Ambiente, uma taxa média global realista para a substituição de clínquer poderia chegar a 40% (levando em conta todos os materiais alternativos), o que evitaria até 440 milhões de toneladas anuais de emissões de dióxido de carbono. Dependendo de sua composição específica, as alternativas ao cimento Portland oferecem benefícios que vão além de melhorar a atmosfera: podem facilitar o trabalho, podem requerer menos água, podem ter maior densidade, maior resistência à corrosão e ao fogo e mais durabilidade. Embora seu processo de cura possa ser mais lento, tornando-as não tão resistentes no início, sua resistência final pode ser realmente maior.

Governos e corporações começaram a viabilizar as possibilidades do uso de substitutos do clínquer. Com o estabelecimento de padrões regionais, a União Europeia reutiliza a maior parte das suas cinzas volantes disponíveis. Antes dessas mudanças políticas, as taxas de utilização variavam muito e, em alguns locais, podiam ser de apenas 10%. A cidade de Nova York adotou vidro moído de garrafas como um novo substituto que pode ser obtido regionalmente e, além disso, economiza espaço nos aterros – uma inovação que tem tudo para crescer já. Do plano municipal ao plano internacional, tornam-se essenciais normas e produtos em escala para que ocorram mudanças nas práticas no setor da construção e também para a ampliação do uso de cimentos alternativos em calçadas e arranha-céus, estradas e pistas de aterrissagem.

Impacto: *Visto que as cinzas volantes são um subproduto da queima de carvão, cada tonelada criada se faz acompanhar por 15 toneladas de emissões de dióxido de carbono. O uso de cinzas volantes no cimento pode compensar apenas 5% dessas emissões. Mesmo assim, se 9% de todo o cimento produzido entre 2020-2050 tiver uma mistura de cimento Portland convencional e 45% de cinzas volantes, seria possível evitar 6,7 gigatoneladas de emissões de dióxido de carbono até 2050. As economias de produção de 274 bilhões de dólares são, principalmente, resultado de maior vida útil do cimento.*

MATERIAIS
GERENCIAMENTO DE AGENTES DE REFRIGERAÇÃO

Cada geladeira, balcão de supermercado e ar-condicionado contém refrigerantes químicos que absorvem e liberam calor, permitindo resfriar alimentos e manter frescos edifícios e veículos. Os agentes refrigerantes, especificamente os clorofluorcarbonetos (CFC) e os hidroclorofluorcarbonetos (HCFC), foram os principais responsáveis pelo esgotamento da camada de ozônio estratosférico, que é essencial para absorver a radiação ultravioleta do sol. Graças ao Protocolo de Montreal de 1987 sobre substâncias que empobrecem a camada de ozônio, CFCs e HCFCs tiveram seu uso banido (juntamente com outros produtos químicos destruidores do ozônio e que costumavam ser de uso padrão em latas de aerossóis e na limpeza a seco). Dois anos apenas bastaram desde a descoberta do buraco existente sobre a Antártida para que a comunidade global adotasse uma estratégia de ações obrigatórias. Três décadas depois, a camada de ozônio está começando a se recompor.

Mas os agentes refrigerantes continuam causando problemas planetários. Grandes volumes de CFC e HCFC permanecem em circulação, mantendo o seu potencial de danos ao ozônio. Seus substitutos químicos, principalmente os hidrofluorcarbonetos (HFC), possuem efeito deletério mínimo sobre a camada de ozônio, mas sua capacidade de aquecer a atmosfera é de 1.000-9.000 vezes maior que a do dióxido de carbono, dependendo da exata composição química.

Em outubro de 2016, representantes de mais de 170 países se reuniram em Kigali, em Ruanda, para negociar um acordo que resolvesse o problema dos HFCs. Apesar da conturbada política global, foi fechado um acordo notável. Por meio de uma emenda ao Protocolo de Montreal, o mundo começará a abandonar os HFCs, começando com os países mais ricos em 2019 e depois englobando os países de baixa renda – alguns em 2024, outros em 2028. Os substitutos do HFC já estão no mercado, incluindo refrigerantes naturais como propano e amônia.

Ao contrário do acordo climático de Paris, o acordo de Kigali tem força de lei, com metas específicas e datas de implementação, sanções comerciais para punir seu não cumprimento e compromissos dos países ricos em ajudar a financiar o custo da transição. Foi uma conquista monumental para a diminuição das emissões. O então secretário de Estado dos EUA John Kerry chamou o acordo de "[...] um passo gigante, a maior coisa que podemos fazer [para o clima] de uma só vez". Os cientistas estimam que o acordo reduzirá o aquecimento global em quase um grau Fahrenheit.

Apesar disso, o processo de eliminação progressiva dos HFCs irá se desenvolver ao longo de muitos anos, e, durante esse tempo, eles permanecerão nas cozinhas e em unidades de condensação. Com o enorme crescimento na adoção de aparelhos de ar-condicionado, especialmente nas economias em rápido desenvolvimento, o volume de HFC crescerá substancialmente antes que os países impeçam universalmente o seu uso. De acordo com o Lawrence Berkeley National Laboratory, em 2030, 700 milhões de aparelhos de ar-condicionado estarão em funcionamento em todo o mundo. Tudo isso fala em favor de uma ação paralela: resolver o problema dos agentes refrigerantes que forem saindo de uso e o dos agentes substitutos.

Atualmente, os agentes refrigerantes causam emissões durante todo o seu ciclo de vida – produção, enchimento, serviço

Classificação e resultados até 2050		1º lugar
89,74 gigatoneladas de redução de CO_2	Dados demasiadamente variáveis para que possam ser determinados	-US$ 902,8 bilhões de poupança líquida

e nos escapamentos –, mas os danos causados são maiores no momento do descarte. Noventa por cento das emissões de agentes refrigerantes acontecem no final da vida útil do aparelho. Se os produtos químicos (ou os eletrodomésticos que os utilizam) não forem adequadamente descartados, escaparão para a atmosfera e provocarão aquecimento global. Por outro lado, a recuperação de agentes refrigerantes tem imenso potencial de redução das emissões. Depois de serem cuidadosamente removidos e armazenados, os agentes refrigerantes podem ser purificados para reutilização ou transformados em outros produtos químicos não causadores de aquecimento. O último processo, formalmente chamado de destruição, é a única maneira de reduzir definitivamente as emissões. Trata-se de um processo caro e que necessita de uma técnica especifica, mas precisa se tornar uma prática padrão.

Nos EUA, em menos de um século o ar-condicionado deixou de ser um bem de luxo para se tornar mercadoria de uso geral. Hoje, 86% das casas naquele país possuem sistemas de fornecimento de ar fresco. Nos lares chineses, em apenas quinze anos esses aparelhos se tornaram comuns, senão universais. E por que não? Nas estações com calor e umidade, o ar-condicionado aumenta o conforto e a produtividade e pode salvar vidas durante as ondas de calor. No entanto, uma grande ironia do aquecimento global é que os meios de manter o ambiente frio pioram o aquecimento global. À medida que a temperatura aumenta, também aumenta a dependência dos aparelhos de ar-condicionado. O uso de refrigeradores em cozinhas de todos os tamanhos e nas "cadeias de frio" da produção e fornecimento de alimentos vem experimentando expansão semelhante. À medida que vão proliferando as tecnologias para o resfriamento, passa a ser imperativa a evolução dos agentes refrigerantes e sua gestão. O acordo de Kigali garante uma mudança gradual, e outras práticas focadas nos estoques existentes podem reduzir ainda mais as emissões.

Impacto: *Nossa análise inclui reduções de emissões que podem ser alcançadas por meio do manejo e destruição de agentes refrigerantes já em circulação. Ao longo de trinta anos, a contenção de 87% dos agentes refrigerantes poderia evitar emissões equivalentes a 89,7 gigatoneladas de dióxido de carbono. A eliminação progressiva dos HFC pelo acordo de Kigali poderia evitar emissões adicionais equivalentes a 25-78 gigatoneladas de dióxido de carbono (não incluídas no total mostrado aqui). Os custos operacionais da evasão e destruição de vazamento de agentes refrigerantes são elevados, resultando em um custo líquido projetado de 903 bilhões de dólares até 2050.*

À esquerda: Mario José Molina-Pasquel Henriquez é um químico mexicano que recebeu o prêmio Nobel de Química em 1995 por seu papel no esclarecimento e na explicação da ameaça que os gases clorofluorcarbonetos (CFC) representam para a camada de ozônio. Seu trabalho em associação com Sherwood Rowland, com quem partilhou o Nobel, levou à descoberta de como os CFC persistem na atmosfera e como os átomos de cloro desprendidos dos gases destroem o ozônio atmosférico. Com base na pesquisa desses cientistas emergiu o Protocolo de Montreal sobre Substâncias que Destroem a Camada de Ozônio, com a proibição dos CFCs. Até agora, 197 nações adotaram a Emenda Kigali de 2016 ao Protocolo de Montreal: trata-se de um acordo para a eliminação dos hidrofluorcarbonetos (HFCs) até 2028. Os HFCs são amplamente inócuos à camada de ozônio, mas estão entre os gases de efeito estufa mais potentes conhecidos pela humanidade.

Abaixo: O centro de Singapura, comprovando o uso universal dos aparelhos de ar-condicionado nas ruas asiáticas.

MATERIAIS
PAPEL RECICLADO

Em 2011, o fotógrafo Chris Jordan criou uma mandala com 9.600 catálogos de pedidos por correspondência. Esse é o número de catálogos impressos, enviados e entregues a cada três segundos, dos quais 97% são descartados no dia da sua chegada. A obra é parte de uma série maior intitulada "Running the Numbers: An American Self-Portrait". Essa obra é chamada de *Meditação de três segundos*.

Fazendo a contabilidade. Preservando e capturando histórias. Partilhando informações. Registrando a história. Explorando ideias. Ser humano é se comunicar, e há dois milênios o papel tem sido o principal veículo para a comunicação, originando-se na China e gradualmente se espalhando para o oeste. Desde a industrialização da sua fabricação no século XIX, o papel tem sido uma mercadoria barata e de distribuição universal. Mesmo com a mídia eletrônica tornando desnecessária uma fatia da impressão,

Classificação e resultados até 2050		70º lugar
0,9 gigatonelada de redução de CO_2	US$ 573,5 bilhões de custo direto	Dados demasiadamente indefinidos para que possam ser modelados

globalmente o uso de papel está em alta, em particular para materiais de embalagem. Hoje, cerca de metade do papel é usada uma vez e depois enviada para a proverbial pilha de lixo. Mas a outra metade é recuperada e reutilizada. No norte da Europa, essa taxa de recuperação atinge 75%. Em 2009, a Coreia do Sul chegou a uma taxa de recuperação de 90%. Fazer com que o resto do mundo alcance esse nível de reciclagem de papel, ou avance mais ainda, representa uma oportunidade significativa para a redução das emissões dessa indústria que, segundo estimativas, chega até a 7% do total anual mundial – superior às emissões da aviação.

A reciclagem de papel reescreve o ciclo de vida típico do papel. Ela torna a trajetória do papel circular, em vez de uma linha reta que vai direto das toras de madeira até os aterros sanitários. Para uma folha de papel comum, criada a partir de uma biomassa de pinheiro, ocorrem emissões em todas as etapas de sua jornada: extração, fabricação, transporte, uso e descarte. Mas o papel reciclado pode intervir e mudar a equação das emissões, sobretudo no início e no final do processo, mediante a ligação dessas etapas. Em vez de utilizar madeira recém-cortada para alimentar o processo de fabricação de polpa – e liberar carbono a cada corte de árvore –, o papel reciclado tira vantagem do material existente, ou descartado antes de chegar às mãos de um consumidor, ou, idealmente, depois de servir às suas pretendidas finalidades, na forma de uma revista ou memorando. Em vez de liberar metano durante sua decomposição em um monte de lixo, o papel descartado encontra uma nova finalidade. Passa a ser considerado não como lixo, mas como um recurso – valioso demais para ser enviado ao aterro sanitário ou ao incinerador.

Uma vez recuperado, o papel usado pode ser reprocessado. Triturado, transformado em polpa bruta, higienizado e liberado de contaminantes, como grampos e revestimentos, o papel que poderia ter sido enterrado em um aterro pode se transformar em uma miríade de produtos, desde papel de escritório ou papel de jornal até rolos de papel higiênico. Ao contrário de alguns materiais recicláveis, como o alumínio, o papel não pode ser reciclado indefinidamente em produtos da mesma qualidade. Com o passar do tempo, suas fibras se fraturam, de modo que o papel descartado necessariamente gera produtos de menor qualidade, para os quais são adequadas fibras mais curtas e mais fracas. Um determinado pedaço de papel pode ser reprocessado cerca de 5-7 vezes. Mesmo assim, a reciclagem é uma alternativa mais eficaz e mais eficiente do que fabricar papel exclusivamente a partir de materiais virgens.

São muitos os benefícios do papel reciclado. Florestas são poupadas, mantendo os *habitats* intactos e talvez protegendo antigos tesouros ecológicos. Diminui o uso de água, aliviando a pressão sobre um recurso cada vez mais ameaçado. E menos alvejantes e produtos químicos chegarão aos rios e mares. Estudos revelam que a reciclagem cria mais empregos e produz mais valor econômico se comparada aos aterros ou à incineração. Mais importante ainda, o papel reciclado produz muito menos emissões de gases de efeito estufa do que o papel feito com recursos virgens. O volume exato das economias climáticas geradas depende dos materiais utilizados, das matérias-primas que foram substituídas e do tipo de tratamento evitado ao fim de sua vida útil. É claro que a manufatura de qualquer papel depende de algum tipo de energia, assim como o transporte da matéria-prima e do produto final. Isso é igualmente importante tanto para a celulose virgem como para a reciclada, não importando se as fábricas funcionam à base de material renovável e se foram ou não escolhidas opções de transporte sustentáveis.

Um metaestudo realizado pela European Environmental Paper Network calcula que o papel de fibra virgem emite uma média de 10,67 toneladas de dióxido de carbono (ou seu equivalente em outros gases de efeito estufa) por tonelada de papel produzido, enquanto o papel reciclado gera apenas 2,92 toneladas. Isso equivale a uma diferença superior a 70%. Uma avaliação recente do ciclo de vida útil compara o papel reciclado pós-consumo *versus* suas alternativas virgens. A análise conclui que a produção de papel reciclado gera apenas 1% dos impactos climáticos causados pelo papel virgem. Além disso, a indústria do papel reciclado consome um quarto do volume de água necessário para a produção da mesma quantidade de produto e requer 20-50% menos energia para a fabricação da polpa e do papel.

Como complemento à redução do uso de papel em geral, ficam evidentes os benefícios do papel reciclado. O processo é mais eficiente, exigindo menos recursos em seu início e produzindo menos resíduos e emissões no final. À medida que mais papel descartado for sendo recuperado e reciclado, diminuirá a necessidade de derrubar árvores ou de manter aterros sanitários ou incinerações. Mas para alçar o papel reciclado à escala possível, seu custo deve cair. Isso pode acontecer à medida que a produção for crescendo. Políticas que tornem o descarte convencional de resíduos menos atrativo e mais dispendioso podem impulsionar a reciclagem. E as políticas prejudiciais à reciclagem, como os subsídios para alternativas menos sustentáveis, devem ser revistas. A demanda do consumidor, do varejo ao atacado, também é vital para reorientar os investimentos da indústria nessa direção. Se o coro dos preocupados com a atual situação crescer, não há razão para que o papel reciclado não reivindique uma parcela dominante do mercado.

Impacto: *Ao longo de 30 anos, o papel reciclado pode promover a redução de 0,9 gigatonelada de emissões de dióxido de carbono. Dois pressupostos fundamentais fundamentam essa conclusão: (1) o papel reciclado produz cerca de 25% menos emissões totais que o papel convencional; e (2) a porcentagem de papel reciclado utilizado para produzir papel aumentaria de 55% para 75% até 2050. Embora o aumento do volume de papel reciclado vá resultar em maior consumo de eletricidade, as emissões relacionadas à coleta e ao processamento – e as emissões totais decorrentes da fabricação de polpa e da manufatura do papel – são maiores para o papel que utiliza como matéria-prima a madeira virgem. As reduções de emissões para essa solução não incluem o sequestro de carbono obtido com as árvores de pé, que não seriam derrubadas com o crescimento do uso de papel reciclado.*

MATERIAIS
BIOPLÁSTICO

Da Idade da Pedra, passando pela Idade do Ferro até chegar à Idade do Aço, delineamos as épocas da sociedade pelo principal material usado na fabricação. A nossa época poderia ser chamada de Idade do Plástico. Globalmente, produzimos cerca de 310 milhões de toneladas de plástico a cada ano, o que equivale a quase 38 quilos por pessoa, e a produção de plástico deve quadruplicar até 2050. O material está em toda parte, desde roupas até computadores, móveis e mesmo campos de futebol – e quase tudo é petroplástico, feito a partir de combustíveis fósseis. De fato, 5-6% da produção mundial de petróleo se transforma em matéria-prima para a fabricação de plástico. Mas os polímeros que compõem o plástico existem em toda a natureza, não apenas como formas fossilizadas, e os especialistas estimam que 90% dos plásticos atuais poderiam ser derivados de plantas ou de outras matérias-primas renováveis. Tais plásticos biológicos provêm da terra e muitos podem a ela retornar, frequentemente com menores emissões de carbono do que seus primos feitos com combustível fóssil.

O verbo grego *plassein*, a raiz da palavra plástico, significa "moldar ou dar forma". O que proporciona aos plásticos a sua maleabilidade são os polímeros – substâncias com estruturas em forma de cadeias, compostas pela interligação de muitos átomos ou moléculas. A maioria tem uma "espinha dorsal" de carbono, ligada a outros elementos como hidrogênio, nitrogênio e oxigênio. Podemos sintetizar polímeros, mas essas substâncias também ocorrem naturalmente à nossa volta e mesmo dentro de nós: fazem parte de todos os organismos vivos. A celulose, o material orgânico mais abundante no planeta, é um polímero existente nas paredes celulares das plantas. Quitina é outro polímero abundante, encontrado nas conchas e exoesqueletos de crustáceos e insetos. Batata, cana-de-açúcar, cascas de árvores, algas e camarões contêm polímeros naturais que podem ser convertidos em plástico.

O primeiro e único carro de bioplástico foi apresentado por Henry Ford em 1941 em Dearborn, Michigan, EUA. A inspiração para o carro foi a crescente escassez de metal causada pela guerra, e também a ideia de combinar indústria e agricultura. Na época, Ford já havia estruturado o Laboratório de Soja em Greenfield Village e tinha fabricado o combustível para o carro com base no óleo de cânhamo. O chassi era de aço tubular, a carroceria era de plástico, as janelas eram de acrílico e o veículo era impulsionado por um motor convencional de 60 cavalos de potência. O carro pronto pesava 453 quilos menos do que um automóvel convencional, fabricado integralmente de aço. Embora tenha sido criado em parte para ajudar no esforço de guerra, a fabricação de automóveis praticamente parou durante todo o período da guerra e o carro bioplástico jamais voltou à vida.

Embora atualmente os petroplásticos dominem o mercado, o material para os primeiros plásticos foi a celulose vegetal. No seculo XIX, jogar bilhar era obrigação social para os abastados nos EUA e na Europa, e as bolas de bilhar eram 100% marfim puro. O mercado era voraz; elefantes eram abatidos aos milhares por suas presas – e cada uma delas era matéria-prima para apenas um punhado de bolas de bilhar. A tendência provocou clamor público, ao mesmo tempo aumentando os custos para a indústria das mesas de bilhar. Michael Phelan, jogador de bilhar e magnata, lançou um desafio: daria 10 mil dólares em ouro para quem pudesse desenvolver uma alternativa ao marfim. A oferta levou John Wesley Hyatt, um impressor e funileiro, a testar possibilidades. Hyatt desenvolveu uma substância a partir da celulose presente no algodão, a qual denominou "celuloide". No final das contas, o celuloide ficou aquém do ideal para a confecção de bolas de bilhar – Hyatt não ganhou o prêmio –, mas era o material certo para produtos como pentes, espelhos de mão, cabos de escova dental e películas de cinema.

Henry Ford também fez experiências com as possibilidades dos bioplásticos, estabelecendo um programa significativo de pesquisa e desenvolvimento focado na construção de peças de automóveis a partir da soja. Em 1941, Ford tornou público o seu carro de soja, mas não conseguiu superar os preços extremamente baixos dos combustíveis fósseis nem o foco total na Segunda Guerra Mundial. Além de ser o primeiro bioplástico, o celuloide provocou a invenção da baquelite, o plástico à base de petróleo de Leo Baekeland – o primeiro de seu tipo. Paralelamente ao surgimento da indústria petroquímica, a baquelite inaugurou uma explosão de petropolímeros no início do século XX. De uma hora para outra, passou a ser possível criar produtos de vários tamanhos e formas – com grande durabilidade e baixo peso – e a preços baixos.

Como muitas das alternativas aos combustíveis fósseis, os bioplásticos foram deixados de lado até que a crise do petróleo da década de 1970 fizesse renascer algum interesse. Com o advento da química verde na década de 1990, juntamente com a alta dos preços do petróleo, teve início a produção comercial de bioplásticos. Hoje em dia, encontra-se em produção ou em fase de desenvolvimento uma grande variedade de bioplásticos, com diversas receitas, características e aplicações. A maioria desses materiais é empregada em embalagens de um tipo ou de outro, mas também vêm sendo adotados em inúmeras outras frentes, desde têxteis até produtos farmacêuticos e eletrônicos. Os produtos "bio" são derivados, pelo menos em parte, da biomassa. No entanto, os bioplásticos podem ou não ser biodegradáveis. Sacos de compras de polietileno (PE) feitos de cana-de-açúcar

Classificação e resultados até 2050		47º lugar
4,3 gigatoneladas de redução de CO_2	US$ 19,2 bilhões de custo direto	Dados demasiadamente indefinidos para que possam ser modelados

ou milho não são biodegradáveis. Mas bioplásticos como o ácido poliláctico (PLA), como o que pode ser encontrado em um copo descartável, e os poli-hidroxialcanoatos (PHA), que podem ser usados para suturas cirúrgicas, são tanto bioplásticos como biodegradáveis nas condições corretas. (A degradação dos PLA ocorre apenas a altas temperaturas, não no oceano ou nas caixas de compostagem doméstica). As pesquisas sobre bioplásticos continuam a explorar os limites de suas matérias-primas, formulações e aplicações. É essencial que sejam encontradas as matérias-primas adequadas e que se deixe de praticar a agricultura dependente do uso intensivo de petroquímicos.

Em contraste com os petroplásticos, os bioplásticos podem reduzir as emissões e sequestrar carbono. Isso é particularmente verdadeiro nos casos em que as matérias-primas são a biomassa de resíduos, como as sobras da produção de polpa e papel ou de biocombustíveis. Para que os benefícios climáticos sejam maximizados, o ciclo de vida útil dos bioplásticos deve ser considerado em sua totalidade – desde o cultivo da matéria-prima até o descarte final. Além de diminuir os gases de efeito estufa, os bioplásticos oferecem outros benefícios vedados aos petroplásticos. Alguns têm vantagens técnicas, como propriedades térmicas ideais para a impressão em 3D. Aqueles que são biodegradáveis a baixas temperaturas podem ajudar a enfrentar a crise de lixo plástico em todo o mundo, especialmente nos rios e mares. Atualmente, um terço de todos os plásticos acaba nos ecossistemas, enquanto apenas 5% são reciclados com sucesso. O resto é depositado em aterros ou é queimado. Se as tendências atuais persistirem, até 2050 o plástico superará os peixes nos oceanos do planeta.

Talvez o maior problema dos bioplásticos é que eles *não são* iguais ao plástico convencional. Os bioplásticos não podem ser compostados a menos que sejam separados de outros plásticos, e poucos são passíveis de compostagem nas composteiras domésticas. Os bioplásticos dependem de altas temperaturas para sua desagregação, ou reciclagem química especial. Se os bioplásticos estiverem misturados com plásticos convencionais, o plástico reciclado convencional ficará contaminado, fazendo com que fique instável, quebradiço e inútil. Sem a separação na fonte e sem o processamento adequado, o bioplástico não servirá para nada, e não encontrará nenhum espaço na maioria dos fluxos de resíduos municipais, exceto no lixão.

Entretanto, é possível uma rápida transição: as empresas DuPont, Cargill, Dow, Mitsui e BASF estão investindo em polímeros baseados em matéria vegetal por acreditarem que estão diante de uma robusta plataforma para sua expansão. Por serem uma tecnologia de substituição – isto é, por poderem ocupar o lugar de materiais existentes –, os bioplásticos se beneficiam da demanda por plástico em todo o mundo. Ao mesmo tempo, o maior desafio a ser superado pelos bioplásticos é a indústria de plásticos derivados de combustíveis fósseis. Quando os preços do petróleo estão baixos e porque frequentemente inexistem economias de escala, os bioplásticos encontram dificuldades para competir e ficam restritos a nichos de mercado. Os petroplásticos também são beneficiados pelos gasodutos e petroleiros, os quais tornam sua produção mais centralizada. Para que haja vantagem, a distância entre a produção de matéria-prima e a fabricação de bioplásticos tem que ser pequena. Dois fatores que podem apoiar o crescimento dos biopolímeros e a evolução da indústria dos plásticos são a implantação de programas de biopreferência e proibições orientadas para determinados plásticos.

Impacto: *Estimamos que a produção total de plásticos cresça de 311 milhões de toneladas em 2014 para pelo menos 792 milhões de toneladas até 2050. Essa é uma estimativa conservadora; a estimativa de outras fontes supera 1 bilhão de toneladas se as tendências atuais continuarem. Modelamos um crescimento agressivo dos bioplásticos, com a captura de 49% do mercado até 2050, o que evitaria 4,3 gigatoneladas de emissões. Embora o potencial técnico seja ainda maior, essa solução fica limitada pela restrita disponibilidade de fontes de biomassa sem que ocorra uma conversão de terras adicional. Nesse cenário, o custo de produção dos bioplásticos é de 19 bilhões de dólares em trinta anos. Embora atualmente os custos financeiros sejam maiores para os produtores, eles vêm caindo rapidamente.*

MATERIAIS
ECONOMIA DE ÁGUA – RESIDÊNCIAS

Classificação e resultados até 2050 — 46º lugar

4,61 gigatoneladas de redução de CO_2	US$ 72,44 bilhões de custo líquido	US$ 1,8 trilhão de poupança líquida

O uso residencial de água – para tomar banho, lavar roupa, regar plantas – consome energia. É preciso energia para adequar a água ao consumo e transportá-la, para aquecê-la, se necessário, e para dar destino às águas residuais após o uso. O aquecimento da água é responsável por uma quarta parte do uso de energia residencial em todo o mundo. Além das medidas de conservação que podem ser tomadas em nível municipal, é possível aumentar a eficiência em cada casa, numa estratégia torneira a torneira.

Em casa, o norte-americano médio consome cerca de 370 litros de água por dia – muito mais do que o consumo típico em todo o resto do mundo. Aproximadamente 60% são usados dentro da casa, principalmente nas bacias, nas lavadoras de roupa, chuveiros e torneiras. Trinta por cento são consumidos ao ar livre, quase inteiramente para regar gramados, jardins e plantas – mais do que qualquer outro uso residencial, embora a irrigação não seja essencial. Outros 10% se perdem através de vazamentos.

Para reduzir o consumo dentro de casa, duas tecnologias são fundamentais: bacias de baixa descarga e máquinas de lavar roupa eficientes, com redução potencial do uso em 19% e 17%, respectivamente. A adoção de torneiras e chuveiros de baixo fluxo e a instalação de máquinas de lavar louça mais eficientes também contribuirão para cortar o desperdício. No total, dispositivos eficientes no consumo de água e aparelhos de baixo fluxo podem diminuir em 45% o uso da água nas residências. As medidas que afetam o uso de água quente exercem um impacto excepcional no consumo associado de energia. A Agência de Proteção Ambiental (EPA) dos EUA estima que, se uma em cada cem casas norte-americanas trocasse um vaso sanitário antigo por um novo e eficiente, o país economizaria mais de 38 milhões de quilowatts-hora de eletricidade – o suficiente para suprir as necessidades de energia de 43 mil famílias durante um mês.

Essas tecnologias têm a vantagem de serem atualizações definitivas. Se os proprietários ou locatários estiverem dispostos a fazer o investimento e aguardar o retorno do investimento, qualquer outra ação será desnecessária. Mas o comportamento individual também pode reduzir o uso de água dentro das casas. A diminuição do tempo médio de uso do chuveiro para cinco minutos, o uso da máquina de lavar roupa apenas com plena carga e o uso da descarga menos de três vezes por dia por casa são medidas que podem reduzir em 7-8% o consumo de água. Evidentemente há um senão: essas mudanças devem se transformar em hábitos para terem efeitos de longo prazo – e a formação de bons hábitos é notoriamente uma tarefa complicada.

Fora da casa, o uso de água para irrigação pode ser reduzido ou mesmo eliminado pela captação de chuvas, a adoção de plantas que dispensam muita água, a instalação de dispositivos de irrigação por gotejamento, que é mais eficiente, ou simplesmente pelo fechamento completo da torneira.

As histórias de sucesso na conservação da água são um testemunho dos métodos que funcionam. Restrições locais ao uso da água e políticas que tornam obrigatório o uso de encanamento eficiente são medidas altamente efetivas. Os rótulos dos produtos, como no programa *WaterSense*, da EPA, podem informar os consumidores, enquanto o uso de incentivos – por exemplo, descontos sobre compras de eletrodomésticos e acessórios eficientes – pode encorajar as ações voluntárias. Todas essas medidas trazem um duplo benefício: reduzem simultaneamente o consumo de energia e o consumo de água. As comunidades têm interesse em reforçar tais medidas, pois cada vez mais enfrentam problemas de disponibilidade de água. Os impactos das mudanças climáticas estão agravando as pressões da população. Durante as secas, por exemplo, a demanda por irrigação aumenta, ao mesmo tempo que a qualidade e a quantidade de oferta diminuem.

Essa solução se concentra em reduções diretas do consumo de água dentro das casas, mas outras escolhas e tecnologias domiciliares causam impactos indiretos. O uso de energia é um excelente exemplo: as usinas de combustível nuclear e fóssil usam enormes quantidades de água para refrigeração – quase metade de toda a água usada nos EUA. Um único quilowatt-hora de eletricidade pode ter consumido quase 95 litros "invisíveis" na sua produção. A íntima ligação entre água e energia significa que frequentemente o aumento da eficiência em uma delas afetará a outra.

Impacto: *A adoção de torneiras e de chuveiros de baixo fluxo em 95% das residências até 2050 poderia reduzir as emissões de dióxido de carbono em 4,6 gigatoneladas ao reduzir o consumo de energia para o aquecimento de água desperdiçada. O aumento em escala de outras tecnologias de preservação da água geraria reduções extras. Modelamos apenas a água quente para calcular a economia de energia.*

O projeto e o desenvolvimento do chuveiro Nebia consumiram cinco anos e empregaram engenharia aeroespacial em sua tecnologia de microatomização. O espalhador do chuveiro produz centenas e centenas de gotículas dispersas por cinco vezes a área de um chuveiro comum. Ele é treze vezes mais eficiente termicamente (o calor que sentimos no corpo) e reduz o uso de água em 70% em comparação com os chuveiros convencionais e em 60% em comparação com os chuveiros WaterSense da Agência de Proteção Ambiental dos EUA.

FUTURAS ATRAÇÕES

Com previsões para o futuro do planeta, "Futuras atrações" é uma das nossas partes favoritas do livro, e poderia ter sido consideravelmente mais longa. Nas outras oitenta soluções existentes, fomos muito criteriosos: elas precisavam estar fundamentadas em abundantes informações científicas e financeiras sobre seu desempenho e custos. Contudo, ao nos concentrarmos em soluções que já estão ganhando escala, não queríamos implicar que nossa capacidade de resolver o aquecimento global depende exclusivamente do que já é conhecido e está sendo feito. Esta seção abre uma janela para o que está por chegar e ao alcance de nossas mãos. O grau de invenção e inovação em todos os setores apresentados é surpreendente, e duvidamos que alguém conheça toda a sua extensão. Muitas ideias promissoras são projetos científicos que talvez jamais saiam do papel. Ainda assim, como veremos, existem tecnologias e soluções descritas aqui que poderiam funcionar como verdadeiras reviravoltas.

FUTURAS ATRAÇÕES
REPOPULAÇÃO DA ESTEPE DOS MAMUTES

O yakut é um cavalo siberiano muito peludo, baixo e robusto que parece ter saído diretamente de um filme da série *Star Wars*. Com suas espessas camadas de gordura, um olfato extraordinário e cascos grandes e duros como pedra, o cavalo yakut sobrevive a temperaturas inferiores a -73°C nas regiões acima do Círculo Ártico, escavando a neve e mordiscando pequenos fragmentos de capim mirrado na escuridão do inverno. Fazendo isso, esse animal nos dá uma pista sobre como evitar o derretimento do permafrost.

Para manter o planeta fresco, queremos gramíneas em regiões subpolares, não árvores, e gramíneas é o que conseguimos ao reintroduzir herbívoros. Foi o que Sergey e Nikita Zimov testemunharam no seu Parque Pleistoceno, um projeto experimental: o retorno das gramíneas e a supressão de arbustos e árvores. Os animais de pastoreio criam pastagens assim como as pastagens criam animais de pastoreio. E se os animais protegessem o permafrost e ajudassem a região do Ártico a reverter sua tendência de aquecimento, começando a esfriar?

Enterrados na região circumpolar do Ártico existem 1.400 trilhões de toneladas de carbono, duas vezes mais do que em todas as florestas do planeta. O permafrost é uma espessa camada subterrânea de solo perenemente congelado que cobre 24% do hemisfério norte. Seu nome supõe permanência – "perma" –, uma condição que já não é mais verdadeira. O permafrost está descongelando. Com um aquecimento de 1,5°C, o permafrost liberará quantidades significativas de carbono e metano na atmosfera. Se o derretimento continuar para além de 2°C, as emissões liberadas do permafrost passarão a funcionar como uma alça de *feedback* positivo que acelerará o aquecimento global.

Quando cavalos, renas, bois-almiscarados e demais habitantes do Norte congelado afastam a camada de neve e expõem a turfa subjacente, o solo não mais fica isolado pela sua cobertura de neve e por 1,5-2°C mais frio – uma margem de segurança da qual o planeta depende enquanto se afasta dos combustíveis fósseis. Os Zimovs – pai e filho, ambos cientistas –, que dirigem a Northeast Science Station nas proximidades de Cherskii, Rússia, estudaram e analisaram profundamente o permafrost. Esses cientistas fundaram o Parque do Pleistoceno na bacia do rio Kolyma, na Sibéria, com o objetivo de demonstrar a conclusão de décadas de pesquisa: se as variadas espécies de herbívoros que um dia popularam a região subpolar do Ártico fossem rein-

Renas migratórias da floresta sendo conduzidas por um pastor evenk por meio de um vale na região de Oymyakon, na República do Sahka, na bacia do rio Indigirka, na Rússia. Os evenks são famosos condutores e pastores de renas. Suas selas singulares ficam acomodadas sobre os ombros da rena e não têm estribos; seu equilíbrio é guiado por uma barra longa, que pode ser vista na fotografia.

troduzidas, a fusão do permafrost pode ser evitada. Colocando o escopo e a implicação dessa proposta é que em perspectiva: se ela acontecesse, seria simplesmente a maior solução potencial ou efetiva, isoladamente, entre todas as cem descritas neste livro.

A estrada para a bacia do rio Kolyma, a rodovia Kolyma, é conhecida como Estrada dos Ossos. Esperava-se que os prisioneiros exilados enviados a Kolyma morressem durante ou depois de um inverno brutal. Além dos ossos humanos, a bacia abriga as dezenas de milhares de ossos de seus habitantes anteriores. As contagens de ossos revelam a população média em 1 quilômetro quadrado de pastagem: 1 mamute-lanudo, 5 bisontes, 8 cavalos e 15 renas, 20-100 mil anos atrás. Bois-almiscarados, alces, rinocerontes-lanudos, ovelhas-da-neve, antílopes (saiga) e alces-americanos existiam em números ainda maiores. Vagando entre esses animais havia populações predadoras – lobos, leões-das-cavernas e carcajus. Estima-se que 9 toneladas de vida animal prosperavam em cada quilômetro quadrado de pastagem, um número incrivelmente alto que atesta a produtividade de uma área considerada marginal e quase inabitável.

Hoje, com o descongelamento das carcaças sob as temperaturas mais elevadas, enxames de insetos e bactérias devoram os restos podres. O mau cheiro do permafrost em derretimento é premonitório, um presságio de maiores perigos vindouros se sua fusão não for evitada. Lagunas descongeladas borbulham como refrigerante recém-servido no copo. Se virarmos uma tigela ou jarra de cabeça para baixo para capturar o gás, o metano pode ser queimado como em uma lâmpada de gás. Solos ricos em gelo com 10 metros de profundidade – um imenso reservatório de matéria orgânica – também estão se aquecendo da mesma maneira. Micróbios descongelados estão voltando à vida e liberando dióxido de carbono e metano à medida que decompõem os resíduos orgânicos.

A bacia de Kolyma é parte de um bioma maior chamado de estepe dos mamutes, que no passado foi a maior comunidade de flora e fauna existente em qualquer *habitat* importante da Terra. Estendia-se desde a Espanha até a Escandinávia, através de toda a Europa até a Eurásia, e depois para a ponte terrestre do Pacífico e para o Canadá. Durante 100 mil anos frescos e secos, a cobertura da estepe era essencialmente constituída por gramíneas, salgueiros, junças e arbustos, e era o lar de milhões de herbívoros e também dos carnívoros que os perseguiam. Em uma sucessão bastante rápida, a estepe mudou 11,7 mil anos atrás. As temperaturas e as chuvas aumentaram, e o mamute-lanudo extinguiu-se, exceto por duas populações remanescentes nas ilhas criadas pelos mares em elevação. A estepe contraiu-se e ficou restrita à área subpolar, e o vidoeiro-anão, o lariço, o musgo e as bagas substituíram grande parte das gramíneas que alimentavam a vida animal. Até recentemente, os cientistas acreditavam que o despovoamento da estepe dos mamutes tinha sido causado pela mudança climática e pelo desaparecimento das pastagens. Sergey Zimov perambulou e explorou minuciosamente a bacia e enxerga um passado completamente diferente.

Zimov acredita que a teoria da extinção está de ponta-cabeça e de trás para a frente. Antes do fim da Era do Gelo, há cerca de 13 mil anos, os caçadores espalharam-se pela Eurásia e chegaram até as Américas. Em busca de alimento, os caçado-

O cavalo yakut é uma raça rara e adaptada aos rigores da Sibéria. Com cerca de 1,40 m de comprimento, é um animal baixo, compacto e robusto. Esta imagem mostra um subtipo de cavalo yakut chamado Middle Kolyma. Esses animais foram trazidos para o vale do Kolyma pelo povo yakut no século XIII, e rapidamente se adaptaram ao frio extremo. O cavalo yakut sobrevive aos invernos escavando a neve com os cascos até chegar ao alimento soterrado. Os yakuts têm uma lenda que diz que quando o Criador estava distribuindo as riquezas do mundo, suas mãos congelaram ao chegar à Sibéria, e ele deixou cair tudo o que estava segurando. Isso explica a abundância, a riqueza e as criaturas extraordinárias de uma terra cheia de preciosidades.

res perseguiram os animais e os extirparam. Em um período relativamente curto, cinquenta espécies de grandes mamíferos foram caçadas até a extinção na Rússia, na América do Norte e do Sul – especialmente o mamute-lanudo, um animal lento e com abundância de carne. Depois do desaparecimento dos animais de pasto e dos ruminantes, a flora da estepe mudou. Lá se foram as gramíneas: seu lugar foi ocupado por árvores anãs e arbustos espinhosos, plantas inóspitas para os herbívoros que viviam das pastagens.

Para Zimov, ficou claro que o mamute e os herbívoros foram extirpados primeiro, o que alterou a paisagem. Considerando que o despovoamento da estepe dos mamutes ocorreu há muito tempo, sua conclusão tem peso de teoria. No entanto, é uma teoria fundamentada em décadas de caminhadas e exploração das regiões geladas da Sibéria. A descrição de Alexander von Humboldt sobre a mudança climática em 1831 foi concluída após uma longa jornada pela Rússia e Eurásia, não tendo sido uma teoria baseada em uma hipótese. Na ciência observacional, o que algo significa é menos importante do que na verdade aconteceu ou está acontecendo. O pesquisador descobre o que algo significa só depois de examinar minuciosamente, pesquisar e se tornar mais íntimo do fenômeno, espécie ou ecossistema em questão. Sergey Zimov é precisamente esse tipo de cientista. Como o também cientista Adam Wolf observou, as peregrinações e as excursões de Zimov pela estepe dos mamutes não foram contaminadas por comentários coletivos nem por artigos publicados sobre o que aconteceu naquela região. Zimov pôde perceber que a teoria segundo a qual a mudança climática teria antecedido a extinção do mamute-lanoso era incorreta. O peso e a inércia dos mamutes poderiam esmagar lariços, espinheiros e vidoeiros-anões e, juntamente com a pressão exercida pelos herbívoros, teriam evitado as mudanças na composição da flora.

A propagação da taiga, as florestas boreais de coníferas, em direção ao norte está mudando a dinâmica climática. Em vez de a neve refletir o calor de volta ao espaço, as árvores e suas folhas absorvem-no e o irradiam de novo para o solo. Embora a atmosfera esteja se aquecendo uniformemente à altitude de 18 mil metros, ao nível do solo as regiões árticas estão se aquecendo muito mais rapidamente do que as regiões temperadas e equatoriais, e as mudanças na flora estão entre as causas dessa aceleração.

Para povoar o Parque Pleistoceno, Sergey teve que implorar, pedir emprestado e comprar. O mamute-lanudo já se extinguiu há muito tempo. O bisonte-de-Bhering e os bois-almiscarados nativos também se foram. Ele trouxe do sul os cavalos yakut. O governo canadense doou bisontes. Sergey espera obter renas da Suécia e mais bois-almiscarados do Alasca. Esse cientista comprou um tanque russo obsoleto, o qual, ao percorrer a reserva, esmaga os arbustos e os lariços da mesma forma que um mamute faria e, em seu rastro cria uma trilha de capim-cevadinha para os anos vindouros. Duas das metas de Zimov: a doação de um carregamento de 5 mil bisontes-canadenses e a criação de um imposto mundial sobre o carbono que financiaria o repovoamento da estepe dos mamutes. A meros 5 dólares por tonelada de dióxido de carbono, a estepe congelada dos mamutes vale 8,5 trilhões de dólares.

Tal como acontece com a pastagem rotativa e com a agricultura regenerativa, a proposta de Zimov de repovoar a estepe dos mamutes consiste em uma prática de uso da terra que reverte uma longa tendência de degradação. É difícil imaginar que o ambiente selvagem das regiões subpolares seja realmente uma paisagem degradada, mas foi exatamente isso que Zimov demonstrou. Hoje, a biomassa de todos os animais que estão sendo criados, a maioria dos quais aprisionados e enjaulados em plantas industriais, totaliza perto de 1 bilhão de toneladas. O custo: desaparecimento dos recursos, perda da biodiversidade, solos degradados, carne insalubre e um clima em mudança. À primeira vista, a repopulação da estepe dos mamutes pode parecer uma missão esotérica. Na verdade, ela não difere de outras práticas de restauração – apenas é maior. A regeneração pode ser conseguida mediante a reabilitação das terras abandonadas do norte e sua reconversão em paisagens selvagens, devolvendo os animais que criaram as grandes pastagens sequestrantes de carbono outrora dominantes. Quando os herbívoros perambulavam livremente, a terra suportava o dobro de animais, em número e peso, que os criados pelos humanos em suas fazendas, confinamentos e fábricas de animais. Na estepe dos mamutes – considerada não propícia à vida para quase todos os animais, exceto para alguns muito resistentes –, seriam imensos os benefícios de sua devolução às suas origens selvagens.

FUTURAS ATRAÇÕES
CULTIVO DE PASTAGENS

Revelações divinas podem surgir quando sua fazenda de 809 hectares queima totalmente – dependências, árvores, 32 quilômetros de cercas, 3 mil ovelhas, tudo. Na década de 1970, Colin Seis herdou de seu pai a fazenda Winona, de seu avô, localizada em Nova Gales do Sul, na Austrália. Quando criança, Colin observava seu pai aplicando novas técnicas agrícolas para melhorar os rendimentos e a produtividade, mas os fertilizantes, os herbicidas e a prática da aragem desgastaram lentamente a fazenda. O solo se tornou compactado e ácido, a camada superficial media apenas 10 centímetros e o teor de carbono ficava abaixo de 1,5%. Os custos dispararam, mais produtos químicos foram usados, as árvores escureceram e a fazenda perdeu dinheiro. Então, em 1979, um incêndio na mata reduziu a cinzas o trabalho de três gerações.

Um dia, depois de se recuperar das queimaduras que sofreu durante o incêndio, Colin se viu em um bar com o amigo e fazendeiro Daryl Cluff. Ambos plantavam grãos anuais e criavam ovelhas que pastavam nos campos, e essas duas atividades ocorriam em partes separadas de suas fazendas. Capim lá, grãos aqui. Mas por quê? As pastagens tendiam a ser sobrepastoreadas, e todos os anos o arado de discos atacava a gleba destinada ao plantio de grãos, secando e descarbonizando o solo. Dez cervejas depois, os dois fazendeiros se perguntaram: por que as culturas anuais e as plantas perenes não podiam crescer na mesma terra e ao mesmo tempo? Por que a terra não podia ser fertilizada pelo pastejo entre culturas?

Naquela noite, surgiu uma visão que se tornaria a base para uma prática que hoje recebe o nome de cultivo de pastagens. Na terra cultivada com pastagem, o solo nunca é fraturado pelo arado. O plantio de culturas anuais em uma pastagem perene viva cria um ecossistema cada vez mais saudável a cada ano que passa. Uma relação complexa entre forbos, fungos, gramíneas, ervas e bactérias volta a tecer a teia da vida, e o resultado é mais saúde, resiliência e vitalidade do solo e das culturas, gramíneas e animais. E o agricultor colhe duas culturas da mesma terra: grãos e lã ou carne.

Na manhã seguinte, Seis e Cluff estavam sóbrios e aquela ainda parecia ser uma boa ideia. Seis abandonou imediatamente fertilizantes, herbicidas e pesticidas – uma decisão fácil porque ele estava completamente quebrado. Então vieram alguns anos de transição. A terra era como um alcoólatra em recuperação: estava viciada em fosfato de amônio. No início, os rendimentos não foram grandes, já que Seis precisava dar uma chance às gramíneas nativas para repovoarem os campos. Tendo em vista os teores mais baixos de proteína das plantas perenes, os animais tampouco se saíram muito bem no início. Os vizinhos não ficaram impressionados, mas Seis perseverou. Começou a empregar pastos rotativos em seus piquetes. E coisas começaram a acontecer – lucros, produtividade e saúde animal e do solo. Logo a regeneração da fazenda se tornou evidente para todos. Os custos caíram. Seis conseguia economizar 60 mil dólares por ano em combustível e insumos químicos dos quais ele não precisava mais. A fixação da água e do carbono no solo triplicou. A infestação de insetos praticamente desapareceu. Os lucros de sua criação de ovelhas cresceram junto com os rendimentos e a qualidade da lã, e as aves e os animais nativos retornaram.

Hoje, o cultivo das pastagens é praticado em mais de 2 mil fazendas na Austrália, e a técnica tem se espalhado por todo o mundo da agricultura nas regiões temperadas. Não importa quão dependente o mundo tenha se tornado das culturas anuais, e nem quão impensável isso possa parecer para as escolas de agricultura e para a grande agricultura corporativa: em algum momento, a agricultura vai ter que mudar para métodos sustentáveis e regenerativos se quisermos recuperar a fertilidade perdida e o carbono do solo. O cultivo de pastagens é singular em sua metodologia, pois aumenta o uso da terra por meio do cultivo duplo (grãos e animais), ao mesmo tempo que diminui o impacto e faz crescer o sequestro de carbono.

Colin Seis.

FUTURAS ATRAÇÕES
ACELERAÇÃO DO INTEMPERISMO DOS MINERAIS

Há bilhões de anos, não havia moléculas de oxigênio na atmosfera terrestre. Esta consistia em nitrogênio, vapor de água e dióxido de carbono (e possivelmente algum metano). Cianobactérias que fotossintetizam dióxido de carbono apareceram e começaram a produzir oxigênio. Muitas formas de vida, do fitoplâncton aos pinheiros, têm inalado dióxido de carbono e convertido-o em matéria sólida, depositando parte dela nos solos ou nos sedimentos oceânicos. Ciclos de carbono biologicamente sequestrados são responsáveis em parte pelas eras do gelo: à medida que os níveis de dióxido de carbono foram caindo, menos calor ficou retido na atmosfera, e as temperaturas despencaram. As eras do gelo que se seguiram reduziram em muito a atividade microbiana, terminando por interromper a remoção do dióxido de carbono. Ao longo de eras, vulcões ativos liberaram dióxido de carbono de volta à atmosfera – aquecendo o planeta –, e assim o ciclo se repetia. Em outras palavras, a biologia tem participação na relação entre o aquecimento e o resfriamento global.

Hoje, graças ao trabalho da Nasa, o público pode assistir a simulações das flutuações no ciclo anual do carbono. Essas animações demonstram com clareza a emissão de dióxido de carbono durante o final do outono, no inverno e no início da primavera, quando a vegetação do hemisfério norte fica dormente e as pessoas ativam seus sistemas de aquecimento movidos a combustível fóssil. Do final da primavera até o início do outono, ocorre exatamente o contrário. Apesar das emissões contínuas decorrentes do desmatamento e do uso dos carros e da eletricidade, grandes quantidades de dióxido de carbono – o equivalente a 5-6 partes por milhão – são sequestradas por gramíneas, arbustos e árvores e também pelas águas aquecidas, pelas mesmas cianobactérias cujos antepassados inauguraram o ciclo do carbono. O total anual gira em torno de 40 bilhões de toneladas de dióxido de carbono.

Também existe um ciclo lento do carbono. A história silenciosa, menos divulgada, é que, durante esta jornada de 3,7 bilhões de anos até a extraordinária biodiversidade atual, as rochas sequestraram muitos trilhões de toneladas de dióxido de carbono do ar. Todos os anos, o intemperismo natural das rochas remove aproximadamente 1 bilhão de toneladas de dióxido de carbono atmosférico. Vários tipos de rocha de silicato presentes na superfície da Terra são decompostos pelo dióxido de carbono ligeiramente ácido dissolvido na água da chuva; esse processo transforma o dióxido de carbono em carbonatos inorgânicos dissolvidos. Esses carbonatos acabam chegando aos riachos, rios e oceanos, onde finalmente se transformarão em carbonato de cálcio.

A aceleração do intemperismo dos minerais refere-se a um conjunto de tecnologias que objetivam apressar esse processo de forma sustentável. Um tipo de silicato que funcionaria bem na aceleração do intemperismo é a olivina, um mineral esver-

deado rico em magnésio e ferro. Uma via convencional para um intemperismo aprimorado envolve a mineração e moagem de rochas de silicato contendo a olivina, seguidas da aplicação do pó de rocha à terra e à água, de modo que o solo, os oceanos e a biota possam atuar como "reatores" para um intemperismo acelerado. O pó de rocha pode ser estrategicamente distribuído em várias paisagens, particularmente nas terras agrícolas, praias e mares energéticos pouco profundos. As tecnologias-chave para o aprimoramento do intemperismo já estão sendo usadas em escala regional para a fertilização e manejo da acidez dos solos agrícolas e florestais.

Para que a aceleração do processo de intemperismo interrompa completamente a acumulação de dióxido de carbono, um esforço insano seria necessário, envolvendo bilhões de toneladas de minerais espalhados por uma fração significativa da superfície terrestre. A seleção cuidadosa dos locais e o uso de recursos de superfície existentes, por exemplo, pilhas de rejeitos de antigas operações de mineração, pode oferecer oportunidades para o sequestro duradouro de uma fração significativa de emissões, o que minimizaria custos e riscos. O impacto ambiental da aceleração do intemperismo dos minerais poderia ter efeitos colaterais imprevisíveis e indesejados no meio ambiente e na atividade biológica; assim, haveria a necessidade de monitoramento e gerenciamento de risco cuidadosos.

Acredita-se que uma área potencialmente de alto impacto para a aplicação de minerais de olivina sejam as terras agrícolas nos trópicos, onde os solos são mais quentes e úmidos e possuem menos minerais que poderiam inibir a dissolução. Em termos gerais, se a olivina fosse aplicada a um terço das terras tropicais, ela poderia baixar o dióxido de carbono atmosférico entre 30 e 300 partes por milhão em 2100. Uma vantagem fundamental dos solos agrícolas é que eles já estão sendo manejados intensivamente, podem ser monitorados com facilidade e já são atendidos por infraestrutura. A implementação da aceleração do intemperismo de minerais em terras tropicais cultiváveis como um corretor do solo pode resultar em benefícios potenciais para os agroecossistemas, porque o pó de rocha pode funcionar como fertilizante das culturas.

Uma a duas toneladas de olivina em pó continuarão a sequestrar carbono por aproximadamente 30 anos em um clima temperado. Outros estudos sugerem que os locais ideais para a aplicação da olivina são os solos ácidos ou locais onde há chuva ácida, pois pHs mais baixos aceleram a taxa de dissolução dos minerais. Essas áreas englobam grandes partes da Europa e algumas partes dos EUA e Canadá. O intemperismo também pode ser usado na regeneração de florestas danificadas no leste Europeu, onde décadas de combustão de carvão de lignita acabaram por produzir algumas das chuvas mais ácidas do planeta ao longo de muitos anos. Nas regiões onde existem minas fechadas ou abandonadas, o uso de minerais dos rejeitos residuais poderia ser uma tática de desenvolvimento econômico útil para ajudar as comunidades.

Alguns cientistas acreditam que as taxas de erosão da olivina são normalmente subestimadas, pois na natureza os processos de intemperismo tendem a ocorrer muito mais rapidamente do que em laboratório. Um estudo demonstrou que as suposições prévias sobre as taxas de aceleração do intemperismo são excessivamente pessimistas, pois comprovou que o sequestro de dióxido de carbono era 10-20 vezes maior na natureza do que observado em laboratório. Alguns dos fatores bióticos que aceleram o intemperismo são os efeitos de líquens, bactérias do solo e fungos micorrízicos, que fornecem exsudatos contendo açúcar às bactérias que aceleram a dissolução dos minerais.

Mas há fatores limitantes significativos, por exemplo, o custo em carbono da implementação da aceleração do intemperismo dos minerais e o custo de capital da infraestrutura necessária para aumentar a escala de produção. A produção e a consequente redução da olivina até um tamanho que dissolvesse satisfatoriamente o dióxido de carbono exigiriam tanta energia que invalidariam até 80% do seu efeito positivo. A infraestrutura necessária seria a construção de novas minas, ferrovias e instalações para o transporte. Para que tenhamos uma ideia da escala, uma tonelada de olivina pode deslocar dois terços de tonelada de dióxido de carbono. O sequestro de 11 gigatoneladas de dióxido de carbono, equivalentes a cerca de 30% das emissões de combustíveis fósseis, exigiria a extração, transformação em pó e transporte de 16 bilhões de toneladas de rocha por ano – um pouco mais do que o dobro da produção da indústria do carvão.

Uma alternativa à aceleração "convencional" do intemperismo é espalhar o pó de silicato pela terra (e pelos oceanos) para a captura de dióxido de carbono. Atualmente, essa tecnologia ainda não foi batizada, mas seu conceito já foi comprovado. Em testes realizados na Islândia pela Energia Reykjavik e nos EUA pelo Pacific Northwest National Laboratory, um ramo do Departamento de Energia dos EUA, dióxido de carbono líquido foi depositado no subsolo, em cavernas de rocha vulcânica denominada basalto. Tal como acontece com a erosão pela olivina, o dióxido de carbono se combinou com o basalto, formando carbonatos sólidos chamados anquerita. Os cientistas apelidaram esse processo de intemperismo de alta velocidade. O professor Klaus Lackner, que dirige o Center for Negative Carbon Emissions da Universidade Estadual do Arizona, considerou os resultados um "imenso progresso". Chegou mesmo a declarar que "o basalto em terra e abaixo dos oceanos é tão abundante que, se puder ser controlado, teremos, de fato, uma capacidade ilimitada de armazenamento [para o dióxido de carbono]".

Até o momento, não foi realizado nenhum teste de campo para o intemperismo acelerado de minerais. Todos os números e previsões se fundamentam em dados laboratoriais, análogos naturais, análise de dados e simulações. O pressuposto básico é que aproximadamente 1 tonelada de dióxido de carbono pode ser sequestrada por cada tonelada de olivina extraída e aplicada. O custo por tonelada sequestrada é alto, entre 88 e 2.120 dólares, se forem consideradas as atuais análises. Tal como acontece com várias das soluções relatadas neste livro, parece que a globalização dessa solução acarretaria incertezas, impactos e possíveis fatores negativos que anulariam seus benefícios. No entanto, o processo é pouquíssimo diferente da aplicação de calcário ou minerais de silício ao solo – uma prática utilizada em todo o mundo. A partir de experimentos em solos agrícolas tropicais e em terras temperadas acidificadas, a aplicação de olivina pode revelar-se uma opção produtiva e benéfica.

Rocha de olivina ultramáfica em camadas, Duke Island, Alasca, EUA.

FUTURAS ATRAÇÕES

PERMACULTURA MARINHA

"O número de seres vivos de todas as Ordens, cuja existência depende intimamente da alga marinha, é maravilhoso. Pode-se escrever um grosso livro apenas com a descrição dos habitantes de um desses leitos de algas marinhas [...] Só posso comparar essas grandes florestas aquáticas [...] às florestas terrestres existentes nas regiões intertropicais. No entanto, se em qualquer país uma floresta for destruída, não acredito que nem de perto tantas espécies de animais pereceriam como aqui em decorrência da destruição das algas." – Charles Darwin, A viagem do Beagle

Em seu livro de 1989, *The end of nature* (O fim da natureza), Bill McKibben defende que a natureza não é mais uma força independente da atividade humana, mas um processo subordinado às alterações humanas, a maioria das quais tem efeito destrutivo para a vida. Recentemente, cientistas anunciaram que a civilização entrou em uma nova época, o Antropoceno, um período definido pela dominação humana do meio ambiente físico da Terra. Ele põe um fim no Holoceno, uma era "de ouro" que durou 11,7 mil anos de um clima benigno e estável – nem muito frio, nem muito quente –, exatamente ideal para o nascimento da civilização humana.

O pressuposto habitual a respeito da atividade humana é que ela torna a natureza pior, por mais bem-intencionada que seja. Mas nem sempre foi assim. A produtividade das pradarias de capim-elefante da região das Grandes Planícies, EUA, pode ser atribuída à ecologia das queimadas praticada pelos nativos norte-americanos. No livro *The primary source* (A fonte primária), de Norman Myers, o autor descreve a sensação de entrar em uma floresta primária "intacta" de 40 mil anos em Bornéu, juntamente com um etnobotânico. Ambos permaneceram em um determinado lugar durante o dia, enquanto o etnobotânico identificava para Myers os imponentes dipterocarpos e outras espécies da flora. No final das contas, toda a floresta tinha sido introduzida e plantada por seres humanos antes da última Era do Gelo. O agroecologista suíço Ernst Gotsch trabalha com terras desmatadas e desertificadas no Brasil e as restaura em uma questão de anos, formando luxuriantes fazendas florestais abundantes em alimentos. Em um vídeo no qual descreve seu trabalho, Gotsch pega um pouco de terra escura e úmida e proclama: "Estamos cultivando água".

Em outras palavras, a intervenção humana pode aumentar a vida selvagem, a fertilidade, o armazenamento de carbono, a diversidade, a água limpa e as chuvas. Este livro inteiro pergunta se, como espécie, podemos reverter o aquecimento global. Para que isso ocorra, é preciso reverter a extinção dos ecossistemas vivos. A permacultura marinha pode ser uma das maneiras mais extraordinárias de responder positivamente a essa pergunta.

Geralmente não falamos de oceanos e florestas na mesma frase, mas e se for possível reflorestar o oceano? O dr. Brian von Herzen dedica sua vida a essa ideia. Com um diploma de física da Universidade de Princeton e um Ph.D. do Institute of Technology da Califórnia, von Herzen teve uma carreira brilhante como consultor especializado em *design* eletrônico e engenharia de sistemas. Criou soluções para Intel, Disney, Pixar, Microsoft, HP e Dolby. Por aventura, pilotava seu Cessna 337 Skymaster através do Atlântico.

Os aviões modelo 337 são amplamente utilizados pelos bombeiros como aviões de observação. A pedido de amigos glaciologistas, von Herzen procurou lagoas formadas pelo degelo enquanto sobrevoava a camada de gelo da Groenlândia em 2001. Localizou algumas, pequenas. Dois anos depois, ao fazer o mesmo percurso, já eram centenas. Em 2005, havia milhares. Um ano depois, era possível observar lagos com mais de 10 quilômetros de comprimento e 30 metros de profundidade. Em 2012, 97% da camada de gelo superficial tinha derretido. Isso levou von Herzen a se concentrar em reverter o aquecimento global utilizando o único meio possível: aumentar a produção primária de sistemas vivos, especificamente nos oceanos. A produção primária é a criação de compostos orgânicos a partir de dióxido de carbono aquoso ou atmosférico por meio da fotossíntese. Isso é feito pelas algas e pelo fitoplâncton, as microscópicas plantas errantes que prosperam nos oceanos – um quarto de bilhão das quais cabe confortavelmente em uma xícara de água do mar.

Estamos falando de florestas de algas marinhas, centenas de milhares de hectares de plantações subaquáticas situadas no mar, florestas flutuantes no meio do oceano. Hoje, as florestas de algas cobrem 7,7 milhões de hectares. Em última análise, florestas de algas flutuantes poderiam fornecer alimentos, suporte, fertilizantes, fibras e biocombustíveis para a maior parte do planeta. As algas crescem muitas vezes mais rápido do que as árvores ou o bambu. Von Herzen deseja restaurar o deserto oceânico subtropical e sua produtividade de peixes com milhares de novas florestas de algas marinhas. A isso ele chama de *permacultura marinha*.

A situação nos oceanos é terrível. Metade do dióxido de carbono que é recuperado da atmosfera vai para os oceanos, causando acidificação na superfície. E mais de 90% do calor causado pelo aquecimento global é absorvido pelas águas superficiais, uma tendência que vem paulatinamente "apagando" a cadeia alimentar marinha. O que torna os oceanos produtivos são os ressurgimentos de água fria e rica em nutrientes vinda do fundo do mar. Ressurgimentos naturais ocorrem em todo o mundo, como nos Grand Banks da Terra Nova – o campo de pesca mais rico do mundo –, onde a gelada corrente do Labrador se encontra com a cálida corrente do Golfo. Esse fenômeno é conhecido como *circulação de revolvimento*.

À medida que as águas foram se aquecendo, ocorreu a expansão dos desertos oceânicos. Noventa e nove por cento dos oceanos subtropicais e tropicais estão praticamente desprovidos de vida marinha. As "bombas" dos oceanos, movimentadas pelos ventos e pelas correntes, estão sendo desligadas uma por vez. No Atlântico, imagens de satélite têm detectado um declínio de

---

O número de criaturas em um ecossistema de algas é extraordinário. A coralina, um coral ramificado parecido com o moliço, pode se incrustar em frondes e folhas; o choco, uma espécie de molusco, dardeja para dentro e fora do ambiente; ascídias multicoloridas, que são diminutos animais filtradores invertebrados, pintalgam e aderem às folhas ondulantes das algas. Nas superfícies planas, pode-se observar caracóis marinhos, lapas, outros moluscos e bivalves. Permeando essa ondulante paisagem, existem *krills*, camarões, cracas, piolhos-d'água, chocos e caranguejos. Ouriços-do-mar roem as hastes, e enguias-lobo, estrelas-do-mar e peixes-porco se alimentam desses organismos. Em meio a toda essa variada fauna, pululam peixes forrageiros diminutos, salmões-eperlanos, peixes-agulha e peixes-rei. E circulando pelas águas em torno do denso crescimento das algas, cintilantes peixes caçadores se alimentarão de outros peixes, suas presas (inspirado em Darwin).

4-8% por ano na atividade biológica – percentual que extrapola as previsões obtidas com os modelos de aquecimento global.

A água quente reduz a circulação de revolvimento ao longo das termoclinas, que são os gradientes de temperatura nos oceanos. À medida que aumenta o aquecimento da água superficial, as correntes se tornam lentas ou ficam desorganizadas, e o ressurgimento dos nutrientes diminui ou cessa completamente. Cai a produção de fitoplâncton e algas marinhas; subsequentemente, deteriora-se a cadeia alimentar aquática. O fitoplâncton é diminuto, mas o declínio anual de 1% no plâncton dos oceanos e nas algas marinhas é absolutamente significativo: esses organismos compreendem metade da matéria orgânica na Terra e produzem pelo menos metade do oxigênio de nosso planeta.

O que von Herzen propõe restauraria a circulação de revolvimento nos oceanos subtropicais. O emprego de agrupamentos de permacultura marinha (*marine permaculture arrays*, MPAs) com área de 1 quilômetro quadrado – situados em alto-mar e longe da costa – recriaria ecossistemas marinhos inteiros. Seria como o reflorestamento de um deserto – nesse caso, um deserto oceânico. Imagine uma leve estrutura em treliça construída com tubos interligados, submersa 25 metros abaixo do nível do mar, à qual as algas podem aderir. Esses agrupamentos podem ficar fixados perto da terra, ou podem auto-orientar-se em mar aberto. Elas ficam a uma profundidade suficiente para que os maiores navios de carga e os petroleiros naveguem diretamente sobre elas sem causar nenhum dano, salvo algumas algas trituradas.

As boias presas aos MPAs oscilam com as ondas, e esse movimento põe em funcionamento bombas que trazem para cima as águas mais frias provenientes de muitas centenas de metros abaixo do nível do mar. À medida que as águas carregadas de nutrientes chegam à superfície iluminada pelo sol, as diversas algas marinhas absorvem os nutrientes e crescem. E logo se segue o que é chamado de pirâmide trófica. Juntamente com o fitoplâncton vêm algas de diversos tipos, como o *kelp* e a relva-do-mar. Essas espécies alimentam peixes forrageiros herbívoros, animais filtradores, crustáceos e ouriços-do-mar. Então, os peixes carnívoros se banqueteiam com os peixes herbívoros menores, e focas, leões-marinhos e lontras-marinhas, por sua vez, se alimentam desses peixes. No topo dessa cadeia alimentar estão as aves marinhas, os tubarões... e os pescadores. O fitoplâncton e as algas não consumidos morrem, e a maior parte cai no mar profundo, resultando no sequestro de carbono durante séculos na forma de carbonatos e de carbono dissolvido.

Frequentemente, o oceano é considerado como uma única entidade fluida, mas nada pode estar mais distante da verdade. A maior parte do carbono emitido pela atividade humana está contida nos 150 metros superiores do oceano conhecidos como zona fótica. Essa camada está acumulando carbono de modo significativamente mais rápido do que o resto do oceano. Na sua totalidade, o oceano armazena 55 vezes mais carbono do que o que está contido em toda a atmosfera. Visto de outra maneira, se todo o carbono na atmosfera fosse removido e armazenado uniformemente por todo o oceano, o aumento de carbono no oceano seria inferior a 2%. Assim, trata-se principalmente de uma questão de mover o carbono da zona fótica próxima à superfície para as partes média e profunda do oceano. Os oceanos fazem naturalmente um ótimo trabalho enviando carbono das águas superficiais para as profundezas, um processo conhecido como bomba biológica. A permacultura marinha reforça o funcionamento da bomba biológica para que os oceanos possam fazer o trabalho que sempre fizeram.

As colheitas de algas podem produzir alimentos, comida para peixes, fertilizantes (incluindo nitratos, fosfatos e potássios) e biocombustíveis. Cada tonelada seca de *kelp* sequestra 1 tonelada de dióxido de carbono. As populações de peixes aumentarão; essas serão as fazendas de peixes definitivas (aquicultura de alcance livre), exceto pelo fato de que os peixes serão diversificados, "selvagens", não contaminados e repletos de ácidos graxos ômega-3. Em grupos maiores, os MPAs podem proteger sazonalmente os litorais dos piores efeitos dos furacões, ao baixar a temperatura da água superficial e diminuir a energia de que dependem os furacões. É possível proteger sazonalmente os recifes do branqueamento (isto é, morte) induzido termicamente. Considerando que apenas o furacão Katrina custou 108 bilhões de dólares e que o ano de 2015 testemunhou 22 furacões de categoria 4 ou 5, essa pode ser uma solução economicamente efetiva. Estima-se que os custos materiais cheguem a 6,76 milhões de dólares por quilômetro quadrado. Com 1 milhão de MPAs ativos ao longo de trinta anos, a redução de dióxido de carbono seria igual a 12,1 partes por milhão, ou 102 bilhões de toneladas. O retorno econômico excederia 10 trilhões de dólares. No papel, a proteína dos pesqueiros restaurados poderia atender às necessidades de proteína da maioria dos habitantes da Terra. É possível que, com a implementação dos MPAs, os seres humanos passem a ser agentes de restauração e de aumento da produtividade das florestas de peixes e algas.

FUTURAS ATRAÇÕES
SILVOPASTAGEM INTENSIVA

A silvopastagem é uma forma comum de agrossilvicultura, praticada hoje em 142 milhões de hectares em todo o mundo. A teoria é simples: trata-se da combinação de árvores ou arbustos lenhosos e pastagens com o objetivo de promover maiores rendimentos. O gado engorda mais rápido e fornece carne de melhor sabor, comparativamente a qualquer outro sistema. Raramente pecuária e atenuação climática são palavras empregadas na mesma frase; mas a silvopastagem sequestra até três vezes mais carbono por hectare do que o pastoreio empregado isoladamente – variando de 2,5-10 toneladas por hectare nos trópicos e com média de 5,9 toneladas nas regiões temperadas.

O que acontece se o processo de silvopastagem for intensificado? Se for adicionado mais gado, se forem plantados diferentes tipos de árvores e se as rotações do gado forem mais rápidas? Parece ser um contrassenso que tais procedimentos possam ter efeito benéfico para a terra e o clima, bem como para a saúde humana – mas é exatamente isso que ocorre. Um grande volume de dados mostra como os sistemas convencionais de criação de gado, envolvendo confinamentos e procedimentos acelerados de engorda, estão entre os fatores contributivos mais significativos para a mudança climática, se não forem os maiores. Surpreende que os próprios fazendeiros tenham desenvolvido um sistema intensivo de silvopastagem que simplesmente é um dos meios mais efetivos conhecidos para o sequestro de carbono. Desenvolvido pela primeira vez na Austrália na década de 1970, disseminando-se então pelos trópicos, o sistema parece caótico para o observador não treinado. Para alguém acostumado a campos absolutamente arrumados, com alas de cultivo orientadas a *laser*, a silvopastagem intensiva se parece mais com uma selva desorganizada. Em áreas onde fazendeiros e agricultores sofrem com padrões voláteis e incertos de chuvas e calor, os sistemas intensivos de silvopastagem transbordam de vida. Extremos na variação climática tornam a pecuária um negócio mais arriscado, senão ruinoso, porque as pastagens dependem completamente dos recursos naturais disponíveis, incluindo a pluviosidade. Por outro lado, a silvopastagem intensiva cria resiliência aumentando a densidade da flora e da fauna.

A maioria dos sistemas de silvopastagem intensivos tem como aspecto central o uso de um arbusto leguminoso, comestível e de crescimento rápido. *Leucaena leucocephala*, plantada na base de cerca de 10 mil mudas por hectare, é intercalada com gramíneas e árvores nativas. Esses sistemas intensivos requerem regimes rápidos de pastagem rotativa. São utilizadas cercas elétricas que permitem visitas a cada pasto cercado durante 1-2 dias, com períodos intercalados de repouso de quarenta dias. As árvores quebram o vento e melhoram a retenção de água, o que resulta em um aumento da biomassa. A combinação de espécimes da flora pode fazer com que as temperaturas ambientes nos trópicos caiam em 8-13°C, o que aumenta a umidade e faz com que as plantas cresçam mais. A biodiversidade das espécies simplesmente duplica nos sistemas intensivos de silvopastagem. As taxas de lotação quase triplicam. A produção de carne em quilos por hectare por ano é 4-10 vezes maior, comparativamente aos sistemas convencionais. O teor de tanino da *Leucaena leucocephala* parece proteger a degradação das proteínas no rúmen do gado, reduzindo as emissões de metano. Isso explica em parte o aumento significativo de peso dos animais criados no sistema de silvopastagem intensiva. E, durante a estação seca, as sementes de *Leucaena leucocephala* podem ser colhidas – aumentando a renda em mais de 4.450 dólares por hectare. A *Leucaena leucocephala* é uma invasora na Flórida e em muitos outros locais, além de tóxica para animais monogástricos como os humanos e os cavalos. Nos EUA e nas terras altas tropicais em todo o mundo, outras espécies estão sendo testadas. A chave para a silvopastagem intensiva é uma planta lenhosa de rápido crescimento e rica em proteína capaz de fazer face ao pastoreio pesado e que, além disso, rebrote rapidamente. Até agora, na Austrália tropical e na América Latina a *Leucaena* já foi aprovada.

Atualmente, a silvopastagem intensiva é praticada em mais de 200 mil hectares na Austrália, Colômbia e México. Na Colômbia e no México, os produtores cultivam árvores frutíferas, palmeiras e árvores para madeira, com o objetivo de aumentar ainda mais a renda. Pode parecer bom demais para ser verdade, mas há mais um dado significativo: em um estudo de cinco anos sobre a silvopastagem intensiva com cultura intercalar com árvores, gramíneas e *Leucaena leucocephala*, a taxa de sequestro de carbono ultrapassou aproximadamente 7 toneladas por hectare, uma taxa alta para qualquer uso da terra.

FUTURAS ATRAÇÕES
FOLHA ARTIFICIAL

Durante décadas, um grupo dedicado de cientistas tentou replicar a fotossíntese natural em uma folha de planta artificial e criar combustíveis diretamente da atmosfera, com energia da luz solar. A recompensa é evidente; quase toda a energia vem do sol, e a maior parte dela é resultante da fotossíntese. (Nós obtemos energia sob a forma de alimentos vegetais ou derivados das plantas, como o petróleo, gás, turfa, carvão, madeira e etanol.) A fotossíntese parece algo simples: entram água, luz solar e dióxido de carbono; saem carboidratos e oxigênio. Mas a tentativa de satisfazer o crescente apetite do planeta por energia com o uso da fotossíntese natural não é viável.

Quando cultivamos milho, álamos ou capim *Panicum virgatum* para a geração de biocombustíveis, há significativa desvantagem em termos de eficiência energética. As plantas convertem a luz solar sem esforço e sem falhas; no entanto, quando se trata de converter fótons em energia útil armazenada, essa eficiência é de apenas 1%. No caso do milho, o fazendeiro tem que preparar os campos com tratores a diesel, provavelmente usar herbicidas para controlar as ervas daninhas, colher a safra com colheitadeiras e transportar sua colheita a distâncias de muitos quilômetros para ser processada. Na planta de processamento, o milho é moído, transformado em massa, misturado com enzimas e amônia, cozido para matar bactérias, liquefeito e, em seguida, fermentado durante alguns dias com levedura para que os açúcares sejam convertidos em etanol. A partir desse ponto, o produto é destilado e centrifugado. Os sólidos são separados e o líquido segue para uma peneira molecular. O dióxido de carbono é capturado e vendido para fabricantes de refrigerantes. Desnaturantes são adicionados para que o álcool fique não tributável (nos EUA) e intragável. Finalmente, o álcool segue para os tanques de armazenamento, e depois para caminhões-tanque que o levam para as refinarias, onde será misturado à gasolina.

A indústria chama isso de combustível renovável, mas isso é exagerar o significado do conceito. O processo é altamente dependente de diesel, petróleo, gasolina, eletricidade e subsídios. Feitas todas as contas, o etanol à base de milho produz pouca energia mais do que a empregada na sua produção. Se nessa conta forem somadas as emissões do uso da terra, o esgotamento das águas subterrâneas, a perda da biodiversidade e os impactos causados pelos fertilizantes nitrogenados, o benefício para a atmosfera será discutível. O maior e melhor uso do milho é como alimento básico para pessoas com fome, e não como etanol alimentando um SUV.

Imaginemos, então, que fosse possível prescindir de fazendas, fertilizantes, tratores, caminhões, plantas de processamento e subsídios e criar combustível a partir de água e de dióxido de

Daniel Nocera.

carbono, onde quer que você e a água residam. Esse é o objetivo do projeto da folha artificial, fundamentado por Daniel Nocera há mais de duas décadas.

Nocera é professor de ciência da energia na Universidade de Harvard e vem se dedicando à divisão da água em hidrogênio e oxigênio desde sua pós-graduação na Caltech no início dos anos 1980. Seu trabalho começou como um meio de estimular e fortalecer a economia de hidrogênio. As versões iniciais de sua tecnologia consistiam em uma folha delgada de silício revestida com um catalisador de cobalto-níquel em um dos lados. Quando a folha era colocada em um recipiente contendo água, esse catalisador fazia, de um de seus lados, o hidrogênio borbulhar até a superfície. Do outro lado, o mesmo acontecia com o oxigênio. No início, a imprensa fez elogios rasgados e exagerou as implicações da tecnologia. O próprio Nocera profetizou os benefícios que seriam concedidos aos pobres. O cientista descreveu como o gás hidrogênio poderia ser queimado para cozinhar, ou ser transformado em eletricidade por meio de uma célula de combustível. Mas o que uma pessoa pobre consegue fazer com um cilindro de hidrogênio? Nada... até agora, a menos que tenha uma célula de combustível, que é tecnologia cara. Foi um avanço científico sem nenhuma aplicação econômica.

O hidrogênio é o elemento mais leve do universo e se dispersa como fogo-fátuo. Embora 1 quilo de hidrogênio contenha três vezes mais energia do que 1 quilo de gasolina, a obtenção de 1 quilo desse gás é um processo complicado que requer equipamentos, tanques de alta pressão e compressores. A geração de energia suficiente para uma família demandaria uma lâmina de silício do tamanho de uma folha de madeira compensada, além de um tanque equivalente a três banheiras. Nocera estava concentrado em fornecer energia acessível para os pobres, mas pouco refletiu sobre como os pobres poderiam efetivamente fazer eletricidade. Apesar disso, Nocera estava determinado a inventar uma fonte de energia e uma tecnologia que pudessem ser compartilhadas por todos – um conceito que ele atribui ao seu *status* de fã da banda The Greatful Dead na década de 1970. Essa banda de rock estava décadas à frente de seu tempo com seu conceito de compartilhamento de músicas, uma ideia que terminou liquidando a indústria musical. A banda permitia e até incentivava as pessoas a fazerem gravações durante seus concertos, e até hoje há sites dedicados ao compartilhamento e troca dessas faixas. Seria esse conceito aplicável a uma tecnologia de energia?

Nocera acredita que sim.

E também acredita que, ao se concentrar em tecnologias que beneficiem aqueles mais carentes, toda a sociedade seria maximamente beneficiada. Durante muitos anos, Nocera respondeu aos céticos declarando que, se o mesmo volume de dinheiro investido em baterias fosse investido na fotossíntese artificial, os avanços ocorreriam mais depressa.

E esse avanço ocorreu. Em 3 de junho de 2016, Nocera e sua colega Pamela Silver anunciaram a bem-sucedida criação de combustíveis com alta densidade energética mediante a combinação de energia solar, água e dióxido de carbono. Utilizando dois catalisadores, produziram hidrogênio livre a partir da água, que, em seguida, é fornecido à bactéria *Ralstonia eutropha*, que sintetiza combustível líquido. Quando as bactérias recebem dióxido de carbono puro, o processo fica dez vezes mais eficiente do que a fotossíntese. Se o dióxido de carbono for retirado do ar, obtém-se 3-4 vezes mais eficiência.

Até recentemente, Nocera vinha se concentrando na química inorgânica para a geração do gás hidrogênio. Ao perceber o hidrogênio não como uma fonte de energia para as pessoas, mas como alimento para a produção de energia pelas bactérias, o cientista e sua equipe em Harvard deram um gigantesco passo em direção a seu objetivo original: energia barata feita com luz do sol e água. E também bactérias. No final das contas, talvez o sonho da fotossíntese artificial economicamente viável não seja tão artificial assim.

FUTURAS ATRAÇÕES
VEÍCULOS AU

Uma mulher usa um telefone celular enquanto caminha na frente de um veículo autônomo autodirecionado num teste realizado em uma zona de pedestres durante um evento de mídia em Milton Keynes, ao norte de Londres, em 11 de outubro de 2016. Nessa ocasião, veículos sem motorista transportando passageiros trafegaram pela primeira vez pelas ruas da Inglaterra, em um experimento histórico que pode abrir caminho para sua introdução em todo o país.

"Caminhei à volta do curioso veículo e finalmente decidi entrar no carro [...] Entrei e sentei, já com uma sensação estranha pela ausência completa do volante e da alavanca de mudança de marchas. Mas observei um grande número de mostradores no painel; e alguma coisa estava funcionando silenciosamente em algum ponto do motor. Em seguida, ouvi um 'clic-clac' e um zumbido do motor, e o carro começou a afastar-se suavemente do meio-fio. O veículo deslizou até o meio da rua, aumentou a velocidade e em seguida contornou uma esquina à direita. Reduziu a velocidade para duas mulheres que estavam atravessando a rua e evitou um caminhão vindo em nossa direção. Tive um sentimento estranho sentado naquela coisa, que estava me conduzindo automaticamente. Então, de repente percebi que aqui estava eu, sozinho naquela coisa, numa rua desconhecida, numa cidade desconhecida, transitando a uma velocidade alta demais para poder pular para fora, e rapidamente me afastando dos lugares que me eram familiares." – Miles J. Breuer (médico), Paradise and Iron (Paraíso e ferro, livro de 1930)

Os veículos autônomos (VAs) podem ser a tecnologia revolucionária definitiva. A origem da palavra "autônomo" provém do grego *autonomos*, "que tem suas próprias leis". Aplicado a um veículo, "autônomo" significa que ele segue suas próprias leis e regras, não as nossas. Veículos autodirigidos estão sendo programados, projetados, testados e preparados com uma rapidez singular. Literalmente, há trilhões de dólares em jogo. Embora a ideia dos veículos autodirigidos remonte a mais de noventa anos, o que transformará radicalmente as cidades, estradas, casas, trabalho e vidas é a recente convergência de sensores de movimento, GPS, veículos elétricos, a ciência do *big data*, radar, varredura a *laser*, visão computacional e inteligência artificial. Nos EUA, o Instituto de Engenheiros Eletricistas e Eletrônicos prevê que em 2040 os VAs abarcarão uma fatia de 75% dos veículos rodoviários, embora haja muitos obstáculos legais e regulamentares a superar antes que isso possa se tornar realidade. Ainda *não está* claro se os VAs terão impacto benigno, neutro ou negativo na sociedade. Os especialistas têm posições conflitantes.

O modo de posse e uso dos carros atualmente não poderia ser menos eficiente. Cerca de 96% deles são de propriedade particular; os norte-americanos gastam 2 trilhões de dólares por ano na propriedade de carros, que são usados apenas em 4% do tempo. O moderno automóvel não é uma máquina de dirigir, mas uma máquina de estacionar para a qual foram construídas 700 milhões de vagas de estacionamento – uma área equivalente ao estado de Connecticut. Se ocorresse uma mudança na população e todos passassem a considerar a mobilidade como um serviço – e não como a propriedade privada de um conjunto de aço, vidro, plástico e borracha pesando 2 toneladas, com um seguro caríssimo e que, além disso, emite dióxido de carbono e poluentes que destroem a saúde –, a economia com materiais, infraestrutura e cuidados com a saúde seria imensa. Mas isso não é evidente. Os veículos elétricos são pelo menos quatro vezes mais eficientes do que os veículos a gasolina em termos de uso geral de energia – e para os gases de efeito estufa, esse será o principal benefício promovido pelos veículos autônomos.

Seria tarefa difícil discutir as funcionalidades tecnológicas básicas da tecnologia dos VAs sem levar em conta outras três áreas paralelas e complementares de pesquisa e prática: veículos compartilhados, veículos sob demanda e tecnologia de veículos conectados.

- *Os veículos compartilhados* permitem maior ocupação do veículo por meio da facilitação de viagens compartilhadas, nas quais os "caronas" estão se deslocando em direções semelhantes. Lyft Line e UberPool são duas plataformas comuns que já fornecem esse serviço.
- *Os veículos sob demanda* podem ser solicitados pelos clientes e devem comparecer em período de tempo razoável com um motorista – um serviço já em funcionamento por meio de aplicativos. Autonomia significa que o carro chegará até o requisitante sem motorista.
- *Os veículos conectados* serão equipados com funcionalidades de comunicação entre os veículos e entre o veículo e a infraestrutura. Isso permite que esses veículos coletem e compartilhem dados com outros veículos, estradas, semáforos etc. em tempo real, de modo a facilitar o fluxo do tráfego e aumentar a segurança. Até agora, as empresas que competem nesse mercado não estabeleceram um acordo para que se tenha uma comunicação entre os veículos ou entre o veículo e a infraestrutura. Essa situação seria improdutiva, pois essa comunicação, em combinação com a inteligência artificial a bordo, equiparia os veículos para um aprendizado constante, ficando cada vez mais inteligentes com relação à geografia, ruas, situações e destinos.

As vantagens ecológicas potenciais dos veículos autônomos são numerosas, mas não são inevitáveis. Em sua maioria, os modelos atuais de demonstração de VA são construídos com base em veículos oriundos de linhas de produção existentes, com o acréscimo pós-venda de pacotes de sensores. Os modelos conceituais de veículos autônomos atualmente em teste e propostos são menores, mais aerodinâmicos e com a capacidade de formar um "pelotão", isto é, um grupo de veículos que se deslocam um atrás do outro, se tiverem pistas exclusivas, beneficiando-se do arrasto como os ciclistas ao rodarem em pelotão. No entanto, a transição para pistas exclusivas pode demorar décadas. Se os veículos autônomos forem compartilhados entre algumas pessoas, o congestionamento diminuirá. Os carros não vão mais dar a volta no quarteirão procurando um lugar para estacionar; em vez disso, vão pegar outro passageiro. A autonomia acelerará a adoção de veículos elétricos, porque quase todos os deslocamentos são locais – portanto, dentro da capacidade da bateria. Veículos menores e eficientes podem reduzir a largura das ruas e liberar terra para outros usos.

Mas a mudança para os veículos autônomos talvez seja confusa. São inúmeros os obstáculos à transição. A tecnologia é cara e seu desempenho deve levar em conta tolerâncias rigorosas em todas as condições possíveis; nenhum erro é aceitável quando estão em jogo as vidas de motoristas, passageiros e pedestres. A inter-relação entre a funcionalidade dos VAs e o cenário regulatório pode ser lenta, e os estatutos poderão diferir dependendo do local. Por um tempo considerável, os VAs vão interagir com motoristas de veículos não autônomos, sem meios de se comunicar ou receber comunicação. O maior impedimento pode ser o grau de enraizamento do desejo de possuir um carro próprio. É provável que os automóveis tradicionais de propriedade privada sejam os principais concorrentes dos VAs, tanto cultural como

Ônibus Navly na Lyon Confluence, em Lyon, França. Sem condutor, autônomo e totalmente elétrico, o ônibus transporta passageiros entre a área comercial da Confluence e a ponta da península. Equipado com *lasers*, câmeras e com um GPS de alta precisão, o ônibus Navly chegará a 25 km/h, mas oferecerá segurança tanto para seus passageiros como para os pedestres.

funcionalmente. Eles são símbolos de liberdade pessoal – e não apenas nos EUA –, e sua supressão não será tarefa simples para os futuros robôs de quatro rodas. Pode ser necessária uma mudança de atitude de toda uma geração. Pessoas sem um carro na garagem podem se sentir marginalizadas ou enclausuradas.

Poderia haver uma significativa revolta popular contra os veículos autônomos, como foi prenunciado pelos raivosos movimentos dos taxistas contra o Uber nas cidades europeias e na Califórnia. Os custos despencarão se o seu táxi não tiver um motorista, e nada vai interromper essa tendência. Por outro lado, um cenário futuro possível é o de pessoas proibidas de dirigir porque, em um mundo de veículos autoguiados e conectados, motoristas individuais serão um perigo para todos os demais. O futurólogo Thomas Frey fez uma lista das coisas que desaparecerão na era do carro sem motorista, e no topo dessa lista estão os motoristas. Motoristas indesejados: de taxi, Uber, UPS, FedEx, ônibus, caminhões e carros urbanos. Também descartados: agentes de seguros, vendedores de automóveis, gerentes de crédito, reguladores de sinistros para as seguradoras, empréstimos bancários e repórteres de trânsito na mídia. O que aconteceu com a fita cassete está por vir para: os volantes, odômetros, aceleradores, postos de gasolina, a Associação Automobilística Norte-americana e a miríade de estabelecimentos para atendimento de seus próprios carros, desde oficinas de lanternagem até lavagens de carros. E nos livraremos também: da agressividade no trânsito, dos acidentes, de 90% ou mais de todas as lesões e mortes relacionadas ao automóvel, das escolas para motoristas, se perder no trânsito, concessionárias de automóveis, multas, policiais de trânsito e engarrafamentos.

A indústria dos automóveis e dos caminhões causa um impacto desproporcional ao clima. Esses veículos são responsáveis por um quinto de todas as emissões de gases de efeito estufa, e isso não inclui a construção e manutenção de ruas, rodovias e outras infraestruturas pertinentes. Juntamente com uma redução nos gases de efeito estufa, poderia ocorrer a perda de milhões de empregos. (Comparemos a atualmente defunta Blockbuster com a Netflix para ter uma ideia do que isso poderá significar para os empregos em geral.)

Assim como as autoestradas e a indústria automotiva transformaram as cidades, também os VAs o farão. O número de quilômetros trafegados poderia aumentar, não diminuir. A razão é simples: quando o custo de um serviço ou objeto diminui, o consumo invariavelmente aumenta. A reserva de um carro automatizado que venha nos pegar em casa poderá prenunciar um maior afastamento da cidade pelas pessoas, sobretudo se o passageiro puder trabalhar dentro do carro em vez de dirigir.

É comum que empresas pioneiras no campo tenham uma visão otimista da convergência do compartilhamento do carro e da autonomia. Nos EUA, há estimativas prevendo que a frota total de veículos diminuirá em 50-60%. John Zimmer, cofundador da Lyft, chama isso de "terceira revolução do transporte". Esse termo descreve uma paisagem urbana e suburbana transformada, construída para pessoas e não para os carros. Os veículos autônomos sob demanda permitirão que a grande maioria dos moradores da cidade abandone a propriedade do carro, com economias significativas para si mesmos e para suas cidades. Considerando o enorme aborrecimento de possuir um carro em um ambiente urbano e o custo médio, nos EUA, de propriedade da ordem de 9 mil dólares anuais, o modelo de pagamento por demanda para os VAs atrairá tanto ricos quanto pobres. A grande dificuldade em todo esse cenário é a hora do *rush*. A menos que as pessoas estejam dispostas a compartilhar carros autônomos, como ocorre com o Lyft Line, um serviço já em operação, o número de veículos autônomos ociosos em ambientes urbanos densos ou nas sedes das grandes empresas corporativas suburbanas superaria as vantagens.

A outra mudança é a urbanização. Por volta de 2050, mais de 100 milhões de pessoas habitarão as cidades norte-americanas. Como serão essas cidades? Claramente, terão maior densidade. É provável que haja menos veículos *per capita*, embora haja argumentos persuasivos contrários a essa conclusão. A paisagem urbana poderia se transformar em áreas orientadas para as pessoas, com calçadas mais amplas, ruas mais estreitas, mais árvores e plantas, maior número de ciclovias e estacionamentos convertidos em parques. A ênfase mudará do transporte para a comunidade.

A forma urbana das cidades – seu leiaute, ruas, estruturas e padrões físicos – poderá mudar drasticamente se a mobilidade autônoma vier a ser um serviço funcional bem planejado. Hoje em dia, todas as cidades são barulhentas e apinhadas, e a origem desse barulho e dessa aglomeração são os veículos na maioria esmagadora das vezes. Em contraste, os veículos elétricos fazem pouco ruído. Se os veículos autônomos forem ocupados por apenas um passageiro, ou se simplesmente rodarem sem ninguém em seu interior, pouco ajudarão as cidades ou o planeta. Se os VAs forem postos em serviço em pistas exclusivas e sem a presença de motoristas humanos, seus impactos poderão ser significativos e benéficos, algo que o planejador urbano Peter Calthorpe chama de "trânsito de massa autônomo".

FUTURAS ATRAÇÕES
ENERGIA DAS ONDAS EM ESTADO SÓLIDO

A força cinética dos oceanos é extraordinária – algo em torno de 80 mil terawatts por hora de energia anualmente. Trata-se de um volume surpreendente de energia – o suficiente para alimentar pelo menos 100 vezes as necessidades humanas. Um único terawatt equivale a 1 trilhão de watts, o suficiente para fornecer eletricidade a 33 milhões de lares dos EUA a cada ano. Como a água é quase mil vezes mais densa do que o ar, turbinas aquáticas são tecnicamente mais eficientes que turbinas eólicas. O problema das tecnologias de energia das ondas é a ineficiência econômica. Essas tecnologias dependem de peças móveis que possam suportar as pressões e a corrosão dos mares profundos. A energia bruta existente nos oceanos pode facilmente se transformar no colapso da energia das ondas.

A Oscilla Power, uma empresa de Seattle, nos EUA, criou uma tecnologia de energia das ondas que converte a energia cinética do oceano sem a necessidade de partes móveis externas. Em princípio, a tecnologia é simples. Consiste em um grande flutuador de estado sólido pousado na superfície da água. Dentro da superfície do flutuador existem ímãs; fora, existem barras feitas com uma liga de ferro e alumínio. Ao serem comprimidas e descomprimidas, as barras sofrem mudanças de tensão, que são convertidas em eletricidade por bobinas enroladas em torno das hastes. O que provoca a compressão é uma grande placa de elevação de concreto submersa, presa por cabos. Essa placa funciona como uma âncora, impedindo que o flutuador de estado sólido se movimente com a subida e descida das ondas superficiais. Com isso, são gerados pulsos compressivos em seu interior. As elevações, o passo, as calhas, as cristas e o rolar das águas superficiais oceânicas criam um fluxo constante de compressão e, portanto, de eletricidade. O cálculo do peso da placa de elevação, a configuração do campo magnético no qual as barras de liga são comprimidas e a distribuição geral da massa do sistema em resposta à cinética da superfície do oceano são cálculos complexos, cujo objetivo é obter o melhor resultado. Contudo, uma vez definidos os parâmetros, a mecânica é bastante simples, graças à inexistência de turbinas, lâminas, motores e outras peças móveis.

Qualquer tecnologia que capture uma pequena fração da energia cinética do oceano constituiria uma conquista surpreendente – se ela fosse economicamente viável. Viabilidade implica manutenção, peças de reposição, manutenção em alto mar e cabos subaquáticos para a transferência da energia. As qualidades da energia do oceano que tornam tão atrativo o poder das ondas são as mesmas qualidades que podem colocá-la além do alcance humano: trata-se de uma força intensa, aleatória e poderosa. A energia das ondas de estado sólido elimina alguns dos principais problemas que afligiram outras empresas pioneiras no campo. Essa tecnologia pode ser a solução. Ou talvez essa solução ainda esteja por vir. Seja hoje, seja no futuro, o oceano continua a ser a maior fonte de energia renovável na Terra ainda não utilizada.

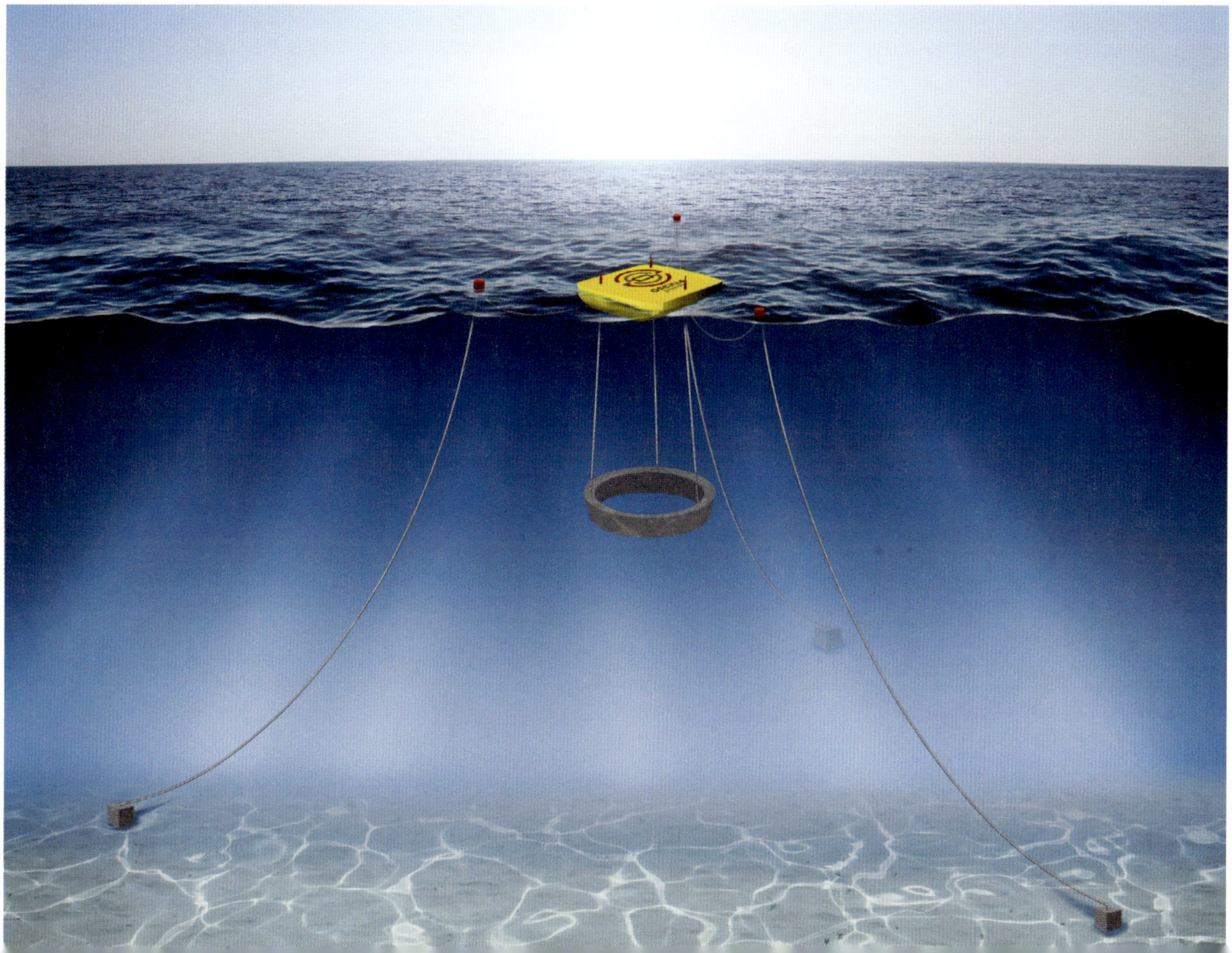

FUTURAS ATRAÇÕES
EDIFÍCIOS VIVOS

Em 2000, o Conselho de Edificações Sustentáveis dos EUA publicou seu programa de certificação em Liderança em Energia e *Design* Ambiental (LEED) como uma forma de medir e destacar os edifícios mais sustentáveis. A LEED e suas várias honrarias "metálicas" (prata, ouro e platina) educaram e desafiaram o setor de construção a mudar a forma de avaliar o valor de uma edificação, e desenvolveram créditos prescritivos na tentativa de quantificar e avaliar o impacto de um edifício ao meio ambiente e a seus habitantes. A certificação LEED engloba *design*, construção, manutenção e operações. Os fatores medidos são, entre muitos outros, lúmens, água, uso de energia, produtos de limpeza, iluminação natural, qualidade do ar interior e energia renovável.

Passados seis anos do estabelecimento dos padrões LEED, um conjunto diferente de critérios foi apresentado pelo arquiteto Jason McLennan e pelo Conselho de Construções Sustentáveis de Cascadia: o Desafio para Edificações Vivas (Living Building Challenge, LBC). (Atualmente, o LBC é uma marca proprietária e operada pelo International Living Future Institute.) O LBC é também um programa de certificação de edificações com princípios de base e categorias de desempenho. Essas sete categorias são chamadas de "pétalas": Local, Água, Energia, Saúde e Felicidade, Materiais, Equidade e Beleza. A LEED diz respeito à sustentabilidade, a redução dos impactos ambientais negativos causados pelo ambiente construído. O LBC se fundamenta na regeneração, isto é, edificações que podem reanimar e renovar o meio ambiente, tanto para o mundo natural como para as comunidades humanas.

Basicamente, o LBC não tem a ver com liderança, mas sim com o ato de viver. Os edifícios podem funcionar mais como uma floresta, gerando um excedente líquido de fatores positivos em termos de função e forma e expirando valor para o mundo. Em outras palavras, as edificações são capazes de mais coisas além de simplesmente deixar de ser ruins. Elas podem contribuir para o bem maior. O LBC estabelece critérios para o que uma edificação viva é e faz para beneficiar as pessoas e o planeta. Cada uma das sete "pétalas" está ocupada por imperativos – 20 no total – que devem ser cumpridos pelo edifício. Os imperativos não formam uma lista de verificação. Na verdade, são expectativas de desempenho que definem uma abordagem holística às edificações, com base em uma pergunta simples: como projetar e construir um edifício de modo que cada ação e efeito melhorem o mundo?

Por exemplo, os edifícios vivos devem produzir alimentos, produzir resíduos líquidos positivos (um fluxo de resíduos que alimente os sistemas vivos, ou a terra), conseguir um nível final positivo para a água e gerar mais energia a partir das energias renováveis do que usam. Essas construções precisam incorporar o *design* biofílico, satisfazendo a afinidade inata da humanidade por materiais naturais, luz natural, vistas da natureza, sons de água e muito mais. No lado artificial das coisas, os edifícios vivos devem evitar todos os materiais da "lista vermelha", como o PVC e o formaldeído. Essas construções devem se adequar à escala humana, não à escala do automóvel, e devem intencionalmente educar e inspirar as pessoas, de maneira que a construção funcione como instrumento educativo, não apenas como receptáculo de pessoas.

No que tange às emissões de gases de efeito estufa, os edifícios vivos causam seu maior impacto produzindo mais energia do que consomem e também compensando todo o carbono incorporado. Para que forneçam energia para o mundo, os edifícios precisam ser altamente eficientes, dependendo de quantidades significativamente menores de energia em comparação com os edifícios "verdes" convencionais. Além disso, integram energia renovável no próprio local, como a energia solar ou geotérmica.

Não há uma receita para a obtenção de um nível energético líquido positivo e para os demais dezenove imperativos. Assim, cada edifício vivo deve ser moldado e adaptado às condições locais, permitindo também a expressão de soluções criativas locais. A marcação de qualquer dos vinte quadrados com um "x" é questão de contexto. Em última análise, a certificação do LBC não se baseia no cumprimento de especificações normativas do projeto, nem no desempenho projetado para a edificação. O que na verdade importa, com base em pelo menos doze meses de ocupação e desempenho real, é o modo como o edifício vivo ganha vida.

Assim como ocorre com muitas inovações, foi lenta a aceitação inicial do Living Building Challenge. Essa organização fez jus ao seu nome, revelando-se um desafio quase insuperável para *designers*, arquitetos, engenheiros, inspetores de construção, bancos e empreiteiros. Uma íngreme curva de aprendizado aplainou a curva de adoção inicial. Mas hoje há mais de 350 edifícios em vários estágios de credenciamento, compreendendo alguns milhões de metros quadrados em duas dúzias de países. A exemplo da LEED, à medida que arquitetos e empreiteiros forem dominando os meios e as metodologias para obter o credenciamento, os custos cairão e a confiança crescerá. Estudos econômicos recentes demonstram que os custos iniciais dos edifícios vivos estão caindo e que, ao mesmo tempo, o retorno provável para cada dólar investido está provando que tais empreendimentos são econômicos, e não apenas visionários.

Construir de acordo com a metodologia do LBC não é tarefa isenta de desafios. Investimentos iniciais, uma visão de longo prazo com relação aos retornos e conhecimentos técnicos significativos são necessários para que seja possível fazer frente à dinâmica peculiar de cada projeto. Às vezes, isso implica a superação de códigos de construção restritivos que, em certas localidades, colocam na ilegalidade os edifícios vivos (p. ex., nem todas as localidades permitem o processamento de esgoto *in situ*). Abordar esses obstáculos por meio de incentivos, mudanças de políticas e desenvolvimento de uma comunidade mais informada de especialistas: eis algumas atitudes fundamentais para que se concretize a persuasiva promessa dessa abordagem nos ambientes construídos. Graças ao programa, já foram implementadas muitas alterações positivas nos regulamentos. Se a sociedade perceber que as estruturas que construímos são, na verdade, *habitats* humanos – ecossistemas feitos por nós, para nós – os edifícios vivos são aqueles que realmente fazem sentido.

E a "pétala" final é a beleza. É simplesmente sensacional ver e viver em um edifício com certificação pelo LBC. O arquiteto David Sellers resumiu perfeitamente a questão ao declarar que o caminho para a sustentabilidade é a beleza, porque as pessoas preservam e cuidam daquilo que alimenta seu espírito e seu coração. Todos os demais edifícios acabam demolidos mais cedo ou mais tarde.

Os imperativos

1. *Limites ao crescimento.* Construir apenas em local previamente desenvolvido, não em terra virgem ou em suas adjacências.
2. *Agricultura urbana.* Um edifício vivo deve ter a capacidade de cultivar e armazenar alimentos, baseada na sua taxa de área edificável.
3. *Troca de* habitat. Para cada hectare de desenvolvimento, um hectare de *habitat* deve ser perpetuamente preservado.
4. *Existência movida a energia humana.* Um edifício vivo deve contribuir para uma comunidade na qual seja possível deslocar-se a pé ou de bicicleta e que seja favorável aos pedestres.
5. *Um nível final de consumo positivo para a água.* A captação e reciclagem de águas pluviais deve exceder seu uso.
6. *Energia positiva líquida.* Pelo menos 105% da energia utilizada deve provir de fontes renováveis *in loco*.
7. *Ambiente civilizado.* Um edifício vivo deve possuir janelas manobráveis que permitam a entrada de ar fresco, luz do dia e ofereçam vistas.
8. *Ambiente interior saudável.* Um edifício vivo deve estar provido de um ar impecavelmente limpo e renovado.
9. *Ambiente biofílico.* O *design* do edifício vivo deve levar em conta elementos que promovam a inter-relação humana e a conexão com a natureza.
10. *Lista vermelha.* Um edifício vivo não deve conter materiais tóxicos ou produtos químicos, de acordo com a Lista Vermelha do LBC.
11. *Incorporação da pegada de carbono.* O carbono incorporado na construção deve ser compensado.
12. *Indústria responsável.* Toda a madeira utilizada deve ser certificada pelo Forest Stewardship Council (FSC), ou ser reutilizada de outros locais ou do próprio local de construção.
13. *Aquisições em empresas do local.* A aquisição de materiais e a contratação de serviços devem apoiar as economias locais.
14. *Resíduos líquidos positivos.* A construção deve redirecionar 90-100% dos resíduos em peso.
15. *Escala humana e lugares humanizados.* O projeto deve atender a especificações especiais que orientem a construção para os seres humanos, não para os automóveis.
16. *Acesso universal à natureza e ao lugar.* A infraestrutura deve ser igualmente acessível a todos, e o ar fresco, a luz solar e os recursos hídricos naturais devem estar disponíveis.
17. *Investimento equitativo.* Meio por cento do dinheiro investido devem ser destinados a obras de caridade.
18. *Organização JUST.* Pelo menos uma entidade envolvida deve ser uma organização certificada pelo JUST [um programa do International Living Future Institute] – indicativo de operações empresariais transparentes e socialmente justas.
19. *Beleza e espírito.* Devem ser incorporadas características públicas de artes e *design* para elevação e deleite do espírito.
20. *Inspiração e educação.* Os projetos devem se envolver na educação de crianças e cidadãos.

O Brock Environmental Center foi construído pela Chesapeake Bay Foundation no Pleasure House Point em Virginia Beach, Virgínia, EUA. Concluído em 2014, o conjunto produz toda a sua água potável a partir da chuva, usa 90% menos água do que um prédio comercial de mesmo tamanho e gera 83% mais energia do que consome. O Brock Center é o primeiro edifício comercial dos EUA a ter autorização para tratar e processar a água da chuva aos padrões federais de água potável.

Sobre o cuidado de nossa casa comum
PAPA FRANCISCO

Milhares de livros e artigos já abordaram as mudanças climáticas nos últimos quarenta anos; no entanto, quando o Papa Francisco escreveu "Sobre o cuidado de nossa casa comum", sua carta encíclica sobre o meio ambiente, foi como se tivesse sido levantado um véu de jargão obscuro. A questão científica do aquecimento global recebeu uma dimensão totalmente humana, refletida e carinhosa. Uma encíclica é uma carta papal para os 5,1 mil bispos da Igreja católica romana e tem como objetivo orientar seus líderes sobre como ensinar e administrar seus adeptos. "Laudato Si" é certamente uma mensagem da Igreja – e também é uma mensagem vinda do coração, plena de compaixão e inabalável em sua análise das causas do aquecimento global e seu impacto injusto e desigual sobre os pobres. Nessa mensagem, o aquecimento global é ilustrado – talvez pela primeira vez – como um problema universal e moral, não só um problema ambiental. Esse trecho consiste em cerca de 1,3 mil palavras retiradas das 37 mil palavras totais da encíclica. – PH

O clima é um bem comum, pertencente a todos e a todos destinado. Em um nível global, trata-se de um sistema complexo ligado a muitas das condições essenciais para a vida humana. Um sólido consenso científico indica que estamos testemunhando um aquecimento perturbador do sistema climático. Nas últimas décadas, esse aquecimento tem acompanhado um aumento constante do nível do mar e, aparentemente, um aumento de eventos climáticos extremos, mesmo que uma causa cientificamente determinável não possa ser atribuída a cada fenômeno em particular. A humanidade é convocada a reconhecer a necessidade de mudanças de estilo de vida, produção e consumo, no intuito de combater esse aquecimento, ou pelo menos as causas humanas que o produzem ou agravam. É verdade que existem outros fatores (como atividade vulcânica, variações na órbita e no eixo da Terra, o ciclo solar), e ainda assim uma série de estudos científicos indica que, nas últimas décadas, a maior parte do aquecimento global se deve à grande concentração de gases de efeito estufa (dióxido de carbono, metano, óxidos de nitrogênio e outros) liberados principalmente como resultado da atividade humana. À medida que esses gases se acumulam na atmosfera, impedem a fuga do calor produzido pela luz solar na superfície terrestre. O problema é agravado por um modelo de desenvolvimento baseado no uso intensivo de combustíveis fósseis, que constituem o cerne do sistema energético mundial. Outro fator determinante tem sido um aumento nas novas utilizações do solo, principalmente o desmatamento para fins agrícolas.

A mudança climática é um problema global, com graves implicações ambientais, sociais, econômicas, políticas e para a distribuição de bens. Ela representa um dos principais desafios que a humanidade enfrenta em nossos dias. Seu pior impacto provavelmente será sentido nas décadas vindouras pelos países em desenvolvimento. Muitos dos pobres vivem em áreas particularmente afetadas por fenômenos relacionados ao aquecimento, e seus meios de subsistência dependem largamente de reservas naturais e serviços ecossistêmicos, como agricultura, pesca e silvicultura. Eles não têm outras atividades ou recursos financeiros que possam capacitá-los a se adaptar às mudanças climáticas ou a enfrentar desastres naturais, e seu acesso a serviços sociais e proteção é muito limitado. Por exemplo, mudanças no clima, às quais animais e plantas são incapazes de se adaptar, levam-nos a migrar, o que, por sua vez, afeta a vida dos pobres, que são forçados a abandonar suas casas, com grande incerteza quanto ao seu futuro e de seus filhos. Vem ocorrendo um aumento trágico no número de imigrantes que procuram fugir da crescente pobreza causada pela degradação ambiental. Essas pessoas não são reconhecidas pelas convenções internacionais como refugiados; devem suportar a perda das vidas que deixaram para trás, sem serem beneficiados por qualquer proteção legal. Infelizmente, há uma indiferença generalizada a esse sofrimento, que mesmo agora está ocorrendo em todo o nosso mundo. Nossa ausência de resposta a essas tragédias que envolvem nossos irmãos e irmãs aponta para a perda desse senso de responsabilidade com relação aos nossos semelhantes, homens e mulheres, sobre o qual toda a sociedade civil está fundada.

Diante da complexidade da crise ecológica e suas múltiplas causas, é preciso ter em mente que as soluções não surgirão apenas de uma maneira de interpretar e transformar a realidade. Também é importante demonstrar respeito pelas várias riquezas culturais dos diferentes povos, sua arte e poesia, sua vida interior e espiritualidade. Se estivermos realmente preocupados em desenvolver uma ecologia capaz de remediar o dano que fizemos, nenhum ramo das ciências e nenhuma forma de sabedoria pode ser excluída, e isso inclui a religião e o idioma próprio a ela.

O ambiente natural é um bem coletivo, patrimônio de toda a humanidade e uma responsabilidade de todos. Se tomamos propriedade sobre alguma coisa, é só para administrá-la para o bem de todos. Se não o fizermos, carregaremos nossas consciências com o peso de ter negado a existência de outros.

A ecologia estuda a relação entre os organismos vivos e o ambiente em que se desenvolvem. Isso implica necessariamente reflexão e debate sobre as condições exigidas para a vida e sobrevivência da sociedade, e a honestidade necessária para o questionamento de certos modelos de desenvolvimento, produção e consumo. Não será demais enfatizar o quanto todas as coisas estão interligadas. O tempo e o espaço não são independentes um do outro, e nem mesmo átomos ou partículas subatômicas podem ser considerados isoladamente. Assim como os diferentes aspectos do planeta – físico, químico e biológico – estão inter-relacionados, também as espécies vivas fazem parte de uma rede que jamais exploraremos e entenderemos completamente. Boa parte do nosso código genético é compartilhada por muitos seres vivos. Disso se segue que a fragmentação do conhecimento e o isolamento de fragmentos de informação podem realmente se transformar em uma forma de ignorância, a menos que sejam integrados a uma visão mais ampla da realidade.

Quando falamos de "meio ambiente", o que realmente queremos dizer é uma relação existente entre a natureza e a sociedade que nela vive. A natureza não pode ser vista como algo separado de nós mesmos ou como um mero cenário no qual vivemos. Somos parte da natureza, estamos nela incluídos e, portanto, em constante interação com ela. Reconhecer as razões pelas quais determinada área está poluída exige um estudo do funcionamento da sociedade, sua economia, seus padrões de comportamento e de que formas ela compreende a realidade. Dada a escala de mudança, não é mais possível achar uma resposta específica e isolada para cada parte do problema. É essencial procurar soluções abrangentes que levem em consideração as interações dentro dos próprios sistemas naturais e com os sistemas sociais. Não estamos enfrentando duas crises distintas – uma ambiental e outra social –, mas sim uma crise complexa que é tanto social como ambiental. As estratégias para uma solução exigem uma abordagem integrada entre o combate à pobreza, a restauração da dignidade dos excluídos e, ao mesmo tempo, a proteção da natureza.

Que tipo de mundo queremos deixar para aqueles que vierem depois de nós, para as crianças que agora estão crescendo? Essa questão não diz respeito apenas ao meio ambiente de forma isolada; a questão não pode ser abordada em fragmentos. Quando nos perguntamos que tipo de mundo queremos deixar para nossos herdeiros, pensamos em primeiro lugar em sua direção geral, significado e valores. A menos que enfrentemos denodadamente essas questões mais profundas, não acredito que nossa preocupação com a ecologia vá produzir resultados significativos. Mas se essas questões forem corajosamente enfrentadas, fatalmente seremos levados a fazer outras perguntas incisivas: qual é a finalidade de nossa existência neste planeta? Por que estamos aqui? Qual é o objetivo do nosso trabalho e de todos os nossos esforços? O que a Terra precisa de nós? Então, já não basta simplesmente sugerir que devemos nos preocupar com as gerações futuras. Precisamos compreender que o que está em jogo é a nossa própria dignidade. Deixar um planeta habitável para as gerações futuras depende, acima de tudo, de nós mesmos. Esse é um problema que nos afeta dramaticamente, pois tem a ver com o significado final de nossa estada terrestre.

Há muitas coisas que devem mudar de rumo – mas sobretudo somos nós, os seres humanos, que precisamos mudar. Não temos consciência de nossa origem comum, de nosso pertencimento mútuo e de um futuro a ser universalmente compartilhado. Essa consciência básica possibilitaria o desenvolvimento de novas convicções, atitudes e formas de vida. Há um grande desafio cultural, espiritual e educacional à nossa frente, e ele exigirá que nos empenhemos no longo caminho da renovação.

Devemos recuperar a convicção de que precisamos uns dos outros, que temos uma responsabilidade compartilhada para com os outros e com o mundo, e que vale a pena ser bom e decente. Nenhum sistema pode suprimir completamente a nossa abertura para o que é bom, verdadeiro e bonito, ou a nossa capacidade, dada por Deus, de responder à sua graça, que funciona bem no fundo de nossos corações. Apelo a todos, em todo o mundo, para que não esqueçam essa dignidade, que é nossa. Ninguém tem o direito de tirá-la de nós. Que nossas lutas e nossa preocupação com este planeta jamais nos tirem a alegria da nossa esperança.

FUTURAS ATRAÇÕES
CAPTURA DIRETA DO AR

Ao longo de centenas de milhões de anos, as plantas têm aproveitado a energia da fotossíntese para capturar o dióxido de carbono do ar e transformá-lo em biomassa – o tijolo de construção do mundo vegetal – usando energia solar renovável. Apenas recentemente os seres humanos deram início à construção de sistemas similares de captura direta do ar (CDA). Seu objetivo é "explorar o céu", captando e concentrando o dióxido de carbono ambiental. Marcadores de curto prazo têm sido procurados para esse dióxido de carbono em processos industriais e de manufatura. No longo prazo, as esperanças repousam no uso da CDA e do armazenamento de dióxido de carbono como ajuda para conseguir a retirada de carbono da atmosfera e manter essa redução.

Conceitualmente, os aparelhos de CDA funcionam como um dispositivo dois em um: peneira e esponja química. O ar ambiente atravessa uma substância sólida ou líquida, e o seu dióxido de carbono se liga a agentes químicos existentes na substância seletivamente "pegajosos", enquanto os demais gases atmosféricos ficam livres para prosseguir. Depois que os produtos químicos responsáveis pela captura ficam totalmente saturados com dióxido de carbono, usa-se energia para liberar as moléculas em uma forma purificada. A liberação do dióxido de carbono restaura a capacidade de filtração dos produtos químicos. E então o ciclo repete-se continuamente.

O desafio técnico fundamental dos sistemas CDA é demonstrar que essa tecnologia pode funcionar de forma eficiente e econômica. Em primeiro lugar, o dióxido de carbono no ar está muito diluído: 0,04%. Para que quantidades significativas de dióxido de carbono sejam separadas, é preciso que grandes volumes de ar façam contato com os materiais de captura. Em segundo lugar, o ciclo de captura-liberação consome energia. Portanto, há necessidade de encontrar (e usar com sabedoria) fontes de energia que sejam de baixo custo e de baixo nível de emissão de carbono e que, além disso, não tenham usos concorrentes (p. ex., primeiramente devem ajudar a reduzir as emissões de carbono).

No entanto, mentes inovadoras em todo o mundo estão experimentando diversos projetos CDA que, segundo acreditam, serão futuramente capazes de capturar dióxido de carbono do ar de maneira economicamente viável. Para a etapa de captura, muitas empresas estão trabalhando com a química das aminas (compostos semelhantes à amônia) prevalente nos processos tradicionais de captura de dióxido de carbono industrial. (Há décadas os engenheiros têm lançado mão de sistemas baseados em aminas para capturar o dióxido de carbono dos fluxos concentrados dos escapamentos de várias operações de fabricação de combustíveis e de agentes químicos.) Alguns inovadores do sistema CDA estão usando novos materiais para a captura de dióxido de carbono, como as resinas de troca aniônica. Além dessas possibilidades, diversos avanços da ciência dos materiais em áreas como estruturas metálicas orgânicas e materiais de silicato de alumínio podem abrir novas fronteiras na captura eficiente de dióxido de carbono do ar.

Há inovações significativas acontecendo nos processos usados para regenerar o dióxido de carbono capturado – ou seja, como o sistema CDA "espreme a esponja" da captura. Temperatura, pressão e umidade podem ser aplicadas a materiais de captura saturados para liberar dióxido de carbono na forma purificada. Os criadores de sistemas CDA estão desenvolvendo técnicas de regeneração que usam a energia do modo mais moderado possível e/ou recorrem à energia eólica, solar, ou proveniente das perdas de calor industrial.

No curto prazo, o dióxido de carbono purificado liberado das unidades CDA poderia ser usado em uma ampla gama de aplicações industriais. Por exemplo, algumas empresas inovadoras do sistema CDA estão trabalhando para produzir combustíveis sintéticos para transporte usando dióxido de carbono capturado do ar, enquanto outras estão tentando usar o dióxido de carbono atmosférico em estufas para melhorar os rendimentos agrícolas em locais fechados. Mas isso é apenas o começo. Propôs-se a utilização do dióxido de carbono capturado a partir de sistemas CDA na fabricação de plásticos, cimento e fibra de carbono – e mesmo para descarte permanente do excesso de dióxido de carbono atmosférico em formações geológicas subterrâneas.

No futuro, os sistemas CDA poderão desempenhar um papel fundamental no combate às mudanças climáticas. Os combustíveis derivados do sistema CDA poderão ajudar no atendimento à crescente demanda por transportes de longo curso descarbonizados, se os estoques de biocombustíveis sustentáveis forem limitados, e tais combustíveis poderiam substituir o uso de combustíveis fósseis em uma série de aplicações industriais. Além disso, os sistemas CDA poderiam funcionar como um mecanismo de compensação e neutralização robusto e escalável para setores da economia de difícil descarbonização. Finalmente, poderiam ajudar a limpar o dióxido de carbono da atmosfera como uma tecnologia de sequestro.

Mais uma vez, porém, o principal desafio comercial enfrentado pelos empreendedores da CDA é econômico. Nesse momento, a inexistência de regulações consistentes para o carbono na maioria das regiões geográficas gera pequenos mercados para que as empresas usem dióxido de carbono proveniente do sistema CDA. Ninguém pagará para construir plantas-piloto para armazenamento de CDA.

Já existem mercados para o dióxido de carbono comprimido. Suas aplicações variam desde a melhora na produção de petróleo e a carbonatação de refrigerantes, até o uso em estufas e outros nichos de aplicação. Contudo, existem abundantes suprimentos de dióxido de carbono concentrado e barato em outras partes. Depósitos naturais de dióxido de carbono em formações geológicas e fontes industriais altamente concentradas, a produção de etanol e de produtos químicos, provocam uma queda nos preços que os clientes estão dispostos a pagar pelo dióxido de carbono. Por exemplo, o dióxido de carbono de gasoduto utilizado na produção de petróleo nos EUA pode custar apenas 10-40 dólares por tonelada, bem abaixo dos 100 dólares (ou mais) por tonelada de dióxido de carbono capturado pelos primeiros protótipos com o sistema CDA.

Esta é uma unidade de captura de carbono criada pela Global Thermostat. A planta utiliza adsorventes químicos de base aminada ligados a colmeias de cerâmica porosa que, em conjunto, funcionam como esponjas de carbono, adsorvendo com eficiência o dióxido de carbono diretamente da atmosfera ou das chaminés. O dióxido de carbono capturado é retirado e coletado mediante o uso de vapor a baixa temperatura. O produto obtido é dióxido de carbono com 98% de pureza, à temperatura/pressão padrão. Nada se consome além de vapor e eletricidade, e não é criado qualquer outro efluente ou emissão. Todo o processo é suave, seguro e negativo em carbono.

A comunidade acadêmica calcula que a implantação em larga escala de sistemas CDA poderia reduzir os custos até faixas competitivas. Mas atualmente os empresários se encontram presos em um ciclo externo de inatividade: em geral, faltam financiamentos para pesquisa e desenvolvimento, os mercados não conseguem sustentar a adoção do sistema e, além disso, há a necessidade de mais aprendizado e inovação para que os sistemas amadureçam tecnologicamente. Além disso, os avanços nos projetos CDA podem ajudar a reduzir o custo da captura competitiva de dióxido de carbono em sistemas de escapamento industriais mais concentrados, o que poderia manter a pressão de queda nos preços do dióxido de carbono. Embora os sistemas CDA desfrutem de flexibilidade na escolha dos locais de instalação, reduzindo os custos associados ao transporte do dióxido de carbono e resultando em maior competitividade global dos custos, esse benefício varia dependendo do local.

Mais para o futuro, os desenvolvedores do sistema CDA terão que desenvolver modelos criativos de engenharia e negócios – e, além disso, precisarão conseguir mais apoio das políticas voltadas para objetivos climáticos de longo prazo – para que possam competir com as fontes existentes de dióxido de carbono de baixo custo e com as crescentes ofertas de dióxido de carbono comprimido capturado das usinas de energia e da indústria.

Além disso, os adeptos do sistema CDA terão que fazer um esforço extra junto aos órgãos reguladores para certificarem-se de que o sistema funcionará com as demais soluções de redução e remoção de carbono. Atualmente, poucos protocolos existem para que sistemas CDA obtenham créditos relacionados ao clima pelo dióxido de carbono capturado, muito menos para o armazenado. A tecnologia terá que se adequar a estruturas políticas que ajudem o planeta a atingir zero emissão líquida e, em seguida, a retirar carbono da atmosfera. Não é impossível navegar entre as várias perspectivas possíveis e partes interessadas, mas essa não será uma tarefa fácil.

Apesar dos desafios econômicos, técnicos e políticos, vários empreendedores e pesquisadores intrépidos estão trabalhando vigorosamente para melhorar as tecnologias CDA. Muitas empresas pretendem comercializá-las na América do Norte e na Europa. O professor Klaus Lackner, da Arizona State University, fundou o Centro de Emissões Negativas de Carbono com o objetivo de pesquisar as tecnologias CDA, e o Departamento de Energia dos EUA se envolveu em seus primeiros projetos de pesquisa CDA em 2016.

Será fascinante testemunhar como evoluirão esses empreendimentos iniciais de pesquisa e comercialização do CDA. Conseguirão esses esforços e mercados pioneiros para o CDA estimular o surgimento de uma indústria de engenharia de processos nova e sustentável, objetivando a captura e armazenamento de bilhões de toneladas de dióxido de carbono diretamente do ar? O tempo dirá se a humanidade pode fazer isso acontecer.

FUTURAS ATRAÇÕES
FUSÃO DE HIDROGÊNIO-BORO

Em 1924, o físico britânico *sir* Arthur Eddington teorizou que a fusão nuclear deveria estar no âmago da energia radiante do sol. Inadvertidamente, lançou uma das empreitadas científicas mais dispendiosas da história: a criação da energia das estrelas com um reator de fusão. Ao contrário da fissão nuclear, que divide átomos pesados para gerar calor, a fusão esmaga átomos leves uns contra os outros para criar a energia que alimenta as estrelas. Pode-se argumentar que o mundo já possui um reator de fusão perfeitamente satisfatório, embora longínquo: se capturado, um dia de energia solar poderia alimentar a Terra por muitos anos. Atualmente, uma diminuta fração dessa energia é capturada pelos painéis fotovoltaicos solares e, indiretamente, pela biomassa, pelas hidrelétricas, ondas e ventos. Os combustíveis fósseis são, eles próprios, energia armazenada do gigantesco reator de fusão que está no céu, embora tendo necessitado de muitos milhões de anos para sua produção e com fraca eficiência de conversão. (Um estudo publicado em 2003 pelo ecologista Jeffrey S. Dukes estimou que um galão de gasolina requer mais de 90 toneladas de biomassa pré-histórica como matéria-prima.) Mas a energia renovável é variável, e as empresas desejam uma fonte de energia constante e que não desligue. Com essa finalidade, cientistas e engenheiros estão tentando "achar o Santo Graal" da física desde a década de 1930: uma fonte de energia limpa e praticamente ilimitada que faria o mundo superar a idade do carvão, do gás e do petróleo e o energizaria pelos próximos milênios. A obtenção da energia das estrelas criaria "um ponto de inflexão na história humana", declarou Lev Grossman na revista *Time* em 2015 – uma "singularidade energética" que significaria o fim dos combustíveis fósseis.

Criar a luz das estrelas na Terra é tarefa absurdamente difícil. Durante mais de cinquenta anos, teóricos e engenheiros imaginaram e construíram o que esperavam ser um reator de fusão operacional. Milhões de experimentos foram tentados, bem mais de 100 bilhões de dólares foram investidos, e ninguém chegou nem perto de obter sucesso. Isso até recentemente. Nas últimas duas décadas, as empresas privadas entraram em campo. Com menos dinheiro, essas organizações tiveram que ser ágeis, utilizando as abordagens inovadoras geradas em empresas emergentes de alta tecnologia – errar mais rápido e errar melhor, com custos bastante reduzidos.

Em junho de 2015, uma empresa que havia sido considerada como aventureira por causa de sua abordagem pouco ortodoxa anunciou ter atingido "metade do Santo Graal" – a metade mais difícil, apelidada de "tempo suficiente". A empresa Tri Alpha Energy (TAE) trabalhou discretamente durante a maior parte de sua história de dezoito anos. E por uma boa razão: a história da energia de fusão está repleta de propagandas enganosas, fantasias e alegações que acabaram caindo por terra. É melhor ficar quieto e trabalhar, e foi isso que a TAE fez. Por ocasião de seu anúncio, a TAE já havia completado mais de 45 mil ciclos experimentais.

Os visionários cofundadores da TAE, o falecido Norman Rostoker e o diretor de tecnologia Michl Binderbauer, iniciaram a empresa com um fim em mente. Eles fizeram uma pergunta aparentemente óbvia: o que uma fábrica qualquer precisa, e não o que uma revista especializada em física do plasma gostaria de publicar. As fábricas querem geradores de energia seguros, compactos, acessíveis e confiáveis, que possam ser construídos e instalados em qualquer lugar onde sejam necessários. Segurança é um fator crítico. Embora os reatores de fusão não produzam radiação da mesma forma que os reatores de fissão, até a presente data os reatores de fusão têm dependido de combustíveis de trítio e deutério, isótopos de hidrogênio que produzem nêutrons livres. Ao longo do tempo, os nêutrons fazem com que o reator se torne radioativo, o que significa que seus componentes operacionais se deterioram e devem ser substituídos a cada 6-9 meses.

Rostoker e Binderbauer resolveram fazer diferente e escolheram hidrogênio-boro como combustível, por causa de sua segurança, praticidade e disponibilidade. A quantidade de nêutrons produzidos pelo hidrogênio-boro é insignificante. O reator durará décadas, até mesmo um século. Pode ser instalado, com segurança, em qualquer lugar. Se desligar, nada acontece. Ou, em outras palavras, se algo acontecer, ele desliga. Se desligar, pode ser reiniciado até com um gerador doméstico. Enquanto o trítio e o deutério são materiais escassos, contamos com pelo menos 100 mil anos de oferta de boro, e ele é barato. Para enfatizar esse ponto, a TAE diz, meio de brincadeira, meio sério, que dará de graça o combustível para todos que comprarem o reator.

A fusão de hidrogênio-boro produz três átomos de hélio, e uma fração da massa restante é convertida em energia... muita energia. Os átomos podem gerar energia de duas maneiras: pela divisão ou pela união; fissão ou fusão. Einstein previu que, nas condições certas, a massa pode tornar-se energia ou vice-versa, e que a quantidade de energia contida em um pequeno pedaço de massa, em termos humanos, é espantosa. A fusão de hidrogênio-boro produz 3-4 vezes mais energia por massa de combustível que a fissão nuclear, com praticamente nenhum desperdício: isso significa sem plutônio, sem radiação, sem colapso, sem proliferação.

Alguns físicos do plasma zombaram da escolha de combustível da TAE porque a fusão hidrogênio-boro requer trinta vezes mais calor do que os "meros" 100 milhões de graus Celsius necessários em um reator de fusão convencional – 3 bilhões de graus Celsius, para ser preciso. Para o hidrogênio-boro, isso é "quente o suficiente" – a outra metade da fusão bem-sucedida. Quando se tem uma situação de "tempo suficiente" e de "quente o suficiente", ocorre a criação da luz das estrelas na Terra.

"*Tempo suficiente*" refere-se à capacidade de um reator de fusão em manter o plasma indefinidamente. Plasma é o quarto estado da matéria, completamente diferente de qualquer outro (os outros três são sólido, líquido e gasoso). Quando vemos imagens de nebulosas e galáxias, do sol, ou das luzes boreais que dançam no horizonte, estamos vendo plasma. Trata-se de um gás ionizado que, quando aquecido, se torna praticamente impossível de controlar. Se o plasma tocar em qualquer coisa, essa coisa desaparece em um nanossegundo. É bastante parecido com tentar pegar um gato pela cauda. O plasma é uma nuvem de partículas subatômicas das quais os elétrons foram removidos. Ele constitui 99% do universo. Para conseguir a fusão, o plasma deve ser contido e controlado e, então, aquecido a temperaturas supercríticas. Essas são duas forças opostas: quanto mais quente o plasma fica, mais violentamente instável se torna. Seu confinamento tem sido o desafio dos engenheiros e físicos do plasma.

Binderbauer conseguiu cumprir a etapa "*tempo suficiente*" – ou seja, um estado de plasma que pode ser indefinidamente sustentado – por um método engenhoso. Ao colocar seis injetores de feixe de partículas que disparam átomos de hidrogênio na periferia do campo de plasma, ele criou o equivalente a um pião de plasma. Toda criança sabe que quanto mais rápido o pião gira, mais estável se torna. Da mesma forma, o plasma vai ficando mais estável à medida que gira, aquece e gera seu próprio campo magnético. No reator da TAE, o plasma fica autoconfinado desde que sua velocidade de rotação seja mantida. Quanto mais rápido o plasma gira, mais quente fica; quanto mais quente, mais estável se torna – o contrário de todas as tecnologias de fusão previamente promovidas e financiadas.

No final de 2017, a TAE terá construído o quarto reator em sua história, grande o suficiente para obter fusão. Com sua teoria de estabilização do plasma por *tempo suficiente* já cumprida, agora a tarefa da TAE é cumprir a etapa do "*quente o suficiente*". E como é possível atingir 3 bilhões de graus Celsius, quando a temperatura máxima do sol fica em 14 milhões de graus Celsius? De acordo com Binderbauer, basta deixar que o plasma resolva o problema. Na Suíça, o Grande Colisor de Hádrons (GCH) está criando temperaturas da ordem de trilhões de graus, mil vezes mais do que precisa a TAE. Esses números são alcançados no acelerador de partículas de hádrons graças à alta energia com a qual as partículas se deslocam em torno de sua circunferência de 25 quilômetros. Assim, Binderbauer acredita que, no caso da TAE, o desafio a vencer está na área da engenharia, não da ciência. É possível descobrir qual será a temperatura no novo reator da TAE com um bloco de anotações (e um doutorado em física do plasma), pois a circunferência do campo de plasma é um dado conhecido.

Ainda está no campo das especulações o que a energia abundante e limpa produzida por um reator de fusão poderia fazer. Em termos de energia, um reator de fusão viável poderia ser a central elétrica do futuro: a fusão de hidrogênio-boro não produz carbono, é sustentável e segura. No momento, a empresa prevê custos de 10 centavos de dólar por quilowatt-hora, que cairão para 5 centavos. Os últimos acordos de compra de energia eólica estão sendo fechados a 2 centavos do dólar por quilowatt-hora, e a energia solar não fica muito atrás. No entanto, a energia renovável é viabilizada pela energia transmissível ou pelo armazenamento. Até que exista um substituto confiável para o gás e o carvão, ou um armazenamento efetivo de energia em grande escala, persistirá a demanda pela energia transmissível fornecida por combustíveis geradores de grandes volumes de carbono. Contudo, estamos diante de uma revolução energética quer a fusão funcione, quer não. Se a fusão se juntar ao pacote das demais tecnologias de energia renovável, será uma derrota em termos do uso de combustíveis fósseis para a obtenção de eletricidade. Com o tempo, essas fontes de energia podem vir a ser a base para a redução das emissões em todas as indústrias.

No saguão da empresa TAE em Irvine, Califórnia, há uma cesta com porquinhos alados de borracha cor-de-rosa, que exemplificam a atitude da empresa diante de um mundo cético. Ao que parece, em breve os porquinhos poderão levantar voo.

FUTURAS ATRAÇÕES
RODOVIAS INTELIGENTES

O Sistema Nacional de Rodovias dos EUA compreende mais de 257 mil quilômetros de asfalto. Em 29 deles – um trecho ao sul de Atlanta, no oeste da Geórgia –, uma iniciativa chamada The Ray está trabalhando para reimaginar o que uma rodovia poderia ser. The Ray foi assim batizada em homenagem a Ray C. Anderson, o falecido fundador e CEO da Interface, uma empresa que faz placas de carpete e que, desde meados da década de 1990, traçou um percurso para a sustentabilidade nos negócios. Basicamente, Anderson e a comunidade da Interface retrabalharam o seu *modus operandi*, transformando uma fábrica dependente de petróleo em uma empresa restauradora. Sua primeira missão de sustentabilidade foi que a Interface deixasse de ser prejudicial; a missão seguinte, criar o bem em termos líquidos.

Fiel ao seu homônimo, a The Ray também vai virar de ponta-cabeça o modo convencional de se fazer negócios. Atualmente, as rodovias são a epítome de empreendimento não sustentável. Carros e caminhões queimam combustíveis de petróleo e emitem poluentes ao transitar por superfícies de asfalto intensivo em energia; ou, pior ainda, ficam parados no trânsito. As próprias rodovias fragmentam os ecossistemas e permitem um desenvolvimento disperso e centrado no automóvel. Diante da visão de uma rodovia na hora do *rush*, fica difícil não se perguntar se esse é o melhor que a sociedade pode fazer, especialmente na era das mudanças climáticas. Projetado para ser um laboratório vivo, The Ray pretende provar que atingir algo melhor é possível. Os veículos a motor e a infraestrutura de que necessitam continuarão a ser fatores importantes de mobilidade e conectividade, mesmo diante do crescimento das alternativas para o trânsito. Compreendendo isso, a The Ray pretende transformar esse trecho de estrada em uma força social e ambiental positiva, a primeira estrada sustentável do mundo. Uma vez provado que isso é exequível, esse corredor de rodovia "inteligente" poderá desencadear o mesmo tipo de mudança revolucionária que a Interface desencadeou.

Philippe Raffin posa com um segmento da estrada solar Wattway, que consiste em placas solares coladas às estradas existentes para gerar eletricidade. De tecnologia francesa, uma placa de 3 por 6 metros pode atender às necessidades de eletricidade de uma casa francesa média.

Os veículos e as superfícies sobre as quais se deslocam tendem a evoluir simultaneamente. Uma rede de estradas pavimentadas, com um terço das dimensões do atual sistema rodoviário norte-americano, permitiu que veículos com rodas transportassem exércitos e bens por todo o Império Romano. Quando a produção em massa de automóveis surgiu no século XX, também surgiram as rodovias, por exemplo, o Sistema Nacional de Estradas Interestaduais e de Defesa Dwight D. Eisenhower, nos EUA. Diante das mudanças climáticas e de uma revolução energética, veículos eficientes, elétricos e autônomos estão começando a circular pelas estradas modernas. De fato, praticamente todos os esforços para transformar o transporte baseado no automóvel se concentraram em carros. A equipe da The Ray postula que a infraestrutura da qual esses carros dependem, a saber, as rodovias, também deve evoluir para transformar em realidade o transporte limpo. Lançando mão de conhecimentos locais e nacionais, a The Ray está começando a conduzir essa evolução.

Os veículos elétricos (VEs) constituem um ponto focal para esse laboratório vivo. Atualmente, mais de 100 mil toneladas de dióxido de carbono são emitidas por ano ao longo daquele corredor de 29 quilômetros. Para mudar essa estatística, a The Ray está criando uma infraestrutura que favorece os VEs, os carros mais limpos. Atualmente, um centro de visitantes localizado à beira desse trecho de rodovia abriga uma estação de carregamento de energia solar fotovoltaica (FV), onde os VEs podem se reabastecer gratuitamente em menos de 45 minutos. Mais para o futuro, a The Ray pretende integrar pistas especiais para VEs, e os veículos que nela trafegarem serão carregados em trânsito, sem a necessidade de parar. Nos EUA, o estado da Geórgia já possui o segundo maior número de registros de VEs. Mais infraestrutura para VEs significará mais viagens com VEs, o que, por sua vez, significará menos emissões. A próxima geração de carros já está chegando. As rodovias inteligentes têm a tarefa de recuperar o atraso e pensar à frente.

Também é fundamental para o projeto The Ray o futuro da energia. As tecnologias solares constituem uma solução que cai como uma luva para os espaços abertos não utilizados que flanqueiam as rodovias. Por isso, a The Ray abrigará uma fazenda FV de 1 megawatt ao longo do trecho sobre o qual tem direito – uma abordagem já em uso em outros lugares. Expostas 90% do tempo, as próprias superfícies das estradas também são excelentes para a geração de energia solar. O pavimento fotovoltaico apropriadamente batizado de Wattway, de tecnologia francesa, permitirá que a The Ray produza eletricidade limpa para usos variados, desde iluminação LED até o carregamento de VEs, ao mesmo tempo, melhorando a aderência dos pneus e aumentando a durabilidade da superfície. Uma barreira antirruído revestida com painéis fotovoltaicos pode ser outra solução absolutamente vantajosa ao longo do trecho da The Ray, simultaneamente criando energia e contendo a poluição sonora que atualmente assola as comunidades locais.

O projeto The Ray tem uma contraparte em inovação do outro lado do Atlântico. O *designer* Daan Roosegaarde e a empresa Heijmans, uma construtora europeia, são sócios em um premiado plano-piloto de estradas inteligentes na Holanda. Entre suas tecnologias, a "Rota 66 do futuro" incorpora a coleta de energia, sensores climáticos e pintura dinâmica, incluindo "linhas luminosas" bioluminescentes que absorvem a luz solar durante o dia e brilham à noite. Assim, são dispensáveis tanto a iluminação pública como a energia que ela consome. Atualmente, os esforços holandeses estão se expandindo pelo país e também para a China e o Japão.

Desde o surgimento das primeiras autoestradas modernas, seu *design* pouco avançou. Hoje, as mudanças climáticas e o surgimento de veículos elétricos e autônomos impõem a elas novas demandas. As rodovias precisam trilhar um caminho mais inteligente. Esforços como o de Roosegaarde e da The Ray oferecem as primeiras evidências de que essa infraestrutura suja pode tornar-se limpa, além de segura, eficiente e até elegante. Tendo em vista que as rodovias ficaram estagnadas durante muitas décadas, é grande a oportunidade para inovações. Contudo, como as rodovias estão sujeitas a muitas regulamentações, perceber essas oportunidades significa mobilizar a burocracia e estabelecer como prioridade-chave para as estradas a união entre sustentabilidade e segurança. O termo "rodovias inteligentes" enfatiza a tecnologia, mas lubrificar as engrenagens das mudanças institucionais pode ser igualmente essencial para seu sucesso.

FUTURAS ATRAÇÕES
HYPERLOOP

A maioria das pessoas é jovem demais para lembrar como os tubos de vácuo eram utilizados para impulsionar mensagens, depósitos e documentos em latas de aço no interior dos edifícios e nas cidades. Na cidade de Nova York, um sistema de correio de tubo pneumático conectou o West Side ao East Harlem até 1953. O *loop* subterrâneo era operado por funcionários apelidados de *Rocketeers* e era capaz de transportar pacotes e cartas do Grand Central Terminal até a sede dos Correios em quatro minutos.

Agora imaginemos cápsulas autônomas com 2,25 metros de diâmetro e repletas de poltronas ergonômicas, canções internacionais de sucesso e cintos de ombros – impulsionando os passageiros a até 1.220 quilômetros por hora através de tubos de aço de São Francisco até Los Angeles em 35 minutos, ao custo de uma passagem de ônibus. Essa é a visão do Hyperloop, 1.126 quilômetros de tubos de baixa pressão cruzando a Califórnia. Essa tecnologia se baseia em um artigo escrito por Elon Musk em 2013, "Hyperloop Alpha", que pregava um quinto modo de transporte. Musk desafiou o conceito de trilho de alta velocidade e propôs uma colaboração mundial, de código aberto, para a construção de um sistema movido a energia solar no valor de 6 bilhões de dólares na Califórnia. Deu certo: atualmente, existem várias empresas ao redor do mundo empenhadas em criar sistemas Hyperloop completos.

Robert Goddard, conhecido por seu conhecimento no ramo da construção de foguetes, foi o primeiro a imaginar "vacutrens" em 1910 – foguetes que levitariam magneticamente, voando no interior de tubos a vácuo a uma velocidade estimada de 1.550 quilômetros por hora. Seu sonho nunca saiu do papel, mas o sistema imaginado por Musk um século depois não é tão diferente. Da maneira como foram propostos, os Hyperloops são extremamente eficientes, e uma das razões para isso é a ausência de ar. Todas as modalidades de transporte ocorrem no ar ou na água, e quanto maior a velocidade, maior a resistência. A uma velocidade de 965-1.126 quilômetros por hora, o ar ao nível do mar fica mais espesso do que a água em termos de resistência. Todas as crianças já colocaram a mão para fora de um carro em velocidade e sentiram essa força. O desafio de um sistema acionado a vácuo é a remoção dos últimos 10% de ar.

É preciso uma grande quantidade de energia para criar e manter um vácuo completo; assim, Musk e outros pensaram melhor e estão trabalhando com sistemas que operam em vácuos parciais. Um ventilador é colocado na frente da cápsula para eliminar o acúmulo de ar; um pouco desse ar é expelido para a parte traseira, mas a maior parte flui pelas laterais da cápsula, fazendo a função de um rolamento e impedindo que a cápsula toque na parede interna do tubo. A cápsula de passageiros seria pressurizada e vedada.

O que o Hyperloop promete é velocidade, e sua virtude é a pouca energia utilizada para deslocar pessoas e cargas. As estimativas por quilômetro-passageiro são 90-95% inferiores aos custos para aviões, trens ou carros. Nas velocidades imaginadas, rodas são literalmente um empecilho. Os Hyperloops são levitados por ímãs alimentados por energia solar e eólica, e o único atrito real é a quantidade residual de ar no interior dos tubos. Motores de indução linear, do mesmo tipo utilizado nos sistemas de ônibus dos aeroportos, seriam utilizados para dar partida e acelerar a

Quando Elon Musk escreveu "Hyperloop Alpha", um artigo que desafiava o planeta a acelerar o desenvolvimento de um sistema *hyperloop* funcional, um grupo de estudantes de engenharia da Universidade de Delft abraçou a ideia, entrando numa competição em busca do melhor *design* para as cápsulas. A equipe de Delft ficou em segundo lugar, logo atrás da equipe do MIT. Dez dos 33 membros da equipe de Delft tiraram uma licença de um ano e estão atualmente construindo uma cápsula para competir com outros vencedores na pista de testes de *hyperloop* de Musk, em Hawthorne, Califórnia.

cápsula de passageiros. As cápsulas seriam construídas com fibra de carbono, pesando menos de um terço do peso dos passageiros e da bagagem. Um trilho central com ímãs em ambos os lados atuaria como um estabilizador em altas velocidades e, em caso de necessidade, como um sistema de freios de emergência. Alguns projetos incorporam janelas virtuais com telas de LED que mostram um panorama substituto das paisagens externas.

Nem todos são fãs. A perspectiva de viajar dentro de um tubo até Los Angeles sem uma maneira clara de parar e escapar em caso de emergência provoca calafrios claustrofóbicos nas espinhas de algumas pessoas. No entanto, um avião é exatamente isto: uma cápsula que se desloca em alta velocidade e da qual o passageiro não pode sair, estando sujeito a forças incontroláveis como o cisalhamento de vento, raios, gelo e bandos de pássaros. Por outro lado, as cápsulas do Hyperloop têm portas que podem ser deslacradas e motores de indução linear que podem, em caso de necessidade, conduzir os passageiros até a escotilha de escape mais próxima. Um desafio mais difícil pode estar nas forças às quais os passageiros estão sujeitos nas curvas. A mais de 1.126 quilômetros por hora, mesmo pequenas mudanças de direção poderiam sujeitar os passageiros à ação de forças G semelhantes às atuantes em um piloto de caça. Os aviões comerciais fazem voltas lentas ao longo de muitos quilômetros com o objetivo de minimizar as forças incidentes em seus passageiros; os *hyperloops*, que precisam acompanhar o terreno, talvez não tenham essa opção.

Além da segurança, o Hyperloop pode enfrentar desafios de custos de infraestrutura, licenciamento etc. Afinal, a construção de veículos sobre trilhos de alta velocidade mostrou-se um empreendimento caro e difícil; o Hyperloop compartilha muitos dos mesmos requisitos de *design* – uma pista completamente plana, fundações duráveis, grande demanda de energia de pico – apenas em maior grau. Isso não quer dizer que seja impossível viabilizá-lo ou mesmo que não valha a pena. Os EUA construíram muitas autoestradas após a Segunda Guerra Mundial, mas veja o que isso causou nas cidades e subúrbios. O que uma rede Hyperloop causará? Ou será mesmo que um dia haverá uma rede? O que acontecerá aos centros das cidades conectadas com o Hyperloop? Para onde ele irá com a maioria das concessões de terras já ocupadas? Viajar cada vez mais rápido será vantajoso? O Hyperloop ainda não teve a oportunidade de debutar. Deve-se ter em mente o ceticismo enfrentado pelos irmãos Wright com seu avião de asa fixa, que mal conseguia se elevar a uma altitude de 3 metros e percorrer uma distância de 36 metros. Os franceses os ridicularizaram, chamando-os de *bluffeurs* (blefadores). Mas tudo mudou depois dos primeiros voos bem-sucedidos na costa da Carolina do Norte.

As empresas envolvidas com o Hyperloop estão atarefadas. O Hyperloop One já fez uma corrida de teste bem-sucedida em sua pista no norte de Las Vegas, a mais de 530 quilômetros por hora ao ar livre. Essa empresa firmou um acordo com o porto de Jebel Ali, em Dubai, para pesquisar como os 18 milhões de contêineres que lá desembarcam anualmente poderiam ser transportados de forma rápida e segura. O Hyperloop está propondo um sistema porta a porta em que passageiros em Dubai são recolhidos em suas casas em uma cápsula autônoma e transferidos para um Hyperloop que chega a Abu Dhabi em doze minutos. A mesma empresa está propondo rotas de transporte de carga de Los Angeles a Las Vegas, de Helsinque a Estocolmo e de Moscou a São Petersburgo. O ministro da Economia da Eslováquia propôs ao Hyperloop rotas de Bratislava até Budapeste e Viena. Talvez o empreendimento mais inovador entre todos seja a Hyperloop Transportation Technologies, uma empresa virtual colaborativa que conta com mais de quinhentos cientistas e engenheiros não remunerados em todo o mundo, os quais recebem ações por sua colaboração em vez de compensação financeira.

Os defensores acreditam que as tecnologias de informação aceleraram as comunicações e fizeram com que o mundo se "aproximasse" – e que chegou a hora de fazer o mesmo com os transportes. O mantra desses inovadores é "O transporte é a nova banda larga". No sistema Hyperloop proposto para a Califórnia, seria possível morar em Los Angeles e trabalhar no vale do Silício – uma distância de mais de 500 quilômetros. E é aí que reside o chamado paradoxo de Jevons: à medida que determinado serviço ou produto se torna mais acessível, os seres humanos não necessariamente poupam dinheiro; em vez disso, usam mais daquele serviço, como no caso da eletricidade barata, ou compram mais, por exemplo, um segundo carro, uma casa de férias ou talvez televisores de tela plana para cada quarto. O paradoxo consiste em que poupar energia cara resulta em mais dinheiro para se gastar. As economias de energia podem se perder parcial ou totalmente mediante o comportamento dos consumidores. Em outras palavras, o Hyperloop pode criar o sistema de transporte mais eficaz e renovável já imaginado, ou pode catalisar uma nova onda do materialismo que já envolve grande parte do planeta.

FUTURAS ATRAÇÕES
AGRICULTURA MICROBIANA

Vamos imaginar a cena: um fazendeiro dirige até a loja de fertilizantes em uma picape de quatro toneladas e sai com um saco de 5 quilos de bactérias fixadoras de nitrogênio capazes de fertilizar 60 hectares de trigo, tornando biodisponível o nitrogênio do ar. Ainda não foi descoberta uma bactéria fixadora de nitrogênio para o trigo, mas a ciência acabou de começar a procurar. Legumes como a soja, a alfafa e o amendoim já possuem bactérias anaeróbias capazes de quebrar o nitrogênio atmosférico em nitratos utilizáveis. As raízes das leguminosas cuidam dessas bactérias, protegendo-as do oxigênio e alimentando-as com exsudatos de açúcar. Em troca, a planta recebe o nitrogênio vital. Assim como David Montgomery e Anne Biklé deixam claro em seu livro *The hidden half of nature* (A metade oculta da natureza, que comparece resumidamente neste livro), a momentosa percepção do microbioma do solo e o crescimento das pesquisas nesse campo estão ocorrendo paralelamente às descobertas no microbioma humano. Ambos são ecossistemas de complexidade inimaginável e ambos constituem o alicerce para a saúde e o bem-estar.

Em 1 grama de solo podem existir até 10 bilhões de habitantes, divididos entre 50-83 mil espécies diferentes de bactérias e fungos. Esse "dedal" de terra é um dos mais diversificados sistemas vivos do mundo. Pode haver uma variação drástica nesses ecossistemas subterrâneos em distâncias de apenas alguns metros, dependendo do que existe no solo: se uma plantação de sorgo, um carvalho ou uma casa de toupeira.

Hoje, não restam dúvidas sobre o imenso potencial das bactérias, vírus, nematódeos e fungos no solo ou sobre sua abrangência em termos de possiblidades de enfrentamento do impacto da agricultura no aquecimento global. Seu significado climático está enraizado na perspectiva de uma drástica redução da necessidade de fertilizantes sintéticos, pesticidas e herbicidas pela ação dos micróbios, ao mesmo tempo aumentando o rendimento das culturas e melhorando a saúde das plantas e a segurança alimentar.

O microbioma do solo fez todas as grandes empresas agrícolas do planeta pesquisarem, firmarem parcerias e anexarem pequenas empresas inovadoras no campo da identificação e testes dos micróbios da terra. Essas empresas estão à cata de micróbios que as ajudarão a fazer o que sempre fizeram – tornar a agricultura industrial mais lucrativa. Ironicamente, essas pesquisas estão direcionadas para a identificação de micróbios que... matam. Pesquisadores nesse campo descrevem os micróbios como "armas" contra a lagarta-militar, crisomelídeos, pulgões, ácaros, vermes-do-repolho e ervas daninhas. O milho e a soja geneticamente modificados estão sendo cultivados em *Bacillus thuringiensis* com o objetivo de criar proteínas cristalinas que matam lagartas, mariposas e borboletas. E já estão sendo comercializados micróbios herbicidas.

Embora a agricultura industrial sonhe com micróbios "armados até os dentes", a natureza do mundo microbiano é o oposto disso. Trata-se sobretudo de mutualismo – atividades entre dois organismos mutuamente benéficas –, em lugar da competição, a ideia de que uma espécie prevalece sobre outra.

Um bioma de solo saudável é rico em carbono porque os micróbios do solo se alimentam de exsudatos abundantes em açúcar, provenientes das raízes das plantas; por sua vez, as bactérias dissolvem rochas e minerais, fazendo com que esses nutrientes se tornem biodisponíveis para as plantas. Um bioma saudável possui muita matéria orgânica, que retém 3-10 vezes mais água do que solos degradados, proporcionando resiliência e tolerância à seca. Também gera plantas mais saudáveis e maior biodiversidade sobre o solo. Sem exceção, as soluções descritas neste livro que traçam um panorama da agricultura regenerativa e da agricultura de conservação, e também as que abordam a agrossilvicultura, a cultura intercalar com árvores e o manejo das pastagens, alimentam o microbioma do solo, colhem seus benefícios e reduzem significativamente ou eliminam a necessidade de fertilizantes derivados de combustíveis fósseis.

Atualmente, a conversão de nitrogênio em amônia para adubo requer 1,2% do consumo mundial de energia. O processo cria emissões em decorrência da geração de energia de combustíveis fósseis, e grande parte desse nitrogênio termina no céu, na forma de óxido de nitrogênio – um gás de efeito estufa 298 vezes mais potente do que o dióxido de carbono ao longo de um século. Ou lixivia-se até as águas subterrâneas e hidrovias, o que provoca o crescimento excessivo de algas e o surgimento de zonas mortas, onde a vida marinha é sufocada por falta de oxigênio.

Para que seja restauradora, a agricultura deve conciliar-se com a biologia e a natureza, e não lutar com elas. Quando uma semente é lançada ao solo, um complexo conjunto de organismos do solo se mobiliza e sustenta seu crescimento, num processo de coevolução ao longo do ciclo de maturação, florescimento, frutificação e geração de sementes. O microbioma do solo convida a agricultura a ter um desempenho muito melhor na obtenção daquilo que queremos do solo – alimentos saudáveis, saborosos e abundantes – por meio da harmonização da agricultura com as necessidades do solo. Em resumo, trata-se de um fato simples: as plantas e o solo se alimentam um do outro. Se esse ciclo for interrompido por insumos sintéticos, sejam eles fertilizantes ou pesticidas, a planta sairá enfraquecida e o solo perderá em fertilidade e vida.

A revolução agrícola microbiana não poderia ocorrer em melhor momento. As estimativas variam, mas a agricultura contribui com aproximadamente 30% das emissões totais de gases de efeito estufa. No passado, levando em conta o que se sabia e as técnicas então disponíveis, reduzir as emissões agrícolas poderia significar diminuir a produção mundial de alimentos. Com uma população que pode ultrapassar os 9 bilhões de habitantes em 2050, essa não é uma opção válida.

A qualidade do solo está declinando em todo o mundo, apresentando à humanidade uma escolha: tentar corrigir esse fato com mais produtos químicos ou reconstruir um ecossistema de solo saudável. Ao inocular solos degradados e espoliados com combinações de organismos simbióticos com as culturas e alimentos desejados pelos seres humanos, será possível para a agricultura criar um círculo virtuoso, simplesmente imitando o que a vida faz. Nas palavras da bióloga Janine Benyus, a vida cria as condições favoráveis à vida, e há razões para acreditar que estamos testemunhando o advento de uma nova era na agricultura, que irá cumprir seus dois objetivos primordiais: alimentos limpos, abundantes e nutritivos, juntamente com práticas agrícolas verdadeiramente sustentáveis que criem continuamente um planeta mais vibrante e acolhedor para todos.

Esquerda: Oxidantes bacterianos de ferro e manganês na lama de uma laguna.

Abaixo: Cientistas colhendo bactérias no Parque Nacional de Amboseli, no Quênia.

FUTURAS ATRAÇÕES
CÂNHAMO INDUSTRIAL

Chamar o cânhamo industrial de "futura atração" pode parecer estranho dado que os fios dessa planta já eram usados há 10 mil anos na fabricação de fibra para roupas humanas. Sua inclusão aqui se deve menos ao que ele pode fazer e mais ao que pode substituir. Os EUA proibiram efetivamente o cultivo de todos os tipos de cânhamo em 1937, depois de uma campanha liderada por notícias e documentários contendo descrições sensacionalistas de como o cânhamo, utilizado como narcótico, precipitaria atos de violência e insanidade. Como as pessoas se sentiam à vontade com cordas de cânhamo e outros produtos manufaturados com cânhamo industrial, as variedades psicoativas (*Cannabis sativa*) passaram a ser chamadas de *marihuana*, gíria mexicana com conotações raciais implícitas sobre seus efeitos destrutivos. Enquanto a maconha recreativa e de uso médico continua a ser aprovada por um número cada vez maior de estados norte-americanos, ainda persiste no país a proibição do cultivo de cânhamo por causa da falta de autorização pela Drug Enforcement Agency. Em outros lugares do mundo, o cânhamo é uma cultura comercial com muitos usos. O cânhamo industrial tem quantidades insignificantes dos canabinoides associados à maconha recreativa ou de uso médico.

Há milhares de anos, o cânhamo atraiu a atenção graças aos seus talos fibrosos. O floema, a casca do caule, contém fibras longas e fortes que podem ser fiadas e tecidas sozinhas ou combinadas com linho e algodão para a confecção de roupas. Na década de 1840, a polpa de madeira começou a ser usada para o fabrico de papel; antes disso, o papel era feito quase inteiramente de roupas de cânhamo descartadas. Trapeiros em busca de restos de tecido cruzavam as cidades europeias, separando os lixos das ruas à cata de seu ganha-pão. Esses trapos eram vendidos ao que, atualmente, chamamos de centros de reciclagem, onde o cânhamo era separado, higienizado e empacotado para os fabricantes de papel.

O cânhamo produz uma fibra forte e sustentável, que pode ser usada no fabrico de papel, têxteis, cordas, calafetação, tapetes e lona. O rendimento do floema, a parte fibrosa valiosa da planta, utilizada no fabrico de têxteis e cordas, é de 895-2.690 quilogramas por hectare – maior que o do algodão. A diferença de impacto entre as duas plantas é notável. O algodão é a cultura mais suja do mundo em termos do uso de produtos químicos e, além disso, depende intensamente de insumos derivados de combustíveis fósseis. Embora cultivado em apenas 2,5% de todas as terras cultiváveis, o algodão responde por 16% do uso anual de inseticidas. Se, além disso, considerarmos as estimadas 20 mil pessoas que morrem intoxicadas por pesticidas, contaminação da água, doenças induzidas por pesticidas, uso intenso de fertilizantes e herbicidas sintéticos e salinização de solos causada pela irrigação em terras áridas, começaremos a perceber os impactos sociais, ambientais e climáticos causados apenas por essa cultura. Quase 1% das emissões globais de gases de efeito estufa provém da produção de algodão. Desde o campo até o consumidor, as emissões totais geradas pela fabricação de uma camisa de algodão branco equivalem a 36 quilogramas de dióxido de carbono.

Quando o floema é removido do cânhamo, o que resta são sementes e o que é conhecido como o restolho do cânhamo. Uma grande variedade de produtos pode ser manufaturada a partir do restolho, p. ex., painéis de fibra, tijolos, isolamento, gesso e estuque. A versatilidade da planta leva alguns a acreditarem que ela é uma panaceia agrícola. Na verdade, não é. O cânhamo é uma planta anual; por isso, precisa do manejo de rotação para efeito de fertilidade. No entanto, não precisa dos mesmos cuidados de cultivo que as culturas anuais típicas. O espaçamento entre as plantas é pequeno, e elas crescem tão rápido que funcionam como um herbicida, abafando e sombreando ervas daninhas como o cardo. E não há necessidade do uso de inseticidas. A preços atuais, o cânhamo rende 2-3 vezes mais receita por hectare do que o trigo. Mas o cânhamo precisa de bastante água, juntamente com solos profundos e ricos em nutrientes, e não é uma planta adequada para a restauração de terras degradadas. Os benefícios ambientais do cânhamo são altos. O mesmo não acontece com sua acessibilidade econômica, pelo menos não nos EUA. Se o cânhamo for colhido com uma ceifadeira-debulhadora para aumentar a eficiência, as fibras do floema ficarão danificadas. Por mais útil que seja o floema do cânhamo, o custo de suas fibras se aproxima de seis vezes o custo da polpa lenhosa.

A área em que o cânhamo poderia ser decisivo é a substituição do algodão, com os demais usos da planta sustentando a parte econômica. Em 2009, quando Hu Jintao, presidente da China, visitou os processadores de cânhamo de seu país, implorou que aumentassem o cultivo para 809 milhões de hectares, a fim de evitar os impactos nocivos do algodão. Esse tipo de crescimento dependerá da produção de têxteis de cânhamo acessíveis, aceitos pela indústria da moda e confortáveis. Jamais competirá com o algodão na suavidade das fibras, mas, em termos de custos, certamente o cânhamo poderá substituir metade do algodão produzido no planeta para roupas de uso comum, como jeans, jaquetas, sapatos de lona, bonés etc., e essa mudança teria um impacto significativo nas emissões de carbono.

A fibra de cânhamo tem sido utilizada há milhares de anos para fabricar velas de barcos, cordas, cordões e roupas. O cânhamo se parece com o linho, mas pode ser penteado para ficar com a mesma textura do algodão. Em termos de produção de fibra útil, o cânhamo ultrapassa em 10-100 vezes o algodão ou as árvores.

FUTURAS ATRAÇÕES
CULTURAS PERENES

Trigo Kernza (*Thinopyrum intermedium*) no Land Institute em Salina, Kansas. O trigo maduro será amarrado em feixes e alimentará uma ceifadeira-colheitadeira para ser debulhado.

Nem sempre os seres humanos foram comedores de sementes. As dietas iniciais consistiam em carne, tubérculos, cogumelos, frutos do mar, ovos onde quer que fossem encontrados, mel, aves, lagartos, insetos, bagas e uma variedade de vegetais e ervas silvestres. Ocasionalmente, em algumas áreas havia consumo de grãos selvagens. Não havia refeições "corretas", e as estações e a boa fortuna determinavam decisivamente qual ia ser a comida do dia. Pouco depois do fim da última Era Glacial, 11-12 mil anos atrás, os seres humanos começaram a cultivar plantas anuais para obtenção de alimentos – a primeira delas foi um ancestral do trigo chamado farro (*Triticum dicoccum*) no Crescente Fértil. Há 10 mil anos, o arroz já era cultivado na Ásia e, há 9 mil anos, o milho já tinha sido domesticado na Mesoamérica. Essas três culturas passaram a ser a base da alimentação no mundo – e continuam assim até hoje. Todas são culturas anuais.

O que promoveria uma diferença significativa para o solo, carbono e custo seria o plantio de grãos e cereais perenes. As culturas perenes são a forma mais eficaz de sequestrar carbono em qualquer sistema agrícola, porque deixam o solo intacto. A diferença entre culturas anuais e perenes é que as anuais morrem completamente todos os anos, inclusive as raízes, e se regeneram exclusivamente por meio das sementes. As herbáceas perenes também morrem, mas isso não ocorre com as raízes, que geram novo crescimento sob o solo. Essas culturas também podem se reproduzir a partir de sementes, e é aí que reside a possibilidade almejada por pesquisadores em todo o mundo: grãos, cereais e plantas oleaginosas que sejam fornecedores perenes de alimentos.

Dois esforços bem-sucedidos para a criação de culturas perenes essenciais emergiram do Land Institute em Salina, no Kansas, e da Yannan Academy of Agricultural Sciences, na China. A Yunnan Academy se concentra no arroz, que possui quatro ancestrais selvagens que se espalham por meio de raízes ou hastes acima do solo e produzem culturas por vários anos. O arroz cresce em arrozais inundados, bem como em campos de terras altas sem irrigação. Em ambos os casos, o estabelecimento de um sistema radicular mais profundo possibilita certa tolerância à seca e, no caso do arroz de terras altas, também previne a erosão. O arroz perene de terras altas poderia minimizar o desmatamento pelos agricultores que cultivam arroz por alguns anos e depois partem para outros campos, usando técnicas de corte e queimada em decorrência da baixa fertilidade.

No caso do Land Institute, houve um esforço para produzir trigo perene por mais de quarenta anos e, ao que parece, os pesquisadores podem ter conseguido isso com uma variedade chamada Kernza. O fundador do instituto, Wes Jackson, ficou impressionado com a diferença entre a terra dos plantadores de trigo locais e os solos ricos das pradarias nativas de capim-elefante. O geneticista botânico Lee DeHaan juntou-se ao Land Institute em 2001 e desenvolveu a variedade Kernza a partir de uma variedade intermediária de trigo nativo da Europa e da Ásia Ocidental. O trigo ancestral, conhecido como "erva de trigo alto" pelos fazendeiros, é amplamente plantado para obtenção de capim forrageiro para a pastagem animal, mas foi avaliado como uma cultura de trigo perene para humanos pelo Instituto Rodale na década de 1980. As sementes dos experimentos desse instituto foram plantadas por DeHaan no início dos anos 2000, e desde então são selecionadas, plantadas e novamente selecionadas de acordo com as características desejáveis. A variedade Kernza do Land Institute foi a primeira a ser cultivada e comercializada, e hoje produtos feitos com ela são servidos e degustados em restaurantes e padarias selecionados na forma de bolinhos doces, tortilhas, macarrão e cerveja. No campo, são profundas as diferenças entre o trigo convencional e a variedade Kernza. O carbono sequestrado pelas práticas convencionais de cultivo de trigo se localiza na camada superior do solo e é liberado para o ar antes e depois do cultivo do solo. Enquanto a raiz do trigo anual tem forma espigada e mede cerca de 1 metro, as raízes do Kernza são grossas, robustas e se aprofundam por cerca de 3 metros, resultando em um sequestro muito maior do carbono do ar, enterrando-o mais profundamente na terra. Enterrar o carbono talvez não explique bem o que ocorre; as raízes do Kernza trocam o carbono com bactérias que, por sua vez, acidificam pedras e rochas, gerando nutrientes minerais para o trigo. É um grande negócio para as plantas e para o solo, sem interferência de qualquer prática de cultivo.

Talvez não haja maior contribuição para a saúde do solo e para o sequestro de carbono (ou redução das emissões) do que a capacidade de cultivar sem perturbar o solo. Os ciclos de nutrientes do solo são muito mais eficazes em solos não mexidos, a despeito do método de fertilização. E as culturas perenes funcionam como divisores de águas, o que significa que os rios mais próximos têm maior tendência a sustentar populações diversificadas de criaturas, o que gera maior biodiversidade. Além disso, há a possibilidade do cultivo de plantas perenes em terras abandonadas.

A variedade Kernza ainda não chegou "lá", nem as culturas de cereais perenes que estão sendo desenvolvidas pela Michigan State University, Washington State University, International Rice Research Institute e outras instituições. Os grãos são pequenos e o rendimento deixa a desejar. A boa notícia é que há um esforço concertado em todo o mundo para a criação de novas culturas perenes essenciais, e a variedade Kernza tem apenas 14 anos. Para o mundo da criação de plantas, ela é uma recém-nascida.

FUTURAS ATRAÇÕES
VACAS CAMINHANDO PELA PRAIA

Desde a Grécia até a Islândia, algas têm sido empregadas como ração animal há milhares de anos – especialmente no inverno, quando as forrageiras escasseiam. Criadores de gado e pastores já perceberam há muito seu efeito de engorda. Na atual Ilha do Príncipe Eduardo, o fazendeiro canadense Joe Dorgan observou que as vacas que ficavam em seu curral à beira-mar eram mais saudáveis e produziam mais leite do que as instaladas em pastos mais para o interior. O fazendeiro começou a reunir algas lançadas à terra pelas tempestades e fornecê-las a todos os seus animais. Não demorou muito para Dorgan constatar que tinha uma oportunidade de negócio em suas mãos, se pudesse receber aprovação comercial para sua ração de algas. O pesquisador Rob Kinley entrou em cena para fazer os testes necessários e descobriu que as algas de fato ajudavam os vacas de Dorgan a digerir de forma mais eficiente. O metano, o principal resíduo gerado no processamento dos alimentos pelas vacas, diminuiu 12% com a dieta de Dorgan. Ao economizar calorias na produção de metano, a digestão mais eficiente resultou em maior volume de leite. Já tendo constatado a utilidade das algas lançadas à terra, Kinley se perguntou se outras variedades de algas marinhas poderiam ser mais eficientes ainda em livrar o processo de digestão das vacas do subproduto metano.

As vacas pertencem a uma família de animais conhecidos como ruminantes, assim batizados por causa do órgão que compartilham – o *rúmen*, um compartimento do estômago onde a comida mastigada é digerida por bactérias, retornando em seguida à boca para que seja novamente mastigada e engolida em um processo chamado ruminação. Esse processo microbiano produtor de gás permite que alimentos ricos em celulose, como o capim, sejam digeridos pelas vacas, ovelhas, cabras e búfalos. O resultado é o resíduo de metano que é expulso através das duas extremidades do animal – 90% por meio da eructação. Em todo o mundo, essas pequenas descargas somam 39% de todas as emissões da produção global de gado e uma quarta parte da poluição mundial do metano. Na Austrália, o metano produzido nas fazendas e nos ranchos do país representa praticamente 10%

de todas as emissões de gases de efeito estufa. A natureza da anatomia dos ruminantes implica necessariamente um processamento dos alimentos pela fermentação entérica, mas as descobertas de Kinley na Ilha do Príncipe Eduardo sugerem que talvez não seja inevitável que a fermentação entérica produza tanto metano.

Em uma organização de pesquisas em North Queensland, Austrália, Kinley juntou-se a uma equipe de especialistas em algas marinhas e em nutrição de ruminantes com o objetivo de testar uma grande variedade de espécies de algas marinhas misturadas com ração em "estômagos de vaca" artificiais – essencialmente pequenos tanques de fermentação. Várias espécies de algas marinhas, fornecidas em grandes quantidades, tiveram algum efeito na produção de metano, mas os pesquisadores rapidamente se concentraram na *Asparagopsis taxiformis*. Essa espécie de algas vermelhas cresce em águas quentes ao redor do mundo – nativa em alguns locais, invasiva em outros –, inclusive aquelas ao largo da costa de Queensland. Quando os resultados do teste saíram, Kinley e sua equipe se perguntaram se seus instrumentos estavam quebrados. No rúmen artificial, a *Asparagopsis taxiformis* reduziu a produção de metano em 99% – e uma dose de apenas 2% da ração foi necessária para isso. Em ovelhas vivas, a mesma dose resultou em uma queda de 70-80% no metano. (Os testes ainda não foram realizados com vacas vivas.)

A *Asparagopsis taxiformis* contém um composto-chave chamado bromofórmio. Em uma etapa essencial da digestão dos ruminantes, as bactérias no rúmen normalmente usam enzimas que criam metano residual. O bromofórmio reage com a vitamina B12 e interrompe esse processo. Na ausência da *Asparagopsis taxiformis* e seu bromofórmio, os ruminantes desperdiçam 2-15% da energia em seus alimentos na forma de metano residual (a perda exata varia de acordo com o tipo de alimentação). Como todos os resíduos, o metano *é uma evidência da* ineficiência do sistema: parte do alimento consumido pelos ruminantes não está sendo convertida em massa corporal. Ao reduzir a produção de gás, o bromofórmio pode evitar as emissões e, além disso, melhorar a produção. Considerando que a eficácia do bromofórmio varia com o tipo de alimentação e sua qualidade, há muitas pesquisas ainda por fazer, tanto no laboratório como no campo.

Com as mais de 1,4 bilhão de vacas e cerca de 1,9 bilhão de ovelhas e cabras que habitam atualmente o planeta, a escala é um grande desafio para a contenção das emissões de metano com o uso de *Asparagopsis taxiformis*. Uma produção suficiente para cobrir somente 10% do gado australiano exigiria 59 quilômetros quadrados de fazendas de algas marinhas. Onde e como seria possível produzi-la em massa? A secagem e o armazenamento afetariam a eficácia do bromofórmio? Defensores dessa tecnologia, como Kinley, reconhecem o desafio, mas argumentam que vale a pena persistir. A produção generalizada de algas marinhas poderia ser uma bênção para os oceanos – absorvendo *o dióxido de carbono causador da acidificação*, emitindo oxigênio em troca e criando um *habitat* marinho. Ainda assim, a escala necessária é simplesmente extraordinária. A permacultura marinha, outra futura atração, promete escalar a produção de *Asparagopsis* num patamar de quilômetros quadrados, mesmo longe do mar. A combinação dessas duas soluções pode gerar sinergias de efeito global.

Também vale a pena notar que o metano não é o único gás de efeito estufa gerado pelos ruminantes e por outros animais. A produção e o processamento da ração é o outro culpado principal, responsável por 45% das emissões relacionadas com o gado. Além de ajudar os animais a digerir de forma mais eficiente, esse número pode ser atacado mediante mudanças na forma de criação dos animais – nomeadamente, por meio da silvopastagem e do manejo de pastagens – e reduções na ingestão global de produtos de origem animal na alimentação humana. Ainda assim, a *Asparagopsis taxiformis* é uma solução muito promissora. No Havaí, chama-se *limu kohu*, que significa "alga agradável", e é usada como condimento para o peixe cru. Se fornecida aos ruminantes em todo o mundo, a *Asparagopsis* aumentaria a produtividade e reduziria a quantidade de soja, milho e capim necessários à alimentação e, com isso, o impacto da agricultura sobre a terra seria menor. Ainda mais importante: a *Asparagopsis taxiformis* poderia reduzir drasticamente as emissões de metano pelo gado, que atualmente representam 6-7% dos gases de efeito estufa liberados anualmente em todo o mundo.

FUTURAS ATRAÇÕES

CULTIVO OCEÂNICO
BREN SMITH

Durante décadas, os ambientalistas fizeram campanha e lutaram para salvar os oceanos do mundo dos perigos da sobrepesca, das mudanças climáticas e da poluição. E se examinarmos a situação por outro ângulo? E se a questão não for como podemos preservar a vida natural de nossos oceanos, mas como os oceanos podem ser desenvolvidos, para sua própria proteção e também do planeta?

É isso que uma rede cada vez maior de cientistas, fazendeiros oceânicos e ambientalistas em todo o mundo está empenhada em descobrir. Com praticamente 90% dos grandes estoques de peixes ameaçados pela sobrepesca, e diante dos 3,5 bilhões de pessoas dependentes dos mares como sua principal fonte de alimentos, os defensores do cultivo oceânico concluíram que a aquicultura é um fato irreversível.

Mas em vez das monolíticas fazendas produtoras de peixes, os participantes dessa rede visualizam fazendas em pequena escala, onde espécies complementares são cultivadas para fornecer alimentos e combustível, limpar o meio ambiente e reverter as mudanças climáticas. Orientados por uma ética da sustentabilidade, estão repensando nossa relação com os oceanos, com a meta de enfrentar a sobreposição das crises climática, energética e alimentar.

O cultivo oceânico não é uma inovação moderna. Durante milhares de anos, culturas tão diversas como os antigos egípcios, romanos, astecas e chineses cultivaram peixes, mariscos e plantas aquáticas. O salmão do Atlântico é cultivado na Escócia desde o início do século XVII; as algas marinhas constituíam alimento básico para colonos norte-americanos.

Essa antiga prática sustentável de pesca foi modernizada, transformando-se em fazendas em grande escala com estilo industrial, de uma forma muito parecida com o que atualmente se pratica na agricultura industrial. Baseadas nas fazendas terrestres de produção de gado, as operações convencionais de aquicultura são conhecidas pelos peixes de baixa qualidade e insípidos, tratados com antibióticos e fungicidas que terminam por poluir os cursos de água locais. Segundo recente editorial do jornal *The New York Times*, a aquicultura "repetiu muitos dos erros da agricultura industrial – incluindo a diminuição da diversidade genética, o desprezo pela conservação e a disseminação global de métodos agrícolas intensivos antes que suas consequências sejam completamente compreendidas".

Um pequeno grupo de fazendeiros e cientistas oceânicos está traçando um curso diferente. As novas fazendas oceânicas são pioneiras no que hoje é conhecido como aquicultura multitrófica, onde fazendeiros oceânicos cultivam espécies de aquicultura variadas em um esquema no qual algumas espécies alimentam outras, que por sua vez também servirão de alimento.

Os fazendeiros em Long Island Sound estão diversificando pequenas fazendas orgânicas de mariscos com várias espécies de algas com os objetivos de filtrar poluentes, diminuir a depleção de oxigênio e desenvolver uma fonte sustentável de fertilizantes e farinha de peixe. No sul da Espanha, a empresa Veta la Palma projetou sua fazenda para restaurar mangues e zonas úmidas e, no processo, criou o maior santuário de aves do país, com mais de 220 espécies de pássaros.

As fazendas de algas têm a capacidade de produzir enormes quantidades de alimentos ricos em nutrientes. O professor Ronald Osinga, da Wageningen University, na Holanda, calculou que uma rede global de fazendas de vegetais marinhos, totalizando pouco mais de 180 mil quilômetros quadrados – aproximadamente o tamanho do estado de Washington, EUA –, poderia fornecer proteína suficiente para toda a população mundial. E esse é apenas o começo, já que existem mais de 10 mil espécies vegetais comestíveis nos oceanos.

O objetivo, de acordo com o *chef* Dan Barber, é criar um mundo onde as fazendas "restaurem em vez de esgotar" e permitam que "todas as comunidades possam alimentar a si mesmas". Como as fazendas oceânicas dispensam o uso de água doce, de desmatamentos e de fertilizantes – que são desvantagens significativas da agricultura terrestre –, tais empreendimentos prometem ser mais sustentáveis do que as fazendas tradicionais mais sensíveis ao meio ambiente. E considerando que as fazendas oceânicas são capazes de empregar verticalmente toda a coluna de água, promovem poucas emissões, altos rendimentos e baixo impacto estético.

Em lugar dos peixes, as espécies básicas das fazendas de cultivo oceânico são algas marinhas e mariscos, dois organismos que podem muito bem ser a receita secreta da Mãe Natureza para o enfrentamento do aquecimento global. Consideradas como as árvores dos ecossistemas costeiros, as algas usam a fotossíntese para tirar carbono da atmosfera e da água, e algumas variedades são capazes de absorver cinco vezes mais dióxido de carbono que as plantas terrestres.

As algas estão entre os vegetais de crescimento mais rápido em nosso planeta; *kelp*, por exemplo, cresce cerca de 2,7-3,6 metros em apenas três meses. Esse ciclo de crescimento turbinado permite que os produtores ampliem rapidamente seus "sumidouros" de carbono. Obviamente, as algas cultivadas com o objetivo de diminuir as emissões teriam de ser colhidas para a produção de biocombustíveis neutros em carbono, a fim de garantir que o carbono não seria simplesmente reciclado de volta ao ar, como ocorreria se as algas servissem de alimento ou entrassem em rápido processo de decomposição na água ou em terra.

Embora as ostras absorvam carbono, sua real contribuição é a filtragem do nitrogênio presente na coluna de água. O nitrogênio é a base do óxido nitroso, o gás de efeito estufa ao qual ninguém presta atenção. É quase trezentas vezes mais potente que o dióxido de carbono e, segundo matéria da revista científica *Nature*, fica em segundo lugar em termos de já ter excedido o "limite planetário" máximo. Como o carbono, o nitrogênio é parte essencial da vida – plantas, animais e bactérias precisam dele para sobreviver – mas quantidades excessivas têm um efeito devastador nos ecossistemas terrestres e oceânicos.

A principal causa da poluição pelo nitrogênio é o escoamento de fertilizantes agrícolas. Globalmente, todos os anos a produção de fertilizantes e pesticidas sintéticos contribui com mais de 453 mil toneladas de emissões de gases de efeito estufa para a atmosfera. Grande parte desse nitrogênio proveniente dos fertilizantes acaba indo parar nos oceanos, onde, no momento, está 50% acima dos níveis normais. De acordo com a revista *Science*, o nitrogênio em excesso "esgota os níveis essenciais de oxigênio na água e tem efeitos significativos sobre o clima, a produção de alimentos e os ecossistemas em todo o mundo".

É aí que entram as ostras. Uma ostra única filtra 115-180 litros de água por dia. Estudos recentes de Roger Newell, da University of Maryland, demonstram que um *habitat* de ostras saudáveis pode reduzir em até 20% o nitrogênio total adicionado. Uma fazenda de ostras de 1,2 hectare filtra uma carga de nitrogênio equivalente à produzida por 35 habitantes costeiros.

São vários os projetos que estão emergindo e que usam uma mistura de algas e mariscos para limpar as vias aquáticas urbanas poluídas e ajudar as comunidades a se prepararem para os efeitos das mudanças climáticas. Uma dessas iniciativas, liderada pelo dr. Charles Yarish, da University of Connecticut, está cultivando *kelp* e mariscos em linhas flutuantes no rio Bronx, em Nova York, para filtrar nitrogênio, mercúrio e outros poluentes dos cursos de água poluídos dessa cidade, com o objetivo de torná-los mais saudáveis, produtivos e economicamente viáveis.

Além dessas iniciativas, há também o campo emergente da "ostratectura", dedicado à construção de recifes e de jardins flutuantes artificiais para as ostras, com o fim de ajudar a proteger comunidades costeiras de futuros furacões, do aumento do nível do mar e de marés de tempestades. A arquiteta e paisagista Kate Orff, que trabalha na empresa de *design* Scape, está desenvolvendo parques de aquicultura urbanos que usam jangadas flutuantes e longas linhas suspensas de mariscos com o objetivo de construir mais espaço verde urbano, ao mesmo tempo melhorando o meio ambiente. A paisagista imagina o novo agricultor oceânico urbano na tríplice função de pescador de moluscos, cuidador de recifes de ostras e paisagista, cuidando dos parques flutuantes na superfície das águas.

Em Connecticut, defensores desses projetos pressionam por uma expansão do programa existente nesse estado norte-americano de créditos de nitrogênio para que incluam fazendas de mariscos, permitindo assim o reembolso dos criadores de mariscos pelo nitrogênio que filtram em Long Island Sound a cada ano. Diante dos novos empreendimentos de criação de ostras que estão brotando por todos os EUA, a instituição de recompensas para "pescadores verdes" pelo efeito positivo que suas fazendas exercem no meio ambiente poderia funcionar como um modelo de incentivo para a oferta de novos empregos, ao mesmo tempo criando mais "sumidouros" de carbono.

Está se tornando cada vez mais urgente encontrar substitutos limpos para os biocombustíveis existentes. Um relatório encomendado pela União Europeia constatou que os biocombustíveis à base de soja podem criar até quatro vezes mais emissões de aquecimento do clima comparativamente aos seus equivalentes fósseis. Cada vez mais as algas marinhas e de outros tipos parecem ser um substituto viável. Cerca de 50% do peso das algas marinhas é constituído por óleo, que pode ser usado na produção de biodiesel para carros, caminhões e aviões. Recentemente, cientistas da University of Indiana descobriram como transformar algas em biodiesel a uma velocidade quatro vezes maior do que o tempo gasto para outros biocombustíveis, e pesquisadores do Georgia Institute of Technology descobriram uma maneira de usar o alginato extraído de *kelp* para aumentar em dez vezes a capacidade de armazenamento de baterias de íon.

Ao contrário das culturas de biocombustíveis terrestres, o cultivo de algas marinhas não requer fertilizantes, desmatamento florestal, água, nem o uso intensivo de máquinas que queimam combustível. Como resultado, suas emissões de carbono são negativas, conforme análise do Banco Mundial. Embora a tecnologia ainda esteja em fase de desenvolvimento, os agricultores mostram-se ansiosos para começar a produzir seu próprio combustível e criar cultivos com produção de energia em circuito fechado.

O Department of Energy dos EUA estima que o biocombustível de algas marinhas pode render até trinta vezes mais energia por hectare do que culturas terrestres como soja. De acordo com a revista *Biofuels Digest*, "graças ao alto rendimento do óleo derivado de algas, cerca de 4 milhões de hectares seriam suficientes [...] para substituir todo o combustível diesel atualmente usado nos EUA. Essa área representa cerca de 1% da área total atualmente utilizada no país para a pecuária e a agricultura".

As necessidades energéticas do planeta poderiam ser atendidas se apenas 3% dos oceanos do mundo ficassem reservados para o cultivo de algas marinhas. "Acredito que isso seria equivalente a eliminar o petróleo", declarou Tasios Melis, professor de biologia microbiana da University of California, Berkeley.

Como as coisas estão atualmente, os oceanos estão em uma espiral da morte. De acordo com o Programa Internacional sobre o Estado dos Oceanos – um consórcio de 27 dos maiores especialistas sobre oceanos no planeta –, os efeitos das alterações climáticas, da acidificação dos oceanos e da depleção de oxigênio já desencadearam uma "fase de extinção de espécies marinhas sem precedentes na história humana".

A reversão do aquecimento global pode ser um convite para o desenvolvimento dos mares do mundo a fim de salvá-los. Por outro lado, se nada for feito, os oceanos podem morrer. As águas marinhas são reverenciadas como alguns dos derradeiros espaços em estado natural na Terra, não governados e intocados por mãos humanas. Se as desenvolvermos, algum dia no futuro fazendas oceânicas pontilharão as costas, refletindo nossa paisagem agrícola. Mas diante da crescente crise climática, talvez seja necessário explorar modos inovadores de sustentar a humanidade, protegendo o planeta ao mesmo tempo.

Isso significa dedicar partes do oceano à agricultura, sem deixar de reservar grandes extensões para parques de conservação marinha. E em vez de construir fábricas oceânicas dispersas, é preciso criar redes descentralizadas de pequenas fazendas de produção de alimentos e energia, que cultivem alimentos, gerem energia e criem empregos para as comunidades locais. Embora não seja nenhuma panaceia, o cultivo oceânico – se cuidadosamente concebido – pode vir a ser parte vital na reversão da atual tendência e na construção de um futuro mais verde.

FUTURAS ATRAÇÕES
REDES INTELIGENTES

O século XXI está sendo alimentado por uma rede elétrica do século XX. Na maioria das cidades de alta renda e países ricos do mundo, três componentes principais compõem a complexa máquina conhecida como "a rede": usinas de energia produtoras de eletricidade, linhas de transmissão que transportam essa eletricidade através das distâncias e redes de distribuição que a levam até os usuários finais – áreas residenciais, comerciais, ou industriais. Projetada para transportar eletricidade de fornecedores centralizados para as amplas regiões geográficas onde estão seus consumidores, a rede é, fundamentalmente, um sistema unidirecional. A confiabilidade, o alcance e a capacidade são pontos fortes reais, mas a rede do século XX está conflitando com a necessidade de mudança do século XXI para uma energia limpa e renovável. A geração concentrada de combustível fóssil é previsível e administrável, permitindo que os serviços públicos alinhem o fornecimento de eletricidade com a demanda. Mas fontes renováveis como a energia solar e o vento são variáveis e muito mais distribuídas. Não podem ser padronizadas ou facilmente transportadas quando necessário. Para acomodar suas flutuações e permitir que elas sejam bem-sucedidas, a rede deve se tornar mais ágil e adaptável.

"Agilidade" e "adaptabilidade" são marcas características da nova "rede inteligente" – uma remodelagem digital da rede tradicional tendo em mente as necessidades de uma economia fundamentada em energia limpa. Uma rede é inteligente no sentido de que se envolve em uma comunicação bidirecional entre fornecedores e consumidores para prever, ajustar e sincronizar a oferta e a demanda de energia. Hoje, o equilíbrio entre produtores e usuários ocorre nos centros de operações dos serviços públicos. A conectividade pela internet, o uso de *softwares* inteligentes e tecnologias responsivas podem ajudar e até mesmo automatizar a gestão do fluxo de eletricidade, fazendo a coordenação, em tempo real, entre as muitas facetas da rede. As redes inteligentes podem garantir confiabilidade e flexibilidade da rede em uma era de painéis fotovoltaicos e turbinas eólicas, ao mesmo tempo que maximizam a eficiência energética em todo o sistema. Esta é a base para o seu potencial de atenuação dos problemas climáticos: as redes inteligentes podem reduzir o consumo geral e ao mesmo tempo facilitar o abandono das usinas centralizadas de combustíveis fósseis e suas emissões de gases de efeito estufa. Também ajudam a gerenciar a demanda extra de eletricidade advinda dos veículos elétricos no sistema *plug-in*, possibilitando o crescimento dessa tecnologia. De acordo com a Agência Internacional de Energia, as redes inteligentes poderiam gerar reduções líquidas anuais nas emissões de dióxido de carbono da ordem de 0,7-2,1 gigatoneladas até 2050.

Redes inteligentes são sistemas complexos que compreendem várias partes. Elas não seguem regras rígidas, mas pioneiros da rede inteligente como a Coreia do Sul ajudaram a definir três componentes essenciais:

1. Linhas de alta tensão equipadas com sensores para monitorar e informar sobre as condições e o fluxo multidirecional.
2. Medidores avançados sem fio capazes de informar o consumo de eletricidade e os preços em tempo real – tanto para as empresas públicas como para os usuários finais.
3. Aparelhos, conectores e termostatos conectados à internet que possam responder à necessidade de reduzir o consumo ou usar a eletricidade disponível.

Juntos, esses e outros componentes de uma rede inteligente permitem aplainar picos de demanda e absorver o abastecimento variável e disperso das fontes renováveis. A demanda por eletricidade varia ao longo do dia e em todas as estações, em geral atingindo o pico no final da tarde e nos meses mais quentes e mais frios. Sob o atual sistema baseado em combustíveis fósseis, esses picos são atendidos pelas chamadas "unidades de pico" – pequenas plantas ativadas em situações de emergência para atender a aumentos exagerados na demanda. Essas unidades cumprem o seu papel, mas são caras e sujas. Em seu lugar, as redes inteligentes poderiam aplicar preços dinâmicos e enviar sinais até milhões de aparelhos inteligentes para ajustar de forma marginal – p. ex., aumentando em 1°C a temperatura das geladeiras – para que a situação se normalize. Da mesma forma, poderiam ativar o carregamento de carros elétricos pelo sistema *plug-in* durante a noite, quando as turbinas eólicas estão em funcionamento mas a demanda é baixa; ou poderiam acessar a energia armazenada em baterias. Com menos picos e depressões no fluxo de eletricidade, as emissões de carbono diminuem, e tanto os serviços públicos como os usuários economizam dinheiro.

A rede atual já foi denominada "a maior e mais interconectada máquina na Terra" – uma das maiores façanhas da engenharia do século XX. Tornar essa rede mais inteligente é um empreendimento gigantesco que ocorrerá em fases nas décadas vindouras, à medida que forem sendo lançadas as diferentes tecnologias no âmbito da rede inteligente. Entretanto, estudos mostram que o investimento exigido valerá a pena, graças à redução nas emissões, às economias financeiras e à maior estabilidade da rede. Nos EUA, um investimento de 340-480 bilhões de dólares em um sistema de rede inteligente renderia benefícios líquidos de 1,3-2 trilhões de dólares ao longo de 20 anos. Será essencial levar em consideração tanto os riscos de segurança decorrentes do acesso não autorizado aos controles da rede como a privacidade dos dados de cada residência. Muitas pessoas ainda se perguntam se as fontes de energia renováveis podem alimentar o mundo. Mas essa noção é basicamente um mal-entendido. O grande desafio não é a geração solar e eólica; é uma rede capaz de acomodar suas singularidades. Um planeta mais verde requer uma rede mais inteligente.

FUTURAS ATRAÇÕES
CONSTRUINDO COM MADEIRA

Nas palavras do *designer* Michael Charters, "os arranha-céus estão esgotados". Esta foto ilustra seu projeto para um terreno numa esquina de Chicago. Charters acredita que como Chicago foi o berço dos arranha-céus, é também o berço mais adequado para o seu projeto "Big Wood", que consiste em enormes estruturas de madeira neutras em carbono que não só mudam os materiais dos edifícios urbanos mas também sua forma. Este edifício em particular é um complexo de uso misto para a Universidade de Chicago, consistindo em uma biblioteca, um centro de mídia, três tipos de moradia, lojas, um complexo esportivo, estacionamento, um parque e uma horta comunitária.

Desde colunas até vigas, passando por pisos e telhas, a madeira é um dos primeiros materiais de construção. A construção de grandes edifícios com estrutura em madeira data de 7 mil anos na China, e inclui o complexo do templo Horyu-ji, de 1,4 mil anos, em Ikaruga, no Japão, que sobreviveu a ameaças sísmicas e a um ambiente úmido, sendo hoje o mais antigo grupo de edifícios de madeira. Com a Revolução Industrial, o aço e o concreto passaram a predominar, e o uso da madeira entrou em declínio, ficando principalmente relegado a residências unifamiliares e a estruturas de pouca altura. Hoje, quando se pensa em construção nas cidades, o que vem à mente são gruas que oscilam vigas de aço no horizonte. Mas isso está começando a mudar: atualmente, há estruturas urbanas de grande altura sendo construídas quase inteiramente de madeira, sequestrando carbono durante esse processo.

Treet em norueguês significa "árvore". É um nome apropriado para o prédio de catorze andares construído em Bergen, na Noruega, que – como o edifício Forté de dez andares em Melbourne e o Stadthaus de nove andares em Londres – é pioneiro nas construções contemporâneas de madeira. Em breve, essas edificações serão superadas por um projeto de habitação estudantil de dezoito andares da Universidade da Colúmbia Britânica, e talvez por outros ambiciosos projetos com trinta andares e até mais. Todas essas estruturas são (ou serão) construídas com grandes vigas, módulos e painéis de madeira, muitos dos quais pré-fabricados ou pré-cortados e rapidamente montados no local. O *glulam*, vigas de madeira laminada colada, pode substituir o aço e foi utilizado há 175 anos em igrejas e escolas britânicas. Na década de 1990, surgiu na Áustria uma tecnologia para construção de painéis denominada madeira laminada colada cruzada, ou CLT (do inglês *cross-laminated timber*). Esse material foi descrito como o "novo concreto" por sua resistência e longevidade. Atualmente, tanto o *glulam* como o CLT vêm recebendo mais atenção como uma forma de reduzir os impactos climáticos decorrentes da construção dos locais onde pessoas trabalham, se reúnem e residem.

Quando se trata de clima, a construção com madeira resulta em dois benefícios principais. Primeiro, à medida que crescem, as árvores absorvem e isolam carbono, que permanece armazenado nos materiais de construção de madeira. Uma unidade de madeira seca é composta por 50% de carbono, e esse carbono ficará confinado enquanto a madeira estiver em uso. E o ciclo continua com o sequestro de carbono pelas árvores em crescimento para a produção de materiais de construção sustentáveis. Em segundo lugar, o processo de produção desses materiais gera menos emissões de gases de efeito estufa comparativamente à produção de alternativas à madeira. O cimento, usado no concreto e em outros materiais de construção, é responsável por produzir 5-6% das emissões globais, o dobro das emissões geradas pela indústria da aviação. O aço chega bem perto: a fabricação de vigas de aço requer 6-12 vezes mais combustível fóssil do que a produção de madeira laminada. Além disso, quando um edifício de madeira chega ao fim de sua vida útil, seus componentes podem encontrar novos usos em outros edifícios, podem ser compostados ou utilizados como combustível. Graças a esses muitos méritos, um aumento moderado no uso da madeira pode resultar em benefícios consideráveis para o clima. De acordo com um estudo de 2014 da Universidade de Yale, a construção com madeira poderia reduzir as emissões globais anuais de dióxido de carbono em impressionantes 14-31%.

O bom senso sugere que madeira e prédios elevados são incompatíveis e que a possibilidade de incêndio é um problema a ser considerado. O conhecimento crescente e um renascimento no processamento e fabricação da madeira vêm desafiando essas limitações. Enquanto o aço se dobra no fogo, a madeira forma um carvão protetor no exterior, mantendo a integridade estrutural interna da viga. Novos produtos de alto desempenho são mais resistentes ao fogo, além de mais rentáveis e mais robustos do que nunca. *Glulam* e CLT consistem na prensagem e colagem de placas menores para criar um produto composto com força semelhante à do aço – capaz de transportar cargas maiores e para uso em edifícios cada vez mais altos. Esses produtos também têm outra vantagem: podem ser pré-fabricados e, em seguida, montados como um móvel gigante. Isso significa que a construção pode transcorrer rapidamente, o que baixa os custos e diminui significativamente o desperdício, os ruídos e o tráfego típico dos canteiros de construção.

Três fatores essenciais afetam os benefícios advindos da construção com madeira em relação às demais alternativas e, portanto, devem ser abordados. Em primeiro lugar, se o local de abastecimento estiver localizado perto dos canteiros de construção, essa proximidade limita as emissões e o custo do transporte. Em segundo lugar, a colheita de madeira com práticas florestais sustentáveis protege a integridade ecológica e é garantia de máximo sequestro de carbono. Se a exploração madeireira não for bem administrada, o uso de madeira como material de construção predominante poderia significar um verdadeiro desastre para as florestas e também para flora e a fauna que nelas vivem. Em terceiro lugar, no final de seu ciclo de vida útil, os materiais de construção de madeira devem ser reutilizados, reciclados ou descartados por algum método como a compostagem; assim, evita-se que o carbono armazenado seja liberado e que a madeira sofra decomposição anaeróbia, um processo produtor de metano. Em Mie, no Japão, o Ise Jingu, o Grande Santuário de Shinto, é desmontado e reconstruído a cada vinte anos com *hinoki*, uma madeira que cresce em bosques próximos para uma prática ritualística que honra a morte, a impermanência e o poder regenerativo da natureza. Nada é jogado fora; cada pedaço de madeira passa a fazer parte de outras estruturas e pode acabar, duzentos anos depois, como lembrança nas casas de chá que existem no terreno do templo.

Talvez o maior desafio para o uso da madeira em construções de grande escala seja a percepção. Defensores da tecnologia como Michael Green, um arquiteto de Vancouver que projetou uma versão de madeira do Empire State Building, estão trabalhando intensamente para que isso mude. Edifícios de madeira altos podem funcionar como um dos testemunhos mais convincentes, e competições como o Prêmio U.S. Tall Wood Building têm ajudado na divulgação de projetos de demonstração de Nova York até Portland, Oregon. Embora a tecnologia da madeira laminada já esteja devidamente estabelecida, está apenas começando a incursionar em muitos mercados. À medida que as cadeias de abastecimento forem ampliadas, esses materiais se tornarão cada vez mais competitivos em termos de custos. Ainda assim, muitos códigos de construção limitam o uso da madeira a quatro, talvez cinco andares. Os regulamentos poderiam atualizar-se com a engenharia, incentivando, em vez de proibir, a inovação. Assim como a terra faz crescer a nossa comida, também pode produzir material de construção de primeira linha.

Reciprocidade
JANINE BENYUS

Ainda envolvida nos estudos para minha diplomação em silvicultura, um dia me peguei apontando uma lata de tinta *spray* para o liso tronco de uma castanheira-rosa. Minha missão era marcar a árvore como parte de um processo de "corte de liberação" em nossa floresta experimental em Nova Jersey. A marca cor de laranja indicaria aos madeireiros que deviam derrubar, envenenar ou "anelar" qualquer coisa que pudesse competir com nossa cultura de madeira de corte. Fomos ensinados que o desbaste ajudaria os carvalhos e as nogueiras, liberando-os para obtenção de mais água, luz e nutrientes. Para muitos na minha turma, a abertura de espaço em um grupo de árvores era a parte favorita. Para mim, era uma escolha excruciante e desarrazoada.

Eu continuava pensando na floresta histórica existente ao lado da nossa que não tinha sofrido nenhum corte em duzentos anos. Tinha observado grupos muito próximos de duas, três e até quatro árvores gigantes, uma camada intermediária de dicotiledôneas e de coníferas e, aos meus pés, *Trillium*, fetos e pipilos de flanco vermelho que irrompiam do húmus. Ninguém tinha livrado essas árvores das competidoras, mas aparentemente todas estavam bem.

"A floresta antiga não é nem de longe tão espaçada ou controlada como esta", disse eu ao meu professor, "mas parece mais saudável. O senhor acha que as árvores podem ter se agrupado por algum motivo? O senhor acha que elas podem estar se beneficiando umas das outras de alguma maneira?"

Meu professor balançou a cabeça negativamente, um pouco alarmado. "Não seja tão clementsiana", disse. "Assim você nunca vai entrar em uma pós-graduação." O professor estava se referindo a Frederic Edward Clements, um ecologista do início do século XX que venceu e depois perdeu o maior debate da história da ecologia. Ser comparada a Clements era uma clara admoestação, um sinal certo de inocência.

Corria o ano de 1977, e os ecologistas estavam mergulhados havia três décadas em uma mudança de paradigma que afetou nossos experimentos, nossas narrativas sobre a natureza e, ainda mais intensamente, nossas normas para o manejo de florestas, ranchos e fazendas. O princípio de que as árvores precisavam ser livradas da luta com a concorrência foi fruto de um debate entre Frederic Clements e seu contemporâneo Henry Gleason. O que ambos tentaram descrever, de maneiras muito diferentes, era o que constitui uma comunidade de vegetação, o que determina o modo como as plantas crescem juntas e por quê.

Quando Clements estudou áreas pantanosas, chaparrais, florestas folhosas e pradarias, viu comunidades distintas de plantas reagindo não apenas ao solo e ao clima, mas também umas às outras. Ele propôs que as plantas eram organismos cooperadores além de concorrentes, facilitando a vida umas das outras de formas benéficas. As árvores de dossel "protegiam" os brotos sob seus galhos, criando condições mais abrigadas e nutritivas em um processo de planta ajudando planta conhecido como facili-

Dentro de doze anos, a maioria dos ecologistas rejeitou a ideia de interações positivas como força impulsionadora da montagem das comunidades, concentrando-se nas interações negativas, como competição e predação. Ocorreu uma transformação nos artigos das revistas científicas, e quando alguém se candidatava para a pós-graduação, só eram permitidas algumas perguntas de pesquisa específicas, começando com "Como a concorrência explica [...]?" Se atentarmos para o que estava acontecendo naquele tempo, não devemos nos surpreender. A desgraça de Clements coincidiu exatamente com a publicação da Doutrina Truman e com o início da Guerra Fria. Durante décadas, mesmo quando as plantas eram o assunto, ninguém ousava falar em comunismo.

Mas aí é que está o que eu amo no método científico. Embora a cultura tenha suas influências, ela é incapaz de interromper a busca incansável pela verdade mensurável. Antiamericana ou não, a matemática precisa funcionar. Depois que cinquenta anos de pesquisas intensas sobre competição demonstraram não serem conclusivas, os pesquisadores retornaram ao trabalho de campo para descobrir que outras forças estavam atuando.

No mesmo ano em que eu "indultei" aquela castanheira-rosa, o ecologista Ray Callaway encontrou-se no sopé da Serra Nevada resgatando da má prática um grupo de carvalhos-azuis. O consenso predominante – um "presente" de Gleason – era que os carvalhos que pontilham as pastagens da Califórnia deveriam ser cortados para liberar as gramíneas da competição. Para a consternação de Callaway, milhares de hectares de carvalhos-azuis foram cortados para fazer lenha.

Callaway ficava incomodado com o fato de que as gramíneas tinham prosperado juntamente com os carvalhos-azuis desde tempos imemoriais. Durante dois anos e meio, ele mediu a interação entre carvalhos e pastagens – pegando em suas panelas e baldes folhas, gravetos, galhos e pingos de chuva repletos de nutrientes de seis copas. Sua tese demonstrou que os totais de nutrientes eram 20-60 vezes maiores sob os carvalhos do que nas pastagens abertas. Essas árvores amplas, tão habilmente dispostas na paisagem da Califórnia, são bombas de nutrientes que levantam minerais das profundezas e os dispersam todos os anos quando suas folhas caem. As raízes penetrantes afofam o solo denso, aumentando o armazenamento de água sob os ramos e acolhendo um enorme número de plantas. Callaway compilou mais de mil estudos que descrevem como as plantas "acompanham" e aprimoram a sobrevivência, o crescimento e a reprodução das suas vizinhas. Ler esses exemplos é descobrir um manual que explica como as comunidades naturais curam e superam as adversidades – uma leitura essencial em um mundo cujo clima está mudando.

O conhecimento de quais plantas funcionam como ajudantes e "companheiras" nas comunidades botânicas será importante com a exacerbação das secas nos próximos anos. Por exemplo, como e por que as florestas amazônicas formam nuvens mesmo na estação seca? Acontece que 10% das chuvas anuais da Amazônia são absorvidas pelas raízes mais superficiais de certos arbustos dispersos e, depois, impelida até níveis mais profundos do solo através das raízes primárias. Ao chegarem os meses de seca, as raízes primárias fazem com que a água suba, bombeando-a para as raízes superficiais – distribuindo a água para

tação. Essas árvores protegiam com sua sombra os brotos do sol inclemente, bloqueavam os ventos e fertilizaram o solo com suas folhas. Com o passar do tempo, uma comunidade de plantas preparava o caminho para a próxima; as plantas anuais constituíam o solo para os arbustos perenes, os quais, por sua vez, nutriam os brotos que cresciam e se tornavam florestas. Para onde quer que Clements olhasse, ele via comunidades tão estreitamente entrelaçadas que as chamou de organísmicas.

Gleason tinha uma percepção diferente. O que Clements chamava de comunidades era, na sua opinião, simplesmente fruto do acaso, indivíduos aleatoriamente dispersos por acaso e organizados de acordo com a forma como se adaptavam à água, à luz e ao solo. Não havia ajuda mútua; as plantas estavam apenas competindo por espaço. Para Gleason, a noção de que poderia existir uma comunidade conectada e interdependente a ser estudada como um todo era uma ilusão; o mero exame das partes seria suficiente.

Durante a primeira metade do século XX, a perspectiva de Clements prevaleceu – a literatura ecológica está repleta de estudos sobre facilitação. O trabalho de Gleason foi praticamente esquecido até 1947, quando um pequeno grupo de pesquisadores ressuscitou seus pontos de vista individualistas e enfrentou o holismo de Clements. A visão de Gleason das plantas como indivíduos permitia que elas fossem estudadas com grande precisão estatística, como se fossem átomos.

a floresta inteira. Em todo o planeta, muitas espécies de plantas fazem esse papel de "elevador" hidráulico, regando uma infinidade de plantas sob o dossel da floresta.

Quanto mais estressante for o meio ambiente, mais provável será a observação de plantas trabalhando juntas para assegurar a sobrevivência mútua. Nos picos chilenos, estudos sobre plantas agrupadas, que se amontoam para se protegerem dos raios ultravioleta nocivos e dos gélidos e dessecantes ventos, revelam complexas interações de ajuda mútua. Uma única *yareta* (ou planta-almofada), com 1,80 metro de largura, pode ter milhares de anos e albergar dezenas de espécies florescentes diferentes em seus montículos, enfiadas como alfinetes coloridos em uma almofada verde-clara.

Nos declives, se uma árvore puder resistir e se estabelecer em uma área de rochas caídas, criará um refúgio protetor onde os ventos ficam apaziguados e a neve escorre regando os brotos protegidos. Pássaros se empoleiram e mamíferos se escondem no que se transforma numa ilha crescente, trazendo nutrientes e sementes em seus excrementos. À medida que folhas e outras partes apodrecem, forma-se uma esponja orgânica que libera umidade nos dias secos do verão.

Admito que vai contra a nossa intuição imaginar que as plantas "se unem" para combater a escassez quando nossa tendência para a competição e nossas teorias econômicas nos ensinam que devemos pensar o contrário. Durante anos, experimentadores cuidadosos tentaram explicar esse fenômeno como uma anomalia, deixando de perceber os benefícios em sua busca por conflitos. Hoje em dia, sabemos que não se trata apenas de uma planta que ajuda outra; mutualismos – trocas complexas de benefícios – estão em pleno funcionamento acima e abaixo do solo, e por meios extraordinários.

Enquanto Callaway media carvalhos na Califórnia, Suzanne Simard, uma silvicultora profissional, assustava-se com os cortes em massa que estavam ocorrendo na Colúmbia Britânica. O protocolo de manejo que previa a remoção de bétulas da espécie *Betula payrifera* que viviam em associação com o abeto-de-Douglas parecia despropositado para Suzanne – afinal de contas, essas árvores eram companheiras há anos sem fim. Será que estariam se ajudando de alguma forma?

Em um estudo brilhante, Suzanne expôs as mudas em crescimento a dois tipos de dióxido de carbono radiotivamente marcado – carbono-14 no abeto-de-Douglas e carbono-13 na bétula. As mudas absorviam o dióxido de carbono e o transformavam em moléculas de açúcar. A pesquisadora rastreou o carbono para verificar se ocorreria alguma troca. Os primeiros resultados chegaram dentro de uma hora. Suzanne descreveu uma sensação de maravilhamento próximo da euforia quando o contador Geiger começou a matraquear – o carbono-13 da bétula tinha sido transferido para o abeto-de-Douglas, enquanto o carbono-14 do abeto tinha sido transferido para a bétula.

Como isso foi possível? Da próxima vez que você for a uma floresta, cave o húmus e provavelmente encontrará uma verdadeira teia de fios brancos aderidos às raízes. Essa teia é a parte subterrânea dos fungos que transportam fósforo para as árvores em troca do carbono. Os manuais descrevem esse fenômeno como uma troca entre uma planta e um fungo. O trabalho de Suzanne Simard foi um dos primeiros a provar que os fungos se ramificam a partir das raízes de uma única árvore, conectando dezenas de árvores e arbustos e outras plantas – não só a indivíduos da mesma espécie, mas também a espécies totalmente diferentes. Essa "internet das florestas", ou "Wood Wide Web", como Suzanne Simard denominou seu achado, é uma internet subterrânea através da qual ocorrem trocas de água, carbono, nitrogênio, fósforo e compostos de defesa. Quando uma praga afeta uma árvore, suas substâncias químicas de alarme trafegam através dos fungos até chegar aos demais membros da rede, dando-lhes tempo para reforçar suas defesas.

As descobertas sobre a natureza holística das florestas têm vastas implicações para a silvicultura, conservação e mudanças climáticas. É hora de aplicar essa mesma visão penetrante às terras agrícolas. Embora 80% de todas as plantas terrestres possuam raízes que crescem em associação com fungos micorrízicos, é raro encontrar redes comuns de micorriza em campos agrícolas. O uso do arado e de herbicidas como o glifosato desorganiza a rede, e a adição, ano após ano, de fertilizantes artificiais de nitrogênio e fósforo envia um recado para as bactérias e fungos "ajudantes" dizendo que eles não são necessários, nem para o transporte de água, nem para a proteção contra pragas – e nem para absorver os micronutrientes de que nossos corpos tanto precisam.

Quando as comunidades de vegetação "inspiram" o dióxido de carbono, transformam-no em açúcares e transferem-no para as redes microbianas, podem sequestrar carbono em solos profundos durante séculos. Mas, para que isso ocorra, as comunidades precisam ser saudáveis, diversas e estabelecer amplas parcerias. Se o objetivo for incentivar a recuperação dos 50% do carbono do solo que se perdeu para a atmosfera, será preciso pensar bastante antes de dar partida na serra elétrica, abrir um saco de fertilizantes ou marcar um rebento vegetal para remoção. Não queremos interromper uma intercomunicação que é vital.

Para ajudar a reverter o aquecimento global, será crucial interferir no fluxo do ciclo do carbono de maneiras inovadoras, interrompendo nossa expiração excessiva de dióxido de carbono para a atmosfera e trabalhando para que os sufocados ecossistemas do planeta inspirem profundamente enquanto se recuperam. Isso significa que devemos aprender a ajudar os ajudantes, aqueles micróbios, plantas e animais responsáveis pela alquimia diária de transformar carbono em vida. Essa função mutualista, essa prática de reciprocidade, exigirá uma compreensão mais sutil de como os ecossistemas realmente funcionam. A boa notícia é que estamos finalmente reconhecendo o valor das comunidades organísmicas, depois de anos e anos vagando pelo mundo do "cada planta por si".

Uma das consequências dos nossos cinquenta anos de foco na concorrência é que passamos a enxergar todos os organismos, antes de mais nada, como consumidores e concorrentes – inclusive nós mesmos. Agora já temos vinte anos de um novo entendimento. Ao reconhecer finalmente a onipresença do compartilhamento e do acompanhamento, ao aceitar o fato de que traços comunitários são bastante naturais, podemos olhar para nós mesmos sob uma nova perspectiva. Podemos finalmente retomar o nosso papel como cuidadores, um dos muitos ajudantes nessa história planetária de cura colaborativa.

UMA ABERTURA

Tanto para os ricos como para os pobres, a vida é dominada por uma cadeia cada vez maior de problemas, a maioria dos quais parece não ter solução real e duradoura. [...] a fonte final de todos esses problemas está no próprio pensamento, exatamente aquilo que mais orgulha a nossa civilização e, portanto, a única coisa que fica "oculta" por causa de nosso fracasso em nos comprometermos seriamente com sua real ação em nossas próprias vidas e na vida da sociedade.

– David Bohm e Mark Edwards, *Changing Consciousness* (Mudando a consciência)

A maneira lógica de ler este livro é utilizá-lo para descobrir como você pode fazer a diferença. Como cada pessoa pensa e percebe seu papel e responsabilidade no mundo é o primeiro passo em qualquer transformação – a base da qual depende toda a mudança. Como pesquisadores, sempre foi e continuará sendo um assombro o impacto que soluções individuais podem ter, sobretudo quando se relacionam à produção e ao consumo de alimentos. O que escolhemos para comer, e os métodos empregados no cultivo desses alimentos, é, ao lado da energia, a principal causa e remediação do aquecimento global. A responsabilidade e as oportunidades individuais não param por aí: elas envolvem o modo de administrar nossas casas, como nos transportamos, o que compramos etc.

No entanto, colocar demasiada ênfase no indivíduo pode fazer com que as pessoas se sintam tão pessoalmente responsáveis a ponto de ficarem sobrecarregadas com a enormidade da tarefa em questão. Per Espen Stoknes, psicólogo e economista norueguês, descreveu como os indivíduos reagem ao assédio de uma ciência que descreve as mudanças climáticas com tintas ameaçadoras e catastróficas. Surge o medo, que se entrelaça com a culpa, resultando em passividade, apatia e negação. Para sermos eficazes, necessitamos e merecemos uma conversa que aborde possibilidades e oportunidades, e não uma repetitiva ênfase em nossa destruição.

Essa conversa precisa ultrapassar o âmbito individual, porque qualquer ideia que considere a existência de cada um de nós como seres isolados é um mito. Somos partes intrincadas e interligadas de estruturas sociais e culturas complexas e, num sentido mais amplo, de toda a teia da vida – em última instância, a fonte de toda água, comida, fibras, remédios, inspiração, beleza, arte e felicidade.

É provável que nenhum indivíduo tenha feito mais para educar o mundo sobre as mudanças climáticas do que Bill McKibben. Ele foi o primeiro a escrever um livro popular alertando para a mudança climática, *The end of nature* (O fim da natureza), um best-seller publicado em 1989. McKibben é a encarnação de um ativista em suas inúmeras palestras, viagens, escritos e divulgação organizacional – o exemplo por excelência do que uma pessoa pode realizar. Seria fácil para McKibben exortar-nos a fazer mais como indivíduos, a seguir sua vida exemplar e a promover as mudanças necessárias para que o aquecimento global seja revertido. Mas não é o que ele recomenda. O problema, ele escreve, é com o próprio pronome "eu".

Os indivíduos não podem evitar as queimadas das florestas tropicais da Indonésia por corruptas corporações de óleo de palma, nem acabar com o branqueamento e a extinção de corais da Grande Barreira de Corais na Austrália. Os indivíduos não podem evitar a acidificação dos oceanos do mundo, nem frustrar a massacrante investida dos comerciais dedicados a fomentar o desejo e o materialismo. Os indivíduos não podem interromper os lucrativos subsídios concedidos às empresas de combustíveis fósseis. Os indivíduos não podem impedir a deliberada supressão e demonização da ciência e dos cientistas climáticos feitas com o dinheiro de doadores anônimos e ricos.

O que os indivíduos podem fazer é tornar-se um movimento. Segundo McKibben: "Os movimentos são aquilo que reúne 5 ou 10% das pessoas e as torna decisivas – pois em um mundo onde a apatia impera, 5 ou 10% é um número enorme". Os movimentos mudam a forma como pensamos e como vemos o mundo, dando origem a regras sociais mais evoluídas. O que outrora era aceito e considerado normal passa a ser impensável. O que era marginalizado ou ridicularizado passa a ser honrado e respeitado. O que havia sido suprimido passa a ser reconhecido como um princípio. Os EUA foram fundados com base na premissa de que há verdades que são evidentes por si mesmas, e uma das verdades não mencionadas é que só temos uma casa. Se quisermos permanecer aqui, devemos, juntos, tomar muito cuidado. Para que isso ocorra, devemos nos transformar em "nós" – um movimento destemido e irrefreável. Movimentos são sonhos que têm pés e mãos, corações e vozes.

É por isso que, ao criar o *Drawdown* e o site associado a ele, buscamos fazer mais do que simplesmente realizar pesquisas coerentes e informar. Queríamos cativar e surpreender, apresentar soluções para o aquecimento global de uma maneira nova, com a meta de ajudar a traçar as linhas e malhas da humanidade em uma rede de pessoas coerente e mais efetiva, que possa acelerar o progresso em direção à reversão das mudanças climáticas.

No futuro, os funcionários, membros e voluntários do *Drawdown* modelarão a economia da regeneração – empregos, políticas e complexidade econômica –, mapeando soluções climáticas para economias nacionais específicas e calculando como as tecnologias e processos da mudança climática poderão gerar empregos bem remunerados, dignos e socialmente justos. Os dados econômicos que coletamos mostram claramente que as despesas com os problemas do planeta atualmente excedem o custo das soluções. Dito de outra forma, o lucro que pode ser obtido com a instituição de soluções regenerativas é maior do que os ganhos monetários advindos da causação dos problemas ou da realização de negócios do modo costumeiro. Por exemplo, o método mais lucrativo e produtivo de agricultura é a agricultura regenerativa. Na indústria de geração de energia elétrica, mais pessoas nos EUA, em 2016, estavam empregadas pela indústria solar do que pelas indústrias do gás, carvão e óleo somadas. A restauração gera mais empregos do que a espoliação. É tão fácil ter uma economia baseada na regeneração do futuro quanto na sua destruição.

A palavra "emprego" é desagradável por conter em seu bojo um senso de dever, rotina ou trabalho pesado. "Trabalho" pode ser o melhor dos termos, pois pode implicar carreira, vocação e profissão. Em certa ocasião, um amigo se dirigiu a uma turma de alunos de terceira série e discutiu o número cada vez maior de desempregados no mundo. Uma menina levantou a mão e perguntou: "Todo o trabalho já foi feito?" Nunca na Terra houve tanta coisa a se fazer, e centenas de milhões de pessoas precisam desses empregos.

É difícil assistir à degradação acelerada de nossos sistemas ambientais ou observar o colapso mundial da civilidade em campos, ideologias e guerras. Mas o que está diante de nós não é a escolha de um lado, mas o dom de perceber quem somos como cuidadores do planeta. Ou nos unimos para enfrentar o aquecimento global, ou provavelmente desapareceremos como civilização. Para nos unirmos devemos conhecer nosso lugar, não em um sentido hierárquico, mas em um sentido biológico e cultural, para que possamos reivindicar nosso papel como agentes da nossa existência contínua. Estamos tão fartos das metáforas de guerra que, ao ouvirmos a palavra "defesa", pensamos em ataque, mas apenas poderemos defender o mundo se nos unirmos, soubermos ouvir e trabalharmos irmanadamente.

As soluções climáticas dependem da comunidade, de colaboração e de cooperação. No final das contas, cada solução no *Drawdown* é iniciada e promovida por grupos de pessoas que formam alianças novas e talvez improváveis: desenvolvedores, cidades, organizações sem fins lucrativos, corporações, agricultores, igrejas, municípios, escolas e universidades. As soluções para a obtenção de alimentos e para o uso da terra se concentram em como cooperar com a natureza para que o carbono seja sequestrado e haja melhora na qualidade de toda a vida. A educação das meninas e o planejamento familiar se referem a comunidades em todo o mundo, reconhecendo e apoiando o potencial das jovens e o poder das mulheres. A eficiência energética e material surge dos arquitetos, engenheiros, urbanistas, ativistas e inventores que trabalham em equipe. No Projeto *Drawdown*, mais de 250 pessoas estabeleceram uma coalizão com o objetivo de colaborar – associados, conselheiros, financiadores, revisores especialistas e funcionários. Temos uma grande dívida com cada uma das pessoas que ajudaram a criar este projeto.

É uma certeza científica que praticamente todas as crianças apresentam um comportamento altruísta, mesmo antes de saber falar. A preocupação com o bem-estar dos outros é algo inato, profundamente arraigado e endêmico. Nós nos tornamos seres humanos trabalhando juntos e ajudando uns aos outros. Hoje em dia, isso ainda é válido. Para reverter o aquecimento global, é imprescindível que cada pessoa, uma após a outra, se lembre de quem realmente somos. – Paul Hawken

METODOLOGIA

O Projeto *Drawdown* coleta, analisa e apresenta as melhores pesquisas e dados disponíveis sobre soluções sociais, ecológicas e tecnológicas capazes de diminuir substancialmente a concentração de gases atmosféricos de efeito estufa. Para atender a esse objetivo, cada uma das soluções deve cumprir a um ou mais dos seguintes requisitos:

- Reduzir o uso de energia por meio da eficiência, redução material, ou produtividade de recursos.
- Substituir fontes de energia existentes por sistemas de energia renovável.
- Sequestrar o carbono nos solos, plantas e algas por meio de práticas regenerativas de agricultura, pastagem, oceânicas e florestais.

Para cada solução, a pesquisa consiste em um processo de três etapas:

- Relatórios técnicos: análises detalhadas de soluções que incluam especificações técnicas e cenários projetados com o uso de dados financeiros e climáticos.
- Processo de revisão: uma avaliação cuidadosa de todos os relatórios técnicos e dados de modelagem por especialistas nos vários campos. Isso assegura a precisão, confiabilidade e atualidade dos dados.
- Modelos de integração: os modelos de solução são integrados em modelos setoriais maiores, com o objetivo de eliminar imprecisões que possam ser causadas por dupla contagem e por interações entre soluções.

Utilizamos vários conjuntos de dados, incluindo pesquisas de organizações e agências internacionais conceituadas e relatórios de mercado de consultorias globais e de líderes da indústria. O núcleo de nossa análise global é constituído por dados do Painel Intergovernamental sobre Mudanças Climáticas (IPCC), Agência Internacional de Energia (IEA), Agência Internacional de Energia Renovável (IRENA), Organização das Nações Unidas para a Agricultura e a Alimentação (FAO), Instituto Internacional de Análise de Sistemas Aplicados (IIASA) e outras organizações de pesquisa amplamente citadas, e também por estudos científicos revisados por pares.

Desenvolvemos dois modelos principais para a avaliação dos dados usando métodos estatísticos de análise. Um *modelo de redução e substituição* foi projetado para calcular soluções que reduzam o consumo de energia ou substituíam a geração de energia existente derivada de combustíveis fósseis. Um *modelo de uso da terra* foi desenvolvido para avaliar as diferentes dinâmicas de sequestro de dióxido de carbono da atmosfera por meio da biomassa acima e abaixo do solo, também levando em conta as emissões evitadas graças à diminuição nas práticas destrutivas de uso do solo, como o desmatamento. O modelo apropriado foi adotado e adaptado para cada solução em análise.

Uma vez que o objetivo do Projeto *Drawdown* era analisar o efeito combinado de todas as soluções, foram desenvolvidos catorze modelos de integração para agrupamentos de soluções que compartilham conjuntos de dados e entradas comuns:

Agricultura
Aquecimento/resfriamento
Destino dos resíduos
Iluminação
Invólucros de edificações
Geração da eletricidade
Manejo das florestas
Manejo do gado
Planejamento familiar
Sistemas alimentares
Sistemas de construção
Transporte de mercadorias
Transporte de passageiros
Transporte urbano

Cenários

Os dados apresentados ao longo do livro representam o impacto incremental, o custo e/ou a poupança oriunda de uma adoção ambiciosa, mas plausível, das respectivas soluções, comparativamente a um período de trinta anos em que o crescimento está fixado nos níveis atuais em relação às dimensões do mercado. Por exemplo, atualmente, a energia renovável constitui 24% do uso mundial de energia – solar, eólica, hidrelétrica (grande escala), biomassa, resíduos, ondas, marés e geotérmica. Medimos a porcentagem extra de geração de energia criada em cada categoria comparativamente à situação atual. A geração de energia aumentará como resultado do crescimento populacional e econômico. Se a porcentagem de energia renovável permanecer em 24%, consideramos esse número como igual a zero. A isso, chamamos de Cenário Plausível – um quadro e uma previsão otimistas e viáveis que modelam os impactos incrementais da ampliação da adoção.

Embora o cenário seja otimista, também é realista. Usamos estimativas conservadoras quando se trata de custo financeiro e impacto das emissões, apoiando-nos em dados científicos amplamente divulgados e revisados por pares. Avaliamos as fontes e incorporamos metanálises para avaliar uma série de impactos potenciais antes de nos determos em um deles, sempre pendendo para o lado conservador. Com relação à modelagem financeira, escolhemos propositadamente taxas mais lentas de queda dos custos em comparação com as tendências históricas.

A projeção do impacto global para cada solução depende de uma avaliação da futura adoção potencial nos mercados. A demanda global por mercadorias e serviços foi determinada mediante o uso de previsões de mercados globais e regionais. São exemplos de demanda de mercado a geração total de eletricidade, o número total de quilômetros-passageiro percorridos, o total de metros quadrados de espaço útil de edifícios residenciais e comerciais, e assim por diante. Assim, as condições populacionais e econômicas exercem profundo impacto nos modelos. *The United Nation's 2015 Revision of World Population Prospects* oferece três previsões diferentes para 2050: baixa, média e alta. Medimos o crescimento, a demanda e o impacto empregando a previsão populacional média, que é de 9,72 bilhões de pessoas.

Também completamos duas outras previsões. O Cenário *Drawdown* otimiza os pressupostos conservadores financeiros e de carbono do Cenário Plausível. O Cenário Ideal representa o potencial máximo das principais soluções até 2050 – notadamente, a adoção de uma energia 100% limpa e renovável. (Ver página seguinte.)

Pressupostos gerais

Por causa do escopo global do projeto, adotamos uma série de pressupostos para as soluções. Os pressupostos, listados a seguir, nos permitiram realizar a pesquisa dentro de um prazo razoável. Os modelos para soluções específicas apresentam uma gama de pressupostos extras, específicos para a própria solução; estão descritos em detalhes nos relatórios técnicos individuais disponíveis no site do Projeto *Drawdown*.

- **Pressuposto 1:** a futura infraestrutura necessária para manufaturar e ampliar a escala de cada solução a nível mundial estará em vigor no ano de adoção e está incluída no custo para o agente (o indivíduo ou residência, a empresa, a comunidade, a cidade, o serviço público etc.). Como estabelecemos esse pressuposto, eliminamos a necessidade da análise dos gastos de capital para permitir ou aumentar a manufatura.
- **Pressuposto 2:** as políticas necessárias para possibilitar, ampliar ou regulamentar soluções nos níveis local, nacional e internacional estarão vigorando no ano de adoção. Esse pressuposto elimina a necessidade de análise país a país da intervenção direta do governo na promoção de soluções.
- **Pressuposto 3:** não haverá preço para o carbono. Em razão da incerteza relacionada aos preços do carbono e às políticas necessárias para garantir sua implementação, nossas análises não avaliaram seu impacto potencial.
- **Pressuposto 4:** Todos os custos e poupanças estão calculados de acordo com o nível de agência. Por exemplo, os custos associados à iluminação LED doméstica são calculados com base no custo para o proprietário, enquanto os custos associados às bombas térmicas são aqueles com os quais os proprietários de edifícios (comerciais ou residenciais) têm de arcar.
- **Pressuposto 5:** os preços mudarão em função do aumento na eficiência de produção e das melhorias tecnológicas. Na ausência de futuras projeções confiáveis para os custos, ajustamos os preços de acordo com taxas de aprendizagem conservadoras específicas para cada solução, derivadas das tendências históricas.
- **Pressuposto 6:** as soluções podem ficar desatualizadas, melhorar significativamente ou ser ultrapassadas por novas tecnologias ou práticas no período em análise. Na ausência de previsões confiáveis, não consideramos esses desenvolvimentos nas análises.

Os pressupostos gerais descritos neste texto não refletem necessariamente nossas expectativas para o futuro. Por exemplo, embora tenhamos assumido – para os propósitos deste projeto – que não haverá políticas em vigor que implementem a precificação do carbono, já se encontram em vigor e vêm ganhando força mecanismos de limitação e de comercialização, além de outros mecanismos de precificação do carbono. Tais políticas podem acelerar em muito a adoção de quase todas as soluções, para além do que está sendo proposto aqui.

Dinâmica dos sistemas

As soluções operam no âmbito de sistemas complexos e interligados. Seus efeitos não são isolados; bem ao contrário, são interdependentes, interativos e circulares. Por essa razão, tentamos mapear e analisar até que ponto os impactos de uma solução afetam as demais soluções. Os dados obtidos com um modelo podem alimentar outra solução dentro desse sistema.

Um exemplo é a dinâmica entre a redução de resíduos alimentares, compostagem, agricultura e soluções com digestores de metano. Quando reduzimos o desperdício de alimentos, reduzimos também a quantidade de material orgânico disponível para compostagem e para processamento em digestores de metano. Além disso, reduzir o desperdício de alimentos significa que a terra existente pode ser usada para alimentar um maior número de pessoas, tornando desnecessária a derrubada de florestas intactas para obtenção de terras cultivadas. Contabilizar o impacto de uma solução exige que contabilizemos os impactos incidentes no sistema de soluções mais abrangente.

Dupla contagem

A análise de muitas soluções diversificadas exige cuidados para que se tenha certeza de que dois modelos não estão contabilizando o mesmo impacto. Se calcularmos as emissões evitadas em decorrência do uso da energia solar fotovoltaica como uma solução e os edifícios movidos a energia solar com consumo líquido zero como outra solução, estaremos computando duas vezes a energia solar. Essa é uma dupla contagem, um problema crítico que deve ser abordado ao modelar os impactos combinados das soluções, e que nos certificamos de ter evitado.

Efeito bumerangue

Efeito bumerangue é um princípio relacionado à natureza humana: se o preço cair para determinado produto ou serviço, as pessoas geralmente compram e usam mais esse produto, anulando os ganhos de eficiência. Por exemplo, se o aumento da eficiência energética resultar em menor custo para os consumidores, estes poderão tender a usar mais energia. Avaliar o efeito bumerangue é um esforço desafiador, pois depende muito de como as pessoas se comportam em resposta a essas mudanças. Embora não o tenhamos modelado diretamente, abordamos seus possíveis efeitos nos relatórios técnicos, que podem ser encontrados on-line.

Mais sobre a pesquisa

Este é somente um breve esboço do que foi considerado na pesquisa no desenrolar do *Drawdown*. Como você pode imaginar, há muito mais coisas por trás dos modelos, incluindo milhões de dados. Se tiver interesse ou dúvidas, visite o site www.drawdown.org, onde estão postados os relatórios técnicos de cada uma das soluções, descrições de como cada solução foi modelada e outras informações úteis sobre a metodologia. – Chad Frischmann

O QUE OS NÚMEROS NOS DIZEM?

Os resultados quantitativos apresentados nas páginas do *Drawdown* representam o impacto total de cada solução modelada durante um período de trinta anos usando um cenário razoável, embora otimista, para suas taxas de crescimento global. Chamamos a isso de Cenário Plausível. Se aplicarmos esse método, a quantidade total de dióxido de carbono* evitada e sequestrada será de 1.051 gigatoneladas até 2050.

Conforme mostra a tabela a seguir, há mais dois cenários. O Cenário *Drawdown* mostra o que acontece quando se remove o viés conservador do Cenário Plausível: a quantidade total de dióxido de carbono reduzida por volta de 2050 vai para 1.442 gigatoneladas. A geração de energia elétrica é 100% renovável; no entanto, inclui soluções de biomassa, metano de aterros sanitários, energia nuclear e resíduos para obtenção de energia – soluções em declínio, mas ainda importantes para a consecução da retirada do carbono da atmosfera. Chamamos a isso Cenário *Drawdown*, porque estima uma redução líquida de 0,59 gigatonelada da atmosfera no ano 2050.

O Cenário Ideal representa o potencial mais agressivo de soluções, em particular a energia renovável. Esse cenário projeta 100% de adoção de energia renovável limpa até 2050 – sem biomassa, metano de aterro sanitário, energia nuclear ou uso de resíduos para obtenção de energia. O Cenário Ideal reduz o dióxido de carbono na atmosfera em um total de 1.612 gigatoneladas. Aqui, a quantidade de emissões evitadas ou sequestradas até o ano 2050 é consideravelmente maior do que as emissões lançadas. O Cenário *Drawdown* seria potencialmente alcançado já em 2045, com uma redução de 0,99 gigatonelada da atmosfera.

Poderia qualquer desses cenários realmente conseguir retirar carbono da atmosfera? O Cenário Plausível não seria capaz. É possível que o Cenário *Drawdown* possa fazê-lo, e é mais provável que isso ocorra no Cenário Ideal. Em nenhum desses casos modelamos o impacto dos sumidouros oceânicos, terrestres ou de metano. Para que pudéssemos estimar o ponto no tempo em que realmente teria início o *drawdown* – ou seja, o declínio dos gases de efeito estufa na atmosfera –, seria preciso conhecer a quantidade de carbono que estaria sendo absorvida pelos oceanos e pelas massas terrestres não controladas naquele momento. Em decorrência do aumento do aquecimento, os oceanos talvez não consigam absorver e armazenar tanto carbono. Aproximadamente metade do dióxido de carbono emitido por combustíveis fósseis tem sido absorvida pelos oceanos. Essa fixação do dióxido de carbono, que resulta em ácido carbônico, está agora prejudicando toda a cadeia da vida oceânica – e a própria capacidade do oceano de sequestrar carbono. O mesmo princípio vale em relação à terra: à medida que as temperaturas aumentam, o solo, as pastagens e as florestas podem secar e emitir mais carbono do que sequestram. Assim, apenas podemos estimar como os oceanos e a terra mudarão nas próximas décadas. Como não sabemos durante quanto tempo os sumidouros do oceano e da terra continuarão a absorver carbono, a concretização do *drawdown* depende de que a humanidade faça, desde já, tudo o que puder para resolver o aquecimento global da maneira mais agressiva, completa e profunda possível.

As páginas a seguir contêm um resumo das classificações por solução e por setor. Uma de nossas perguntas na pesquisa foi: quanto custaria reverter o aquecimento global? O *custo direto* (isto é, o custo total para implementação) de todas as soluções modeladas é de 129 trilhões de dólares ao longo de trinta anos, o equivalente a 440 dólares por pessoa por ano. Contudo, um número mais esclarecedor é o *custo líquido* – quanto dinheiro extra seria necessário para implementar soluções climáticas comparativamente ao custo de se continuar fazendo as coisas do modo convencional. O *custo líquido* é inferior ao *custo direto*. Calculamos a diferença em termos de custos entre uma fazenda solar e uma usina a carvão, por exemplo, e entre um sistema de transporte elétrico e outro alimentado por petróleo. Impulsionado pelo custo cada vez menor da energia renovável, pelos edifícios com consumo líquido zero de energia, LEDs, bombas térmicas, baterias, veículos elétricos e assim por diante, o custo líquido para a implementação de todas as soluções modeladas neste livro alcançaria 30 trilhões de dólares ao longo de trinta anos. Também analisamos o *custo operacional líquido* ou a *poupança líquida* das soluções climáticas em comparação com a continuidade das coisas do modo convencional. A *poupança operacional líquida* seria de 74 trilhões de dólares ao longo de trinta anos.

Alguns dos números relativos a soluções específicas podem parecer altos, baixos ou confusos. Por exemplo, poucos poderiam imaginar que as fazendas solares alcançariam o oitavo lugar entre as soluções climáticas (se combinarmos as fazendas solares com a energia oriunda dos painéis solares de telhado, a energia FV sobre para o sétimo lugar). A tecnologia solar se tornou sinônimo de resolução do aquecimento global, o que é uma ideia excessivamente simplista. Essa é uma solução crítica, mas por si só não resolve o problema. Em nossos modelos, ultrapassamos as projeções otimistas para o futuro da captação da energia solar usadas em vários modelos importantes. No entanto, existem outras soluções causadoras de maior impacto. Devemos ter em mente que precisamos de todas elas.

As soluções classificadas em sexto e sétimo lugar são a educação das meninas e o planejamento familiar. Por que essas soluções causam o mesmo impacto? É difícil traçar uma linha clara entre os impactos do planejamento familiar e da educação das meninas porque essas são soluções entrelaçadas, e ambas impactam as taxas de natalidade. Assim, consideramos o impacto total dessas duas soluções e dividimos o número achado ao meio. O planejamento familiar refere-se ao acesso universal a métodos anticoncepcionais e à saúde reprodutiva para todas as mulheres

* O termo "dióxido de carbono" abrange a medição de gases de efeito estufa equivalentes, entre os quais metano, óxido nitroso, CFC-12, HCFC-22 e outros gases menos importantes com base no seu potencial de aquecimento global.

em todos os países. Meninas que completam o ensino secundário têm menos filhos. Quantos a menos dependem do país. Proporcionar acesso equitativo à educação para as meninas nivela o campo de atuação, proporcionando às mulheres liberdade e conhecimento para adotarem o planejamento familiar ao longo de suas vidas. É difícil desenredar a dinâmica entre essas duas soluções, e elas podem ser corretamente resumidas simplesmente como o empoderamento de mulheres e meninas.

Cada um dos três cenários utiliza diferentes avaliações para o crescimento futuro com base em uma variedade de fatores, por exemplo, a redução nos custos de implementação, mudanças de políticas, ou o aprimoramento da eficiência tecnológica. É por isso que a classificação das soluções listadas na tabela a seguir muda de um cenário para outro. Por exemplo, os veículos elétricos passam do número 26 no Cenário Plausível para o número 10 no Cenário Ideal. Os resultados do planejamento familiar e da educação das meninas são iguais em cada cenário. Isso ocorre porque não deve haver uma solução mais ou menos agressiva no oferecimento de direitos e liberdade iguais às mulheres. Existe apenas um caminho, e ele é universal.

Como os dados são dinâmicos e constantemente atualizados para mostrar mudanças, o que você encontra em nosso site não reflete necessariamente o mesmo que os números que você vê neste livro. Estamos trabalhando para ter um painel para cada solução. Nesse ponto, você pode modificar suprimentos e chegar a diferentes conclusões sobre os impactos e custos futuros.

Solução	Classificação	**Cenário plausível** Redução (gigatoneladas)	Classificação	**Cenário *Drawdown*** Redução (gigatoneladas)	Classificação	**Cenário ideal** Redução (gigatoneladas)
Gerenciamento de agentes de refrigeração	1	89,74	2	96,49	3	96,49
Turbinas eólicas (*onshore*)	2	84,60	1	146,50	1	139,31
Redução do desperdício de alimentos	3	70,53	4	83,03	4	92,89
Alimentação rica em vegetais	4	66,11	5	78,65	5	87,86
Florestas tropicais	5	61,23	3	89,00	2	105,60
Educação das meninas	6	59,60	7	59,60	8	59,60
Planejamento familiar	7	59,60	8	59,60	9	59,60
Fazendas solares	8	36,90	6	64,60	7	60,48
Silvopastagem	9	31,19	9	47,50	6	63,81
Painéis solares de telhado	10	24,60	10	43,10	13	40,34
Agricultura regenerativa	11	23,15	14	32,23	15	32,08
Florestas temperadas	12	22,61	12	34,70	11	42,62
Turfeiras	13	21,57	13	33,51	14	36,59
Árvores tropicais essenciais	14	20,19	15	31,50	10	46,70
Florestamento	15	18,06	11	41,61	12	41,61
Total (todas as 80 soluções)		**1.051,01**		**1.442,27**		**1.612,89**

RESUMO DAS SOLUÇÕES POR CLASSIFICAÇÃO GERAL

	Solução	Setor	Redução atmosférica total de CO_2 equivalente (GT)	Custo líquido (bilhões de dólares)	Poupança na vida útil (bilhões de dólares)
1	Gerenciamento de agentes de refrigeração	Materiais	89,74	N/A	-902,77
2	Turbinas eólicas (*onshore*)	Energia	84,60	1.225,37	7.425,00
3	Redução do desperdício de alimentos	Alimentos	70,53	N/A	N/A
4	Alimentação rica em vegetais	Alimentos	66,11	N/A	N/A
5	Florestas tropicais	Uso da terra	61,23	N/A	N/A
6	Educação das meninas	Mulheres e meninas	59,60	N/A	N/A
7	Planejamento familiar	Mulheres e meninas	59,60	N/A	N/A
8	Fazendas solares	Energia	36,90	-80,60	5.023,84
9	Silvopastagem	Alimentos	31,19	41,59	699,37
10	Painéis solares de telhado	Energia	24,60	453,14	3.457,63
11	Agricultura regenerativa	Alimentos	23,15	57,22	1.928,10
12	Florestas temperadas	Uso da terra	22,61	N/A	N/A
13	Turfeiras	Uso da terra	21,57	N/A	N/A
14	Árvores tropicais essenciais	Alimentos	20,19	120,07	626,97
15	Florestamento	Uso da terra	18,06	29,44	392,33
16	Agricultura de conservação	Alimentos	17,35	37,53	2.119,07
17	Cultura intercalar com árvores	Alimentos	17,20	146,99	22,10
18	Geotérmica	Energia	16,60	-155,48	1.024,34
19	Manejo das pastagens	Alimentos	16,34	50,48	735,27
20	Energia nuclear	Energia	16,09	0,88	1.713,40
21	Fogões limpos	Alimentos	15,81	72,16	166,28
22	Turbinas eólicas (*offshore*)	Energia	14,09	545,28	762,54
23	Restauração de glebas cultiváveis	Alimentos	14,08	72,24	1.342,47
24	Cultura de arroz melhorada	Alimentos	11,34	N/A	519,06
25	Energia solar concentrada	Energia	10,90	1.319,70	413,85
26	Veículos elétricos	Transporte	10,80	14.148,03	9.726,40
27	Redes de aquecimento	Edifícios e cidades	9,38	457,07	3.543,50
28	Agrossilvicultura multiestratificada	Alimentos	9,28	26,76	709,75
29	Ondas e marés	Energia	9,20	411,84	-1.004,70
30	Biodigestores de metano (grandes)	Energia	8,40	201,41	148,83
31	Isolamento	Edifícios e cidades	8,27	3.655,92	2.513,33
32	Navios	Transporte	7,87	915,93	424,38
33	Iluminação LED (residencial)	Edifícios e cidades	7,81	323,52	1.729,54
34	Biomassa	Energia	7,50	402,31	519,35
35	Bambu	Uso da terra	7,22	23,79	264,80
36	Cimento alternativo	Materiais	6,69	-273,90	N/A
37	Transporte de massa	Transporte	6,57	N/A	2.379,73
38	Proteção das florestas	Uso da terra	6,20	N/A	N/A
39	Manejo das terras dos povos indígenas	Uso da terra	6,19	N/A	N/A
40	Caminhões	Transporte	6,18	543,54	2.781,63
41	Aquecimento solar da água	Energia	6,08	2,99	773,65
42	Bombas térmicas	Edifícios e cidades	5,20	118,71	1.546,66

	Solução	Setor	Redução atmosférica total de CO2 equivalente (GT)	Custo líquido (bilhões de dólares)	Poupança na vida útil (bilhões de dólares)
43	Aviões	Transporte	5,05	662,42	3.187,80
44	Iluminação LED (comercial)	Edifícios e cidades	5,04	-205,05	1.089,03
45	Automação dos edifícios	Edifícios e cidades	4,62	68,12	880,55
46	Economia de água – residências	Materiais	4,61	72,44	1.800,12
47	Bioplástico	Materiais	4,30	19,15	N/A
48	Turbinas hidrelétricas *in-stream*	Energia	4,00	202,53	568,36
49	Automóveis	Transporte	4,00	-598,69	1.761,72
50	Cogeração	Energia	3,97	279,25	566,93
51	Biomassa perene	Uso da terra	3,33	77,94	541,89
52	Áreas costeiras úmidas	Uso da terra	3,19	N/A	N/A
53	Sistema intensivo para o arroz	Alimentos	3,13	N/A	677,83
54	Cidades caminháveis	Edifícios e cidades	2,92	N/A	3.278,24
55	Reciclagem de rejeitos domésticos	Materiais	2,77	366,92	71,13
56	Reciclagem industrial	Materiais	2,77	366,92	71,13
57	Termostatos inteligentes	Edifícios e cidades	2,62	74,16	640,10
58	Metano de aterro sanitário	Edifícios e cidades	2,50	-1,82	67,57
59	Infraestrutura para as bicicletas	Edifícios e cidades	2,31	-2.026,97	400,47
60	Compostagem	Alimentos	2,28	-63,72	-60,82
61	Vidro inteligente	Edifícios e cidades	2,19	932,30	325,10
62	Pequenas produtoras rurais	Mulheres e meninas	2,06	N/A	87,60
63	Telepresença	Transporte	1,99	127,72	1.310,59
64	Biodigestores de metano (pequenos)	Energia	1,90	15,50	13,90
65	Gestão de nutrientes	Alimentos	1,81	N/A	102,32
66	Trem de alta velocidade	Transporte	1,42	1.049,98	310,79
67	Irrigação de terras aráveis	Alimentos	1,33	216,16	429,67
68	Produção de energia a partir de resíduos	Energia	1,10	36,00	19,82
69	Bicicletas elétricas	Transporte	0,96	106,75	226,07
70	Papel reciclado	Materiais	0,90	573,48	N/A
71	Distribuição da água	Edifícios e cidades	0,87	137,37	903,11
72	Biocarvão	Alimentos	0,81	N/A	N/A
73	Tetos verdes	Edifícios e cidades	0,77	1.393,29	988,46
74	Trens	Transporte	0,52	808,64	313,86
75	Compartilhamento de veículo	Transporte	0,32	N/A	185,56
76	Microturbinas eólicas	Energia	0,20	36,12	19,90
77	Armazenamento de energia (distribuída)	Energia	N/A	N/A	N/A
77	Armazenamento de energia (prestadores de serviços)	Energia	N/A	N/A	N/A
77	Flexibilidade de rede	Energia	N/A	N/A	N/A
78	Microrredes	Energia	N/A	N/A	N/A
79	Edifícios com consumo zero de energia	Edifícios e cidades	N/A	N/A	N/A
80	*Retrofit* das edificações	Edifícios e cidades	N/A	N/A	N/A
	Totais		**1.050,89**	**29.620,82**	**74.305,09**

RESUMO DAS SOLUÇÕES POR SETOR

Setor		Solução	Redução atmosférica total de CO_2 equivalente (GT)	Custo líquido (bilhões de dólares)	Poupança na vida útil (bilhões de dólares)
Edifícios e cidades	27	Redes de aquecimento	9,38	457,07	3.543,50
	31	Isolamento	8,27	3.655,92	2.513,33
	33	Iluminação LED (residencial)	7,81	323,52	1.729,54
	42	Bombas térmicas	5,20	118,71	1.546,66
	44	Iluminação LED (comercial)	5,04	-205,05	1.089,63
	45	Automação dos edifícios	4,62	68,12	880,55
	54	Cidades caminháveis	2,92	N/A	3.278,24
	57	Termostatos inteligentes	2,62	74,16	640,10
	58	Metano de aterro sanitário	2,50	-1,82	67,57
	59	Infraestrutura para as bicicletas	2,31	-2.026,97	400,47
	61	Vidro inteligente	2,19	932,30	325,10
	71	Distribuição da água	0,87	137,37	903,11
	73	Tetos verdes	0,77	1.393,29	988,46
	79	Edifícios com consumo zero de energia	0,00	N/A	N/A
	80	*Retrofit* das edificações	0,00	N/A	N/A
		Total para Edifícios e cidades	**54,49**	**4.926,62**	**17.906,26**
Energia	2	Turbinas eólicas (*onshore*)	84,60	1.225,37	7.425,00
	8	Fazendas solares	36,90	-80,60	5.023,84
	10	Painéis solares de telhado	24,60	453,14	3.457,63
	18	Geotérmica	16,60	-155,48	1.024,34
	20	Energia nuclear	16,09	0,88	1.713,40
	22	Turbinas eólicas (*offshore*)	14,09	545,28	762,54
	25	Energia solar concentrada	10,90	1.319,70	413,85
	29	Ondas e marés	9,20	411,84	-1.004,70
	30	Biodigestores de metano (grandes)	8,40	201,41	148,83
	34	Biomassa	7,50	402,31	519,35
	41	Aquecimento solar da água	6,08	2,99	773,65
	48	Turbinas hidrelétricas *in-stream*	4,00	202,53	568,36
	50	Cogeração	3,97	279,25	566,93
	64	Biodigestores de metano (pequenos)	1,90	15,50	13,90
	68	Produção de energia a partir de resíduos	1,10	36,00	19,82
	76	Microturbinas eólicas	0,20	36,12	19,90
	77	Armazenamento de energia (distribuída)	N/A	N/A	N/A
	77	Armazenamento de energia (prestadores de serviços)	N/A	N/A	N/A
	77	Flexibilidade de rede	N/A	N/A	N/A
	78	Microrredes	N/A	N/A	N/A
		Totais para Energia	**246,13**	**4.896,24**	**21.446,64**
Alimentos	3	Redução do desperdício de alimentos	70,53	N/A	N/A
	4	Alimentação rica em vegetais	66,11	N/A	N/A
	9	Silvopastagem	31,19	41,59	699,37
	11	Agricultura regenerativa	23,15	57,22	1.928,10
	14	Árvores tropicais essenciais	20,19	120,07	626,97

Setor		Solução	Redução atmosférica total de CO_2 equivalente (GT)	Custo líquido (bilhões de dólares)	Poupança na vida útil (bilhões de dólares)
	16	Agricultura de conservação	17,35	37,53	2.119,07
	17	Cultura intercalar com árvores	17,20	146,99	22,10
	19	Manejo das pastagens	16,34	50,48	735,27
	21	Fogões limpos	15,81	72,16	166,28
	23	Restauração de glebas cultiváveis	14,08	72,24	1.342,47
	24	Cultura de arroz melhorada	11,34	N/A	519,06
	28	Agrossilvicultura multiestratificada	9,28	26,76	709,75
	53	Sistema intensivo para o arroz	3,13	N/A	677,83
	60	Compostagem	2,28	-63,72	-60,82
	65	Gestão de nutrientes	1,81	N/A	102,32
	67	Irrigação de terras aráveis	1,33	216,16	429,67
	72	Biocarvão	0,81	31,27	N/A
		Totais para Alimentos	**321,93**	**777,48**	**10.017,44**
Uso da terra	5	Florestas tropicais	61,23	N/A	N/A
	12	Florestas temperadas	22,61	N/A	N/A
	13	Turfeiras	21,57	N/A	N/A
	15	Florestamento	18,06	29,44	392,33
	35	Bambu	7,22	23,79	264,80
	38	Proteção das florestas	6,20	N/A	N/A
	39	Manejo das terras dos povos indígenas	6,19	N/A	N/A
	51	Biomassa perene	3,33	77,94	541,89
	52	Áreas costeiras úmidas	3,19	N/A	N/A
		Totais para Uso da terra	**149,60**	**131,17**	**1.199,02**
Materiais	1	Gerenciamento de agentes de refrigeração	89,74	N/A	-902,77
	36	Cimento alternativo	6,69	-273,90	N/A
	46	Economia de água – residências	4,61	72,44	1.800,12
	47	Bioplástico	4,30	19,15	N/A
	55	Reciclagem de rejeitos domésticos	2,77	366,92	71,13
	56	Reciclagem industrial	2,77	366,92	71,13
	70	Papel reciclado	0,90	573,48	N/A
		Totais para Materiais	**111,78**	**1.125,01**	**1.039,61**
Transporte	26	Veículos elétricos	10,80	14.148,03	9.726,40
	32	Navios	7,87	915,93	424,38
	37	Transporte de massa	6,57	N/A	2.379,73
	40	Caminhões	6,18	543,54	2.781,63
	43	Aviões	5,05	662,42	3.187,80
	49	Automóveis	4,00	-598,69	1.761,72
	63	Telepresença	1,99	127,72	1.310,59
	66	Trem de alta velocidade	1,42	1.049,98	310,79
	69	Bicicletas elétricas	0,96	106,75	226,07
	74	Trens	0,52	808,64	313,86
	75	Compartilhamento de veículo	0,32	N/A	185,56
		Totais para Transporte	**45,78**	**17.764,32**	**22.608,53**
Mulheres e meninas	6	Educação das meninas	59,60	N/A	N/A
	7	Planejamento familiar	59,60	N/A	N/A
	62	Pequenas produtoras rurais	2,06	N/A	87,60
		Totais para Mulheres e meninas	**121,26**	**N/A**	**87,60**

QUEM SOMOS – A COALIZÃO

Membros do Projeto *Drawdown*

Zak Accuardi, MA, é pesquisador de políticas com cinco anos de experiência na abordagem dos variados desafios para a sustentabilidade urbana. Zak liderou pesquisas e é coautor de um relatório focado em parcerias governamentais com fornecedores de mobilidade emergentes, como o Uber.

Raihan Uddin Ahmed, MDS, é especialista ambiental com mais de catorze anos de experiência. Seu trabalho se concentra nas avaliações de impacto para projetos de infraestrutura, tecnologias de energias renováveis e mudanças climáticas.

Carolyn Alkire, PhD, é economista ambiental com 35 anos de experiência em pesquisa e análises para a promoção de políticas para o avanço do manejo de recursos e da terra. Carolyn já trabalhou com agências governamentais no planejamento dos transportes regionais com o objetivo de reduzir as emissões de gases de efeito estufa.

Ryan Allard, PhD, é analista de sistemas de transporte com seis anos de experiência no exame dos meios para melhorar os sistemas de transporte em todo o mundo. Ryan apresentou e publicou modelos de computação sobre tecnologia dos transportes e conectividade em revistas científicas revisadas por pares e em conferências internacionais.

Kevin Bayuk, MA, trabalha na interseção entre ecologia e economia, onde a permacultura encontra organizações cooperativas que trabalham pela satisfação das necessidades humanas. Kevin é sócio da LIFT Economy, organização que acelera empreendimentos sociais e facilita o investimento em organizações de impacto altamente benéfico, e também é sócio fundador do Urban Permaculture Institute, em São Francisco.

Renilde Becqué, MBA, é consultora de sustentabilidade e energia com mais de quinze anos de experiência de trabalho internacional. Atualmente trabalha com várias organizações internacionais sem fins lucrativos em projetos e programas sobre economia circular, carbono e eficiência energética.

Erika Boeing, MA, é empreendedora e engenheira de sistemas com sete anos de experiência no campo das tecnologias de energia. Ela fundou uma empresa para desenvolver e comercializar uma nova tecnologia de energia eólica nos telhados.

Jvani Cabiness, MDP, é profissional de saúde e desenvolvimento global especializada em planejamento familiar com cinco anos de experiência em promoção da saúde sexual e reprodutiva. Ela tem colaborado com o fortalecimento de sistemas de saúde e projetos de capacitação por toda a África.

Johnnie Chamberlin, PhD, é analista ambiental com dez anos de experiência em ciência, conservação e pesquisa ambiental. Johnnie é autor de dois manuais.

Delton Chen, PhD, é engenheiro civil com mais de quinze anos de experiência em modelagem de estruturas, águas subterrâneas, sistemas, recursos hídricos e planos de mineração orientados para a sustentabilidade. Delton investigou a energia geotérmica *hot rock* e os aquíferos insulares na Austrália e é cofundador e principal autor do Global 4C, uma nova política internacional financeira para a mitigação da mudança climática.

Leonardo Covis, MPP, é analista de programas e gerente com oito anos de experiência nos campos de desenvolvimento econômico e política ambiental. Seu trabalho fez com que milhões de dólares fossem investidos em bairros de baixa renda e na revitalização de *habitats* naturais, além de ter orientado decisões na política de combustíveis em todo o estado na Califórnia.

Priyanka deSouza, MSc, MBA, MTech, é pesquisadora no campo do planejamento urbano com mais de sete anos de experiência em diferentes tecnologias de energia e em política ambiental. Recentemente, Priyanka colaborou para a instalação de uma rede de baixo custo para o monitoramento da qualidade do ar nas escolas de Nairóbi, Quênia.

Jai Kumar Gaurav, MSc é analista de pesquisa com oito anos de experiência trabalhando no campo da mitigação e adaptação às mudanças climáticas. Trabalhou no Clean Development Mechanism e nos projetos de redução de emissão voluntária certificada Gold Standard. Ele também está trabalhando no desenvolvimento de uma proposta de Ação de Mitigação Apropriada a nível nacional (NAMA) no setor de resíduos.

Anna Goldstein, PhD, é especialista em políticas científicas com dez anos de experiência em pesquisa acadêmica. Ela traduziu sua experiência científica em *insights* sobre a gestão de programas de pesquisa de energia limpa.

João Pedro Gouveia, PhD, é engenheiro ambiental com mais de oito anos de experiência de trabalho em análise de sistemas de energia, principalmente no setor residencial, com contribuições tanto para a pesquisa como para as políticas. Ele está terminando seu doutorado em Políticas para Mudanças Climáticas e Energia Sustentável no Centro de Pesquisas sobre Sustentabilidade Ambiental da Faculdade de Ciências e Tecnologia da Universidade Nova, de Lisboa.

Alisha Graves, MPH, é profissional de saúde pública cujo trabalho se concentra em melhorar o acesso global ao planejamento familiar. Ela é vice-presidente do Programa de Populações da Venture Strategies for Health and Development (VSHD), uma organização sem fins lucrativos com sede na Califórnia, na qual supervisiona o Renascimento da Consciência Populacional. É ainda cofundadora da Iniciativa OASIS, um projeto conjunto da Universidade da Califórnia, Berkeley e da VSHD.

Karan Gupta, MPA, é especialista em construções de alto desempenho com sete anos de experiência em serviços públicos e na indústria da construção. Karan vem trabalhando com sistemas de construção modular com o objetivo de acelerar o mercado para eficiência energética em aplicações residenciais e comerciais.

Zhen Han, BSc, é candidata ao doutorado em Ecologia na Universidade Cornell, com uma pesquisa centrada na ciclagem de nutrientes em agroecossistemas, para a qual ela conduziu uma síntese quantitativa e medições de campo a fim de investigar o impacto das diversas práticas de manejo agrícola no óxido nitroso. Zhen também prestou serviço como membro em Política Ambiental na UNEP, onde trabalhou na adaptação às mudanças climáticas com base em ecossistemas e na valorização da perspectiva de gênero.

Zeke Hausfather, MS, é cientista do clima e analista de sistemas de energia cujo trabalho se concentra em conservação e eficiência. Trabalhou como cientista pesquisador na Berkeley Earth, chefe de análise de energia da Essess Inc., cientista-chefe da C3 e cofundador da Efficiency 2.0, uma empresa de eficiência energética com enfoque no comportamento.

Yuill Herbert, MA, trabalhou em mais de 35 planos de ação comunitários para o clima em todo o Canadá, e também em muitos outros projetos ligados ao planejamento comunitário e às mudanças climáticas. É diretor e fundador do Sustainability Solutions Group, uma cooperativa de trabalhadores do Canadá. Antes, desenvolveu o altamente conceituado modelo GHGProof de planejamento para energia, emissões e uso do solo.

Amanda Hong, MPP, é profissional de políticas públicas cujo trabalho envolve sugestões de políticas para promoção de reduções na fonte, reciclagem e compostagem de resíduos de embalagens na Califórnia, além de uma avaliação do carbono azul da conservação de manguezais no Sri Lanka. Atualmente, Amanda trabalha como especialista em reciclagem orgânica para a região do sudoeste do Pacífico da Agência de Proteção Ambiental dos EUA.

Ariel Horowitz, PhD, é analista de energia com seis anos de experiência trabalhando com tecnologias e sistemas de energia. Ariel tem doutorado em Engenharia Química com foco no armazenamento de energia.

Ryan Hottle, PhD, é analista de carbono no solo e de ciência do clima com foco de pesquisa na atenuação da mudança climática por meio do sequestro biológico do carbono. Seus interesses incluem agricultura inteligente para o clima, estratégias de ação rápida para a mitigação dos problemas do clima e conservação de energia e eficiência no uso em ambientes construídos. Além disso, trabalhou como consultor para o Banco Mundial e para o programa de Mudanças Climáticas e Segurança Alimentar do Grupo Consultivo sobre Pesquisa Internacional em Agricultura (CGIAR).

Troy Hottle, PhD, é bolsista de pós-doutorado da ORISE na Agência de Proteção Ambiental dos EUA. Ele conta com dez anos de experiência trabalhando em projetos ambientais e realizando pesquisas. Trabalhou na avaliação da aplicação de ciclos biológicos para estimar e descrever sistemas do mundo real, inclusive degradação dos biopolímeros, redução da massa dos veículos e desenvolvimento de inventários nacionais de energia.

David Jaber, MEng, é conselheiro estratégico com mais de quinze anos de experiência em investigação de edifícios sustentáveis, análise de gases de efeito estufa e implementação de resíduo zero. Criou dezenas de inventários de gases de efeito estufa e estratégias de redução em cenários de processamento, fabricação e varejo de alimentos.

Dattakiran Jagu, MTech, é candidato a doutorado na área de Ciência e Gestão da Mudança Climática e conta com cinco anos de experiência na promoção de tecnologias de energia limpa. Ele é membro fundador de uma empresa emergente de energia limpa que projetou a primeira estação de trem na Índia movida a energia solar.

Daniel Kane, MS, é estudante de doutorado na Escola de Estudos Florestais e Ambientais da Universidade de Yale e tem cinco anos de experiência em pesquisa agrícola. Ele se concentra na aplicação de instrumentos de código aberto para gerenciamento agrícola e em maneiras de manejar os solos a fim de torná-los resilientes às mudanças climáticas na agricultura.

Becky Xilu Li, MPP, é consultora de política energética com quatro anos de experiência no campo. Trabalhou com governos, empresas e institutos de pesquisa norte-americanos e chineses na promoção de soluções orientadas ao mercado para o desenvolvimento renovável.

Sumedha Malaviya, MA, é profissional do clima e energia com mais de sete anos de experiência em projetos de mitigação e adaptação climática e de eficiência energética. Colaborou com vários países no desenvolvimento e implementação de estratégias de desenvolvimento com baixas emissões.

Urmila Malvadkar, PhD, é cientista ambiental e de matemática aplicada, cuja pesquisa e modelagem se concentram na água, conservação e desenvolvimento internacional. O trabalho de doutorado de Urmila teve como enfoque a modelagem ecológica e, desde então, sua pesquisa vem abordando muitos problemas ambientais, por exemplo, a localização de represas e a captação de água, o gerenciamento das populações afetadas, problemas ligados à água nos países em desenvolvimento e o tamanho das áreas efetivamente protegidas.

Alison Mason, MSc, é engenheira mecânica com dezesseis anos de experiência no trabalho com energia solar. Ela foi fundamental para o lançamento de um programa de treinamento e fabricação de instalações solares junto à tribo Oglala-Sioux em Dakota do Sul.

Mihir Mathur, BCom, é pesquisador interdisciplinar no campo da mudança climática, com nove anos de experiência em finanças, engajamento comunitário e políticas. Atualmente, ele pratica dinâmica dos sistemas para a modelagem de soluções de sustentabilidade no instituto TERI, em Nova Deli.

Victor Maxwell, MS, é candidato a doutorado no campo das finanças ambientais, com nove anos de experiência trabalhando nas áreas da física e de gestão de sistemas energéticos. Ele facilitou o desenvolvimento de sistemas descentralizados de energia sustentável para comunidades rurais no Chile, Dinamarca e África do Sul.

David Mead, BA, é arquiteto e engenheiro com mais de treze anos de experiência no setor de construção. Ele já se envolveu em mais de cinquenta projetos com elevadas metas de sustentabilidade, como LEED, edifícios vivos, casas passivas e energia líquida zero.

Mamta Mehra, PhD, é profissional ambiental com mais de sete anos de experiência trabalhando com organizações nacionais e internacionais no campo da adaptação e mitigação dos efeitos das mudanças climáticas relacionadas ao setor agrícola. Ela está prestes a concluir seu doutorado, para o qual desenvolveu uma estrutura GIS para o delineamento e caracterização do domínio da gestão de recursos no setor agrícola.

Ruth Metzel, MBA, é bióloga ecologista e evolucionária que está cursando simultaneamente um mestrado em silvicultura na Faculdade de Estudos Florestais e Ambientais de Yale e um MBA na Faculdade de Administração da mesma universidade. Sua pesquisa explora a interface agricultura-floresta e a compreensão das maneiras pelas quais os atores dos diversos setores interagem para o alcance de objetivos integrados de gestão das paisagens.

Alex Michalko, MBA, é profissional de sustentabilidade empresarial com mais de dez anos de experiência no campo em diversos ramos, incluindo os de tecnologia, mídia/entretenimento e varejo. Ela colaborou com a Disney, REI e Amazon na promoção de iniciativas de sustentabilidade que aprimoram a resiliência empresarial e têm impacto positivo no meio ambiente e nas comunidades locais.

Ida Midzic, MEng, é candidata a doutorado no campo da engenharia mecânica. Com seis anos de experiência em pesquisa e ensino, ela desenvolveu um método para que engenheiros mecânicos ecoavaliem soluções de *design* conceitual no desenvolvimento de produtos.

S. Karthik Mukkavilli, MS, é empreendedor acadêmico em assimilação de dados de satélites meteorológicos para a energia, contando com oito anos de experiência em ciência e engenharia computacional. Ele desenvolveu previsões de recursos solares sensíveis a aerossóis sobre a Australásia com modelos híbridos de física atmosférica e inteligência artificial.

Kapil Narula, PhD, é engenheiro elétrico, economista do desenvolvimento e profissional de energia e sustentabilidade com quinze anos de experiência no domínio marítimo. Ele trabalhou embarcado como docente em institutos acadêmicos e como pesquisador.

Demetrios Papaioannou, PhD, é engenheiro civil no setor de transporte, especializado em trânsito de massa, modelagem de demanda, satisfação do usuário e sustentabilidade. Seus estudos de doutorado se concentraram no trânsito de massa e na relação entre qualidade do trânsito, satisfação do usuário e escolha do modal. Ele já apresentou suas pesquisas em conferências internacionais e publicou artigos de pesquisa em revistas científicas com revisão por pares.

Michelle Pedraza, MA, é analista empresarial e de estratégias para mercados globais. Atualmente, seu trabalho se concentra no enfrentamento dos desafios que as microempresas encontram na ampliação de seus negócios. Michelle concluiu um estágio para a Clinton Global Initiative, revendo e desenvolvendo compromissos para abordagens baseadas no mercado e sistemas alimentares.

Chelsea Petrenko, PhD, é ecologista de ecossistemas com foco em recursos florestais e armazenamento de carbono no solo. Sua pesquisa de doutorado avaliou mudanças no armazenamento de carbono do solo depois do corte de florestas no nordeste dos EUA. Ela trabalhou como estagiária na organização Polar Environmental Change, o que fez com que viajasse para a Groenlândia e a Antártida para estudar a ciclagem de carbono em ambientes gelados.

Noorie Rajvanshi, PhD, é engenheira de sustentabilidade com mais de sete anos de experiência no campo da quantificação do impacto ambiental por meio do emprego da metodologia de avaliação dos ciclos biológicos. Ela trabalhou junto a várias cidades da América do Norte na avaliação de caminhos tecnológicos para alcançar suas metas de sustentabilidade até 2050.

George Randolph, MSc, é analista de política energética com cinco anos de experiência. Mais recentemente, vem trabalhando em assuntos ligados à regulamentação dos serviços elétricos. Já atuou como consultor em diversos processos de eficiência energética e de energia solar residencial de telhado em comissões de serviços públicos na Califórnia, Nevada, Arizona e Colorado.

Abby Rubinson, JD, é advogada de direitos humanos e de ambientalismo internacional com mais de dez anos de experiência no campo. Ela concentrou seu trabalho nas ligações entre mudança climática e direitos humanos, inclusive em litígios, na advocacia pela defesa dos direitos de povos indígenas e em publicações acadêmicas e negociações de tratados internacionais.

Adrien Salazar, MA, é ecologista político, estrategista organizacional, advogado e poeta com mais de oito anos de experiência em gestão de programas e campanhas para organizações ambientais e comunitárias. Ele trabalhou com plantadores de arroz indígenas no norte das Filipinas com o objetivo de desenvolver indicadores de avaliação baseados na comunidade em um projeto de apoio ao empoderamento dos agricultores e à conservação de variedades de arroz indígenas.

Aven Satre-Meloy, BS, é estudante de mestrado em gestão ambiental com cinco anos de experiência nas áreas de energia e sustentabilidade. Ele realizou pesquisas ou trabalhou no campo da energia sustentável em quatro continentes.

Christine Shearer, PhD, é socióloga ambiental com mais de dez anos de experiência em pesquisas interdisciplinares sobre mudanças climáticas e energia. Ela trabalhou em políticas energéticas e nos impactos climáticos e em adaptação ao clima e já teve pesquisas publicadas na revista Nature e no jornal The New York Times, entre outros.

David Siap, MSc, é engenheiro com cinco anos de experiência em tópicos ligados à eficiência energética. Foi o principal analista técnico para os padrões e procedimentos de testes de energia do Departamento de Energia dos EUA, com um valor líquido atual projetado de mais de 1 bilhão de dólares e uma economia de energia de aproximadamente 1 quad.

Kelly Siman, MS, é candidata a um doutorado no campo do biomimetismo na Universidade de Akron. Ela tem mais de dez anos de experiência nos meios acadêmicos e em organizações sem fins lucrativos na área ambiental e atualmente trabalha com resiliência às mudanças climáticas e em aplicações de atenuação e adaptação biomimética.

Leena Tähkämö, PhD, é cientista com pós-doutorado, com seis anos de experiência no campo da engenharia da iluminação. Ela estudou a sustentabilidade ambiental e econômica dos sistemas de iluminação por meio do método de avaliação dos ciclos biológicos com o objetivo de identificar as áreas de maior importância na redução de emissões.

Eric Toensmeier, MA, é botânico economista com 25 anos de experiência na investigação de sistemas agroflorestais e culturas perenes. Ele é autor do livro *The carbon farming solution: a global toolkit of perennial crops and regenerative agriculture practices for climate change mitigation and food security*.

Melanie Valencia, MPH, é diretora de inovação e sustentabilidade e ensina sustentabilidade ambiental na Universidade San Francisco de Quito. Ela é cofundadora da Carbocycle, uma empresa emergente que recicla resíduos orgânicos, transformando-os em substitutos comercializáveis do óleo vegetal.

Ernesto Valero Thomas, PhD, é arquiteto com sete anos de experiência em estratégias ambientais para o crescimento sustentável de cidades emergentes. Ele desenvolveu metodologias para estudar o fluxo das águas, alimentos, petróleo, resíduos, telecomunicações e pessoas em cidades de todo o mundo.

Andrew Wade, MS, é estudante de pós-graduação em finanças e desenvolvimento imobiliário com sete anos de experiência na pesquisa de projetos de desenvolvimento urbano sustentável em cidades ao redor do mundo. Andrew dirigiu um painel sobre inovação no setor imobiliário em Harvard.

Marilyn Waite, MPhil, é engenheira e profissional de investimento em tecnologia limpa com mais de dez anos de experiência no campo. É autora do livro *Sustainability at work*.

Charlotte Wheeler, PhD, é ecologista tropical com seis anos de experiência em restauração florestal e mitigação de mudanças climáticas. Charlotte fez pesquisas sobre o potencial de sequestro de carbono de restaurações em grande escala de florestas tropicais.

Christopher Wally Wright, MPA, é pesquisador e analista com mais de seis anos de experiência nos campos da administração do setor público, educação ambiental e gestão de recursos, e também em políticas sociais e públicas.

Liang Emlyn Yang, PhD, é geógrafo com quase dez anos de experiência em interações homem-ambiente. Ele trabalhou com impactos climáticos e ambientais históricos de longo prazo, riscos naturais e respostas sociais e humanas na China e no sudeste da Europa.

Daphne Yin, MA, é consultora ambiental com cinco anos de experiência em mudanças climáticas, gestão de recursos naturais e desenvolvimento. Daphne é codesenvolvedora de métodos de valorização dos capitais natural e social para terrenos baldios na Índia, com enfoque em pastagens.

Kenneth Zame, PhD, é pesquisador e educador de sustentabilidade ambiental e energética com mais de sete anos de experiência em pesquisa. Trabalhou na condição de aluno do centro de pesquisas Quantum Energy and Sustainable Solar Technologies (QESST) na sustentabilidade de implantações de sistemas FV em escala de terawatt nos EUA, um projeto patrocinado pela Fundação Nacional de Ciência e pelo Departamento de Energia desse país.

Consultores do Projeto *Drawdown*

Mehjabeen Abidi-Habib estuda e pratica resiliência no Paquistão. Vem pesquisando mudanças climáticas e capacidade de adaptação no nível local, e analisou os problemas e oportunidades de governança relacionados a elas. Ela é pesquisadora-sênior do Centro de Estudos de Desenvolvimento Sustentável da Escola de Governo da Universidade de Lahore, naquele país, sendo ainda professora-pesquisadora visitante da Universidade de Oxford.

Wendy Abrams é ativista ambiental e fundadora da Cool Globes, uma organização sem fins lucrativos dedicada ao aumento da conscientização sobre as mudanças climáticas por meio da arte e da educação. Desde 2007, sua exposição percorreu quatro continentes e foi traduzida para nove idiomas. Wendy ajudou a estabelecer a Clínica Abrams de Direito Ambiental, na Faculdade de Direito da Universidade de Chicago, e o Programa Abrams de Bolsas de Pesquisa Ambiental da Universidade Brown.

David Addison administra o Virgin Earth Challenge, o prêmio de inovação de 25 milhões de dólares de *sir* Richard Branson para formas escaláveis e sustentáveis de remoção dos gases de efeito estufa da atmosfera.

David Allaway é analista-sênior de políticas no Programa de Gestão de Materiais do Departamento de Qualidade Ambiental do Oregon, onde lidera projetos relacionados à gestão de materiais e resíduos e à contabilidade dos gases de efeito estufa.

Lindsay Allen é diretora executiva da Rainforest Action Network. Já tem mais de uma década de experiência em pressionar e inspirar algumas das maiores corporações do mundo com o objetivo de proteger as florestas tropicais, os direitos humanos e o clima.

Alan AtKisson é escritor, palestrante e consultor focado na sustentabilidade e em mudanças transformadoras. Foi consultor do secretariado das Nações Unidas (ONU) para a implementação dos Objetivos de Desenvolvimento Sustentável, atuou no Conselho Consultivo de Ciência e Tecnologia para o presidente da Comissão Europeia e prestou consultoria durante muitos anos para clientes nos setores corporativo, público e da sociedade civil.

Marc Barasch é diretor-executivo e fundador da Green World Campaign, uma organização que trabalha no reflorestamento de nosso planeta, na melhoria do nível de vida das populações rurais pobres e no combate das mudanças climáticas globais. Marc é membro do Comitê Consultivo da ONU para o Ano das Florestas 2011, autor de livros, editor de revistas, produtor de TV e ativista de mídia.

Dayna Baumeister é editora-sênior do *Biomimicry resource handbook: a seed bank of best practices* (2013) e cofundadora e sócia da Biomimicry 3.8, líder em consultoria em inovação de biomimética, treinamento profissional e desenvolvimento de programas e currículos educacionais. Ela já ajudou mais de cem empresas a consultar o mundo natural em busca de soluções de *design* elegantes e sustentáveis, como Nike, Interface, General Mills, Boeing, Herman Miller, Kohler, Seventh Generation e Procter & Gamble.

Spencer B. Beebe é presidente-executivo e fundador da Ecotrust, presidente da Ecotrust Forest Management (EFM) e presidente-fundador da organização Conservation International. Atuou como presidente da Nature Conservancy International de 1980-1986.

Janine Benyus é cofundadora da Biomimicry 3.8, cofundadora do Biomimicry Institute, bióloga, consultora de inovação e autora de seis livros, incluindo *Biomimicry: innovation inspired by nature*. Desde o lançamento do livro em 1997, ela desenvolveu a prática da biomimética de um meme para um movimento de *design*, inspirando clientes e inovadores em todo o mundo a aprender com a criatividade da natureza.

Margaret Bergen é consultora de políticas científicas no Projeto Panswiss, um grupo de solucionadores de problemas que buscam acelerar as necessárias mudanças comportamentais, culturais e regulatórias na Suíça. É também jornalista e especialista em relações públicas.

Sarah Bergmann é a fundadora e diretora do Pollinator Pathway, um plano visionário e um desafio para a conexão de espaços verdes ao redor do mundo para polinizadores nativos. Sarah é vencedora dos prêmios Betty Bowen e Stranger Genius.

Chhaya Bhanti é estrategista de sustentabilidade com experiência em mudanças climáticas e silvicultura. Trabalhando na Índia, Chhaya é cofundadora da Iora Ecological Solutions, uma consultoria em políticas e finanças ambientais, e da Vertiver, uma agência de comunicação climática.

May Boeve é diretora-executiva da 350.org, uma organização de campanhas, projetos e ações focados no clima, conduzida a partir de suas bases por pessoas em 188 países. May se tornou a primeira pessoa nos EUA a ter seu perfil publicado pela revista *Time* como parte de sua série anual sobre Líderes da Próxima Geração.

James Boyle é fundador, CEO e presidente da Sustainability Roundtable, empresa de pesquisa e consultoria dedicada a acelerar o desenvolvimento e adoção de melhores práticas em empreendimentos mais sustentáveis. É também o principal cofundador da Alliance for Business Leadership, organização sem fins lucrativos.

Tod Brilliant é especialista em *marketing*, escritor e fotógrafo que atua como vice-presidente de *marketing* e diretor de criação da Peoples Home Equity, uma empresa de empréstimos hipotecários. Anteriormente, trabalhou como diretor de criação e estrategista social no Post Carbon Institute, organização cujo objetivo é liderar a transição para um mundo mais resiliente, equitativo e sustentável.

Clark Brockman é um defensor de longa data do *design* e do planejamento energética e climaticamente eficiente em todos os ambientes construídos. Atualmente, Clark trabalha como diretor da SERA Architects, chefiando o escritório da empresa em San Mateo, Califórnia. É também fundador e ex-membro do conselho do International Living Future Institute, conselheiro do Instituto de Soluções Sustentáveis da Universidade do Estado de

Portland e membro do painel de políticas para a água e para o clima do SPUR em São Francisco.

Bill Browning é um dos mais importantes pensadores e estrategistas das construções verdes e do setor imobiliário e defensor de soluções de *design* sustentáveis em todos os níveis de empreendimentos, governo e sociedade civil. Bill é sócio fundador da Terrapin Bright Green e já serviu como consultor da Greening of the White House, Google, Disney, Bank of America, Starwood, Lucasfilm, Clif Bar, Grand Canyon National Park e para a Vila Olímpica de Sydney 2000.

Michael Brune é diretor-executivo do Sierra Club, a maior e mais influente organização ambiental norte-americana de origem comunitária. Ele já trabalhou para a Rainforest Action Network e é autor de *Coming clean: breaking America's addiction to oil and coal*.

Leo Burke dirige a Global Commons Initiative na Faculdade de Administração de Mendoza, da Universidade de Notre Dame, que oferece educação tanto na faculdade como em conjunto com parceiros como a ONU. Leo também já serviu como vice-reitor e diretor de educação para executivos dessa universidade. Além disso, trabalhou na Motorola.

Peter Busby tem renome como pioneiro em *design* sustentável. Foi o fundador e primeiro presidente do Canada Green Building Council, organização na qual deu início ao desenvolvimento da certificação LEED no Canadá. Atualmente, Peter é diretor-gerente do escritório de São Francisco da Perkins+Will. Em 2005, foi investido como membro da Ordem do Canadá pelo governador-geral – o mais alto prêmio civil do país – por ter fundado o movimento de construção verde no Canadá.

Peter Byck é um diretor de cinema, produtor, editor e professor da Universidade do Estado do Arizona cujo primeiro documentário, *Garbage*, ganhou o prêmio do Júri do Festival de Cinema South by Southwest de 1996, e cujo segundo filme, *Carbon nation*, destaca soluções para a mudança climática. Atualmente, Peter está filmando uma série de curtas-metragens que valorizam fazendeiros preocupados com a saúde do solo.

Peter Calthorpe é *designer* urbano, escritor e líder no desenvolvimento de novas abordagens de revitalização urbana, crescimento sustentável e planejamento regional em todo o mundo. Dirige o premiado estúdio de *design* Calthorpe Associates, é fundador e primeiro presidente do Congresso para o Novo Urbanismo e recentemente escreveu o livro *Urbanism in the age of climate change*.

Lynelle Cameron é presidente e CEO da Fundação Autodesk e diretora-sênior de sustentabilidade da Autodesk, uma empresa de *software*. Ela fundou ambos para investir e ajudar pessoas a usar o *design* na resolução dos mais difíceis desafios atuais. Sob sua liderança, a Autodesk ganhou inúmeros prêmios de sustentabilidade, liderança climática e filantropia.

Mark Campanale é fundador e diretor-executivo da Carbon Tracker Initiative, um grupo financeiro independente de solucionadores de problemas que fornece análises aprofundadas dos impactos das mudanças climáticas nos mercados de capitais e no investimento em combustíveis fósseis, mapeando riscos, oportunidades e caminhos para um futuro com baixos níveis de carbono. Junto com o cofundador Nick Robins, a Campanale concebeu a tese do mercado de capitais do "carbono não queimável", que lança mão da ciência dos orçamentos de carbono para avaliar a exposição dos investidores a ativos não recuperáveis e à iminente bolha de carbono.

Dennis Carlberg, AIA, LEED AP BD+C, é arquiteto e diretor de sustentabilidade da Universidade de Boston, onde também é professor-assistente adjunto no Departamento de Terra e Meio Ambiente, além de consultor docente da Earth House, uma comunidade de aprendizagem viva na Universidade de Boston. Também exerce chefia conjunta do Comitê de Resiliência Climática no Urban Land Institute Boston, um grupo dedicado a explorar as políticas e soluções para os impactos das mudanças climáticas nas comunidades.

Steve Chadima tem perto de trinta anos de experiência em energia e tecnologia avançadas. Steve é vice-presidente sênior de negócios externos na Advanced Energy Economy, uma associação nacional de líderes do empresariado que estão tornando o sistema global de energia mais seguro, limpo e barato.

Adam Chambers é cientista do Serviço de Conservação de Recursos Naturais do Departamento de Agricultura dos Estados Unidos, na qual participa da Equipe de Qualidade do Ar e Mudanças Atmosféricas, que trabalha pela implementação de medidas de conservação em terras agricultáveis manejadas. Ao longo das duas últimas décadas, o trabalho de Adam vem se concentrando nas ciências aplicadas e na redução dos poluentes atmosféricos e dos gases de efeito estufa na atmosfera.

Aimée Christensen lidera o Sun Valley Institute for Resilience e a organização Christensen Global Strategies, com 25 anos de experiência em climas, inclusive no Departamento de Energia dos EUA, Banco Mundial, Baker McKenzie e Google, onde serviu como o "gênio do clima" na Google.org. Aimée negociou os primeiros acordos climáticos bilaterais que envolveram os EUA e a Costa Rica em 1994, redigiu a primeira política de investimento e doação universitária para a mudança climática (Universidade Stanford, 1999) e foi a Hillary Laureate de 2011 e uma Aspen Institute Catto Fellow em 2010.

Cutler J. Cleveland é escritor, consultor, acadêmico e executivo que trabalha em pesquisas envolvendo recursos naturais, uso da energia e economias afins. Cutler é editor-chefe da *Encyclopedia of energy* e professor da Universidade de Boston.

Leila Conners fundou o Tree Media Group, empenhando-se na construção de uma empresa de produção geradora de mídia para ajudar e sustentar a sociedade civil mediante a narração de histórias inspiradoras.

John Coster serve como consultor independente para diversas iniciativas para sequestro ou baixos níveis de carbono. Anteriormente, John prestou serviço como dirigente de empreendimentos verdes no Skanska USA Building, um grupo de construção líder que, além de oferecer serviços de construção, desenvolve parcerias público-privadas em todos os níveis, desde pequenas reformas até projetos de bilhões de dólares.

Audrey Davenport é a líder dos programas de ecologia da empresa Google; anteriormente, tinha liderado os esforços de sustentabilidade corporativa dessa mesma empresa, na Equipe de Energia e Sustentabilidade. Foi uma bolsista Fulbright na Malásia e professora de cursos universitários sobre estratégias de empreendedorismo sustentável na Universidade Johns Hopkins e na Presidio Graduate School.

Edward Davey é gerente-sênior de programas na Prince of Wales' International Sustainability Unit, onde chefia o trabalho da organização em florestas e mudanças climáticas. Atualmente, Edward está escrevendo um livro, *A Restored Earth: Ten Paths to a Hopeful Future*. Anteriormente, prestou serviço como consultor-chefe sobre ambiente para a presidência da Colômbia.

Pedro Diniz é empresário e ex-piloto de Fórmula 1. Ele transformou a fazenda de sua família em São Paulo na Fazenda Toca, um dos principais produtores de alimentos orgânicos do país, com forte comprometimento com o desenvolvimento da produção agroflorestal em grande escala.

AshEL "SeaSunZ" Eldridge (também conhecido como o "Uber Rapper") é CEO da Earth Amplified Consulting, organização que oferece estratégias criativas para empreendedores, empresas emergentes e organizações sem fins lucrativos. É também professor-adjunto de ativismo, raça e justiça climática na Universidade do Estado de São Francisco. É fundador do coletivo Earth Amplified, promotor dos gêneros musicais *roots*, *rap* e reggae, vocalista da banda do oeste de Oakland e do oeste da África Dogon Lights; educador de saúde xamânico e baseado em plantas medicinais, distribuidor da Purium (alimentos orgânicos) e professor de meditação, criatividade e princípios da manifestação para ativistas, pessoas que trabalham com criatividade e empresários.

John Elkington é empreendedor, ambientalista e autor de dezessete livros, inclusive seu mais recente, *The breakthrough challenge: 10 ways to connect today's profits with tomorrow's bottom line*. John fundou e cofundou vários empreendimentos, incluindo a Volans, uma agência para mudanças que tem como objetivo ir além das mudanças incrementais, abordando desafios sistêmicos em escala nas organizações, a SustainAbility e a Ennnvironmental Data Services.

Jib Ellison é fundador e CEO da Blu Skye, empresa de consultoria para executivos que se concentra no crescimento sustentável dos negócios. Ele trabalha com empresas listadas no Fortune 500 com o objetivo de transformar os mercados existente e criar outros novos, lançando mão da sustentabilidade para que novas oportunidades de mercado sejam reveladas.

Donald Falk é professor-assistente da Faculdade de Recursos Naturais e Ambiente da Universidade do Arizona, onde se especializa em manejo de bacias hidrográficas e em eco-hidrologia. Suas áreas de pesquisa são: história do fogo, ecologia do fogo, ecologia restaurativa, ecologia das paisagens e os impactos do manejo das terras e da mudança global nos ecossistemas, inclusive a dinâmica das mudanças abruptas.

Felipe Faria é CEO do World Green Building Brasil, uma organização que acelerou a implantação de princípios verdes na indústria de construção brasileira, tornando o país um dos cinco principais mercados mundiais para a LEED e influenciando projetos em grande escala como a Copa do Mundo de 2014 da Fifa e os Jogos Olímpicos de 2016. Anteriormente, Felipe prestou serviço como voluntário do LEED Steering Committee, um grupo de profissionais responsáveis pela manutenção do LEED como instrumento de liderança global. Atualmente é o chefe do Comitê da Rede Regional do Conselho do World Green Building para as Américas.

Rick Fedrizzi é fundador e ex-CEO do Green Building Council dos EUA (USGBC) e CEO do Green Business Certification Inc. (GBCI). O programa LEED da USGBC para edifícios sustentáveis vem sendo o alicerce da carreira de Rick. Desde seu lançamento, em 2000, mais de 55 mil projetos comerciais, abrangendo cerca de 938 milhões de metros quadrados, e mais de 154 mil unidades residenciais em todo o mundo participam do programa LEED.

David Fenton fundou a Fenton in 1982 com o objetivo de criar campanhas de comunicação para o ambiente, a saúde pública e os direitos humanos. David ajudou a levantar a MoveOn.org, estimulou o aumento nas vendas de alimentos orgânicos, representou Nelson Mandela e o Congresso Nacional Africano, fez aprovar sanções contra a segregação racial, divulgou os primeiros casamentos *gays* nos EUA, trabalhou com Al Gore e a ONU nas mudanças climáticas e liderou campanhas de saúde pública contra o tabaco e agentes químicos desorganizadores do sistema endócrino.

Jonathan Foley passou mais de duas décadas liderando programas interdisciplinares universitários e voltados para a resolução de problemas ambientais globais, antes de se tornar o diretor executivo da Academia de Ciências da Califórnia, onde conseguiu incitar o interesse e a empolgação pelas ciências em crianças e adultos. Ele publicou mais de 130 artigos científicos, muitos *op-eds*, e ganhou inúmeros prêmios e honras, incluindo o Prêmio *Presidential Early Career Award for Scientists and Engineers* (premiado pelo presidente Bill Clinton).

Bob Fox é um dos mais respeitados líderes da cidade de Nova York no movimento dos edifícios sustentáveis. Fundou em 2003 a CookFox, uma firma de arquitetura devotada à criação de edifícios bonitos, ambientalmente responsáveis e de alto desempenho. A firma é mais conhecida por seu projeto da torre do Bank of America no One Bryant Park – o primeiro arranha-céu comercial a receber a certificação de platina da LEED.

Maria Carolina Fujihara é arquiteta especializada em planejamento urbano sustentável. Prestou serviço como coordenadora técnica para o Green Building Council do Brasil durante cinco anos, período em que trabalhou na promoção dos certificados LEED no país. Ela também chefiou os comitês técnicos que criaram o instrumento de certificação para o mercado brasileiro de habitações residenciais.

Mark Fulton é economista renomado e estrategista de mercado com forte enfoque no ambiente e na sustentabilidade, a começar por um relatório de sua autoria sobre mudança climática e mercados de 1991. Mark também serviu como chefe de pesquisa para os Conselheiros sobre Mudanças Climáticas do Deutsche Bank, posição na qual produziu consistentes artigos sobre liderança para investidores em clima, energia mais limpa e sustentabilidade.

Lisa Gautier é presidente e membro do conselho de Matter of Trust, uma organização pública beneficente que cofundou juntamente com seu marido, Patrice Gautier, em 1998. A organização sem fins lucrativos se concentra na ecoeducação, usos para os excedentes manufaturados e recursos renováveis naturalmente abundantes.

Mark Gold é vice-chanceler associado para ambiente e sustentabilidade e professor-adjunto do Instituto do Ambiente e da Sustentabilidade na Universidade da Califórnia em Los Angeles. Também vem trabalhando nos campos de poluição das águas, reservas hídricas, gestão integrada das águas e proteção costeira ao longo dos últimos 25 anos. Além disso, vem trabalhando exaustivamente no desenvolvimento de planos urbanos sustentáveis para Los Angeles e Santa Mônica, e atualmente lidera a organização Sustainable LA Grand Challenge, com metas municipais de 100% de energia renovável, 100% de água local e melhoria dos ecossistemas e da saúde humana até 2050.

Rachel Gutter é a dirigente-chefe de produtos do International WELL Building Institute, uma corporação beneficente pública cuja missão é melhorar a saúde e o bem-estar humanos por meio dos ambientes construídos. Anteriormente, Rachel serviu como vice-presidente sênior de conhecimentos no Green Building Council dos EUA e como diretora do Center for Green Schools, onde sua dinâmica liderança ajudou a criar convênios com corporações internacionais, instituições de renome mundial e entidades governamentais em torno da meta de oferecer a todos os estudantes uma escola verde ainda nesta geração.

André Heinz é diretor da Heinz Endowments, e logo depois de se juntar ao conselho da empresa supervisionou a criação de um programa ambiental de concessão de bolsas em 1993. André continua a prestar serviço no conselho e no comitê de investimentos, que supervisiona a administração das bolsas de 1,5 bilhão de dólares. Ele busca investimentos em tecnologias sustentáveis por meio de capital de risco.

Gregory Heming é conselheiro municipal em Annapolis County, Nova Scotia, onde chefia os comitês de desenvolvimento econômico e de mudanças climáticas. Além disso, presta serviço, nacionalmente, no conselho de diretores da Federação de Municipalidades Canadenses. É doutor em ecologia, com estudos de pós-graduação em história das religiões e filosofia da ciência, tendo feito numerosas conferências e redigido e publicado grande volume de textos sobre economia rural, ecologia local e envolvimento público.

Oran Hesterman é líder nacional nos EUA em agricultura sustentável e em sistemas alimentares e presidente e CEO da Fair Food Network. Tem mais de 35 anos de experiência como cientista, fazendeiro, filantropo, empresário, educador e defensor e é um parceiro respeitado pelos fazedores de políticas, líderes filantropos e defensores.

Patrick Holden é diretor-fundador do Sustainable Food Trust, que opera internacionalmente na aceleração da transição para sistemas alimentares mais sustentáveis. É o patrono da Associação Biodinâmica do Reino unido e em 2005 foi agraciado com o título de Cavaleiro do Império Britânico (CBE) por seus serviços em prol da agricultura orgânica.

Gunnar Hubbard é diretor e líder em práticas sustentáveis da Thornton Tomasetti, uma empresa de engenharia global de projetos, investigações e serviços de análise. É um líder reconhecido em edificações sustentáveis em todos os EUA, Ásia e Europa.

Jared Huffman é congressista norte-americano e representa as áreas californianas de North Bay e North Coast na Câmara dos Deputados, onde é um dos principais defensores da energia limpa, redução dos gases de efeito estufa e proteção do ambiente natural, tendo prestado serviço no Comitê de Transportes e Infraestrutura e também no de Recursos Naturais. Antes de ser eleito, Jared serviu seis anos na Assembleia da Califórnia, onde chefiou o Comitê de Águas, Parques e Vida Selvagem e foi autor de dúzias de leis significativas, além de atuar como procurador-sênior junto ao Conselho de Defesa dos Recursos Naturais.

Molly Jahn é professora na Universidade de Wisconsin–Madison no Departamento de Agronomia, no Instituto de Saúde Global e no Centro para Sustentabilidade e Ambiente Global. Também é membro do Laboratório Nacional de Oak Ridge. Publicou mais de cem artigos de pesquisa revisados por pares e possui sessenta licenças comerciais ativas para seus programas de cultivo de plantas. Suas variedades vegetais são cultivadas comercialmente e para subsistência em seis continentes.

Chris Jordan é um artista-fotógrafo e cineasta cujo trabalho se concentra no consumismo e na cultura de massa. Seu trabalho envia uma forte mensagem sobre comportamentos inconscientes em nossas vidas individuais e coletivas.

Daniel Kammen é fundador e diretor do Laboratório de Energia Apropriada e Renovável (Rael) na Universidade da Califórnia, em Berkeley, onde é professor no Grupo de Energia e Recursos, na Faculdade Goldman de Políticas Públicas e no Departamento de Engenharia Nuclear. Em 2010, Daniel foi indicado como o primeiro membro da Parceria de Energia e Clima para as Américas (ECPA) pela secretária de Estado Hillary Clinton, tendo servido no Departamento de Estado dos EUA como encarregado de ciência de 2016-2017.

Danny Kennedy é empresário de tecnologias limpas, ativista ambiental e autor do livro *Rooftop revolution: how solar power can save our economy – and our planet – from dirty energy* (2012). Danny é cofundador de Sungevity, diretor-gerente do California Clean Energy Fund e cofundador da Powerhouse.

Kerry Kennedy é ativista de direitos humanos e advogada, presidente da organização Robert F. Kennedy Human Rights, autora do livro *Speak truth to power: human rights defenders who are changing our world* e também autora do best-seller do *New York Times Being catholic now*. Ela serviu como chefe do Conselho de Liderança da Anistia Internacional nos EUA durante mais de uma década e foi nomeada pelo presidente Bush e confirmada pelo Senado norte-americano para servir em sua atual capacidade como membro do conselho de diretores do Institute of Peace dos EUA.

Elizabeth Kolbert pertence à equipe de redatores da revista *The New Yorker* desde 1999 e, anteriormente, tinha trabalhado no jornal *The New York Times*. Elizabeth é autora de vários livros, inclusive *The sixth extinction*, pelo qual ganhou o prêmio Pulitzer de 2015 de não ficção em geral.

Cyril Kormos é vice-presidente para políticas da Wild Foundation, onde pesquisa e advoga em favor de tópicos como leis e políticas para os ambientes silvestres, finanças para a conservação e políticas florestais. Ele também coordena a IntAct, International Action for Primary Forests, uma coalizão de ONGs promotoras da proteção de florestas primárias em todo o mundo.

Jules Kortenhorst é CEO do Rocky Mountain Institute (RMI), uma organização sem fins lucrativos independente e apartidária que promove o uso eficiente e restaurativo dos recursos. Jules é um reconhecido líder em tópicos sobre energia global e mudança climática, com uma experiência que abrange liderança em negócios, governo, empreendedorismo e organizações sem fins lucrativos.

Larry Kraft é diretor-executivo e principal mentor da iMatter, que amealha jovens entusiasmados para a promoção de ações climáticas e mantém as comunidades locais responsáveis por sua ação ou omissão com respeito às mudanças climáticas.

Klaus Lackner é diretor do Centro para Emissões Negativas de Carbono na Universidade do Estado do Arizona, que promove tecnologias de manejo do carbono capazes de capturar diretamente o dióxido de carbono do ar ambiente em um ambiente operacional ao ar livre. Desde 1995, vem dando numerosas contribuições para o campo da captura e armazenamento do carbono, além de outros campos científicos.

Osprey Orielle Lake é fundador e diretor-executivo do Women's Earth and Climate Action Network International (WECAN). Ela desenvolve seu trabalho nacional e internacionalmente com comunidades e líderes indígenas, formuladores de políticas públicas e cientistas, de forma a mobilizar mulheres em prol da justiça climática, comunidades flexíveis, mudanças sistêmicas e para uma justa transição para um futuro de energia limpa.

John Lanier é diretor-executivo da Ray C. Anderson Foundation, uma fundação familiar privada estabelecida na Geórgia em honra ao legado do falecido Ray C. Anderson, avô de Lanier. Anderson foi um industrialista e pioneiro do ambientalismo de renome mundial, e atualmente John dá continuidade a esse legado por meio de programas da fundação que procuram criar um mundo mais feliz e sustentável para a geração atual e as vindouras.

Alex Lau é empresário de tecnologias limpas, mecenas e investidor internacional em projetos de energia renovável estabelecido em Vancouver, Canadá. Alex presta serviço nas equipes de ação para recursos renováveis e para uma cidade mais verde da prefeitura de Vancouver.

Lyn Davis Lear é ativista e filantropa e também presidente da L&L Media, cujo objetivo é inspirar, educar e conscientizar as pessoas sobre problemas ambientais globais mediante todas as formas de publicidade na mídia. Lyn é membro do conselho do Museu de Arte da Cidade de Los Angeles (LACMA) e do Instituto Sundance, onde produziu e financiou vários filmes e *workshops*. Também fundou a Lear Family Foundation, que se dedica a apoiar os direitos e liberdades civis, as artes e o ambiente.

Colin le Duc, juntamente com David Blood e Al Gore, é cofundador e sócio do Generation Investment Management, no qual colidera os fundos Climate Solutions para equidade e crescimento. Anteriormente, Colin trabalhou com as organizações Sustainable Asset Management em Zurique, com Arthur D. Little em Londres e com a Total in Paris. Hoje presta serviço no conselho de diretores de diversas companhias com portfólio em geração em todo o mundo.

Jeremy Leggett é empresário, escritor e advogado. É o diretor-fundador da Solarcentury, uma das mais respeitadas empresas solares internacionais; fundador e presidente da SolarAid, uma organização beneficente com dotação de 5% dos lucros anuais da Solarcentury; e presidente da Carbon Tracker, uma organização de pensadores do setor financeiro que alerta sobre os riscos não recuperáveis dos ativos de carbono para o mercado de capitais, algo coloquialmente conhecido como a "bolha de carbono".

Annie Leonard é diretora-executiva do Greenpeace USA, tendo mais de duas décadas de experiência na investigação e esclarecimento dos impactos ambientais e sociais das coisas que produzimos, de onde provêm, como chegam até nós e para onde vão depois que nos livramos delas. O filme e o livro de Annie, ambos com o título *The story of stuff*, evoluíram para o Story of Stuff Project, um projeto que tem por finalidade o empoderamento das pessoas em toda a Terra para que possam lutar por um futuro mais sustentável e justo.

Peggy Liu é a presidente da JUCCCE, uma das organizações ambientais mais importantes para a aceleração do "esverdeamento" da China, desde 2007. Peggy reúne líderes internacionais na criação de mudanças sistêmicas por meio do planejamento de ecocidades, energia limpa, redes inteligentes, educação alimentar e o mercado de sustentabilidade da China.

Barry Lopez é ensaísta e autor de contos que tem viajado exaustivamente até partes remotas e populosas da Terra. Barry é autor do livro *Arctic dreams*, pelo qual foi agraciado com o National Book Award; *Of wolves and men*, um finalista do National Book Award; e oito obras de ficção.

Beatriz Luraschi é dirigente de programas-sênior na Unidade de Sustentabilidade Internacional (ISU) de Prince of Wales, na qual escreve sobre florestas tropicais e mudanças climáticas desde 2013, inclusive sobre REDD+, eliminação do desflorestamento em cadeias de abastecimento de *commodities* e na interface políticas climáticas-ciência. Antes de se unir à ISU, ela realizou pesquisas sobre diversos tópicos de sustentabilidade e completou um trabalho de campo com vistas à quantificação dos serviços de ecossistemas em cafezais cultivados em diferentes sistemas de manejo na América Central.

Brendan Mackey é diretor do Programa de Resposta à Mudança Climática da Universidade Griffith, estabelecido na Gold Coast australiana. Sua experiência envolve a dinâmica do carbono terrestre, as interações entre mudanças climáticas, biodiversidade e uso da terra, e o papel da ciência nas políticas e leis ambientais. Atualmente sua pesquisa está enfocada na adaptação das zonas costeiras no Pacífico, no gerenciamento de informações e conhecimentos para o planejamento de adaptação e resiliência e na avaliação e valorização das florestas primárias.

Joanna Macy é ativista, autora, estudiosa do budismo e da teoria dos sistemas, e professora de base do Work That Reconnects. Joana é autora de doze livros, entre os quais *Coming back to life: the updated guide to the work that reconnects*.

Joel Makower é presidente e editor-executivo do GreenBiz Group, além de jornalista premiado. Joel é autor ou coautor de mais de uma dúzia de livros, entre os quais *Strategies for the green economy* e *The new grand strategy: restoring America's prosperity, security, and sustainability in the 21st century*.

Michael Mann é professor emérito de ciência atmosférica na Universidade Penn State, membro da União Geofísica Norte-americana, da Sociedade Meteorológica Norte-americana e da Associação Norte-americana para o Avanço da Ciência. Michael já escreveu mais de duzentas publicações e três livros, entre eles *Dire predictions, the hockey stick and the climate wars* e *The madhouse effect*.

Fernando Martirena é diretor do Centro para Pesquisas e Desenvolvimento de Estruturas e Materiais (Cidem) na Universidade Central "Marta Abreu" de Las Villas, Cuba.

Mark S. McCaffrey é membro de pesquisas sênior junto à Universidade Nacional de Serviço Público (NUPS) em Budapeste, Hungria, consultor sênior para o Earth Child Institute, fundador da comunidade de ONGs Educação, Comunicação e Alcance, da Convenção-Quadro das Nações Unidas sobre Mudança do Clima e autor do livro *Climate smart & energy wise* (2014). Mark serviu como diretor de políticas e programas para o clima no Centro Nacional para Educação Científica e é cofundador da CLEAN (Climate Literacy and Energy Awareness Network).

David McConville é chefe do conselho do Buckminster Fuller Institute (BFI) e diretor de criação da Worldviews Network, um empreendimento colaborativo de artistas, cientistas e educadores que integra narração de histórias e visualização científica para facilitar os diálogos sobre regeneração socioecológica.

Craig McCaw é um pioneiro de telecomunicações - fundador da McCaw Cellular e da Clearwire Corporation e agora presidente e CEO da empresa de capital de risco Eagle River Investments LLC. É presidente da Fundação Craig e Susan McCaw, que apoia o acesso e o avanço da educação, o desenvolvimento econômico internacional e a conservação ambiental. Atuou como presidente do Conselho da The Nature Conservancy e fundou o Grameen Technology Center.

Andrew McKenna é diretor-executivo do Instituto da Grande História na Universidade Macquarie em Sydney, Austrália, um centro inovador dedicado à excelência na área da grande história, que é a tentativa de compreender, de forma unificada e interdisciplinar, a história do cosmos, da Terra, da vida e da humanidade.

Bill McKibben é autor, ambientalista e ativista. É também cofundador e consultor-sênior para a 350.org, uma campanha comunitária climática internacional que opera em 188 países em todo o mundo. Bill já escreveu quinze livros, entre eles *The end of nature*, publicado em 1989 e frequentemente considerado como o primeiro livro sobre mudança do clima escrito para o público geral.

Jason F. McLennan é atualmente considerado um dos indivíduos mais influentes no movimento de edificações sustentáveis. É CEO de sua própria empresa de *design*, a McLennan Design, e também fundador e presidente do International Living Future Institute, uma ONG que se concentra na transformação de nosso mundo em um lugar socialmente justo, culturalmente rico e ecologicamente restaurativo. Ele é também fundador e criador do Living Building Challenge, o mais progressivo e rigoroso programa de construções verdes em todo o mundo. Jason foi agraciado com o prestigioso prêmio Buckminster Fuller Challenge, sendo ganhador do Prêmio de Excelência ENR.

Erin Meezan é vice-presidente de sustentabilidade na organização Interface, onde dá voz à consciência da empresa, assegurando-se de que suas estratégias e metas estejam em sincronia com a agressiva visão de sustentabilidade estabelecida há quase vinte anos. Ela frequentemente profere palestras sobre empreendimentos sustentáveis a equipes de gerenciamento sêniores, universidades e também para o crescente setor de consumidores verdes.

David R. Montgomery é professor de geomorfologia na Universidade de Washington, em Seattle. Ele é um MacArthur Fellow e autor dos livros *Dirt: the erosion of civilizations*, *The hidden half of nature: the microbial roots of life and health* com Anne Biklé) e *Growing a revolution: bringing our soil back to life*.

Pete Myers é autor, além de CEO e cientista-chefe da Environmental Health Sciences, uma organização que trabalha no estreitamento da lacuna entre a boa ciência e a grande política. Peter está ativamente envolvido em pesquisas básicas sobre os impactos das alterações endócrinas na saúde humana, serve como chefe do conselho da Science Communication Network e já foi chefe do conselho do H. John Heinz III Center for Science, Economics and the Environment.

Mark "Puck" Mykleby é codiretor fundador do Laboratório de Inovações Estratégicas na Universidade Case Western Reserve, que se dedica ao desenvolvimento, teste e implementação de uma nova e importante estratégia para os EUA, que pode impulsionar uma nova era de prosperidade, segurança e sustentabilidade. Anteriormente, Mykleby serviu como piloto de caça na Marinha do país e como assistente estratégico especial para o chefe do Estado-Maior Conjunto.

Karen O'Brien é professora do Departamento de Sociologia e Geografia Humana da Universidade de Oslo, Noruega, onde trabalha em problemas relacionados à adaptação às mudanças climáticas e em transformações para a sustentabilidade. Karen tem sido a autora principal de vários relatórios para o Painel Intergovernamental sobre Mudança Climática.

Robyn McCord O'Brien vem, há dez anos, ajudando a liderar um "despertar" da alimentação entre os consumidores, corporações e líderes políticos. Ela chefia uma empresa de consultoria sem fins lucrativos e é também autora de best-sellers, conferencista pública e estrategista.

Martin O'Malley é o 61° governador de Maryland e concorreu à presidência dos EUA em 2016. Tem sido bastante franco acerca da necessidade de agir com relação às mudanças climáticas e aos problemas ambientais.

David Orr é um professor emérito Paul Sears e conselheiro do presidente do Oberlin College; é também autor de oito livros e de mais de duzentos artigos, revisões, capítulos de livros e outras publicações profissionais. David é detentor de oito graus honoríficos e prêmios de liderança outorgados pelo Green Building Council e pela organização Second Nature dos EUA.

Billy Parish é cofundador e CEO da Mosaic, uma organização provedora de soluções de empréstimos ao consumidor para o mercado de energia domiciliar. Anteriormente, Billy fundou e fez com que a Energy Action Coalition se transformasse na maior organização mundial de energia limpa para a juventude.

Michael Pollan é autor best-seller, jornalista, ativista e professor de jornalismo na Universidade da Califórnia em Berkeley. Michael concentra seus esforços em problemas de alimentação, dieta e sistemas alimentares, sendo o autor de oito livros, entre eles *The Omnivore's Dilemma*.

Jonathon Porritt é escritor, radialista e comentarista de assuntos sobre desenvolvimento sustentável. Jonathon é cofundador do Fórum para o Futuro, um empreendimento sem fins lucrativos para estudo da sustentabilidade com ação global junto a empresas, governos e outros atores com o objetivo de criar um futuro melhor.

Joylette Portlock vem trabalhando em educação e defesa ambiental nos últimos dez anos. Atualmente, ela é presidente da Communitopia, uma organização sem fins lucrativos que emprega novas mídias e campanhas baseadas em projetos para identificar, estudar e defender soluções climáticas individuais, comunitárias e nacionais, trabalhando a fim de passar ao público informações científicas que possam ser utilizadas.

Malcolm Potts é um obstetra cientista da reprodução com treinamento em Cambridge que vem trabalhando em todo o mundo para oferecer às mulheres escolhas relativas ao planejamento familiar. Ele foi designado como o primeiro professor do Centro Bixby de Planejamento Populacional e Familiar da Universidade da Califórnia em Berkeley em 1992, e seu interesse atual é o crescimento populacional e as mudanças climáticas no Sahel.

Chris Pyke é o chefe de operações da GRESB.com, onde fornece informações ambientais, sociais e de governança que servem de base para as ações de investidores globais em imóveis. Também é vice-presidente de pesquisa do Green Building Council EUA. Ele representou os EUA em discussões sobre problemas ligados à mitigação dos gases de efeito estufa relacionados a edifícios residenciais e comerciais no Grupo de Trabalho 3 do Painel Intergovernamental sobre Mudança Climática, e foi chefe do Comitê Consultivo Científico e Técnico do Programa Chesapeake Bay da Agência de Proteção Ambiental norte-americana.

Shana Rappaport vem trabalhando ativamente há mais de uma década como organizadora comunitária e formadora de grupos de ligação intersetorial para a promoção de soluções de sustentabilidade. Como diretora de recrutamento para a organização VERGE, do Grupo GreenBiz, Shana está atualmente ocupada em ampliar a escala para a principal série de eventos globais focados na aceleração da economia limpa.

Andrew Revkin vem escrevendo sobre mudança climática há praticamente trinta anos, 21 dos quais na condição de repórter do jornal *The New York Times* e autor da coluna Dot Earth daquele jornal. Atualmente, ele escreve para a ProPublica, com enfoque em notícias e relatos mais detalhados sobre clima e energia.

Jonathan Rose fundou a empresa Jonathan Rose Companies, de desenvolvimento, planejamento e investimento em bens imóveis, que já completou com êxito mais de 2,5 bilhões de dólares em obras. Juntamente com sua esposa, Diana, Jonathan também é cofundador do Garrison Institute.

Samer Salty é fundador e CEO do Zouk Capital e tem trinta anos de experiência em fundos privados, investimentos bancários e tecnologia. Ele planejou e implementou a estratégia assinatura da Zouk, abrangendo as áreas de capital para crescimento da tecnologia e infraestrutura para energias renováveis.

Astrid Scholz é a principal "faz-tudo" da Sphaera, uma plataforma de compartilhamento de soluções instalada na nuvem da internet que tem como objetivo acelerar o ritmo das mudanças sociais, conectando as melhores soluções a solucionadores de problemas inovadores em todo o mundo. Ela foi a última presidente da Ecotrust, uma organização híbrida sem fins lucrativos com mais de 100 milhões de dólares em ativos administrados.

Ben Shapiro é cofundador e diretor não executivo da PureTech Health. Seu programa Vedanta vem desenvolvendo uma classe inovadora de terapias que modulam vias de interação entre o microbioma humano e o sistema imune do hospedeiro. Como vice-presidente executivo da Merck, ele liderou programas de pesquisa que resultaram no registro de aproximadamente 25 medicamentos e vacinas junto à agência norte-americana Food and Drug Administration.

Michael Shuman é economista, advogado, empreendedor e autor, além de diretor de economias locais na Telesis Corporation. Michael é também instrutor adjunto em desenvolvimento econômico das comunidades na Universidade Simon Fraser em Vancouver, Canadá, e em negócios sustentáveis no Bard College na cidade de Nova York. Recentemente, escreveu *The local economy solution* (2015).

Martin Siegert é codiretor do Grantham Institute for Climate Change no Imperial College de Londres, e anteriormente foi diretor do Bristol Glaciology Center na Universidade de Bristol, bem como diretor da Escola de Geociências da Universidade de Edimburgo. Especialista em geofísica, recebeu o Prêmio Martha T. Muse pela excelência em ciência e política da Antártida em 2013 e é membro da Sociedade Real de Edimburgo.

Mary Solecki é a defensora da Environmental Entrepreneurs (E2) para os estados do oeste norte-americano. A E2 é uma organização de advocacia sem fins lucrativos cujos membros empresariais apoiam políticas que tragam benefícios econômicos e ambientais.

Gus Speth é cofundador do New Economy Law Center na Faculdade de Direito de Vermont e chefe conjunto do Next System Project. Foi reitor da Yale School of Forestry and Environmental Studies, cofundador do Natural Resources Defense Council, fundador e presidente do World Resources Institute, serviu como administrador do Programa de Desenvolvimento da ONU e chefiou o Grupo de Desenvolvimento dessa entidade. Gus é autor de seis livros.

Tom Steyer é um líder empresarial e filantropo que acredita que todos temos a responsabilidade moral de retribuir à sociedade as vantagens desfrutadas e de ajudar a garantir que cada família compartilhe dos benefícios das oportunidades econômicas.

Gunhild A. Stordalen é fundadora e presidente da EAT Foundation. Juntamente com seu marido, Peter, Gunhild fundou a Stordalen Foundation, também chefiada por ela.

Terry Tamminen serve atualmente como CEO da Leonardo DiCaprio Foundation e, na gestão de Arnold Schwarzenegger como governador da Califórnia, foi nomeado secretário da Agência de Proteção Ambiental daquele estado e, depois, secretário de gabinete e principal conselheiro político do governador. Autor talentoso, ele escreveu vários livros, entre eles *Lives per gallon: the true cost of our oil addiction* e *Cracking the carbon code: the key to sustainable profits in the new economy*.

Kat Taylor e seu marido, Tom Steyer, estabeleceram a TomKat Foundation com o objetivo de apoiar organizações que tornem possível um mundo com estabilidade climática, um sistema alimentar saudável e justo e uma prosperidade generalizada. Ela é diretora-fundadora da TomKat Ranch Educational Foundation, organização que se dedica a inspirar um sistema alimentar sustentável. Também é cofundadora e co-CEO do Beneficial State Bank.

Clayton Thomas-Muller é membro da organização Mathias Colomb Cree Nation e ativista dos direitos indígenas em Winnipeg. Clayton tem tomado parte em campanhas por todo o Canadá e EUA em centenas de comunidades indígenas, a fim de organizá-las contra enclaves da indústria dos combustíveis fósseis e dos bancos que a financiam. Ele presta serviço para a iniciativa 350.org como defensor de energias radicais para os povos indígenas e, além disso, é organizador das iniciativas Defenders of the Land e Idle No More.

Ivan Tse é um empreendedor social e filantropo que trabalha para moldar a nova cultura no âmbito dos setores de empreendimento social, filantropia e de luxo. Ivan serve ainda como chefe e presidente da TSE Foundation, organização filantrópica de Hong Kong que promove iniciativas para unir a humanidade, disseminar o conhecimento global e construir a infraestrutura de um mundo transnacional.

Mary Evelyn Tucker é professora na Universidade Yale, onde dirige o Fórum sobre Religião e Ecologia juntamente com seu marido, John Grim, com quem escreveu *Ecology and Religion*. O casal coproduziu o filme *Journey of the Universe*, vencedor do prêmio Grammy, e criou quatro cursos abertos on-line baseados no filme por meio da Coursera, uma plataforma educativa.

Paul Valva trabalha em uma empresa do ramo imobiliário já em sua terceira geração na área da baía de São Francisco e é especializado em propriedades comerciais e industriais. Ele é um apaixonado por sustentabilidade e meio ambiente e durante quatro anos foi gerente no norte da Califórnia do Climate Reality Project, educando o público sobre os perigos e soluções para as mudanças climáticas.

Brian von Herzen é diretor-executivo da Climate Foundation, que trabalha com o equilíbrio do carbono em escala de gigatoneladas na terra e no mar, tendo em mente a segurança global alimentar e energética. A tecnologia de permacultura marinha da Climate Foundation tem o potencial de proporcionar, de maneira sustentável, alimento, ração animal, fibras, fertilizantes e biocombustíveis em escala global, possibilitando, ao mesmo tempo, a retirada do carbono da atmosfera.

Greg Watson é diretor de *design* de políticas e sistemas no Schumacher Center. Ele fala sobre agricultura sustentável, energia renovável, novos sistemas monetários, arranjos de posse equitativa da terra, planejamento de bairros por meio de processos democráticos e políticas governamentais que apoiem o desenvolvimento em escala humana.

Bill Weihl é diretor de sustentabilidade do Facebook, empresa na qual apoia iniciativas de sustentabilidade. Antes de trabalhar nessa empresa, Bill passou seis anos como "czar" da energia verde na Google, onde liderou os esforços da empresa em se tornar neutra em carbono e em usar apenas energia limpa em suas operações.

Ted White é sócio administrativo da Fahr, uma entidade que abarca os esforços comerciais, políticos e filantrópicos de Tom Steyer. Um dos principais objetivos da Fahr e de suas entidades afiliadas é acelerar a transição para um futuro de energia limpa.

John Wick é fazendeiro-pesquisador, filantropo interessado em empreendimentos de risco e cofundador do Marin Carbon Project, que conseguiu estabelecer, em bases científicas, que é possível aumentar a fixação de carbono durável no solo por meio da produção de alimentos saudáveis e de fibras seguras. Ele e sua esposa, Peggy Rathmann, são donos do Nicasio Native Grass Ranch em Marin County, Califórnia.

Dan Wieden é um executivo de publicidade norte-americano cofundador da Wieden+Kennedy. É também o autor do *slogan* da Nike, "Just Do It". Além disso, fundou a Caldera, uma organização sem fins lucrativos que promove a educação pelas artes e que também aloja provisoriamente jovens em risco na localidade de Sisters, Oregon.

Morgan Williams é ecologista e cientista voltado para o desenvolvimento sustentável. Trabalhou de 1997 até 2007 na Nova Zelândia como comissário parlamentar para o ambiente. Atualmente, Morgan presta serviço como chefe dos conselhos do World Wide Fund for Nature (WWF) da Nova Zelândia e da Cawthron Foundation, que presta assistência à maior organização de pesquisa privada naquele país.

Allison Wolff é CEO da Vibrant Planet, organização que fornece projetos para estratégias, narrativas e geração de iniciativas para empresas e organizações sem fins lucrativos centradas na inovação social e ambiental. Ela trabalhou para a Chan Zuckerberg Initiative no desenvolvimento de seu conteúdo e da estratégia de apoio à geração de iniciativas; para Facebook e eBay no desenvolvimento de suas narrativas de sustentabilidade e bem-estar social, *marketing* e estratégias de engajamento público; para a Google na construção da Google Green; para a GlobalGiving em sua estratégia e identidade da marca; e para a Netflix como diretora de marketing.

Graham Wynne é ex-diretor executivo de conservação da Royal Society for the Protection of Birds (RSPB), sendo atualmente consultor-sênior da International Sustainability Unit do príncipe de Gales, membro do conselho do Instituto para Políticas Ambientais Europeias e também curador da Green Alliance. Graham foi membro da Comissão de Políticas nas organizações Future of Farming and Food e Sustainable Development Commission.

Andrew Zolli é consultor da PlanetLabs, DataKind e Workshop School. Anteriormente, dirigiu a rede de inovações globais PopTech. Trabalhou como colaborador da National Geographic Society e durante vários anos, juntamente com Ann Marie Healy, viajou por todo o mundo estudando a dinâmica da resiliência, o que resultou em seu livro *Resilience: why things bounce back*.

AGRADECIMENTOS

Nossa equipe está profundamente em dívida com todos os que acreditaram e apoiaram este projeto. Poderíamos escrever páginas e páginas sobre as pessoas citadas a seguir, mas, diante do grande número, vamos transmitir nossa apreciação específica pessoalmente. O livro sempre foi sobre o "nós" maior do planeta. Todos vocês representam a nobreza e a bondade que se dissemina pela humanidade. Agora, a Terra e todas as formas de vida nos chamam, e vocês têm exemplificado esse compromisso em seus trabalhos e vidas. Muito obrigado de coração, em nome de todos os seres vivos.

Alec Webb • Alex Lau • Amanda Ravenhill • Andrew McElwaine • Andre Heinz • Barry Lopez • Betsy Taylor • Bob Fox • Byron Katie • Colin Le Duc • Cyril Kormos • Daniel Kammen • Daniel Katz • Daniel Lashof • David Addison • David Bronner • David Gensler • Edward Davey • Erin Eisenberg • Erin Meezan • Gregory Heming Guayaki • Harriet Langford • Ivan Tse • Jaime Lanier • James Boyle • Janine Benyus • Jasmine Hawken • Jay Gould • Jena King • Johanna Wolf • John Lanier • John Roulac • John Wells • John Wick • John Zimmer • Jon Foley • Jonathan Rose • Jules Kortenhorst • Justin Rosenstein • Kat Taylor • Lisa e Patrice Gautier • Lyn Lear • Lynelle Cameron • Malcolm Handley • Malcolm Potts • Marianna Leuschel • Martin O'Malley • Mary Anne Lanier • Matt James • Norman Lear • Organic Valley Cooperative • Paul Valva • Pedro Diniz • Peggy Liu • Peter Boyer • Peter Byck • Peter Calthorpe • Phil Langford • Ray e Carla Kaliski • Rick Kot • Ron Seeley • Russ Munsell • Shana Rappaport • Stephen Mitchell • Suki Munsell • Ted White • Terry Boyer • Tom Doyle • Tom Steyer • Virgin Challenge • Will Parish

Adam Klauber • Andersen Corporation • Ben Holland • Ben Rappaport • Carbon Neutral Company • Chantel Lanier • Chris McClurg • Chris Nelder • Colin Murphy • Cyril Yee • Dan Wetzel • David Weiskopf • Deep Kolhatkar • Diego Nunez • Ellen Franconi • Frances Sawyer • Galen Hon • Gerry Anderson • George Polk • Jai Kumar Gaurav • Jamil Farbes • Jason Meyer • Joel Makower • Johanna Wolf • Jonathan Walker • Joseph Goodman • Kate Hawley • Kendal Ernst • Leia Guccione • Lynn Daniels • Maggie Thomas • Mahmoud Abdelhamid • Malcolm Handley • Mark Dyson • Mike Bryan • Mike Henchen • Mike Roeth • Mohammad Ahmadi Achachlouei • Organic Valley Cooperative • Nicola Peill-Molter • Nuna Teal • Robert Hutchison • Sean Toroghi • Thomas Koch Blank • Udai Rohatgi • Vivian Hutchinson • William Huffman

Adam DeVito • Alicia Eerenstein • Alicia Montesa • Alisha Graves • Allyn McAuley • Anastasia Nicole • Andy Plumlee • Angela Mitcham • Annika Nordlund-Swenson • Aparna Mahesh • Aseya Kakar • Aubrey McCormick • Babak Safa • Basil Twist • Ben Haggard • Betty Cheng • Bill e Lynne Twist • Bruce Hamilton • Caitlin Culp • Calla Rose Ostrander • Caroline Binkley • Carol Holst • Charles Knowlton • Cheryl Dorsey • Cina Loarie • Claire Fitzgerald • Clinton Cleveland • Connie Horng • Daniel Kurzrock • Daniela Warman • Danielle Salah • Darin Bernstein • David Lingren • David McConnville • David Allaway • Deborah Lindsay • Diana Chavez • Donny Homer • Dwight Collins • Eka Japaridize • Ella Lu • Emily Reisman • Eric Botcher • Farris Gaylon • Gabriel Krenza • Hannah Greinetz • Helaine Stanley • Henry Cundill • Jacob Bethem • Jacquelyn Horton • Jamie Dwyer • Jaret Johnson • Jeff e Elena Jungsten • Jeremy Stover • Jodi Smits Anderson • Joe Cain • Jose Abad • Joshua Morales • Joyce Joseph • Juliana Birnbaum Traffas • Katharine Vining • Katie Levine • Kenna Lee • Kristin Wegner • Kyle Weise • Leah Feor • Lina Prada-Baez • Madeleine Koski • Matthew Emery • Matthew John • Meg Jordan • Megan Morrice • Michael Elliot • Michael Neward • Michael Sexton • Michelle Farley • Molly Portillo • Nancy Hazard • Nick Hiebert • Nicole Koedyker • Olga Budu • Olivia Martin • Pablo Gabatto • Ray Min • Robert Trescott • Ron Hightower • Rupert Hayward • Ryan Cabinte • Ryan Miller • Sam Irvine • Sara Glaser • Serj Oganesyan • Sonja Ashmoore • Srdana Pokrajac • Sterling Hardaway • Susan McMullan • The North Face • Thomas Podge • Tim Shaw • Tyler Jackson • Veena Patel • Vincent Ferro • Whitney Pollack • Yelena Danziger • Zach Carson • Zach Gold

ÍNDICE REMISSIVO

As referências em itálico se referem a ilustrações.

CRÉDITOS DAS FOTOGRAFIAS

ALAMY STOCK PHOTO: p. viii (Craig Lovell / Eagle Visions Photography); p. 13 (Bill Brooks); p. 27 (Paul Glendell); pp. 32-33 (dpa picture alliance); p. 36 (Frank Bach); p. 42 (EnVogue_Photo); p. 51 (Bo Jansson); p. 60 (Design Pics Inc.); p. 62 (GardenPhotos.com); p. 63 (redsnapper); p. 66 (imageBROKER); p. 67 (AfriPics.com); p. 101 (Alan Curtis); p. 104 (Washington Imaging); p. 133 (Ariadne Van Zandbergen); pp. 128-129 (Alex van Hulsenbeek); p. 134 (incamerastock); p. 165 (GoSeeFoto); p. 181 (Jozef Klopacka); p. 206 (Martin Grace); p. 208 (Premium Stock Photography GmbH); p. 209 (YAY Media AS).

GETTY IMAGES: p. xvi (Juan Naharro Gimenez); pp. 2-3 (Mike Harrington); pp. 8-9 (Steve Proehl); pp. 12-13 (Josh Humbert); pp. 16-17 (Arterra); pp. 20-21 (Sean Gallup); p. 28 (Matthias Graben); pp. 34, 35 (Hannah Peters); p. 38 (Imagno); p. 40 (Gideon Mendel); pp. 52-53 (TIM SLOAN); p. 56 (Andre Maslennikov); pp. 58-59 (Inga Spence); p. 68 (Christian Science Monitor); pp. 69, 156 (Bloomberg); p. 74 (Barcroft); pp. 78-79 (Said Khatib); p. 82 (Richard Stonehouse); p. 89 (Keren Su); p. 90 (Diane Cook and Len Jenshel); p. 92 (MPI); p. 94 (Dieter Nagl); p. 99 (Koen van Weel); p. 100 (Jim West); p. 102 (Emmanuel Dunand); pp. 106, 121 (Monty Rakusen); p. 110 (MCT); p. 115 (Mike Lanzetta); p. 120 (Philippe Marion); p. 123 (2c image); p. 131 (R A Kearton); p. 136 (Lonely Planet); p. 137 (cosmonaut); pp. 138-139 (Tomohiro Ohsumi); p. 143 (3alexd); p. 144 (Mahatta Multimedia Pvt. Ltd.); pp. 148-149 (Car Culture, Inc.); p. 154 (Rick Madonik); p. 158 (Eric Lafforgue); p. 164 (Olivier Morin); p. 168 (Hulton Archive); p. 169 (BSIP); p. 176 (W K Fletcher); p. 182 (Brian Hagiwara); p. 184 (Justin Tallis); p. 186 (Serge Mouraret); pp. 196-197 (CAPMAN Vincent); pp. 204-205 (Sayid Budhi); p. 200 (Axel Gebauer/Nature Picture Library); pp. 212-213 (Mitch Diamond).

ISTOCKPHOTO: p. x

NATIONAL GEOGRAPHIC CREATIVE: p. 6 (Cyril Ruoso/Minden Pictures); p. 7 (Robert B. Goodman); pp. 18-19 (Robert Madden); pp. 30-31, 54, 64, 71, 119 (Jim Richardson); p. 41 (Macduff Everton); p. 65 (Blow, Charles M.); p. 76 (Alex Treadway); pp. 86-87 (Michael S. Lewis); p. 93 (Tyrone Turner); pp. 108-109 (Paul Nicklen); pp. 112-113 (Design Pics Inc); p. 114 (Michael Nichols); p. 117 (Luis Marden); p. 122 (John Dawson); pp. 172-173 (Dean Conger); pp. 178, 180 (Brian J. Skerry); p. 183 (Deanne Fitzmaurice); p. 190 (Raymond Gehman); p. 201 (Frans Lanting); p. 214 (Grant Dixon/Hedgehog House/ Minden Pictures).

SHUTTERSTOCK: pp. xx-1 (Pakhnyushchy); p. 37 (oriontrail); p. 48 (SantiPhotoSS); p. 75 (MikeBiTa); p. 83 (designbydx); p. 98 (Constantine Pankin); p. 107 (Lindsay Snow); p. 135 (Dudarev Mikhail); p. 157 (Joule Sorubou); pp. 162-163 (Jamie Bennett); p. 171 (s_oleg); p. 174 (Makarova Viktoria).

STOCKSY: pp. 10, 80-81 (Hugh Sitton); pp. 146-147 (VEGTERFOTO); p. 160 (Paul Edmondson); p. 217 (Christian Zielecki).

Others: pp. ii, 166 (Chris Jordan); p. vi (Johnér/Offset); p. viii (Dr. Jonathan Foley); pp. 4, 111 (Stuart Franklin/Magnum Images); p. xv (© Gary Braasch); p. 5 (Andrewglaser at English Wikipedia); p. 11 (Let It Shine: The 6,000-Year Story of Solar Energy); pp. 14-15 (Reuben Wu © 2016); p. 23 (V-Air Wind Technologies); p. 43 (Global Feedback Ltd.); p. 44 (Manpreet Romana for the Global Alliance for Clean Cookstoves); pp. 46-47 (Pedro Paulo F. S. Diniz); p. 61 (United Soybean Board); pp. 72-73 (Paul Brown/Browns Ranch); pp. 84-85 (Courtesy ZFG LLP; © Tim Griffiths); pp. 97 (Copyright View Inc.); pp. 124, 126-127 (© Neil Ever Osborne); p. 132 (Offset); pp. 140-141 (NCEAS / T. Hengl); p. 150 (© 2016 Aurora Flight Sciences Corporation. Todos os direitos reservados); p. 152 (© MAN SE); p. 161 (Interface Inc.); p. 170 (Nebia, Inc.); p. 175 (courtesy Colin Seis); p. 187 (© Oscilla Power; cortesia de Anne Theisen); pp. 188-189 (Prakash Patel, cortesia de SmithGroupJJR); p. 193 (Global Thermostate Operations LLC); p. 194 (© 2015 Tri Alpha Energy, Inc. Todos os direitos reservados); p. 195 (Paul Hawken); pp. 198-199 (Delft Hyperloop); p. 203 (The Land Institute); p. 210 (Big Wood © Michael Charters. eVolo Magazine).

FSC
www.fsc.org
MISTO
Papel produzido a partir de fontes responsáveis
FSC® C101537